战略预警研究中心外军系列译著

态势感知设计（第2版）

——一种以用户为中心的设计方法

Designing for Situation Awareness
An Approach to User-Centered Design
Second Edition

［美］Mica R. Endsley（米卡·R. 恩德斯利）
Debra G. Jones （黛布拉·G. 琼斯） 著
邵银波　王树文　欧阳琰　石斌斌　张成龙　等译
孟藏珍　主审

国防工業出版社
·北京·

Designing for Situation Awareness: An Approach to User - Centered Design, Second Edition by Mica R. Endsley and Debra G. Jones
ISBN 978 - 1 - 138 - 19705 - 3

图书在版编目(CIP)数据

态势感知设计 : 第2版 : 一种以用户为中心的设计方法 / (美) 米卡 · R. 恩德斯利 (Mica R. Endsley), (美) 黛布拉 · G. 琼斯 (Debra G. Jones) 著 ; 邵银波等译. 北京 : 国防工业出版社, 2025. 9. -- ISBN 978 - 7 - 118 - 13650 - 0

Ⅰ. TN

中国国家版本馆 CIP 数据核字第 2025810GY4 号

※

国防工業出版社 出版发行
(北京市海淀区紫竹院南路 23 号　邮政编码 100048)
三河市天利华印刷装订有限公司印装
新华书店经售

*

开本 710 × 1000　1/16　**插页** 3　**印张** 26¼　**字数** 442 千字
2025 年 9 月第 1 版第 1 次印刷　**印数** 1—1500 册　**定价** 139.00 元

(本书如有印装错误,我社负责调换)

国防书店:(010)88540777　书店传真:(010)88540776
发行业务:(010)88540717　发行传真:(010)88540762

译 者 序

态势感知是现代战争中指挥控制和作战管理的核心环节，是有效决策和正确行动的前提和依据。然而，当前人们普遍面临窘境：一方面随着雷达、光电、红外等传感器的大量运用，人们很容易就接收到海量、混乱的数据；另一方面，人们又很难得到能够支持作战决策和行动的有用信息，经常少之又少且令人迷惑。如何弥补海量数据和有用信息匮乏之间的巨大鸿沟，成为当前和今后一段时间电子信息系统建设和使用者急需解决的重大现实难题。

对此，Mica R. Endsley 作为世界知名的态势感知研究先驱和应用领先者，与 Debra G. Jones 合著了本书。本书为工程师和设计人员提供了一套系统、科学、行之有效的态势感知方法和 50 个设计准则，能够显著改善系统用户的态势感知。全书分为上、中、下 3 篇、共 15 章，重点介绍态势感知设计相关概念、基本流程、先进方法、重要准则、概念评估与系统实现等。

得益于著者团队前期对态势感知设计的前瞻开拓和应用研究，本书前沿性、创新性、应用性和体系性都很强，具有非常高的学术价值、应用潜力和出版价值。相信本译著的出版必将推动国内态势感知的深化研究和工程应用，带动整个信息系统建设运用的转型跨越。本书适用于联合作战（战略预警）、军事指挥学、信息与通信工程等学科专业的本科高年级学生、研究生，以及具有一定相关工程实践的专业人员。

全书翻译由邵银波负责。前言、简介、第 1 ~ 4 章由邵银波翻译，第 5 ~ 12 章由欧阳琰翻译，第 13 ~ 15 章由石斌斌翻译，附录和部分图表由张成龙翻译。邵银波、张成龙、王树文等对全书进行了统稿。译校工作由孟藏珍、纪晓晗负责。本书的出版还得到了丁建江、吕金建、瞿师、刘俊凯等很多领导和同事的大力支持和帮助，在此一并表示衷心的感谢。

本书跨多个学科专业领域，内容丰富、新颖，由于译者技术水平和翻译水平所限，不妥之处在所难免，敬请读者批评指正。

译者

2025 年 3 月

前　　言

很大程度上来说,我们这个时代的焦虑来源于用旧办法来解决新问题。

Marshall McLuhan(马歇尔·麦克卢汉)

对自己处境的清晰认识无疑是一个关键激发因素,它使人类的知识、技能和创造力能够成功在塑造我们的环境中发挥作用。然而,人们往往必须在艰难的道路上前行,与阻碍而不是增强他们获得所需信息的能力的系统和技术作斗争。脱离实际的知识毫无意义。要利用知识来解决人类的问题和实现人类的目标,就必须以适合具体情况的方式成功应用这些知识。然而,在各种各样的工程系统中,人们面临着不断扩大的信息鸿沟——可获得的数据和他们真正需要知道的信息之间的鸿沟。

本书通过系统设计来解决信息鸿沟问题。它为致力于改善系统用户态势感知的工程师和设计人员们提供了一套核心的原则和方法。发电厂、飞机、汽车、船舶、军事和大型商业企业的指挥和控制中心、情报工作、医疗系统和信息管理系统的运营管理人员都迫切需要相关技术,以使人们能够高效管理信息,从而获得对正在发生的事情的高层次理解。他们需要能够支持态势感知的系统。

Mica R. Endsley(迈卡·R. 恩兹利)

Debra G. Jones(黛布拉·G. 琼斯)

尽管我们致力于科学真理,但只有真理是不够的,还需要为实现人类目标而开展真理实践。一旦我们开始从效用角度思考,就必须离开实验室平静的环境,脱下我们的白大褂,卷起我们的袖子……

Samuel Florman (塞缪尔·弗洛尔曼)——

《*The Civilized Engineer*》(《文明工程师》)

致　谢

我们要感谢许多人。首先,感谢我们的家人在本书写作过程中给予的支持和耐心,愿本书能为我们的孩子们带来一个更加美好的世界。然后,感谢许多同事的支持,是他们的潜心研究奠定了本书的基础。最后,需要感谢无数的飞行员、空管员、士兵和系统操作人员,他们自愿贡献出自己的洞见、经验、时间和专业知识,期望能改善他们的职业工具。我们还要感谢我们的赞助商——美国陆军研究实验室合作技术联盟和美国国家航空航天局兰利研究中心的支持,没有他们的帮助,本书就无法完成。

作 者 简 介

Mica R. Endsley 博士是佐治亚州玛丽埃塔态势感知技术公司的总裁，在设计、开发和评估支持态势感知和决策的系统（包括用于航空、空中交通管制以及医疗、电力和军事行动的下一代系统）方面是世界公认的领导者。在创建态势感知技术公司之前，她曾担任麻省理工学院航空航天系客座副教授和德克萨斯理工大学工业工程副教授。Endsley 博士拥有南加州大学工业与系统工程博士学位。

Debra G. Jones 博士是佐治亚州玛丽埃塔态势感知技术公司的首席研究员。她的专长是设计大型复杂系统以支持态势感知和动态决策，确定各种领域的态势感知需求，以及开发复杂系统态势感知方法。Johns 博士拥有德克萨斯理工大学工业工程博士学位。

目　录

上篇:理解系统设计中的态势感知

中篇:生成态势感知导向的设计

下篇:完成设计周期

上篇：理解系统设计中的态势感知

第1章　以用户为中心的设计

1.1　本书的读者对象

我们正生活在一个“信息时代”,周围到处都是因信息技术爆炸引发的变化迹象。无论你是在车间工作、在商界工作,还是只想为自己家里买一台新计算机,令人眼花缭乱的技术变革速度和呈现的大量信息都会令人望而生畏(图1.1)。我们经常通过电视、广播、邮件和数百种杂志和期刊来获取信息。在公司内部,报告和表格成倍增加,业务的方方面面都被记录在某个地方。

图1.1　信息时代的挑战

广泛分布的通信网络使我们能够与其他城市和其他洲的同事交流,就像我们曾经与邻居交流一样便捷,无论他们是在家里、在办公室甚至飞越大西洋还是在安第斯山脉徒步旅行。与语音通信的便捷性相称的还有传真机、电子邮件和万维网,它们可以同样容易地传递文本和图片。而信息的计算机化只是这个信息爆炸的最新分支。随着出版界的迅速扩展,杂志、期刊和书籍挤满了我们的邮箱和图书馆的书架。世界上大型图书馆的规模每14年翻一番;每天在国际上出版1000本新书,科学期刊的数量也在增加,调查显示,绝大多数文章几乎没有被阅读过。在过去的30年里,人们产生的新信息比以前的5000年还要多(Wurman,1989)。

在复杂的大型系统中,这些挑战甚至更加艰巨:发电厂控制室、飞机驾驶舱、军事和大型商业企业的集中指挥控制中心、情报行动,以及医疗、保险和金融系统的信息管理系统。在这份清单中,还应加入曾经只配备基础设施,如今却计划引入新信息技术的环境。例如,手机、电子导航系统及其全球定位系统定位设备,以及从交通冲突检测到自动间距和车道跟随的自动化系统都被整合到汽车中。在这些环境中,操作人员可能面临严峻挑战,即如何以一种可管理的方式迅速将所有可用信息整合在一起,以便及时做出准确的决策。显然,信息超过了任何一个人的处理能力。

面对这种"信息"洪流,很多人感到比以往更加不了解情况了。这是因为,在海量生成和传播的数据与我们处理信息的能力之间,存在巨大鸿沟——我们难以筛选出所需的碎片化数据,也无法将这些数据与其他数据整合,得到真正所要的有效信息。无论你是坐在驾驶舱里还是坐在桌子后面,这个问题都是真实且持续存在的。人们越来越普遍认识到,更多的数据并不等于更多的信息(图1.2)。

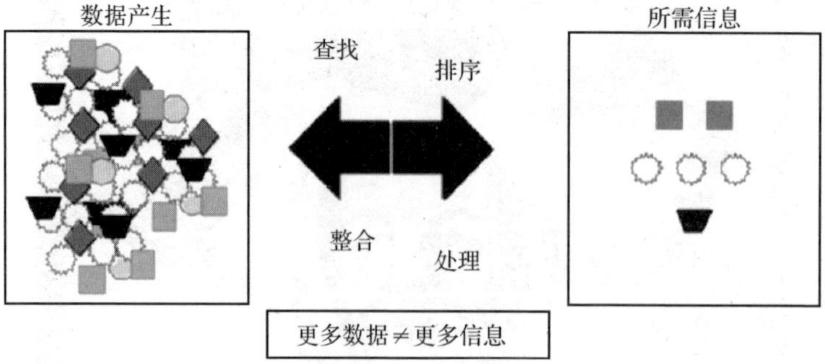

图1.2 信息鸿沟

(摘自 Endsley,M. R.,《态势感知的理论基础:批判性评论》,硕士论文。
M. R. Endsley 和 D. J. Garland(编辑),《态势感知分析与评估》,P3-32,LEA,Mahwah,新泽西州,2000b)

本书是为通过更好的系统设计来解决这一信息鸿沟而撰写的。工程师、计算机科学家、设计人员、人因工程师和心理学家们都在致力于开发以新的方式掌控信息的系统。

这些开发的重点是从消费软件产品到军事领域探测和应对敌对行动的最复杂的情报系统的各个方面。例如，医疗系统、带有分布式传感器和信息输入的信息分析网络，飞机和空中交通管制系统，办公室、汽车、发电厂和互联网等，所有这些系统都需要用户界面，让人们能够有效地管理现有信息，以便高度理解正在发生的事，这就需要旨在支持态势感知而设计的系统。

1.2　以用户为中心设计的必要性

信息过载问题既不是不可避免的，也不是不可克服的。解决信息鸿沟最有效的方法是应用一种被称为"以用户为中心的设计"的理念。解释"以用户为中心的设计"的最好方法，是先讨论当前设计方法，即被称为以技术为中心的设计方法的缺陷。

1.2.1　以技术为中心的设计

传统上，系统都是从以技术为中心的角度来设计和开发的。工程师们研发执行各个功能所需的传感器和系统，然后他们为每个系统提供一个显示器，用于告知操作人员该系统的运行状况或当前状态，如在飞机驾驶舱中提供了针对高度、空速、发动机温度等的单独显示器。随着技术的进步，显示器的数量不断增加，人们不得不努力应对这一过程中呈指数级增长的数据。飞机驾驶舱内的显示器数量从早期的莱特飞行器内的零个增加到 20 世纪 70 年代的数百个，为了减少物理显示器的数量，只能换成多功能显示器，但允许显示页面的数量和显示信息继续呈指数级增长(Sexton，1988)。面对不断变化的任务和形势，操作人员需要从所有可用的信息中查找、排序、整合并处理所需的信息，这不可避免地会导致信息鸿沟的产生。

不幸的是，人类与生俱来的特定的信息处理瓶颈，使人们同一时刻只能关注一定数量的信息。由于这些系统中数据的显示是以数据产生技术为中心的，因此数据通常是分散的，无法匹配支持人类任务所需(图 1.3)，还需要大量的额外工作来寻找需要的东西，并且需要额外的脑力思维来计算操作人员真正想知道的信息,这不可避免地会导致高于必要的工作负荷和错误。跟上信息时代(信息爆炸)的脚步已经变得越来越难。

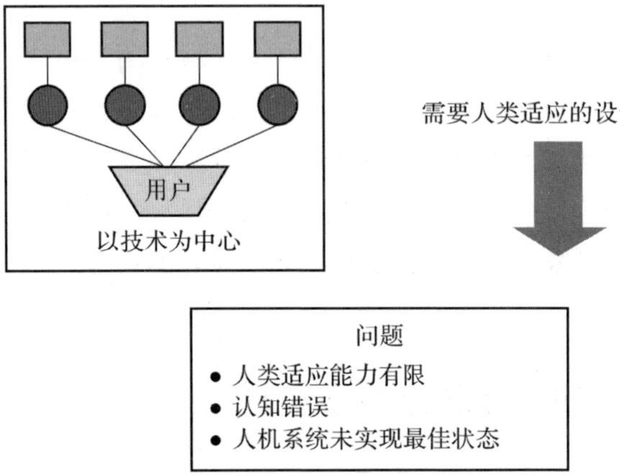

图1.3 以技术为中心的设计

在各类主要系统中,据查有60%~85%事故的起因是操作人员误操作(Nagel,1988;Sanders和McCormick,1992)。这些问题不仅仅局限于一些特定的行业或职业,如发电厂管理员或飞行员。据美国国家科学院估计,美国每年有超过44000人的死亡要归因于医疗领域的人为失误,其中至少有2/3是可以预防的(Kohn等,1999)。这种所谓的人为错误并不是因为人类缺陷,而是以技术为中心设计的直接结果。这种设计无法在现实世界多样条件和环境中,有效支持人类保持高水平表现。也就是说,与其说是人类缺陷,还不如说是设计引起的错误。

1984年,位于印度博帕尔的联合碳化物工厂发生了一起悲剧性事故,造成多达2500人死亡。考察以下摘自21世纪一次重大事故的描述:"戴伊不知道,就在10点20分前的40分钟里,油箱内的压力是2psig(1psig=6.895kPa)。但是,累积并不明显,因为在控制室内没有显示出压力的历史痕迹,而上一班的操作人员也没有将其输入日志"(Casey,1993)。电厂操作人员所需要的信息从控制室看不见,而系统也根本没有显示。该系统界面的设计不支持操作人员检测到累积问题的重要线索,也无法防止导致事故的事件发生。

为了解决人工操作错误问题,增加使用自动化的措施并不一定有效。例如,波音飞机公司报告称,在1959—1981年期间,76%的机身损失事故的主要因素是飞行人员。而在1982—1991年期间,有更多的飞机使用自动化系统,这一数字只减少到71.1%。

虽然某些类型的自动化发挥了一些重要作用，但随之而来的是系统复杂性的增加、态势感知的丧失、系统的脆弱性和不合时机的工作量增加等问题(Billings,1997;Parasuraman等,1996a;Wiener和Curry,1980)。要摆脱所谓人类缺陷的自动化之路，只会导致更复杂、更多的认知负荷和失去态势感知的灾难性错误(Endsley和Kiris,1995a)。我们已经在航空领域看到了许多诸如此类的问题，随着许多其他系统中更多地使用自动化，这些问题将会呈现越来越广泛的影响。

1.2.2 以用户为中心的设计

作为一种替代方案，以用户为中心的设计理念能够避免因以技术为中心设计理念而导致的“复杂性与错误的恶性循环”，从而实现更高效的系统。该设计激发设计人员围绕操作人员的功能需求来塑造界面。它不是以产生信息的传感器和技术为中心，而是以符合用户目标、任务和需求的方式整合这些信息。这种理念主要不是源于人文主义或利他主义的诉求，而是来自于想要获得整个人机系统的最佳功能的愿望(图1.4)。

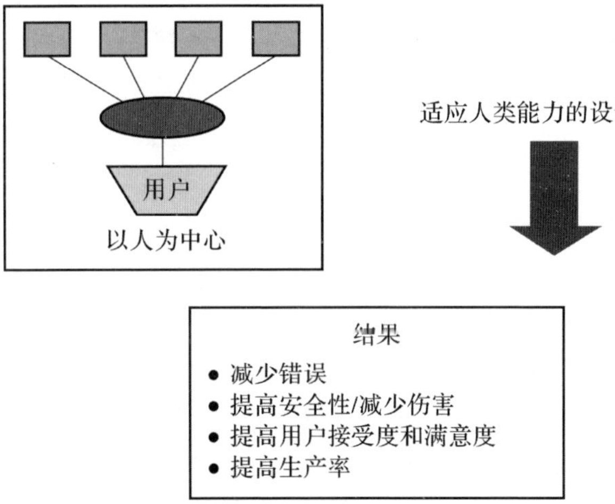

图1.4 以用户为中心的设计

以用户为中心的设计，可以极大地减少错误并且提高生产力，而不需要显著的新技术能力。随着以用户为中心设计的使用，不但提高了用户的接受度和满意度，还消除了当今技术中常见的挫折感。以用户为中心的设计为我们提供了一种更好的方式，去利用信息技术来支持人类工作。

1.3 以用户为中心的设计存在的误区

虽然以用户为中心的设计这一概念从20世纪90年代中期就开始流传了，但许多设计人员对如何实现这一目标并不十分清楚。事实上，关于如何创建一个以用户为中心的系统，存在着许多误解。因此，有必要先简要讨论一下什么不是以用户为中心的设计。

(1)以用户为中心的设计，并不意味着要问用户他们想要什么，然后直接满足他们。虽然这听起来像是一个完全合理的方法，但人们发现其中充满了陷阱。用户通常只对可能比他们习惯得更好的事物有一些片面的认知。此外，在如何有效地展示信息和设计与复杂系统的人机交互方面，他们的知识通常非常有限。大多数系统需要由许多不同的人使用，这进一步加剧了这些问题，每个人对新的设计工作中期望实现的内容可能有截然不同的想法。这种方法的结果是陷入一个无穷无尽的、代价高昂的循环，只是让下一个用户团队决定他们想要一些不同的东西。设计解决方案往往是零星的，并且界面的特性不一致，许多设计问题也没有被识别。虽然用户是宝贵的信息来源——他们能提供关于所遇到的问题、信息与决策需求、工作环境及所需功能的相关信息，但不加筛选地实施他们想要的东西，完全忽略了哪种类型的界面有效、哪种类型的界面无效的大量科学文献，也放弃了客观的界面测试所带来的巨大好处。好的想法可能会因为群体互动而被摒弃，而坏的想法可能会一直保留，因为人们并未认识到其存在的问题。

(2)以用户为中心的设计，并不意味着在任何特定的时刻只向用户提供他们所需要的信息。为了帮助管理信息过载问题，一个有益的尝试是信息过滤方法。使用计算机，对操作人员当前的任务进行评估，然后计算机只提供支持该任务所需的信息和工具。当任务发生更改时，所提供的信息也会发生改变。这听起来也像是一个理想的解决方案，然而这种方法存在着重大弊端。

首先，事实证明，在一个动态系统中，很难准确地检测出任何特定时间需要哪些任务和信息。因此，存在系统错误的重大风险，即在任何给定的时间都会呈现或删除错误的信息。即使工程师们充分地解决了这个问题，真正的问题是这种方法给操作人员带来了巨大的困难。在大多数操作过程中，操作人员必须根据情况快速和频繁地在目标之间切换，通常需要非常快速的反应。一个人不能通过简单地查看即时呈现的信息就立即理解当下情境中发生了什么。人们需要一定的时间，使自己适应某种情况，确定关键因素和关键特征。

其次，这种方法失去了情况的动态变化（事物变化的程度和速度）这一重要特征。操作人员的工作还是继续努力跟上一个快速变化的系统。信息将在任务执行过程中被删除，新的信息将被呈现出来，让操作人员不断地试图弄清楚系统中发生了什么。信息过滤的概念总是将操作人员置于被动而不是主动的角色中，这严重限制了执行的有效性，使人类丧失预测未来并为即将到来的情况做好准备的能力。

(3) 以用户为中心的设计，并不意味着系统能够为用户做出决策。对许多类型的决策支持系统的研究表明，向用户提供决策建议的系统不一定会产生最佳的性能（Endsley 和 Kiris，1994a；Kibbe，1988；Selcon，1990）。一般来说，如果系统建议模棱两可，系统更有可能降低人类的决策质量和速度。例如，如果系统为 A 和 B 两个选项提供建议和可信度，若显示选项 A 置信水平为 48%，选项 B 置信水平为 52%，那么决策者作出决定的时间将会比系统没有提供任何信息更慢。

如果系统的建议是错误的，还可能导致决策偏差，使人类比独立决策时更容易做出错误的决定（Smith 等，1995）。例如，当检测到问题时，航空诊断系统可能会为飞行员错误地诊断问题，并为实际问题提供了错误的检查表。这种误导会导致飞行员进入禁区路径，延误或严重干扰飞行员纠正真正问题的能力。如果让飞行员独自诊断问题，飞行员一开始就更有可能诊断出正确的问题。事实表明，即使系统建议是正确的，整体决策和执行可能会更慢，而没有达到预期的决策质量和改善。其原因在于人类操作人员必须考虑决策支持系统的建议和其他信息来源，以得出他或她的最终决定（Endsley 和 Kiris，1994b）。

另外，还可能引入其他问题。例如，微软公司在其文字处理软件的后期版本中引入了助手（一个似乎可以提供建议的动画图形工具）。然而，通常情况下，这个助手并不提供有用的建议，而是减缓了工作过程，因为用户不得不被迫将视线从他们的任务上移开，采取措施来响应这个助手。计算机用户需要更有效的帮助方法。

(4) 以用户为中心的设计，并不意味着要为用户做一些事情。许多通过为用户执行任务来增加易用性的努力都适得其反。在为用户做事和给用户做事之间存在着一条非常微妙的界限。微软的 Word 有一个自动功能，可以改变段落和列表的编号，但经常错误地重新编号，导致用户需要付出相当大的精力来应对系统控制文档的格式。这个问题并不是这个产品所特有的，而是可以在决定何时亮灯、何时锁门的汽车上以及各种吹嘘拥有这种自动化"优点"的新系统中都能找到。用户处于此类行为的"环外",并且有额外的负担来决定系统在不同情况下会做什么和不会做什么,以及如何使其完成以前简单的任务。一般来说,任务自动化在解决问题的同时可能引发同等数量的问题,因此必须谨慎对待(见第10章)。

1.4 以用户为中心的原则

如果这些不是以用户为中心的设计,那么什么才是呢?本书提供了以用户为中心的设计可以通过几个关键的原则和过程来实现的观点。

1.4.1 围绕用户的目标、任务和能力组织技术

传统上,人因和人体工程学领域一直试图设计系统,以避免要求人们执行超出其感知或身体能力的任务。近年来,人们对人的心理能力也给予了更多关注。完成任务分析,以确保系统按照用户任务的使用顺序提供支持用户任务所需的数据。以用户为中心的设计与这些传统人因工程的目标有许多共同之处。然而,它更进一步,因为它解决了计算机和自动化带来的更具挑战性的情况,以及在复杂系统领域带来的更高级的问题。传统的人因工程非常适合线性、重复的任务,而以用户为中心的设计更适合复杂的系统。在这些系统中,用户需要在执行任务时追求各种(有时是相互冲突的)目标,并且不能预先设定任务或动作的顺序。在这类系统中,需要设计接口界面和功能,以动态的方式支持操作人员不断变化的目标。例如,军事指挥官必须能够在进攻和防御目标之间快速切换,他使用的信息系统需要支持这两种目标,并在这些目标之间无缝切换。在信息时代,目标是所执行工作的中心组织原则,需要设计界面来支持面向目标的处理。在"态势感知设计"中,您将学习一种以用户为中心的设计方法,即以目标为中心。

1.4.2 围绕用户处理信息和做出决策的方式组织技术

大量研究发现,关于人们如何在复杂的现实世界中做出决策,与理想化决策模型有显著差异。在理想化的模型中,用各种可能的替代方案进行了优化。相反,许多复杂领域的研究人员发现,人们会首先对一种情况进行分类和理解。这种内在情境模型从记忆中触发适当的反应,进而立即进行行动选择(Klein,

1989;Klein 等,1986;Lipshitz,1987;Noble 等,1987)。在这一领域的开创性工作中,Dreyfus(1981)的研究以 deGroot(1965)在国际象棋领域的广泛研究、Mintzburg(1973)在管理决策领域的研究以及 Kuhn(1970)在科学领域的研究为基础,强调了态势理解在现实世界、专家决策中的作用。他们发现,在这 3 个不同的领域中,专家们使用模式匹配机制来借助长期记忆结构,使他们能够快速理解给定的情况。然后,他们采取与这种情况相对应的适当的行动。这些专家很少花很多时间考虑可能的替代行动方案。对于多数决策来说,他们的大部分时间和精力都花在评估和分类当前态势上。克莱因(Klein,1989)将这种决策模式称为"自然决策",并在这些研究发现的基础上进行了深入拓展,构建出人类在现实世界中如何做决策的基础。在大多数现实世界的决策中,一个人的态势感知成为决定决策过程成功的关键特征。

在这些复杂领域中,决策者必须做的不仅仅是简单地感知其环境状态,以拥有良好的态势感知能力;而是必须根据自己的目标来理解他们所感知到的综合意义。因此,态势感知,就其本身而言,包含了操作人员对整个情境的理解,这就构成了决策的基础。证据表明,当前态势的综合图像可能与记忆中的原型情况相匹配,每个原型情况对应于一个"正确的"行动或决定。因此,支持信息处理和决策而进行的设计,需要着力提升操作者在动态世界环境中获得和保持态势感知的能力。

1.4.3 技术必须让用户保持控制和意识到系统的状态

有研究表明,高水平的任务自动化可以使用户脱离循环,导致低水平的态势感知(Endsley 和 Kiris,1994b;PoPe 等,1994)。只要态势感知受到损害,用户成为有效决策者的能力就会受到威胁。1996 年,美国航空公司的一架 B-757 飞机在哥伦比亚卡利(Cali)附近的山区坠毁。机组人员对飞机提供导航的自动飞行管理系统计算机的操作失去了警觉,并且无法重新获得足够的态势感知以恢复对飞机的安全控制。以用户为中心设计的一个关键前提是,虽然一个人不需要执行每一个任务,但是他需要控制管理系统的运行,以维持态势感知——这是在各种条件和场景下成功完成任务的必要条件。由于各种类型的自动化正变得无处不在,以用户为中心的设计原则必须解决如何将自动化与人类融合,以创建有效的整体系统。自动化必须允许用户保持控制状态,以优化态势感知,从而优化性能。

1.5 以用户为中心设计的关键:态势感知

这些原则使人们意识到,态势感知是实现以用户为中心设计的关键。与态势感知被拒绝或难以实现相比,如果操作人员能够实现较高水平的态势感知,他们将成为更有效的系统组件。在复杂的动态系统中,态势感知是驱动复杂系统进行决策和执行的引擎(图1.5)。

图1.5 态势感知驱动决策和执行

在复杂和动态的环境中,决策高度依赖于态势感知——一种对环境状态的不断变化的图景。通过回顾以用户为中心设计的3个原则可以看出,如果能够设计出提供高水平态势感知的系统,就能实现这些目标。

首先,态势感知是以目标为导向的。根据定义,人们需要了解的环境要素是基于与该工作相关的目标来确定的。目标导向的任务分析方法用于确定人们需要了解哪些数据、需要如何理解相对于操作者目标的数据,以及需要做出哪些预测才能实现这些目标(见第5章)。这些分析为理解态势感知如何映射到目标以及创建目标驱动的设计提供了基础。

其次,支持态势感知直接支持操作者的认知过程。如果一个人的态势感知是驱动决策过程的关键因素,那么支持该决策过程最有用的方法将是能够有效创建高水平态势感知的系统界面。在一项研究中发现,88%的人为错误是由于态势感知的问题(Endsley,1995b)导致的。也就是说,在大多数情况下,人们不会做出错误的决定或糟糕的行为,除非他们误解了他们所处的处境。因此,支持人类表现的最佳方式是更好地支持高水平的态势感知的发展。

最后,保持用户的控制是良好的态势感知的基础。我们将通过开发设计方法,创建以用户为中心的设计,让用户保持控制和高度的态势感知。本书描述了一种实现这些目标的方法和设计原则。

第 2 章　态势感知概述

现在我们已经理解了什么是以用户为中心的设计,这就需要更深入地研究术语“态势感知(situation awareness,SA)”的含义。学习本章可能比你在关于“系统设计”的书中能获得更多的理论知识,但是为了更好地理解我们试图实现的目标,透彻地了解态势感知在脑海中的生成过程是必要的。本章将为您提供一个良好的基础,在此基础上可以制定支持和加强态势的系统设计原则。

2.1　态势感知定义

基本上,态势感知是要意识到你周围发生了什么,并了解这些信息对你现在和未来意味着什么。这种感知通常是对特定工作或者目标的重要性而组织起来的。态势感知的概念通常适用于操作情境,即人们必须出于特定的原因而使用态势感知,如为了驾驶汽车、治疗病人或作为空管员将交通隔离。因此,态势感知通常根据其与特定工作或职能的目标及目的之间的关联来定义。

只有那些与手头任务相关的情境片段对态势感知才是重要的。虽然医生需要知道病人的所有症状才能诊断一种疾病或轻微病症,但医生通常不需要知道病人病史的每一个细节。同样地,飞行员必须了解其他飞机、天气和接近的地形变化,但飞行员不需要知道副驾驶午餐吃了什么。

态势感知的正式定义是:“对特定时空环境中要素的感知,对其含义的理解,以及对它们在不久的将来的状态预测”(Endsley,1988)。态势感知一词来自于军事飞行员的世界,人们发现,在航空史的早期,实现高水平的态势感知既关键又具有挑战性。态势感知在许多其他领域也很重要,虽然命名可能不同。例如,在空管员的领域中,他们通常把态势感知称为画面,即一种态势在认知世界中的表现形式,这也是他们做出决策的基础。

虽然这个定义中态势感知的各个要素可能在不同领域之间差异很大,但态势感知作为决策和执行基础的重要性几乎适用于所有领域。除了航空和军事行动外,态势感知还涉及更广泛的领域,如教育、驾驶、火车调度、维护、电力控制、天气预报。态势感知作为决策和执行的关键驱动因素,延伸到这些领域之外的非工作相关活动,包括娱乐和专业运动队、自我保护甚至表演。态势感知是一种改变现实世界的知识,对有效的决策和行动至关重要。

态势感知的正式定义可分为3个独立的层次:

①一级,对环境要素的感知;

②二级,对当前情况的理解;

③三级,对未来状态的预测。

下面将讨论态势感知的每个层次以及影响它的内部因素和外部因素(图2.1),以便对态势感知有完整的认知,以及如何更有效地设计工具和系统来帮助人们开发和维护它,即使在非常具有挑战性的情况下也是如此。

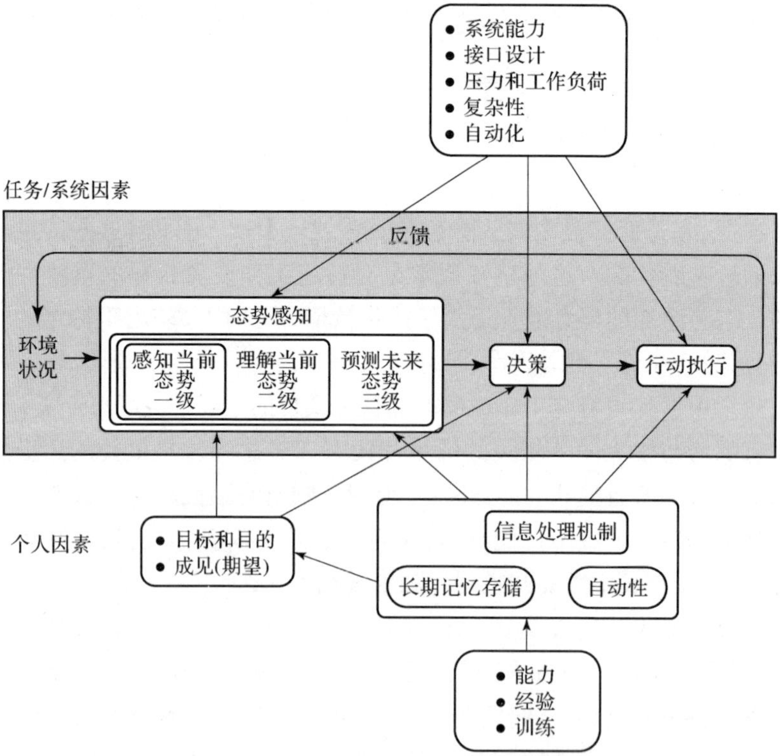

图2.1 动态决策中态势感知模型

(经授权转载自 Endsley, M. R., Hums. Factors, 37(1), 32, 1995. 人类因素与工效学会, 1995)

2.1.1 一级态势感知:对环境要素的感知

实现态势感知的第一步是感知环境中相关要素的状态、属性和动态。对于每个领域和工作类型,态势感知的要求都是完全不同的。飞行员需要感知一些重要的元素,如其他飞机、地形、系统状态和警示灯及其相关特征。在驾驶舱内,持续监控所有相关的系统和飞行数据、其他飞机和导航数据的任务相当繁重。军官需要探测敌人、平民和友军的位置和行动、地形特征、障碍物和天气。空管员或汽车司机对于态势感知需要的信息不同。

对信息的感知可以通过视觉、听觉、触觉、味觉或嗅觉,或者是它们的组合来获取。例如,酿酒师可以通过味觉和嗅觉以及目视检查来收集关于发酵过程状态的重要信息;医生利用所有现有的感官和信息来评估病人的健康状况。这些线索可能非常微妙。一个训练有素的医生可以听出心跳节律的细微差别,并且可以在心电图上观察到未经过训练的观察者会错过的重要模式。一个有经验的飞行员可以通过发动机的声音或者看到机场上的灯光模式就知道出了什么问题。在许多复杂的系统中,人们非常重视电子显示器和读数,但现实是,许多一级态势感知也来自于个体对环境的直接感知如观察窗外或感受振动,与他人的语言和非语言交流形成了一个额外的信息来源,它被利用并有助于一级态势感知的形成。每一个信息来源都与不同级别的可靠性有关。在大多数领域中对信息的可信度(基于传感器、组织或提供信息的个人)以及信息本身,构成了一级态势感知的关键部分。

在许多领域中,仅仅检测所有需要的一级数据就有相当大的挑战性。在军事行动中,由于视线模糊、噪声、烟雾、混乱和迅速变化的局势动态,往往很难评估态势的所有需要的方面。军官必须在敌军积极隐瞒信息或者提供虚假信息时努力确定当前的事态。在航空领域,跑道标记可能很差,相关信息可能没有传递给飞行员。在非常复杂的系统中,如发电厂或先进的飞机,有大量的冲突信息需要处理,这使对所需信息的感知相当具有挑战性。在几乎所有这些领域中,大量的数据在不断抢占人们的注意力(图2.2)。

航空领域的大多数问题发生在一级态势感知层次。Jones 和 Endsley (1996)发现,飞行员中76%的态势感知错误与没有感知到需要的信息有关。在某些情况下(大约2/5)发生这种情况,是因为没有向需要的人提供所需的信息,或由于系统的限制或缺陷而没有清晰呈现这些信息,如跑道线已经褪色和模糊、计量仪器模糊不清或无线电传输受到静电干扰。在某些情况下(大约1/5),他们确实检测到了所需信息,但后来在接收了其他新信息后就忘记了。

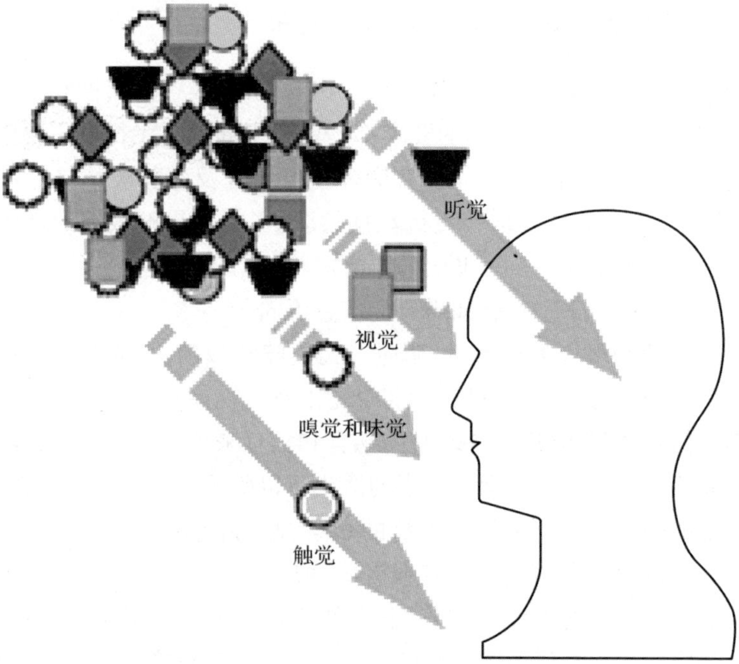

图2.2 一级态势感知——对所需数据的感知

在其他情况下(大约1/3),所有的信息都被呈现出来,但没有检测到关键信息。这种情况可能发生在他们被外部因素(如电话或与工作无关的对话)分心时发生,但更常见的是在他们处理与工作中冲突任务相关的其他信息时发生。在某些情况下,他们可能没有打开所需信息的窗口,因为他们正在查看其他显示器上显示的信息。态势感知设计意味着确保系统获得必要的信息,并以一种便于系统用户处理的方式呈现,因为系统用户可能有许多相互冲突的信息来争夺他们的注意力。

2.1.2 二级态势感知:对当前情况的理解

实现良好态势感知的第二步是理解感知到的数据和线索对相关目标和目的的意义。理解(二级态势感知)是基于一级态势感知各要素的综合,并将这些信息与目标进行比较(图2.3)。它包括整合许多数据片段来形成信息,并对这些综合起来的信息的重要性和意义进行优先排序,因为它与实现当前的目标有关。二级态势感知类似于拥有高水平的阅读理解能力,而不仅仅是阅读单词。

假设司机正在接近一个十字路口,司机看到了黄灯,所以他知道需要根据

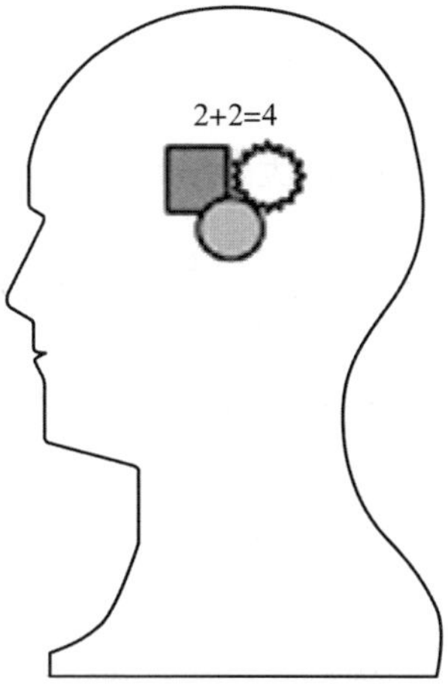

图 2.3　二级态势感知对信息的理解

距离十字路口的距离谨慎驾驶。他对前面汽车的减速速度的感知使他能够确定前车是要停车还是要继续通过十字路口,以及其对接近速度的影响。驾驶员对态势如何影响她的目标的理解,定义了二级态势感知所需的内容。

在起飞过程中看到指示问题的警示灯时,飞行员必须迅速根据飞机的即时适航性确定问题的严重性,并将其与剩余跑道数量的知识相结合,以确定是否要中止情况。新手飞行员可能能够实现与有经验的飞行员相同的一级态势感知,但可能远远不能将各种数据元素与相关目标整合而理解情况。

对于军事指挥官来说,二级态势感知意味着当看到某地的行动报告,可确定敌军正在附近集结;或者这可能意味着当看到道路上的车辆轨迹时,可由此确定自己部队前面有哪些类型的部队和单位。

通过理解数据的重要性,具有二级态势感知的人已经列出了与手头信息相关的具体目标的意义及重要性。目标的重要性以及它们如何影响态势感知将在本章后面展开讨论。

在航空领域中,大约 19% 的态势感知错误涉及二级态势感知的问题(Jones 和 Endsley,1996)。在这些情况下,人们能够看到或听到必要的数据(一级态势感知),但不能正确地理解这些信息的含义。例如,飞行员可能意识到他的飞机的高度在 10000 英尺,但没有意识到下面地形的净空不够,或者他偏离了空中交通管制指定的高度。从许多被感知的数据中进行理解实际上相当困难,需要具备良好的知识基础或者认知模型,以便把不同的数据综合并加以理解。一个新手或处于新情况的人,可能没有这些知识基础可供利用,因此在进行二级态势感知时,处于明显的劣势。我们将在本章的后面更多地讨论认知模型的作用。

2.1.3 三级态势感知:对未来状态的预测

一旦人们知道了这些要素是什么,以及它们对当前目标的意义,那么预测这些要素在未来(至少在短期内)会做什么的能力就构成了三级态势感知。只有很好地了解情况(二级态势感知)以及他们正在使用的系统的功能和动态,人们才能实现三级态势感知(图2.4)。

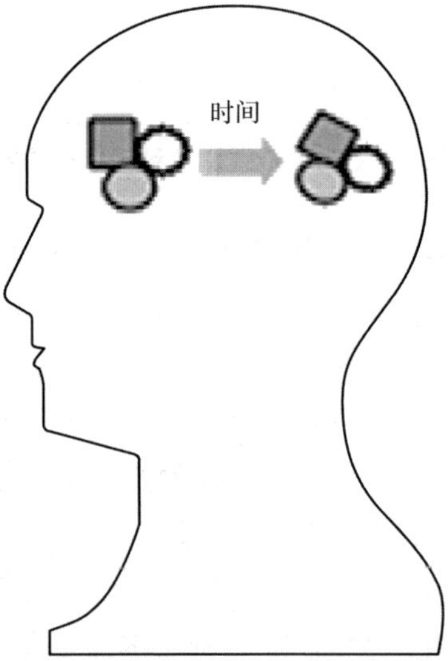

图2.4 三级态势感知——未来状态的预测

对于三级态势感知,驾驶员知道如果他进入十字路口,他很可能会在十字路口被汽车撞到。这个预测使她能够积极主动地做决策。军队指挥官可以基于他们已经生成的二级态势感知,预测到敌方部队接近的方向以及他们自己行动的可能影响。飞行员和空管员积极工作,预测其他飞机的运动并提前预见问题。

使用当前的情况理解来形成预测,需要对这个领域(一个高度发展的认知模型)有很好的理解,并且在心理上的要求可能非常苛刻。许多领域的专家都投入了大量的时间来形成三级态势感知,并利用任何停机时间来进行这些预测。通过不断地预测未来,他们能够制定出一套现成的策略和对事件的响应。这使他们能够掌握主动,避免许多不希望出现的情况,并在各种事件发生时迅速做出反应。

未能从二级态势感知准确预测(形成三级态势感知)可能是由于心理资源不足(例如这个人其他信息处理方面过载)或由于对该领域的知识不足。这通常也是由于过度预测当前的趋势导致,如假设飞机将继续以其当前速率下降而不是使其下降速率变平。在对航空中态势感知错误的检查中发现,只有 6% 的态势感知错误属于这一类(Jones 和 Endsley,1996)。这可能是由于在该领域中获得一级态势感知和二级态势感知存在重大困难,而不是进行良好的三级态势感知存在问题。如果没有足够的专业知识或精心设计的信息系统和用户界面,人们可能会在态势感知的早期阶段失败,永远无法达到三级态势感知。

2.2 时间在态势感知中的重要作用

对时间的感知和各种元素的时间动态性在态势感知中都起着重要的作用。总的来说,时间在态势感知的许多领域都发挥了重要作用(Endsley,1993b;Endsley 和 Kiris,1994c;Endsley 和 Robertson,1996a;Endsley 和 Rodgers,1994;Endsley 等,1998a)。态势感知的一个关键部分是,了解在某些事件发生或必须采取行动之前有多少时间可用。

许多领域的操作人员不仅根据空间(某个元素的距离),还根据该元素何时对其目标和任务产生影响的时间长短,过滤他们感兴趣的世界(或情况)部分。时间是二级态势感知(理解)和三级态势感知(对未来事件的预测)的重要组成部分。

现实世界态势的动态性是态势感知时间特性的另一个重要方面。理解信息变化速度可以预测未来情况(Endsley,1988、1995c)。由于情况总是在变化,人的态势感知也必须不断变化;否则就会变得过时而不准确。高度动态的环境迫使人类操作者要应用许多认知策略来维持态势感知。

2.3 态势感知过程

人们在工作记忆中具备一系列不同的认知机制,而态势感知正是建立在这些机制之上,虽然在某一特定领域中对态势感知重要的东西是完全不同的,但基本的认知过程在各个领域是相当一致的,因为它们是所有人都拥有的心理能力。态势感知是这些过程的产物(图 2.5)。

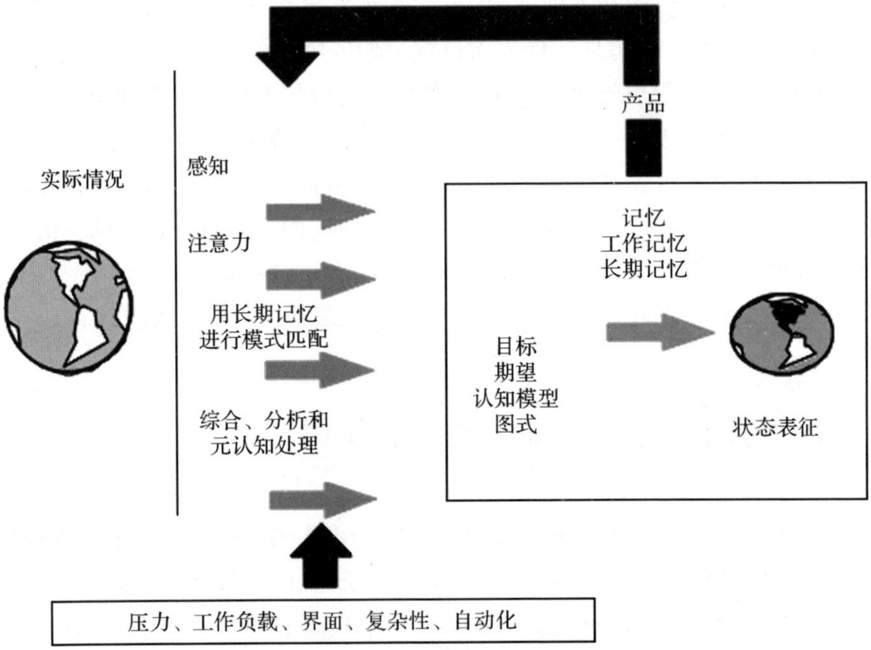

图2.5 态势感知所涉及的机制和过程

(《态势感知的理论基础:批判性评论》,硕士论文,M. R,Endsley 和 D. J. Garland(Eds.),
态势感知分析与测量,P3 -32,LEA,Mahwah,NJ,2000b)

一个人的态势感知反过来会影响搜索和处理的信息,产品以循环方式影响过程。通过深入了解人们如何开发态势感知以及该过程中的挑战和限制,设计增强态势感知的策略将会更加有效。下面将更详细地研究对开发态势感知很重要的各个过程和机制(Endsley,1995c)。

2.4 感知和注意

物体及其特征最初是在预先意识感官的存储中同时处理的。然而,人们不能同时处理所有信息。一个人同时感知多个事项的能力受到他们的注意力的限制,而注意力是有限的。这反过来又极大地限制了个人能够达到的态势感知的水平。例如,当司机在路上行驶时,司机可能会监视前方的交通状况、听收音机里的音乐,也许还有道路的颠簸感。然而,仪表、对话和司机身后的交通可能不会被同时感知,因此也不经常被关注,然而驱动程序必须定期扫描此信息。那些由于其重要性或变化速率而需要经常关注的元素,通常最频繁被监测,如汽车中速度表比燃油表被更频繁地监测。

虽然一些信息可以很容易地同时处理(如音频和视觉信息),但人们很难同时处理其他类型的信息。如果信息通过相同的方式(视觉、听觉、触觉或嗅觉),利用相同的资源(如中央处理),或者需要相同的反应机制(如说话或写作),则更难同时关注(Wicens,1992)。一个人一次可以关注的元素数量的限制,影响一个人可以处理信息的容量,从而形成了态势感知的核心瓶颈。

2.5 工作记忆

工作记忆和长期记忆在帮助实现态势感知中起着重要的作用。一个人可以暂时将信息存储在他们的工作记忆中。在工作记忆中,只有有限数量(7块±2块)的不相关的信息可以被保存和处理。人们必须努力地保持信息的记忆,否则它就会衰减。

新感知的信息与工作记忆中的现有知识相结合,以对不断变化的情况形成一个新的或更新的认知图景。这些信息也被处理并用于创建对未来可能发生事情的预测。这些预测反过来又会帮助一个人决定最终应该采取什么行动。所有这些都必须发生在工作记忆中。处理信息以实现高水平的态势感知和未来动作的组合会占用大量的工作记忆。工作记忆非常有限形成了态势感知的第二个主要瓶颈(Fracker,1987)。

2.6 认知模型、图式和脚本

幸运的是,工作记忆并不是一个人所拥有的唯一记忆形式。长期记忆实际上允许一个人克服工作记忆对态势感知的限制。被称为图式或认知模型的长期记忆结构在改善人的态势感知方面发挥着重要作用(图2.6)。认知模型由Rouse和Morris(1985)定义为“人类能够产生对系统目的和形态的描述、对系统功能和观察到的系统状态的解释以及对未来状态预测的机制。”认知模型是人们用来模拟特定系统行为的复杂结构,无论这些系统是与空中交通控制、医疗程序和手术有关,还是与高速公路驾驶有关。

认知模型是对某物如何工作的系统理解。例如,人们可以开发一个设备的认知模型,其中包括对信息的位置、对某些期望的操作需要按压按钮的顺序以

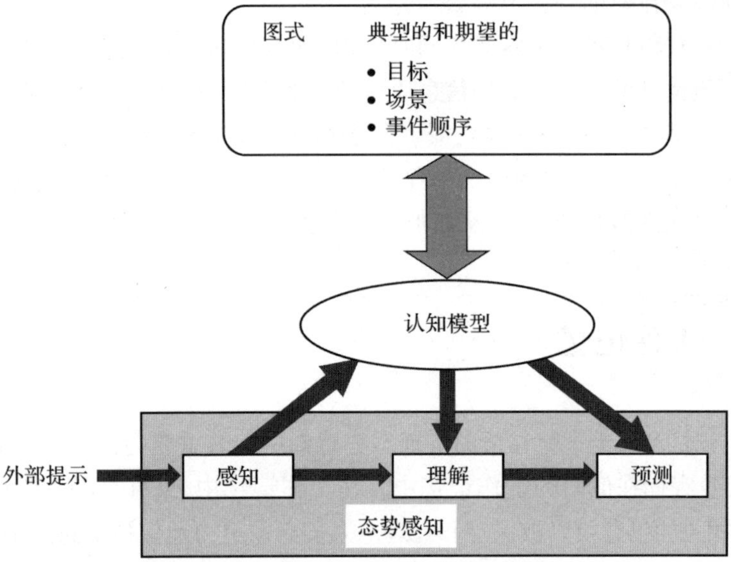

图 2.6 图式、认知模型和态势感知

(经 D. G. Jones 和 M. R. Endsley 许可转载,原文载于《人类工效学》,42(3),367,2000。2000 年版权归人类因素与工效学会所有,保留所有权利。)

及用户输入的预期系统行为。这些认知模型不仅可以用于物理对象,比如发动机或发电厂,而且可以用于组织系统。司机们对交通如何流动以及其他车辆的行为形成了一个认知模型。例如,他们只会在道路的一侧行驶,并在十字路口向来车让行。飞行员、空管员、足球运动员和大学生同样形成了关于他们的系统如何工作的认知模型,不仅包括正式的规则,还包括对他人预期行为的非常谨慎的考虑。

认知模型同时基于语义知识和系统知识。语义知识通常包括知道什么,而不是如何知道,如它可能包括知道所有州的首府名称或各种树种的名称。系统知识对认知模型至关重要,它不仅基于语义知识,而且是通过理解这些系统如何运作而形成的。

例如,内科医生对人体如何工作有着良好的了解,这使他们能够了解特定的心肺复苏(CPR)操作将如何影响肺和心脏,以及基于身体的各种异常判断会发生什么。他们可以根据身体和肺功能的良好认知模型,准确地预测出他们从未见过的事物。

认知模型帮助一个人确定哪些信息是重要的(例如,如果温度在变化,他们应该看看压力发生了什么变化),并帮助形成预期(如果温度在下降,压力是恒定的,体积也应该在下降)。认知模型在不影响工作记忆能力的情况下,也能使态势感知(理解和预测)达到更高水平。如果没有一个认知模型,一个人就会很难理解发生了什么(为什么即使在进行心肺复苏时嘴唇也会变紫?),或者理解未来可能发生的事情(对主动脉受伤的人进行心肺复苏术会导致额外的失血)。认知模型是二级态势感知和三级态势感知的关键推动因素。

虽然一个没有良好的认知模型的人有可能在心理层面上理解和预测,但是它可能是非常困难的,心理要求也非常高。在非常动态的情况下,也经常超出心理可能的承受范围。例如,对于缺乏经验的人来说,空中交通管制显示器可能会相当令人生畏。即便了解两架飞机如何在空域相互作用,也需要相当长的时间。然而,经验丰富的空管员具备关于所涉及特定飞机的特征和能力的详细知识,以及不同类型的交通如何在特定空域区内流动的详细知识,可以相对轻松地分类和分离出20或30架飞机。总之,在没有良好的认知模型情况下,处理新的线索会耗费有限的工作记忆,并使实现态势感知更加困难且更容易出错。

认知模型还提供了默认信息(元素的预期特征),即使需要的数据缺失或不完整,也有助于形成更高水平的态势感知。因此,一个有经验的士兵只需了解车队中的车辆类型,就能合理地估计一个特定车队的行驶速度。在许多没有足够的信息或无法获得所有信息的情况下,默认信息可以为人们形成态势感知提供重要的应对机制。

图式是认知模型的原型状态,它提供了更高的处理效率。医生对心脏病患者的症状和身体特征有一个图式,对流感和脑炎患者症状是另一个图式。这些图式或原型状态被保留在记忆中。人们使用一种称为模式匹配的过程,将当前情况获取的提示与图式联系起来,从现有的线索中选择最佳匹配。

图式使人们非常快速地分类和理解所感知到的信息(如"我以前见过这种情况!")。图式的功能类似于快捷键。人们不需要每次都练习认知模型来理解和预测情境信息。由于该图式已经在内存中预加载了已知的和公认的情况类别,故基本上将理解和预测作为一个单一的步骤。因此,它们是一种非常重要的机制,人们可以用它快速获得高水平的态势感知,即使在面对大量的数据时也是如此。

图式是由直接经验形成的,也可以通过阅读或听到类似案例而间接形成。医生和飞行员通常会通过讲述战争故事或病历,来帮助建立这种类型的知识存储。为了使图式有效,个体必须擅长于在情景线索和记忆中的图式之间进行模式匹配(有些人似乎在这方面比其他人更好)。

认知模型和图式的一个显著优势是,为了识别它,当前的情况不需要和以前的情况完全一样,因为人们可以使用分类映射的方式(情景特征与已知类别的特征或原型图式的最佳匹配)。这种能力就是为什么人们可以从他们的经验归纳出新的经验。例如,一个陆军上尉可能会在演习中带领他的部队进行模拟战斗,在乔治亚州南部的树林中练习战术和战斗计划。但是,当他带领他的士兵在另一个国家进行一场真正的战斗时,现实往往与实践有所不同。因此,他将使用模式匹配来找到现有条件和记忆中学习到的情景类别之间的最佳匹配,以帮助进行理解和预测,即使它们并不完全相同。如果这个匹配在关键参数上足够接近,理解和预测就会很好。然而,如果不是这样,理解和预测可能会失败。

作为对态势感知的最后一种辅助手段,人们还可以开发与每个图式相关联的脚本。脚本是在图式所代表的每种情况下要做的一系列操作。这些脚本可能是通过经验形成的,也可能是在该领域内规定的。例如,医生有一个完善的脚本,说明如何处理患有特定疾病的人;飞行员有一套完善的程序来处理不同类型的情况;军事指挥官遵循条令。虽然要做什么可能是明确定义的,但个人仍然必须使用认知模型和图式来更好地理解情况,以知道何时应用特定的程序或脚本。当这些脚本存在时,用于决定特定情况下的最佳行动方案的工作内存负载就会进一步减少。

这些不同机制的作用可以在另一个示例中加以说明。汽车修理工会倾听汽车的声音,并进行各种观察或测试。他用自己对汽车(基于年份、品牌、型号等)声音、感觉和运行起来应表现的认知模型,解释他的所见所闻,指导他应该检查什么。当他听到什么东西有问题(可能是"呜呜"声或"叮当"响声),与该提示最匹配的图式(与认知模型相关)被激活。这个图式为情境提供了一个分类,使他能够正确地理解为什么汽车会发出特定的噪声及其噪声来源和它对车辆的正常功能与安全的影响(二级态势感知),以及汽车继续被驱动下去可能会发生些什么(三级态势感知)。他还从与该图式相关联的内存中调用一个脚本,告诉他该类型的问题需要进行哪些修复。由于认知模型的存在,整个过程可以在几秒内完成。如果没有它,一个人可能需要几个小时或几天才能弄清楚车辆的状态。

考虑到认知模型、图式和脚本都是随着时间的推移在特定领域的经验而发展起来的,经验较少的个体将花费更多的心理处理时间进行态势感知,这可能使工作记忆过载,导致显著的态势感知差距。相较于经验丰富的操作者,为新手操作人员(无论是飞行员、铁路工程师还是外科医生)设计时,需要在处理过程中给予他们更多的辅助。为经验丰富的操作人员设计时，要求通过增强图式匹配过程来促进这些机制的巨大作用发挥。

总之，认知模型、图式和脚本构成了态势感知非常重要的机制，为那些有开发经验的人带来了显著的优势。当人们对特定的系统或领域有了一个完善的认知模型时，该认知模型提供了 3 方面作用：

(1) 关注关键环境线索的动态指引；

(2) 基于模型预测机制对未来状态的预期；

(3) 在已识别的情景分类和典型行动之间建立直接、单步联系，从而能够快速决策。

2.7　目标和态势感知

人们知道他们的任务或工作想要完成什么，即任务的具体目标。在所谓的自上而下的信息处理（Casson，1983）中，这些目标有助于确定在人们执行任务时应该注意哪些环境因素。例如，医生从患者处寻求关于患者正经历的病症的信息，并对患者的身体特征进行详细检查，通过主动收集信息，医生可以努力实现减轻患者身体病痛的目标；驾驶员寻求与到达特定目的地的目标相关的道路和交通状况的信息。这些都是目标驱动（或自上而下）过程的示例，也是信息处理的常见形式。在与个人目标相关的环境中搜索特定信息。

相反，数据驱动（或自下而上）处理是指信息“吸引”了人们的注意力，完全不受其目标的影响。数据驱动处理是基于固有感知特性的优先级对输入信息进行处理。例如，计算机屏幕上闪烁的图标会吸引人们的注意力，即使他们可能正试图读取其他信息。较大的噪声（如报警）和某些颜色（如红色）将同样吸引人的注意。这些提示，如果表明发生了重要的事情，可能会导致人们重新调整他们的目标。例如，如果驾驶员看到有意外即将发生，其目标将从导航变为避免意外。飞行员可以中止着陆的目标，以避让出现在飞行路径上的另一架飞机。

目标驱动的处理是指人们的态势感知被当前的目标和期望驱动，这些目标和期望影响注意力如何被导向、信息如何被感知以及信息如何被解释。人们的目标和计划决定了周围环境的哪些方面会被关注。然后，根据这些目标对感知的信息进行融合和理解，以生成二级态势感知。例如，飞行员在飞机着陆时，将专注于着陆仪表、窗外视野以及空中交通管制的指示。感知到的信息（如空速 180 节）与当前目标（如保持空速在 170～190 节之间）有关。飞行员不会关注起飞信息或维护要求,而是保持注意力,这样态势感知就专注于飞机安全着陆的目标。不同的目标(如复飞)将导致人们对相同数据的完全不同的理解。

然而,如果飞行员保持锁定给定目标,并且对那些指明新目标的更重要提示没有响应(如机场故障或飞机入侵跑道),则可能发生重大的态势感知失误。人们必须能够在数据驱动和目标驱动的处理之间快速切换,以便成功地完成任务。飞行员必须能够使飞机着陆,但如果由于另一架飞机侵入该领空而使路径有危险,飞行员需要将着陆目标改变为避免碰撞。因此,飞行员将在目标驱动处理(试图使飞机着陆)和改变目标的数据驱动处理(中止着陆以避免碰撞)之间转换,以及与新目标相关的目标导向处理之间切换。

由于动态的目标对态势感知有影响,因此有效处理这些多重、相互冲突、优先级随时间变化的目标对于态势感知是非常重要的。每个工作环境包含多个目标,这些目标的优先级在一段时间内会发生变化并可能处于直接冲突状态(如生产与安全)。一般来说,一个人在同一时间只在这些目标的选定子集上工作。如图2.7所示,态势感知将帮助确定哪个目标应该是活跃的(具有最高的优先级)。被选为活跃的或主要的目标决定了几个关键功能。

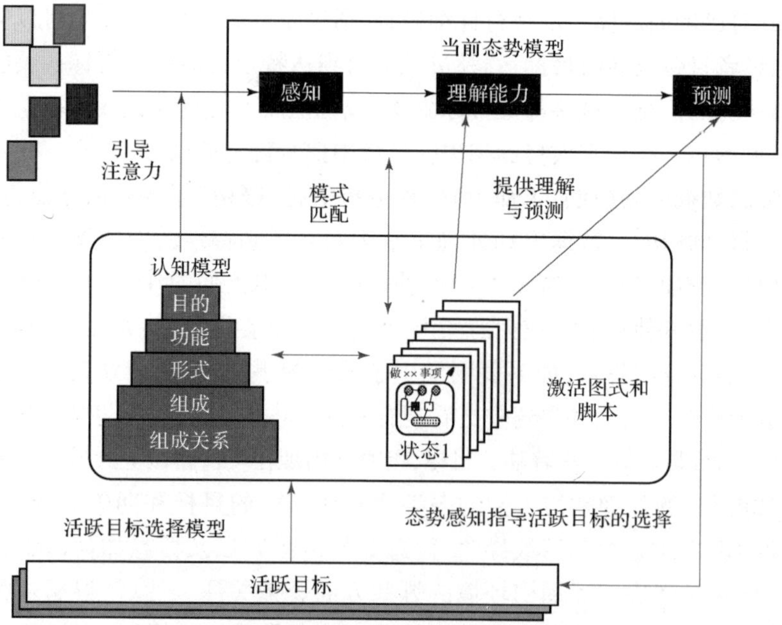

图2.7 目标和认知模型在态势感知中的作用

(《态势感知的理论基础:批评性评论》,M. R. Endsley 和 D. J. Garland(Eds)《态势感知分析与测量》,P3 - 32,LEA,Mahwah,NJ,2000b)

首先,活跃的目标指导人们选择认知模型。例如,一名陆军指挥官的目标可能是伏击一个补给车队,所以他会选择伏击认知模型。一个女商人的可能目标是在明年增加一个部门的收入,所以她会激活她对该部门营销计划的认知模型。因为认知模型在引导注意力关注环境中的线索、信息以及线索理解方面起着重要作用,所以这种选择是至关重要的。

其次,确定目标的优先级是成功实现态势感知的关键。如果人们关注于错误的目标,他们可能不会接受正确的信息,或者可能根本不去寻找所需要的信息。在许多情况下,他们可能在努力实现一个不那么重要的目标,却一直自认为正在满足当前任务要求。例如,一个正忙着向申请许可的飞行员提供帮助的空管员,可能会错过他应该执行分离两条航线目标的工作提示。执行错误的目标时,他会忽略监视显示器,而是去寻找与该目标无关的其他飞机。如果没有正确的目标,重要的信息可能没有被感知和正确理解。例如,如果医生正在努力检查患者是不是特定的疾病,则她可能错过与其他目标相关的信息(如确保患者有家庭护理)。

最后,所选择的目标及其相关认知模型将用于解释和整合感知到的信息,以便理解信息的含义。具体的目标有助于确定这些信息是否重要。如果飞行员意识到自己的高度在 10000 英尺,必须根据飞机在 11000 英尺的目标来解释这些信息,以符合空管员的指示或满足避开所有地形的目标。该目标为理解所感知信息的重要性或意义提供了基础。

在自下而上的数据驱动和自上而下的目标导向的信息处理之间的转换,是支持态势感知的重要机制之一。如果此过程失败,态势感知可能会严重失误。仅锁定到目标驱动的处理,可能导致态势感知的重大失误。如果某人不处理进行适当目标选择所需的信息,通常不会注意到其他所需的信息(即注意力狭窄)。相反,仅靠数据驱动处理是非常低效的,并且过于费力。个体将被大量相互冲突的数据流所淹没。为了取得成功,人们必须能够接受关键的提示,允许他们有效地给冲突的目标和信息进行优先级排序(自下而上的处理),同时使用目标驱动的处理方式来引导注意力和处理最重要的信息(自上而下的处理)。这两种处理模式之间的持续交互对态势感知至关重要。

通过了解一个人——无论是飞行员、司机、医生还是发电厂操作人员——是如何选择和使用目标的,设计者可以更好地理解在特定情况下所感知的信息对人们的意义。如果不理解目标对态势感知的影响,通过系统呈现给一个人的信息就没有任何意义。

2.8 预期

就像目标一样,一个人对特定情况的预定期望可以改变态势感知的生成方式。人们通常对他们在特定情况下期望看到、听到或品尝到的东西有一些想法。预期是基于认知模型、先前经验、指令和来自其他渠道的信息交流。例如,飞行员通常会得到详细的飞行前简报,对飞行途中可能遇到的情况形成预期。在制造工厂,通过提单形成了对特定待检验货物内容的预期。

预期指导着注意力的引导方式,以及理解所感知到信息的方式。例如,如果司机期望高速公路的入口匝道在公路的一侧,他就会在那里寻找它。这种方式是有效的,因为他们不需要到处寻找所需的信息。预期也提供了一个对感知信息心智处理的快捷路径的重要功能。人们开发了这种有效机制,使他们能够处理世界上的大量数据。如果没有这个捷径,工作记忆将在获取和理解来自我们周围世界的信息时超载。由于可以通过使用预期来帮助理解世界,因此人们有更多的心智资源留给其他具有认知挑战性的处理。

然而,预期是一把双刃剑。一旦出错,错误的预期也会导致对数据的误解。如果另一条路位于预期入口匝道附近,人们可能会将该道路与自身预期"错误匹配",并错误地认为他们正在转向目标入口匝道。在许多情况下,如果重要的提示没有出现在预期的位置,或者其他对象符合这些预期,那么这些提示就会被遗漏。

例如,在某些显示户外场景图片的显示器中,目标的预期位置会自动提示在计算机屏幕上(通过圆圈或指针)。人们在搜索目标时,若提示的预期位置被标记,其真实目标在其他地方,相比未标记预期位置的情况,更容易将这些位于提示位置的其他东西误判为目标(Yeh 和 Wicens,2001)。众所周知,飞行员会严重偏航,错误地将地标与他们的预期相匹配,有时会造成悲剧(Endsley,1995b)。因此,对态势感知的预期可能有好有坏。正确的预期帮助人们更快地找到东西,但错误的预期却会使人们误入歧途。

2.9 自动化与态势感知

经验对态势感知有重要贡献,因为它允许人们开发出对大多数领域至关重要的认知模型、图式和目标导向处理,这些对态势感知至关重要。然而,经验也可以导致一定程度的心理处理自动化,使一个人的行为和反应变得有些机械。模式识别/行动选择序列(刺激/反应配对)可以成为常规化,直到发展为自动化的程度(图2.8)。这可以对态势感知产生积极的影响,因为它为更高要求的任务腾出脑力。例如,一个骑自行车的人经常不用意识到他的脚在自行车上的位置,而可以专注于他想去的地方。

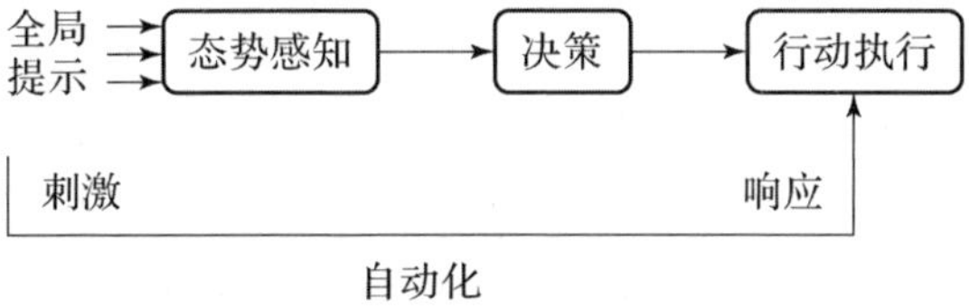

图2.8 认知过程中的自动化

(《态势感知的理论基础:批判性评论》M. R. Endsley 和 D. J. Garland(Eds)《态势感知分析与测量》第3-32页,LEA,Mahwah,NJ,2000b)

我们经常从体力任务的角度来考虑自动化。心理任务和身体任务的自动化也是可能的(Logan,1988)。在这种情况下,输入的提示(如红色的交通灯)以一个紧密耦合的顺序直接连接到动作(如踩刹车)。在从驾驶汽车到驾驶飞机的许多任务中都可以观察到自动化。自动化对态势感知有利,因为它只需要很少的有意识的注意力来处理信息,从而为其他任务腾出心智资源。这对于体力任务的自动化(如驾驶汽车或骑自行车保持平衡)尤其如此。

然而,当涉及心理任务的自动化时,这对态势感知来说也可能是一个重大的问题。在这种情况下,常规顺序范围之外的信息可能不会被关注,因此,如果这些信息很重要,态势感知就会受到影响。例如,当一个新的停车标志竖立在一个交通繁忙的回家路线上时,许多司机会直接开车经过它,甚至没有注意到这条新的重要信息。在航空领域特别强调检查清单,以帮助防止由于流程过于自动化,从而容易出现某些错误。

2.10 小结

总结这个模型(图 2.1),在复杂和动态系统中,态势感知很大程度上受到人类工作记忆和注意力局限性的影响。人们可以使用几种机制来帮助克服这些限制,如使用目标和目标导向的处理、自动化、认知模型以及与已知情况和期望的图式的模式匹配。这些机制的发展得益于特定领域的经验和培训。

因此,在一个领域的良好态势感知很少直接转化为在另一个领域的良好态势感知。这些强大的机制使高水平的态势感知在非常苛刻的情况下成为可能。然而,它们也伴随着一些代价,即在某些情况下出现错误的内在倾向。

即使在相同的信息和情况下,态势感知在个人之间也会有很大的差异。例如,不同飞行员之间的态势感知有多达 10 倍的差异(Endsley 和 Bolstad,1994)。相反,任何人能够达到高水平态势感知的程度,在很大程度上受到环境和他们所运行的系统设计的影响。这两类影响因素对于决定态势感知在特定情况下的好坏都很重要。接下来,将描述一些关键性的挑战,包括个人和环境的挑战,它们在许多不同的领域和情况下共同影响态势感知。

第 3 章　态势感知恶魔:态势感知的敌人

对许多不同工作和环境中的人来说,建立和维护态势感知可能是一个困难的过程。据飞行员反映,他们的大部分时间通常都花在努力确保他们对发生的事情的脑海画面是实时、准确的。对于许多其他领域的人来说也是如此,这些领域的系统很复杂且必须处理大量实时信息,信息快速变化且难以获得。

良好的态势感知如此具有挑战性的原因可以归结为人类信息处理系统的特征和复杂领域的特征,两者相互作用形成所谓的“态势感知恶魔”。态势感知恶魔是在许多系统和环境中破坏态势感知的因素。通过揭示这些恶魔,我们将迈出为面向态势感知的设计奠定基础的第一步。下面将讨论 8 个主要的态势感知恶魔:①注意力隧道效应;②必需记忆困境;③工作负荷、焦虑、疲劳和其他压力源;④数据过载;⑤凸显错配;⑥复杂性蠕变;⑦认知模型错误;⑧环外综合症。

3.1　注意力隧道效应

复杂领域中的态势感知涉及对环境中多方面情境的感知。飞行员必须时刻把握他们在空中的位置、飞行器系统的状态、湍流对乘客舒适性和安全性的影响、周边其他交通以及空中交通指示和许可等。空管员必须同时监控许多不同的飞机之间的间隔(在任何时刻,有多达 30~40 架飞机在他们的控制之下),还需管理飞机流量和处理飞行员请求信息,并跟进管理进入或离开他们空域的飞机。赛车手必须监控发动机状态、燃油状态、赛道上的其他赛车以及维修站工作人员的信号。

成功的态势感知高度依赖于对环境不同侧面的持续处理。有时,为了执行一个或多个任务需要同时处理多个信息片,如在驾驶的同时监控路况和监听电台的信息以了解交通状况。这就是所谓的注意力分配。人们在分配注意力方面面临着诸多的瓶颈,特别是在单一的形式下,如视觉或声音,这样它只能在有限的范围内发生(Wickens,1992)。

由于他们无法同时访问所有需要的信息,人们还建立了系统的扫描或信息采样策略,以确保他们掌握正在发生的事情的最新状况。对所需信息的扫描可能在数秒或几分钟内发生,如飞行员和空中交通管制的例子;也可能发生在几个小时内,如发电厂电力操作人员在一天需要记录数百个不同系统的状态。

在所有这些情况下,对于任何复杂程度的系统,良好的态势感知高度依赖于不同信息源之间的注意力切换。不幸的是,人们经常会陷入一种称为“注意狭窄或隧道”的现象中(Baddeley,1972;Bartlett,1943;Broadbent,1954)。当受到注意力隧道效应的影响时,人们的注意力被锁定在他们所试图处理的环境的某些方面或功能之中,并且会有意或无意放弃扫描行为(图3.1)。在这种情况下,人们的态势感知可能在他们关注的环境方面非常好,但在他们不再关注的方面将很快变得失效。

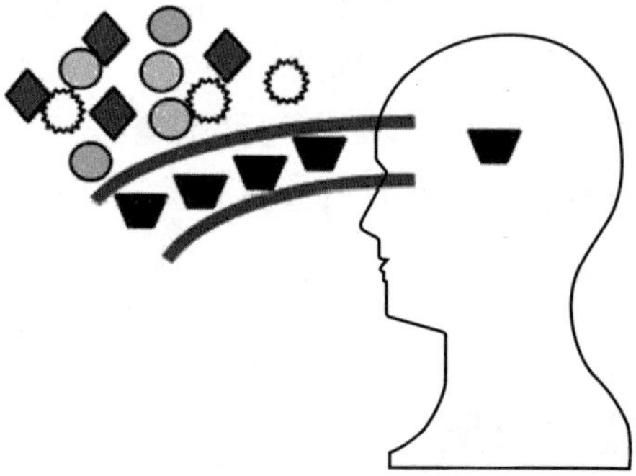

图3.1 注意力隧道效应:集中在信息的某一子集而忽略其余

在很多情况下,人们相信这种有限的关注是正确的,因为他们所关注的情况在他们的脑海中是最重要的。在其他情况下,他们只是专注于某些信息而忘记恢复他们的信息扫描。这两种情况都可能导致态势感知的严重失误。现实是,知道某些因素确实比其他因素更重要的一个先决条件是至少对正在发生的事情有一个高水平理解;否则,往往被忽视的方面被证明是态势感知失误的致命因素。

在最著名的注意力隧道效应的例子中,东方航空公司的一架飞机坠毁在佛罗里达大沼泽地,机上人员全部遇难。3名机组人员都专注于指示灯的问题,忽视了监控飞机的飞行路径,结果查明,没有正确设置自动驾驶仪(National

Transportation Safety Board,1973)。

虽然后果并不总是那么严重,但这个问题实际上却相当普遍。最常见的态势感知故障类型涉及的情况是,所有需要的信息都已呈现,但监控人员没有注意到。在研究飞机和空中交通管制事故和事件时,Jones 和 Endsley(1996)发现,35%的态势感知错误属于这类范畴。虽然各种因素导致了这一问题,但大多数人通常只是在关注与任务相关的信息,失去了对情境的其他重要方面的态势感知。

注意力隧道效应不仅仅是航空领域的问题,它在许多其他领域也必须加以防范。正如我们所看到的,技术在汽车领域使用越来越多(从手机到计算机导航系统的使用),注意力隧道效应引发的重要问题正日益凸显。据一项研究表明,开车时使用手机可使事故风险增加 4 倍,这似乎与手机是否手持无关(Redelmeier 和 Tibshirani,1997)。问题不在于身体干扰的作用,而是在于注意力的分散。频繁地在这些设备和驾驶任务之间进行注意力切换是一项挑战。同样,更多的使用科技装备,如头盔式显示器,可能会导致士兵注意力变窄,只专注于显示器上,而忽视了他们周围发生的事情。未来在这些领域和其他领域的设计工作,需要明确考虑这种注意隧道态势感知恶魔的影响,并采取措施来应对它。

3.2 必需记忆困境

人的记忆仍然是态势感知的中心。这里指的不是长期记忆(回忆遥远过去信息或事件的能力),而是短期记忆或工作记忆。这可以被认为是一个中央存储库,在这里,当前情况的特征被汇集到一起,并被处理成一幅正在发生事情的有意义的画面(由长期记忆中形成的知识和当前的信息输入共同构成)。这个存储库本质上是有限的。Miller(1956)正式提出了这个观点,人们的工作记忆空间可以容纳大约 7 ±2 个信息块(相关片段)。这对态势感知有重要意义。虽然我们可以通过使用一种称为“分块记忆”的处理过程,提升在记忆中存储大量态势信息的能力。从本质上讲,工作记忆是一个存储信息的有限缓存。态势感知故障可能是由于这个缓冲区空间不足,以及缓冲区的信息随着时间的推移而自然衰减。随着经验的积累人们确实学会了将多个信息块压缩或组合成更紧凑、更容易记住的信息块。例如,空管员不需要跟踪 30 架单独的飞机,而是需要跟踪 5 ~ 6 组不同的相关机群,这在认知上更容易管理。随着时间的推移,丰富的环境认知模型的建立大大有助于提高人们将信息整合成有意义信息块的能力,以便更高效地存储。

即便如此,信息也不会无限期地保留在这个内存缓存中。除非人们积极地努力把它保存在那里(如通过重复或重新访问这些信息);否则它就会迅速从记忆中消失(Baddeley,1986)。对抽象信息而言,如电话号码或飞机呼号,这种遗忘可能会很快发生,大概20~30秒。如果与长期记忆中的其他信息或认知模型相关联,这些信息将能保持一段时间(Endsley,1990a)。

对于态势感知,记忆起着至关重要的作用(图3.2)。态势的许多特征可能需要驻留在记忆内存中。当用户继续扫描环境中的不同信息时,必须记住以前访问过的信息,并与新信息相结合。听觉信息也必须被记住,它通常不能像视觉显示那样可以重新访问。在许多系统中,鉴于态势感知所需信息的复杂性和大容量,内存限制会造成严重的态势感知"瓶颈"也就不足为奇了。

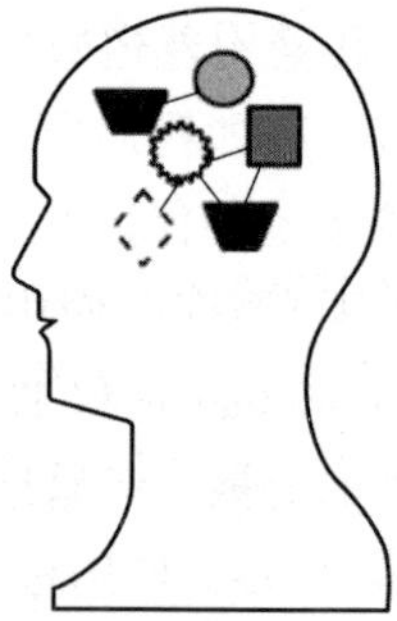

图3.2 必需记忆困境:依靠有限的短期记忆

在许多情况下,严重依赖内存记忆来提升性能的系统可能导致严重的错误。洛杉矶国际机场发生了一起重大飞机事故,当时一个工作负担很重的空管员忘记了一架飞机已经被移动到跑道上,并指定另一架飞机降落在同一跑道上。由于他看不到跑道,不得不依靠记忆来描述那里发生的事情(National Transportation Safety Board,1991)。

虽然在这种情况下很容易将过错归咎于个人,但更恰当的处理方法是归咎于系统的设计,因为该设计过分依赖于一个人的记忆。令人惊讶的是,许多系统就是这样做的。飞行员必须常态化地记住复杂的空中交通管制指令和许可,司机试图记住口头指示,机械师应该记住容差限度和系统中正在进行的其他活动,军事指挥官必须完全了解和记住许多不同的士兵在战场上的位置,以及基于稳定的无线电信息所做的事情。难怪在这些情况下实现态势感知面临的负担如此之大,因为记忆会不可避免地出错。

3.3 工作负荷、焦虑、疲劳和其他压力源

在许多环境中,态势感知受到人们必须进行操作的条件的压力。这些压力源可以有多种形式。在很多情况下,人们可能会面临巨大的压力或焦虑。这可

能发生在战场上,也可能发生在办公室里。可以理解的是,当一个人的健康受到威胁时,以及涉及自尊、职业发展或严重后果事件(如生命受到威胁)等因素时,压力或焦虑会成为一个问题。其他重要的心理压力因素包括时间压力、心理负荷和不确定性。

压力源也可以是身体上的。许多环境都有重度噪声或振动、过热过冷或照明较差。对许多人来说,生理疲劳和违反昼夜节律也是一个主要问题。例如,长途飞机的飞行员经常在夜间进行长时间飞行。士兵们通常需要在少量睡眠和大量体力劳动后开始工作。

这些压力源中的每一个都可以使态势感知严重削弱(图 3.3)。首先,他们可能导致消耗一部分工作记忆进而减少已经有限的工作记忆,用来处理和保持记忆中的信息、以便生成态势感知的认知资源自然更少了。由于对工作记忆的依赖是一个问题,诸如此类的压力因素只会加剧问题。其次,人们在压力下有效收集信息的能力较低,他们可能会较少地关注外围信息,在扫描信息中变得更加混乱,并且更有可能走入注意力隧道。人们更有可能在不考虑所有可用信息的情况下做出决定(称为过早关闭)。压力源会使接收信息的整个过程不太系统化、更容易出错,进而破坏态势感知。

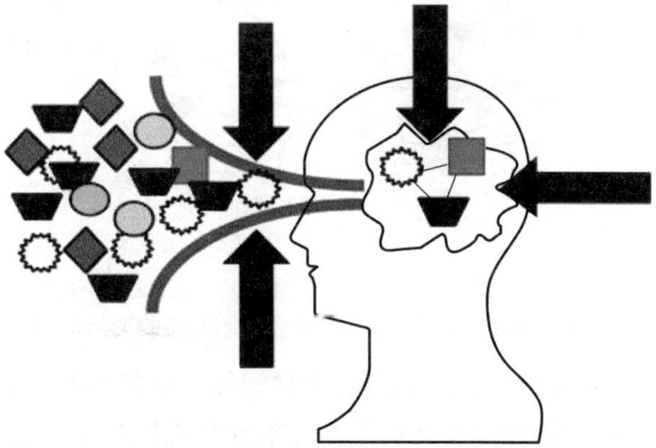

图 3.3 工作负荷、疲劳和压力恶果:降低个人处理信息的能力

显然,这些类型的压力源可以在许多方面破坏态势感知,应该在可行的情况下避免或从操作情境中设计排除。不幸的是,这并不总是可能的。例如,在战斗中,人们总是会涉及一定程度的个人风险。在这些情况下,更为重要的是设计系统支持有效和高效地获取所需信息,以维持高水平态势感知。

3.4 数据过载

数据过载在许多领域都是一个重大问题。在这些情况下,数据的快速变化产生了对信息获取的需求,这一需求迅速超过了一个人的感官和认知系统处理能力。由于人们一次只能接收和处理有限数量的信息,因此态势感知可能会发生重大的失误。人类大脑成为了瓶颈。

显而易见,这对态势感知造成了重大挑战。如果有更多的听觉或视觉信息无法处理,这个人的态势感知很快就会过时或变成空白,这些空白可能是形成所发生事情的脑海画面的重要障碍。

虽然人们很容易将这个问题视为一种人类难以应对的自然现象,但实际上,它往往是许多系统中数据的处理、存储和呈现方式所导致的结果。从工程学的角度来看,问题不是数据量,而是带宽——由一个人的感官和信息处理机制提供的带宽。虽然我们不能显著地改变管道的大小,但可以显著地影响数据通过管道的速率(图3.4)。

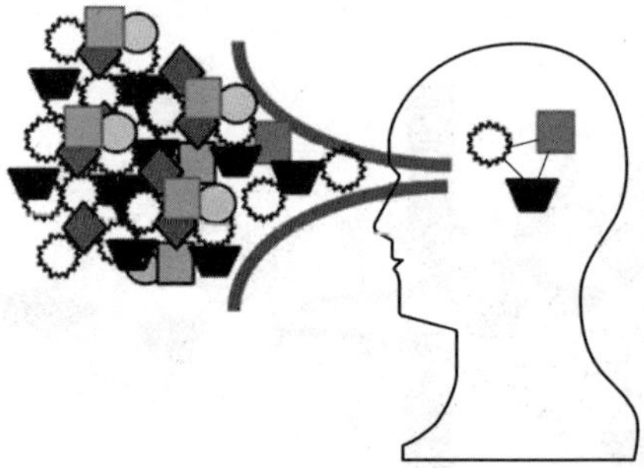

图3.4 数据过载:过量的数据会降低人类的态势感知

混乱和无序的数据通过管道的流动非常缓慢。以某些形式呈现的数据,如文本流,在管道中移动的速度也比以图形化形式呈现的数据要慢得多。通过设计增强态势感知,可以消除或至少减少数据过载的重大问题。

3.5 凸显错配

世界上有许多信息争相引起人们的注意。对于一个驾驶员来说,这可能包括广告牌、其他驾驶员、道路标志、行人、刻度盘和仪表、收音机、乘客、手机通话和其他机载技术。在许多复杂的系统中,情况与大量的系统显示器、告警、无线电或电话等类似,来竞相争夺人的注意力。

人们通常会试图寻找与他们目标相关的信息,如汽车驾驶员可以在环境中冲突的标志和物体中搜索特定的路牌。然而,与此同时,驾驶员的注意力将会被非常突出的信息所吸引。显著性,即某些形式的信息的吸引力,在很大程度上取决于其物理特性。感知系统只是对某些信号特征比其他信号特征更敏感。因此,如红色、移动的物体和闪烁的灯光比其他特征更有可能吸引人的注意。同样地,巨大的噪声、更大的形状和物理上较近的物体在吸引人们注意力方面更有优势。这些通常可以被认为对进化生存有着重要的作用,感知系统也很好地适应了这一特征。有趣的是,一些信息内容,如听到自己的名字或"火"字时,也可以具有类似的显著特征。

这些天然的显著性可以用来促进或阻碍态势感知。若运用得当,诸如运动或颜色等属性可以用来吸引人们对关键和高度重要信息的关注,因此是设计增强态势感知的重要工具。不幸的是,这些工具经常被过度使用或不恰当地使用。例如,如果在显示器上闪烁不那么重要的信息,它会分散人们对更重要信息的注意力。一些空中交通管制显示器就是这样做的,闪烁着它认为存在冲突的飞机信号,吸引着空管员的注意力。如果飞机真的有冲突,这将是一件好事。但错误告警是常见的:当操控员已经采取行动来分离飞机或飞机已经计划在某一点转弯或爬升脱离冲突。在这种情况下,使用高度显著的提示(闪烁的灯光)会产生不必要的干扰,这可能会导致操控员对其他信息的态势感知能力的下降。

在许多系统中,闪烁的灯光、移动的图标和明亮的颜色被过度使用。这就产生了拉斯维加斯大道的现象(图3.5)。有这么多的信息引起人的注意,就很难很好地处理任何一个。大脑试图阻止所有竞争信号,以便在该过程中使用显著的认知资源来处理所需的信息。

虽然在自然界中错配的显著信息可能难以控制,但在大多数工程系统中,它完全掌握在设计人员手中。不幸的是,在许多系统中,都有大量的灯、蜂鸣器、告警器和其他信号,它们争先恐后地吸引人们的注意力,经常把人们误导或淹没在信号中。不那么重要的信息可能会在无意中变得看起来很重要。例如,在一个飞行器显示器中,在飞行器符号的位置周围绘制了一个不确定性大环,其位置是从低可靠性传感器数据确定的。这导致了一个意想不到的后果,即将飞行员的注意力引向这种较不确定的信息上,并且使它看起来比基于更确定的信息显示的其他飞行器更重要。因此,当实际上需要相反效果时,他们周围的

图3.5 凸显错配

圆圈会小很多。错配显著信息是系统设计中需要避免的一个重要的态势感知恶魔。

3.6 复杂性蠕变

与数据过载这一恶魔相关的是复杂性蠕变的恶魔。在新系统开发中,复杂性日益泛滥。许多系统设计者随着功能升级的实践,不知不觉释放了复杂性。电视、录像机甚至电话,都有如此多的功能,以至于人们很难形成并保持对系统如何工作的清晰认知模型。研究表明,只有20%的人能够正确地操作他们的录像机(Hoffberg,1991;Verity,1991)。在消费品使用中,这可能会导致消费者的烦恼和沮丧。在关键的系统中,它可能会导致悲剧的发生。例如,飞行员反应,在理解飞机上的自动飞行管理系统在做什么以及它们下一步将做什么方面存在重大问题(Wiener,1989;Wiener 和 Curry,1980)。即使对于使用这些系统多年的飞行员,这个问题仍然存在(McClumpha 和 James,1994)。

这个问题的根源在于,复杂性使人们很难对这些系统如何工作形成足够的内部画像。功能越多,控制系统行为的规则和分支越复杂(图 3.6)。

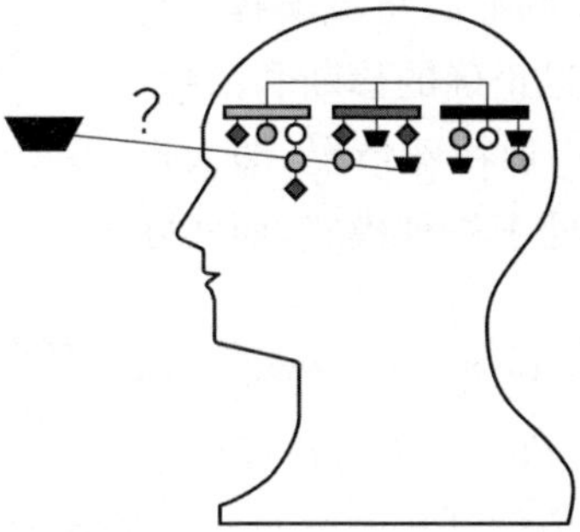

图 3.6　复杂性蠕变:具有太多功能的系统使一个人难以形成有关系统如何工作的准确认知模型

复杂性是一个微妙的态势感知恶魔。虽然它会降低人们获取信息的能力,但它主要是破坏人们正确理解所呈现的信息和预测可能发生事情的能力(二级态势感知和三级态势感知)。人们不会理解这些情况的所有特征,这将决定一些新的和意想不到的行为;也不会理解系统程序中的微妙性,这将导致它以不同的方式工作。应该指明,系统正在发生事情的提示将被完全误解,因为涵盖系统全部特征的内部认知模型没有充分建立起来。

虽然训练通常是这个问题的解决方案,但现实是,随着复杂性的增加,人们对不经常发生情况下的系统行为缺乏经验的可能性更大,这就需要更多的训练来学习系统,并且将更容易忘记系统的细微差别。我们将在第 8 章中讨论在态势感知设计中克服复杂性的问题。

3.7　认知模型错误

认知模型是在大多数系统中建立和维护态势感知的重要机制。它们构成了一个用于获取信息的关键理解机制。它们告诉人们如何组合不同的信息、如何理解这些信息的重要性以及如何对未来将发生的事情进行合理预测。然而,如果使用一个不完整的认知模型,可能会导致糟糕的理解和预测(二级态势感知和三级态势感知)(图 3.7)。更难发现的是,有时可能会用错误的认知模型来解释信息。例如,习惯于驾驶某种飞行器的飞行员,由于使用对于先前飞行器正确的认知模型,可能会错误地理解新飞行器的信息显示。当重要的线索被误解时,就导致了事故。同样,当患者被误诊时,医生可能会误解患者的重要症状。新的症状将被误解为符合早期诊断,从而严重延迟正确的诊断和治疗。模式错误是这个问题的一种特殊情况,即人们误解信息,他们相信系统处于一种模式,而实际上系统处于另一种模式。

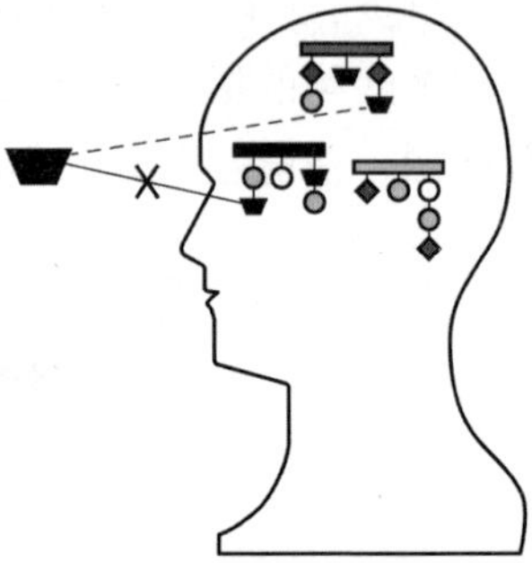

图3.7 错误的认知模型:使用错误的认知模型导致信息误解

在许多多模式的自动化系统中,模式错误是一个值得关注的问题。例如,飞行员误解了显示的下降率信息,因为他们认为自己处于下降率是以英尺/分钟为单位的显示模式,而实际上以度为单位显示。

这种错误的认知模型恶魔是有潜在风险的,也被称为表征错误,人们很难意识到他们是在一个错误的心理模式的基础上工作,并摆脱它。一项针对空管员的研究发现,即使已经有非常明显的提示,已经激活的错误认知模型在66%的时间内也不会被检测和理解(Jones 和 Endsley,2000b)。人们倾向于避开那些有矛盾冲突的线索去解释,以适应他们所选择的心理模式,即使这些解释是牵强的。因此如果有错误的话,人们也很难发现。这不仅会导致态势感知较差,还会导致人们很难基于冲突的信息发现和纠正自己的态势感知错误。

因此,避免让人使用错误的认知模型的情形和设计是非常重要的。自动化模式的标准化和有限使用,是可以帮助最小化这种错误发生的关键原则的示例。

3.8 环外综合症

自动化导致了最终的态势感知恶魔。虽然在某些情况下,自动化可以通过消除过多的工作负载来帮助态势感知。但在某些情况下,它也可以降低态势感知。许多自动化系统带来的复杂性,以及当人们错误地认为系统处于一种模式,而实则不然的模式错误时,都是与自动化相关的态势感知恶魔。此外,自动化会使人脱离闭环,从而破坏态势感知。在这种状态下,人们对自动化如何执行以及自动化应该控制的要素的状态(图3.8)生成不良的态势感知。

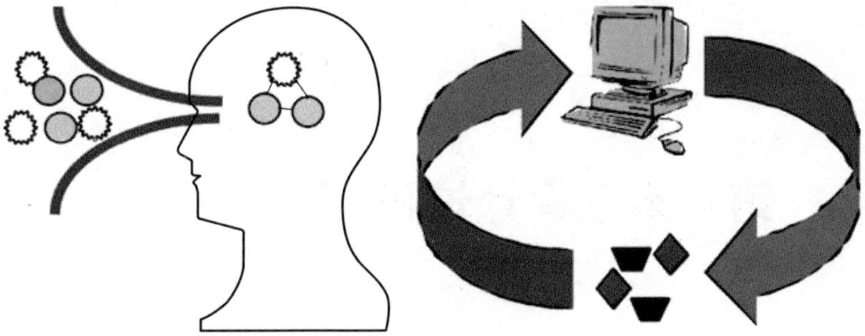

图 3.8　环外综合征:自动化将削弱态势感知

1987 年,一架飞机在底特律机场起飞时坠毁,机上除一人外全部遇难。对坠机事件的调查显示,自动起飞配置和预警系统出现了故障(美国国家运输安全委员会,1988)。飞行员没有意识到他们在起飞阶段错误配置襟翼和缝翼,也没有意识到自动化系统没有像预期的那样支持它们。尽管任何事故的原因都很复杂,但这是由于自动化方法让人脱离控制系统功能环路、导致态势感知错误的一个例子。

当自动化良好运行时,处于环路之外可能不是问题,但当自动化出现故障,或更频繁地出现未被运用于处理态势情况时人不在环路中往往不能检测到问题,也不能正确解释所提供的信息,并及时干预。这个问题的根本原因和解决方案将在第 10 章中进一步阐述。随着从厨房电器到发电厂等各种自动化辅助设备的使用增加,适当的自动化设计以避免"环路外综合症"是至关重要的。

3.9　小结

由于人类信息处理的固有限制和许多人造系统的特点,许多陷阱可能会破坏态势感知。支持态势感知的设计需要考虑到这些态势感知恶魔,应尽可能避免。良好的设计解决方案为人类能力的限制提供了支持,并避免了人类处理的已知问题。

在下一章中,将讨论系统设计的总体方法和方式。在这本书的其余部分中,将制定构建系统的设计原则,以增强态势感知,并将操作者成为这些态势感知恶魔牺牲品的可能性降至最低。

第 4 章　设计过程

4.1　系统开发生命周期

为了更好地理解如何在系统设计中纳入态势感知，下面对许多不同行业所使用的典型系统设计过程做一个简单的概述。尽管系统各个阶段的名称和确切的过程在不同的行业和不同的公司之间可能有较大不同。然而，一般来说，这里介绍的过程和设计周期的广泛描述，对许多不同类型的开发工作都有作用。

4.1.1　瀑布设计模型

系统开发生命周期如图 4.1 所示。它的范围从最初确定产品（或产品改造）的需求到产品的部署和使用。在这里，它被描述为一系列阶段，每个阶段都

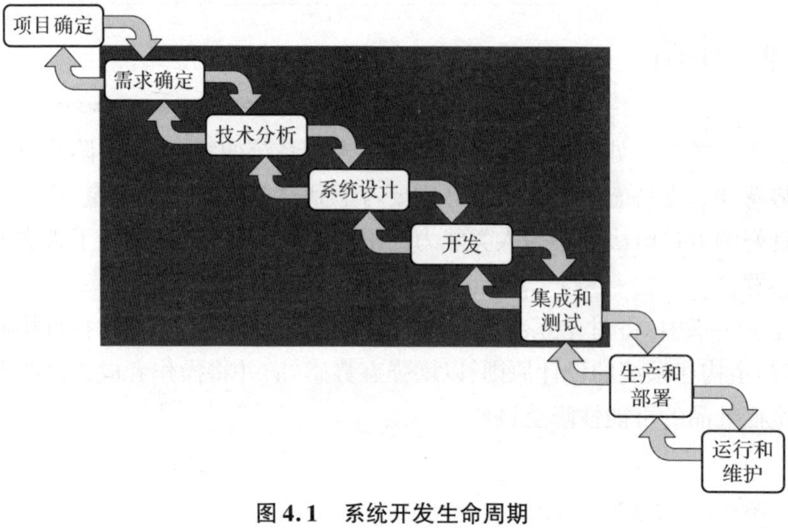

图 4.1　系统开发生命周期

流入下一个阶段。然而，由于可以重新审查不同阶段的资料，并根据在后期阶段出现的必要订正完成进一步的工作，因此，后期阶段的资料也是反向流动的。这个模型通常被称为瀑布设计模型（Chapanis，1996；Hoffer 等，2002；Meister 和 Enderwick，2002）。

4.1.2　并行工程模型

作为对基本设计模型的修改，从并行工程模型认识到，在现实世界中，这些过程并不是在一个阶段的工作完成后，下一个阶段的工作才开始。实际上，系统开发的生命周期可能看起来更像图 4.2 中所示。当工程师们并行开展分析、设计、测试和开发工作时，各个阶段会出现大量重叠。

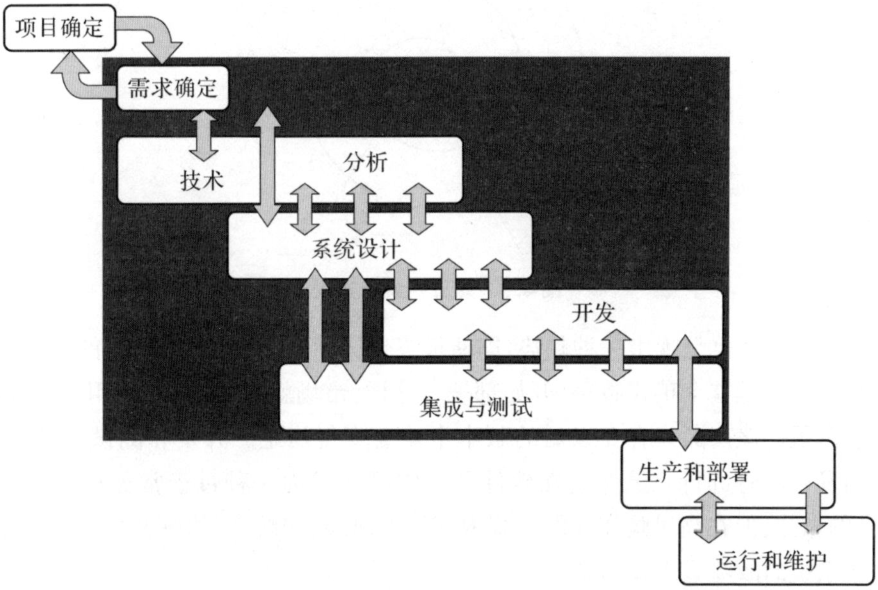

图 4.2　系统开发生命周期的并行工程

并行工程不仅可以在不同阶段同时完成缩短进度，而且还强调使用集成产品团队，该团队由来自许多不同专业的人组成（如市场、制造、销售和工程），他们可以从不同维度为研发流程提供决策支持。但此时修改难度要小得多，从而减少了后期对产品设计的修改需求，也缩减了成本。公司可以通过使用集成产品团队和并行工程，来消除或最小化因提升产品可制造性/可维护性而进行的高成本重新设计。

在许多行业中，在技术分析、系统设计、集成、测试和生产方面的重叠已经变得相当普遍。一般来说，每个阶段的信息和结果都会相当频繁地流向下一个阶段。在早期设计的基础上,人们开发出软件和硬件的模拟模型和原型用于测试。

对早期原型进行测试,并将结果反馈给正在进行的设计过程,以便进一步修改。当发现漏洞和弱点,或市场上出现新技术的时候,同时进行额外的技术分析和研究。这项工作是在一个持续不断的周期中完成的,通常被称为螺旋式设计模型(图4.3)。在循环的每一个迭代过程中,焦点变得越来越窄,剔除无效的想法并回答设计问题,从而凝练最终的设计理念。

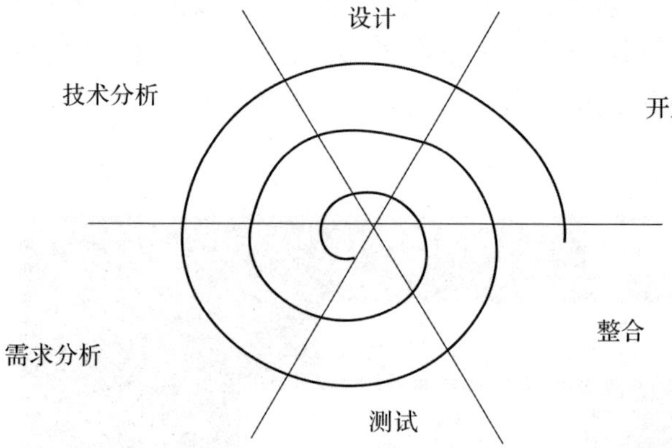

图4.3 螺旋式设计过程

软件行业也呈现出一种趋势:即便最终代码尚未完成,早期版本的软件(测试版或有时是首个正式版)已开始部署。这样,市场就成为试验台,用户就变成了小白鼠。该产品只有在以后的版本中才会变得稳定。开发和测试与产品的早期发布同时进行。虽然这在软件开发中已经成为一种过于常见(且令人沮丧)的做法,但在高风险作业的系统中却很少出现,如航空、驾驶或发电厂管控,这些系统的故障成本相当高。

这种做法的一个好处是产品可以更快地推向市场。缺点是测试版的部署严重忽略了系统用户,让他们去寻找程序错误、应对系统崩溃,甚至通常很难让软件正常工作,将来即使问题已经得到解决,也可能会让这些客户不愿再次使用该产品。虽然这种做法在软件行业非常普遍,但并不鼓励这样做,因为它对用户不仅不友好,实际上是对用户相当不友好。它完全忽略了用户方面的成本:因为用户遭受了工作时间损失、功能退化和数据丢失的后果。

并发工程带来了一定挑战,但可以通过明智的管理来实现以用户为中心的设计目标。然而,应该避免同时部署系统,以防止挫伤和疏远当前和潜在的系统用户。

4.2 用户界面设计流程

本节不再深入介绍整个系统开发生命周期，而是只关注那些与系统功能、界面设计与开发密切相关的各个方面，如图4.1和图4.2中的阴影区域所示。我们将讨论如何在这个过程中解决系统管理人员的态势感知需求。图4.4所示为一个简化的设计模型。

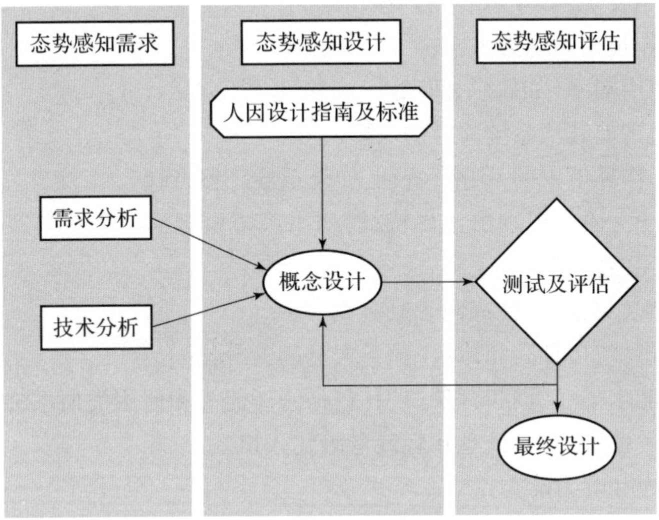

图4.4 用户界面设计流程

4.2.1 需求分析

需求分析可能是设计过程中最重要的阶段之一。在这个阶段，有必要将项目的宽泛目标和目的转化为具体的系统需求。该分析将包括许多不同的考虑因素。

一般来说，设计者会制定一个操作概念，描述他们对所提议系统如何使用的愿景。这一概念包括应使用该系统执行的任务或功能的类型，以及该系统可以赋予用户的能力。该描述为该系统的预期用途和功能提供了重要的背景知识，应该仔细地记录下来所执行的功能（如从A点到B点的导航）和任何操作限制（如时间要求或可靠性要求）。

除了操作概念外，在这一阶段，确定该系统的使用环境条件是非常重要的，

通常包括以下因素:

(1)环境噪声水平;

(2)照明水平;

(3)对天气和温度变化的敏感度;

(4)振动;

(5)隐私;

(6)安全要求;

(7)预期操控步调;

(8)使用姿态(如坐着、站着、移动时);

(9)工作负荷和压力水平;

(10)使用频率(如偶尔、间歇性、频繁、连续);

(11)与当前其他系统整合的需要;

(12)工作环境中的不寻常特征,如失重或环境毒性。

在此阶段,还应识别出用户特征,列出系统所容纳的用户类型及其相关特征。这应该包括以下内容:

(1)性别(男性、女性或两者兼有);

(2)体型,包括身高和体重(配备人员的百分比);

(3)技能水平、培训和背景知识(包括阅读能力和使用类似系统的经验);

(4)年龄范围(特别注意年轻或老龄化人口);

(5)视力和听力能力;

(6)需要适应的语言;

(7)需要配备的特殊衣服或其他设备(如手套、口罩或背包);

(8)任何身体残疾或特殊要求;

(9)需要在同一系统上容纳多个用户。

最后,应明确系统用户的操作需求,包括以下几方面的考虑,人们在工作中进行作业和操作的方式、所采用的物理和认知过程的类型、与他人互动的需求以及态势感知需求。通常,这是通过认知任务分析来进行的。目前存在多种认知任务分析的变体(Schraagen 等,2000),大多数使用一种或多种方式的组合,包括对有代表性的类似环境中的操作进行观察、与学科行业专家(SME)的访谈以及查阅相关领域的可用文件。当开发一个全新的系统,而现有用户和系统又不存在时,这些分析通常是基于与新系统尽可能相似的用户和系统展开。

本书描述了一种被称为目标导向任务分析(GDTA)的认知任务分析形式,它已被用于识别各种系统和领域中操作人员的目标、决策和态势感知需求。在

第 5 章中将对系统操作者的安全要求进行全面描述,构成了创建支持和加强安全要求的基础。

操作概念、环境约束、用户特征和操作需求共同构成了设计过程的基本输入。然后,必须将这些文档转换为一组可实现的系统需求。系统要求为工程师规定了系统硬件或软件必须做什么,以及它必须具有哪些特性来适应环境、操作和用户的约束和特性。例如,如果用户有 20/20 的矫正视力,并在大约 20 英寸的观察距离内操作设备,那么系统要求就是 10 号或更大的字号。制定一套明确的系统要求,需要设计人员有能力将广泛的人因数据和设计准则应用于每个具有独特的环境、用户和操作的项目中。

建立一套工程标准是至关重要的,它可以明确由人类可用性和态势感知需求产生的系统要求。此阶段确定的系统要求将推动工程开发和评估流程。一个系统的典型工程要求可能是:网络数据传输在 6 秒钟之内完成,且该传输成功率达到 90% 。然而,这样的要求完全忽略了人工处理要素。用户可能会被糟糕的数据所淹没,而由此产生的系统仍然会满足所有的工程指标,并被判定是成功的。通过将人类的需求转化为系统需求,可以避免下游的许多问题。在本示例中,更以用户为中心的合适的系统要求是,关键信息变化需在 2 秒内被用户察觉,或者要求能够为用户展示 90% 的高优先级信息的态势感知。这种性质的要求将有助于确保设计人员理解,他们的工作不是信息传输到系统后就完成了,而是信息必须有效地显示出来,以便人类理解和使用。

4.2.2　技术分析

技术分析通常与需求分析同时进行,并且经常是许多公司组织的一项持续性活动。技术分析通常包括对市场上与公司产品线相关产品的持续调查,可能包括新传感器、计算机架构、通信和网络设备、自动化和控制软件以及控制和显示硬件和软件。此外,许多公司都有持续进行的内部研发(IR&R)项目,意在积极开发这些领域的新技术能力。

从态势感知的角度来看,这些技术中有许多可以用于改善向系统用户提供信息的质量和数量。一个积极的内部研发项目致力于确定新技术的最佳设计特征,以提高人类绩效。例如,它可以明确头盔式显示器的不同视场和显示分辨率对人们执行各种任务时绩效的影响。这样就可以建立关于不同技术在提高态势感知和性能方面的相对优势的信息。

技术分析通过确定可用于收集和向用户展示的态势感知需求,以及允许用户与系统交互的设备范围及其特性、特征,为设计过程做出了第二个重要贡献。

这些技术将在概念设计阶段被纳入选型考量。

4.2.3 概念设计

在概念设计开发阶段,分为几个不同的活动。

1. 功能分析/功能分配

传统上,功能分析和分配是设计的第一步。功能分析包括确定完成工作所需要执行的基本功能。它并不指定由谁来完成这些功能或如何完成这些功能,然后进行功能分配,指定由谁来完成各个功能(人、机器或两者的组合)。

实际上,功能分配是界面设计工作的一个组成部分。引入自动化来执行各种任务,对监督或与自动化一起工作的个体操作人员的态势感知有着深远的影响。这样的决策不能脱离界面的设计。功能分配与其他界面设计任务同时进行是最恰当的,并且应该进行相同的建模、仿真和测试工作。

传统上,人们会制定一些清单,为设计师提供建议,指明哪类任务更适合人类来完成,哪些更适合机器来完成。然而,这种方法在很大程度上已经不再受欢迎(Sanders 和 McCormick,1992)。这是因为:①技术已经发展到如此程度,计算机已经可以完成以前只有人类能够完成的任务,模糊了两者之间的界限;②人类普遍认识到很少有任务能够完全由人或机器单独完成。相反,大多数任务都是由两者的有机结合来执行的,有时是同步协作的、有时是动态交替的,因为一项功能的控制权在不同的时间来回转换。第10章将提供一些指导方针来指导关于如何将自动化应用于系统设计的决策。

2. 用户界面设计

设计的核心是一个创造性的过程,用户界面(UI)设计也不例外。可以有很多可行的方法来设计满足一定要求的系统。考虑到现有的数不胜数的技术,以及显示和控制要求对这些技术的数以百计的排列组合,设计者可以产生各种各样的设计概念。

从可用性的角度看,几乎不可能测试所有潜在的设计来发现它们的不足之处。应对该问题的时间和费用是通过应用一套完善的人因原则和设计指导方针来管理的,这些原则使设计人员能够避免设计过程中的许多陷阱。这些准则是在半个世纪的科学测试和经验数据收集的基础上制定的,确定了如何最佳地设计系统组件,以提高人类的使用效率。包含这些准则资源的较好示例有以下几个:

(1) Boff、Kaufman 和 Thomas (1986);

(2) Eastman Kodak Company (1983);

(3) Sanders 和 McCormick (1992);

(4) Salvendy (1987);

(5) Woodson、Tilman 和 Tilman (1992)。

这些准则主要集中于系统的感知和物理设计,它们包括关于如何展示不同类型的视觉、听觉和触觉信息的详细数据,以便人们能够成功感知信息。它们为各种类型的按钮、旋钮、键盘和连续控制设备(包括机械和计算机化系统)的最佳设计提供了指导方针,以便在系统操作和数据输入中最大限度地减少错误和提高绩效。它们也有大量关于工作空间的物理设计的信息,以适配人类的身体能力(例如,如何最好地支持提起和携带要求,设计手工具、座椅和其他设备以尽量减少对用户的伤害,以及将设备放置在何处以使用户有最好的可视性和物理可及性)和如何设计系统来补偿各种环境问题,如照明、气候、噪声和振动。

这些设计准则为态势感知构成了一个非常必要的基础。如果一个人看不到或听不到他们需要的信息,态势感知就不可能存在。然而,单凭这些准则,通常还不足以指导在苛刻的环境下支持高水平的态势感知系统的设计,这是由以下几个原因造成的。

首先,这些准则大部分情况下是在组件级别上。态势感知,就其本质而言,不仅受到单个系统组件设计的影响,还要受到这些组件集成方式的高度影响。因此,虽然单独看两个组件可能很好,但当在一个要求苛刻的场景下一起查看时,态势感知在不同信息表现上可能时好时坏;或者由于用户已经可以在环境的其他地方获得所需的信息,因此添加某些显示器可能不会受到太大影响。虽然确实存在一些集成准则(如提供整个系统的标准化、控件和显示器之间的兼容性以及在一个面板上排列多个控件的方法),但要创建一个支持态势感知的整体集成系统,还需要做很多工作。

其次,这些准则主要集中在人类的感知和身体属性上,而不是他们的认知属性。正如我们需要设计适合人体的座椅一样,我们同样需要设计系统来支持人类获取和处理信息的方式。这种状况在很大程度上不仅是由于历史上开发的系统类型不同,还是因为心理学领域的发展,该领域已经从严格的行为主义发展到那些更关注人类认知的方法,如认知工程(Hollnagel 和 Woods,1983;Norman,1981、1986;Woods 和 Roth,1988)和自然主义决策(Klein 等,1993a;Zsambok 和 Klein,1997)已经为建立人类认知知识基础做出了很大贡献。

本书提供了一套旨在增强态势感知的设计准则和方法。这些准则并不能取代其他人因标准和原则,而是对它们的补充,它们为通过系统设计解决人们在复杂的动态系统中获得和保持高水平的态势感知时遇到的问题提供了进一步的准则。

3. 概念产品设计

这个设计过程的产品可以用多种方式来表示,既可以简化设计过程,也可以记录系统设计。主要包括以下内容:

(1)流程分析或操作序列图;

(2)任务分析;

(3)时间轴分析;

(4)链路分析;

(5)用户界面规范。

流程分析或操作序列图以图形方式表示系统和/或用户使用的决策序列,显示信息输入、决策和其他为完成每个功能需要执行的操作顺序。

任务分析列出了用户必须使用系统执行的实际任务。虽然有时这些分析是作为设计的前奏进行的,但它们实际上非常依赖于所开发的实际系统的技术和设计,因此更适合作为设计文档。任务分析用于确保所有任务序列都可以轻松地执行。

时间轴分析显示了必须沿着时间轴执行的任务。该分析能够凸显同时执行不同任务的需要和潜在工作负载问题,以及设计和任务性能要求之间的匹配。虽然对于任务总是按设定的顺序完成的工作来说这些操作很简单,但对于任务顺序会根据事件进展而发生极大变化的工作来说,它们变得极具难度或毫无意义。人们已经开发了不同类型的计算机建模工具来帮助解决这个问题,其中许多工具基于输入假设生成可能的任务序列,从而可以考虑并发任务性能要求的不同可能性。

链路分析显示了设计元素之间的相互关系网络,最典型的是不同的控制和显示,定义了关系的重要性(如它们与同一功能相关多少)或关系的频率(如它们需要依次使用的频率)。链路分析允许设计者检查设计布局在多大程度上便于控制和显示,由于它们与任务的执行相关,不断迭代设计,直到它更好地促进这种链接。通常,当系统包括许多不同的物理显示和控制装置布置在一个房间或整个工作站时,这些分析是有用的。尽管它们可以用于计算机显示界面的设计,但实际上它们的应用频率并不高。

用户界面规范是一个文档,它包括文本、图形,通常还有用户界面的显示和控制的流程图。它详细地记录了在设计过程中产生的结果设计概念,以便硬件和软件工程师可以实现该设计概念。

许多人认为用户界面是在工程师设计了物理系统之后产生的,然后被设计为允许人类互动和操作的前端。因为整个系统的有效性在很大程度上不仅取决于显示器和控制器的物理性质，还取决于系统的固有功能（其特性、逻辑算法和自动化决策），这种方法的效果相当差。在项目结束后开发用户界面时，对系统设计进行必要的修改变得显而易见，也是相当昂贵且困难重重，但通常根本不会发生。

理想情况下，用户界面需要在设计阶段的早期就被定义，并能够有效地成为工程设计和开发过程的关键驱动因素。由于系统设计的许多方面在早期并不为人所知（如到底会使用哪些技术以及它们的特点是什么），因此用户界面规范实际上是一个"动态文档"。随着界面设计通过迭代测试和评估的成熟，以及硬件和软件工程设计的进展，它可以在设计过程中经过多次修改。

最初，从提高整体用户系统性能的角度来看，用户界面设计规范可以描述某种理想设计。随着工程设计过程的进行，由于时间或预算的限制，某些特性经常会被删减。尽管如此，这样的描述仍然可以形成设计过程的有用目标，且一些特性可以在系统的后期版本中实现，即使它们最初还没有包括在内。这些工作需要不断地从技术分析和其他正在进行的工程设计中获取信息，以便在可能的情况下实现，进而形成系统理想目标。

4.2.4　原型开发

在设计阶段概念化产生的概念设计（以及概念设计的变体）模型、模拟和原型是非常有用的。它允许多人（包括工程师、程序员、营销人员和潜在用户）对系统功能和外观形成一个共识。除了为讨论提供一个共同的参考框架外，这些原型还为在设计过程的早期发现设计问题和缺陷提供了基础。如果没有开发这样的原型和模型，许多重大的问题和缺陷只有在进行了高成本的开发过程之后才会发现，此时再对设计进行改变更有可能因为成本太高而被抵制。原型开发可以采取多种形式，通常从成本相当低的保真度模型和原型开始，直到更复杂的模拟和现场测试（图 4.5），由于许多设计问题已被解决，从而最终设计也得到了调整。下面将更详细地讨论原型设计的每个渐进层次。

图 4.5　原型设计是整个流程的基础

1. 建模

有许多类型的模型可以帮助评估用户界面设计概念。这些模型包括以下几个:

(1)评估系统的物理布局,包括可视性、物理适配性和可及性,如 SAMMIE (SAMMIE CAD Ltd. ,1990)和 COMBIMAN(Evans,1978);

(2)评估工作量问题,如 MicroSAINT(Laughery 和 Corker,1997);

(3)评估人力负荷、培训和人员问题,如 IMPRINT(Allender 等,1997);

(4)根据输入参数预测人类信息处理特征,该类模型包括 MIDAS(Banda 等,1991;Laughery 和 Corker,1997)、COGNET(Zachary,1998;Zachary 等,1992)、OMAR(Deutsch 和 Adams,1995;Deutsch 等,1997)和 ACT - R(Anderson,1993;Anderson 和 Lebiere,1998)。

关于这些模型的更多信息可以在 Pew 和 Mavor(1998)中找到。在系统原型可用之前,这些模型对于检查早期设计阶段的特定方面都有用。它们的另一优势在于,能够相当便捷地对多种设计方案的变体进行评估。缺点是,为了从这些模型中获得良好的输出,通常需要花费大量的时间和精力对任务、设计概念特点和系统的特征进行充分建模;验证将要作出设计决策的模型的质量也可能相当困难。模型经常是在关于用户特征、环境、任务和系统设计的许多假设的基础上构建的,而每个假设都会显著影响模型的输出。为了验证所开发的模型,通常需要进行某种类型的系统仿真。

虽然现有的物理模型相当好,但在考虑的人类认知组成部分的数量以及从这些模型对人类表现的良好预测的程度方面,认知模型仍然相当有限。尽管许多这些模型仍在持续开发,以更好地完成它们在系统设计中的作用,但总的来说,仍然需要使用快速原型设计和用户在环模拟,才能更好地预测人们在特定系统设计中的表现。

2. 快速原型化

概念设计的快速早期原型形成了用户界面开发的重要基础。快速原型设计是一个重要的工具,它使设计人员能够做出良好的设计决策并淘汰糟糕的决策。通过在计算机上快速模拟潜在的功能分配和显示构想,可以对它们的可行性进行更现实的评估。这些原型可以从相当简单的静态绘图和故事板,到具有一些模拟功能的系统显示和控制的计算机化描述。对于大多数系统来说,能够看到显示器的外观以及它们在不同系统条件、自动化能力、信息流和用户输入时的变化,对中小企业和有代表性的用户来说是非常有用的。音频显示和触觉显示也可以进行类似的原型设计。

最重要的是,这些原型是在早期创建的,允许工程师和用户提供所需的设计输入,从而实现设计融合。可以相当容易地设计出多个显示和控制选项,因为在这个阶段,实际驱动系统行为的软件通常只是概略模拟。“绿野仙踪”的技术可以在快速原型中开发使用,在快速原型设计过程中,实验者在幕后输入信息,以模拟系统可能做什么或根据他们的输入向用户显示什么(Green 和 Wei-Haas,1985;Kelley,1983)。另外,还可以提供成套的情景(动画),显示系统在特定条件下的外观。像微软的 Powerpoint 或 Macromind 的 Director 这样简单的工具可以用来创建这些原型,或者可以使用专门为快速原型设计的更复杂的软件包,如 Emultek 的 Rapid、Virtual Prototypes 的 VAPS 或微软的 VisualBasic。虽然这些工具可以很容易创建原型,确实需要一些编程能力和专业知识来学习如何使用它们。

快速原型设计最适合早期概念探索。它允许收集一些关于潜在设计概念的主观输入和客观数据集合。例如,显示器、标签和图标的直观性,可以通过诸如查看用户在为特定任务选择按钮时出现的错误来检查。快速原型设计有利于评估用户界面组件(如特定的子系统),但在评估更复杂情况下的完整集成系统方面能力就比较有限。在这些情况下,通常需要进行模拟测试。

3. 模拟测试

概念的快速原型化在设计的早期阶段是极其重要的。虽然让知识渊博的用户审查这些原型并提供主观评论可以获得许多信息,但人们发现,在模拟使用设计概念时,收集更详细的数据的客观测试和评估,是至关重要的。这种模拟测试更有可能提供关于性能问题以及不同设计方案的相对成本和收益的详细数据。基于这些信息,将完善设计概念,剔除存在问题的部分,优化合理的部分,并以迭代方式重新评估,直至选定最终设计。在设计过程中,尽早和经常使用快速原型设计和用户在环模拟是用户界面设计中减少风险的一个关键因素。

随着设计概念的完善和过程临近最终设计,模拟的范围和保真度增加。早期的测试可能只检查系统的子组件,而后期的测试往往涉及更全面的系统组件和更广泛的环境特征。这个过程的有效性在很大程度上受到模拟的质量和真实性、场景的全面性以及用于评估概念的措施的真实性和敏感性的影响。

模拟可以是低保真度的,在一台简化版本任务环境的简单台式计算机上进行。微软 FlightSim 和威森国际的 TRACON Ⅱ是通用航空和空中交通管制领域的此类程序的例子。大多数这些软件包的一个重要限制是当前显示修改或收集数据的工具非常有限。很多时候,需要创建专用模拟来支持测试。

一般来说,这些工作在设计过程的后期会发展到更高保真度的模拟。这些模拟可能从基于个人计算机的模拟,到为各种领域和系统开发的相对复杂的虚拟现实模拟器。在航空领域,经常使用全驾驶舱模拟器,其中包括待测飞机模型的控制、显示,以及系统行为的非常精确的物理和功能表示,模型可以是固定基座式的,也可以是全运动能力。高保真模拟器也存在于驾驶、指挥和控制、空中交通控制和发电厂操控中,最近还被开发用于麻醉学领域。

模拟为测试综合概念(执行任务所需的跨系统的多种显示和控制)提供了理想的平台。最重要的是,可以收集到各种各样的客观数据。在这个层次的原型设计中,无论是低保真还是高保真的模拟,都可以收集到对态势感知操作者的直接评估。仿真提供了关于在设计过程早期不同设计决策影响的详细、客观数据,此时可以很容易地做出调整,从而避免后期发现问题产生的过高成本。

4. 现场试验

在许多领域,也可以使用现场测试,有时甚至比模拟更常用。这通常是由于历史原因——过去缺乏适用的模拟手段。例如,在医学领域,虽然最近开发了一些人体模型的病人模拟器,但许多产品开发和测试可能是在临床试验中进行的。在临床试验中,少数医生可能在一定的情况下使用该设备进行实际病例诊断,为保障安全,通常还会辅以其他已获批准的技术和流程。在实际工作情况下这些设备的原型被开发并用于测试。在许多航空和军事系统中,系统的操作测试和评估是在现场条件下用全功能系统原型进行的,这是设计过程模拟测试的最终事件。

在考量环境条件和场景中,现场测试提供了更大真实性的优势。因此,收集的数据往往具有很高的表面效用。不利的一面是,在现场测试中它很难进行试验控制。也就是说,创建场景和测试,让用户和系统暴露在完全相同的要求、条件和事件中,可能是一种挑战,因为很多事情,如场景中的人做什么,可能是设计者无法控制的。因此,不同的系统设计之间出现的性能差异可能很难归因于设计,相较而言,应归因于测试条件的差异。

此外,现场测试的另一个主要缺点是,通常需要具有可正常运行的功能的系统原型。这通常意味着,在进行这样的测试之前,开发周期还很长。检查多种不同设计概念的能力通常受到严格的限制。在这点上,对系统设计进行必要改变的能力也非常有限。

虽然在现场测试中,除了整体性能外,还可以测量操作者的态势感知,但在许多方面要困难得多。设计者使用许多态势感知测量方法的控制程度可能相当有限,而且常常需要变通。一般来说,现场测试在设计过程的后期是非常合适的,以检查系统在现实情况下的使用情况,但它应作为前期通过快速原型制作和模拟所完成的测试的最终收尾环节。

4.2.5 测试与评价

在整个原型设计、模拟和现场测试的过程中,概念设计的测试和评估在很大程度上取决于是否有一套良好的测试工具,这些工具将对各种设计概念的质量差异敏感。虽然经验丰富、知识渊博的用户的主观评价具有重要作用,但收集用户使用系统表现的客观数据至关重要。在迭代测试和评估过程中,明确、客观的测试可以确保设计目标的实现。在系统设计过程中,对用户工作量和态势感知的彻底评估也是至关重要的,因为这些结构将在很大程度上影响系统在实际操作环境中的可用性和有效性,并且通常提供更敏感和具诊断性的评估标准。通常来说,评价指标可以评估不同阶段的用户进程、认知状态和表现(图 4.6)。关于测试和评价措施的更多细节可以在参考文献 O'Brien 和 Charlton(1996)中找到。

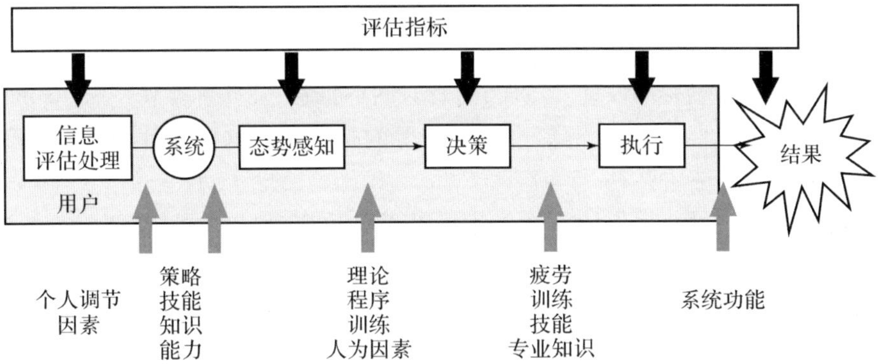

图 4.6 不同阶段用户表现的评估指标

1. 主观度量

早期,用户的主观输入可以提供有用的信息。功能缺失、标签混淆、设计不符合使用条件以及实现的问题,往往可以由用户根据简单的原型或者模拟来确定。然而,这样的主观数据是非常有限的。许多用户可能偏向于熟悉的想法和概念。由于没有接受过太多的培训,他们最初可能会对那些新的设计概念产生不良印象。如果没有机会体验使用该系统,用户对潜在设计概念的效用进行现实评估的能力可能非常有限。主观数据的最大局限性在于,系统设计中许多严重影响人类表现的问题对于缺乏阅历的用户来说并不是显而易见的。例如,那些通过制造视觉错觉或更高的错误率对人类的表现产生负面影响的设计,往往是不明显的,只有通过细致的测试和客观的数据收集才能被发现。

2. 客观绩效指标

客观绩效评价通常采取的形式是效能指标(MOE)或性能指标(MOP)。效能指标一般包括对人/机组合系统整体性能的衡量。例如,在军事行动中,它通常包括如杀敌数、损失数和发射的子弹或导弹数等。对于医疗系统,可能包括病人并发症的数量和处理一个病例的时间。性能指标通常更加细化,并集中在特定的子系统上。对于用户来说,它们可能包括错误输入的数量和执行各种任务的时间。应该在原型设计的每个层面上收集此类指标。

然而,性能指标往往不够细化,也不能对系统设计的差异进行诊断。虽然一个系统设计概念在以更易于用户理解的形式向用户提供所需信息方面可能有一定优势,但在模拟测试的有限条件下,由于用户为弥补一个设计概念的缺陷而做出额外的努力,这种优势可能会被忽略。

在许多情况下,可能无法进行足够数量的测试场景,以检查在许多潜在条件下的性能。如果没有大量的重复试验和大量的测试对象,就很难收集足够的数据来获得性能差异的统计学意义。

用户也是相当聪明的,他们常常会努力去实现良好性能,并可能会更加努力地工作以弥补糟糕的设计。然而,随着时间的推移,在实际操作中,这样的设计问题会导致错误和性能下降。因此,重要的是要纠正这些设计缺陷,而不是依赖用户总是能够去弥补。

另外,很多时候,仅仅依靠性能指标是无法检测设计中的重大改进的。对于全新的系统类型,用户可能尚未形成有效的策略和方法,来最大程度利用新系统实现最高性能目标。由于这些原因,在测试和评估活动中,用户的工作量和态势感知也应该被直接测量。

3. 工作负荷评估

系统设计方案给用户带来高负荷的程度,预示着在操作环境中存在多重事件和需求的情况,该设计过载和失误的概率更高。通过直接评估用户工作负荷,可以在设计测试中选择要求较低的设计概念。在其他系统中,低工作负荷是一个问题。需要长时间警惕操作(在很少发生或变化的情况下)可能会降低态势感知和用户性能。长途跨大西洋飞行和监测雷达屏幕上很少有这种典型例子的目标。目前有许多不同的工作负荷评估方法。这些方法如下。

(1)生理评估,如脑电图中的p300成分(EEG)和心电图(ECG)中的窦性心律指标。

(2)主观评估,其中有几种使用良好和经过验证的指标体系,包括NASA任务负荷指数(Hart 和 Staveland,1988)、主观负荷评估技术(Reid,1987)和 Cooper - Harper 量表(Cooper 和 Harper,1969)。

(3)性能评估,包括任务错误评估和并行次要任务的剩余容量评估。

有关这些方法的相对优势和局限性的更多信息见 Hancock 和 Meshkati (1988)的文献。

4. 态势感知指标

通过直接测量态势感知,还可以选择促进态势感知的概念,从而增加用户做出有效决策和避免糟糕决策的可能性。由于数据过载、非集成数据、自动化、理解不足的复杂系统、过度的注意力需求以及许多其他因素而导致的态势感知问题,可以在设计过程中及早发现,并进行纠正以改善设计。

原型和模拟过程中发现,态势感知的直接测量对设计差异非常敏感,而这些差异在测试过程中仅靠单独性能指标无法检测到(Endsley,2000a)。态势感知的测量还提供了良好的诊断能力,使设计者准确地检测出给定的设计可能表现良好或糟糕的原因。他们确实需要知道性能缺陷是由于态势感知差(反映系统或显示问题),还是由于战术或任务执行差(反映了训练问题)导致的。一些态势感知测量还提供了诊断性,即态势感知的哪些方面(态势的哪些具体要素)可能随着特定的设计概念而改善或下降。当决定如何修改设计概念以便进一步改进时,这是非常有用的数据。已经开发了以下几种不同的态势感知测量方法:

(1)过程指标,包括眼动跟踪、信息获取和通信分析;

(2)性能指标,旨在从指定任务的性能中推断出态势感知;

(3)主观指标,要求用户按比例对态势感知进行评级;

(4)客观指标,收集用户对情况的感知数据,并将其与实际发生的情况进行比较,从而获得他们的态势感知的准确性。

这些测量方法中的每一个态势感知的详细讨论参见第 14 章。

4.2.6 最终设计

在整个设计过程中,设计概念化、原型设计和测试与评估都是以持续迭代的方式进行的。在某一时刻,这个过程不可避免地进入了设计冻结的阶段,使产品进入全面的开发和实现阶段。虽然设计者能够测试许多不同的设计选项,直到确定一个最佳的解决方案。然而在现实中,这种情况很少发生。时间和成本的限制通常令人望而却步。出于这个原因,早期的原型设计和仿真测试至关重要,它们可以尽可能多地发现设计缺陷。

此外,对用户在实际运行情况下如何使用系统的持续监测是非常重要的。这样可以发现系统存在的问题或未被预见的使用方式,并对系统设计或操作流程进行调整。例如,在驾驶舱内安装空中交通防撞系统(TCAS)后,该系统向航班飞行员显示其他飞机的位置以避免碰撞,人们发现飞行员出人意料地开始使用显示器来保持最终进近时的飞机间距,尽管该系统的设计初衷并非如此(Jones,2000)。然而,用于这种用途的显示器精确度和分辨率可能不够,并可能导致飞行员对他们相对于正在跟进飞机的确切位置产生误判。应仔细监测新系统的意外使用方式以及其对用户行为的影响,以发现此类问题。

4.3 以态势感知为导向的设计

本章概述的设计过程是以用户为中心的设计的核心。若没有对用户和操作要求的系统分析、没有合理人因准则和原则的应用、没有系统客观的测试程序,几乎不可能创建一个以用户为中心的系统。这个设计过程的许多方面在今天复杂系统的开发中被采用。在此背景下,确定了3个关键环节,以创建支持复杂系统中高水平态势感知的系统设计(图4.7)。

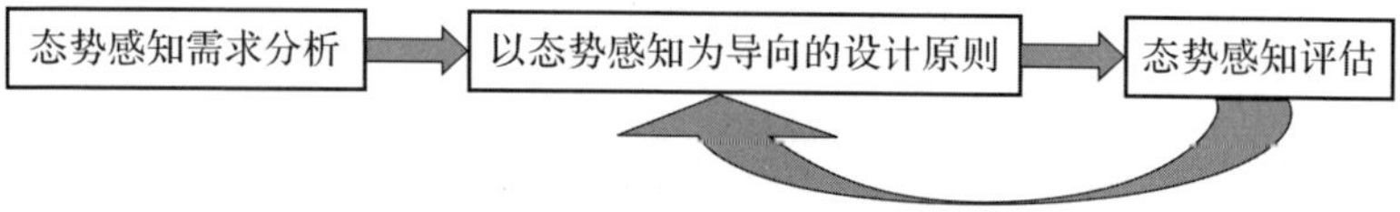

图4.7 以态势感知为导向的设计

在后面的章节中将详细讨论这些技术。第5章描述了态势感知需求分析,为面向态势感知设计提供了驱动力。第6章到第12章讨论了设计系统支持态势感知的原则。第13章讨论了通过培训改进个人态势感知的方法。最后,第14章态势感知设计概念评估构成了这一过程的支柱,为基于这些设计原则和需求分析而开发的设计概念的实际效果提供了明确的数据支持。

中篇:生成态势感知导向的设计

第5章　确定态势感知需求

5.1　目标导向任务分析

在设计的系统用于支持态势感知之前,设计人员必须对特定领域中支持态势感知的含义有清晰的理解。通过一种称为目标导向任务分析(GDTA)的认知任务分析形式可以加深这种理解。目标导向任务分析关注操作人员必须完成的目标,为达成这些目标所必须做出的决策以及作出适当决策所需的信息需求。

目标导向任务分析关注的是特定领域中的动态信息需求,而不是静态的系统知识。也就是说,目标导向任务分析关注的是任务执行过程中动态变化的信息,而不是操作人员在执行任务时必须具备的一般系统知识(Endsley,2000a)。这些动态信息需求就是操作人员的态势感知需求。通过明确这些态势感知需求,设计人员可以创建信息显示的界面,以最直接方式呈现这些信息,从而为操作人员达成和维持高水平的态势感知提供最大的支持。

目标导向任务分析是一种与技术无关的方法,它旨在确定操作人员需要了解哪些动态信息才能做出决策,而不是专注于操作人员当前获取信息的方式。操作人员获取信息的方式可以因操作人员、系统、时间和技术进步的不同而有很大差异。例如,信息可以通过系统显示、口头交流或由操作人员自行生成而获得。通过这种关注需要哪些信息而不是获得信息的方法,设计人员可以更好地了解支持态势感知需要什么,而不仅仅是获得当前系统定义的信息显示。

目标导向任务分析旨在确定操作人员理想情况下希望了解的信息,以满足每个目标,即使这些信息在当前技术条件下不可用。仅基于当前技术来确定态势感知的要求会产生人为的限制效应,并且会使操作人员真正想要了解的许多信息在设计中被掩盖。附录中提供了一个完整的目标导向任务分析作为示例以飨读者。

5.2 方法概述

目标导向任务分析旨在确定操作人员在工作中需要哪些信息,以及他们如何整合或结合信息来处理特定决策。这种知识有助于设计人员确定最佳方式向操作人员呈现信息,以支持态势感知、决策和绩效。

开发目标导向任务分析需要对经验丰富的操作人员进行访谈,以确定目标、决策和态势感知需求。这些访谈的结果结合来自其他来源的知识(如书面材料和文档的分析或口头协议),建立初始的目标导向任务分析。然后会由更多经验丰富的操作人员验证该初始目标导向任务分析,以确保其涵盖所有相关的目标、决策和态势感知需求。将目标导向任务分析按照层次的方式格式化,以提供从目标到态势感知需求的简单途径。图5.1显示了目标层次结构的示例。

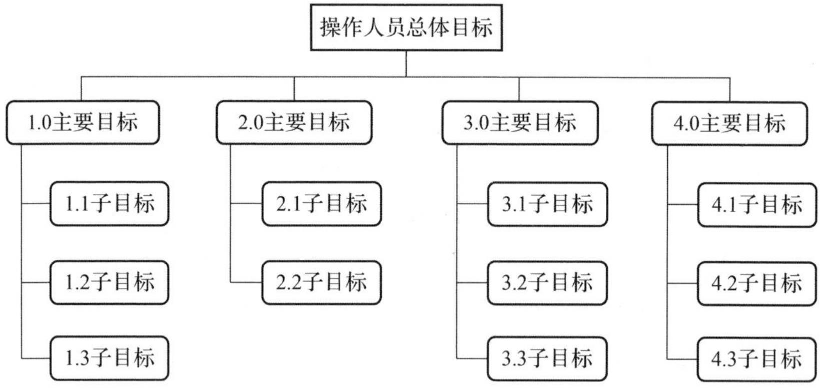

图5.1 主要目标层次结构

这个目标层次结构的总览视图提供了与特定领域相关的所有目标的视图。目标层次结构进一步分解为单个目标、相关决策和相关的态势感知需求。目标导向任务分析的结构随着不同领域的复杂性而异。图5.2和图5.3提供了示例布局,显示不同复杂性领域的目标、决策和态势感知需求。

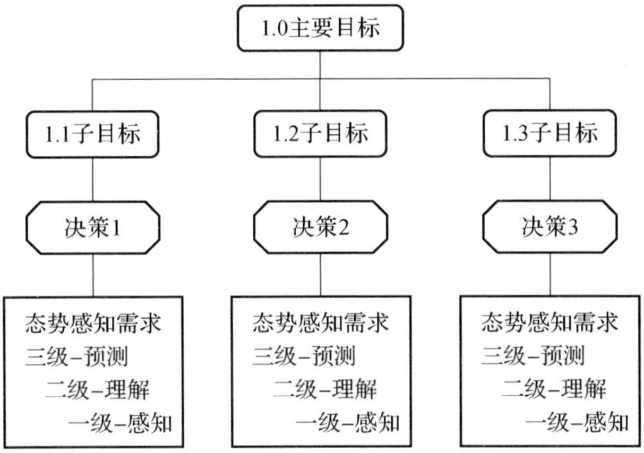

图5.2 目标—决策—态势感知需求结构

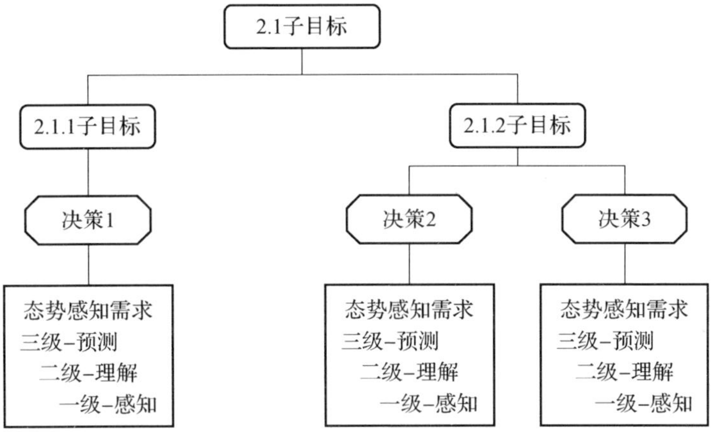

图5.3 扩展的目标—决策—态势感知需求结构

5.3 访谈

对专业知识专家(SME)进行访谈是目标导向任务分析信息收集不可或缺的来源。目标导向任务分析访谈是非结构化的访谈,重点关注目标和信息需求,而不是技术或系统特定的显示方式或任务流程。在准备访谈时,访谈者应该查阅所有与领域相关的可用材料,以对领域和操作人员工作性质有一个基本的了解。另外,如果访谈者能够"说行话"并理解受访者习惯使用的术语,访谈将会进行得更顺利(并且使访谈者的可信度增强)。然而,访谈者必须谨慎,不要根据访谈前的研究对操作人员的目标产生预设观念,并因此在访谈中仅寻求证实信息。

理想情况下,应该单独对专家进行访谈,以确保每位专家都有充分的机会表达自己的想法,并且在访谈过程中不会受到“群体思维”的影响。每次访谈开始时,首先介绍数据收集工作的目的和意图,并快速了解受访者的经验。通常情况下,会询问受访者与成功工作表现相关的总体目标,并将其回答作为访谈的起点。从这个最初的交流中,访谈者应该能够确定至少一个需要进一步探讨的领域。如果注意到有多个潜在的研究领域,访谈者应该记录每个领域,以便依次进行深入探讨。请考虑以下示例及其附带的分析。

示例1

访谈者:“火力支援官员的目标是什么?”

受访者:“与其他部队建立火力支援联络。需要与炮兵系统外的系统进行协调和沟通。”

访谈者:“为什么需要与其他部队协调?”

分析:注意受访者回答中的主题,以便继续提问。

示例2

访谈者:“你的总体任务目标是什么?”

受访者:“确定需求,为需求制订计划,并预测未来的需求,以保持部队的准备状态。”

访谈者:“你如何预测未来的需求?”

分析:聚焦受访者回答中的一个主要主题。在这种情况下,访谈者选择首先追问“预测”方面。其他可能的追问途径可以是追问如何确定需求或如何制订需求计划。

在表达初始目标之后,受访者可以选择:暂停并等待进一步的问题;或者不间断地继续对话。当受访者暂停时,可以选择其中一个确定的领域作进一步讨论(如前面提到的2个问题所示),并将对话继续进行,直到所有的主题都被涵盖。在转移到下一个主题之前,每个主题都应该完全讨论清楚。

当受访者在表达目标之后继续对话时,跟随受访者的思路是有帮助的,但访谈者也应该记录其他感兴趣的领域,在对话暂停时可以回头讨论。在整个访谈过程中,应该始终遵循将潜在问题记录下来的原则。依靠记忆记住问题对于一些人可能有效,但对于大多数人来说,问题很可能会被遗忘(但在访谈结束后,当访谈者试图整理信息时又会重新浮现出来)。

为了确保从访谈中获得最大收益,访谈者需要事先准备一个问题清单,当其他话题讨论完毕时可以用来推动对话继续进行。在访谈前的研究阶段可以制定领域特定的问题,并与几乎适用于任何访谈的更一般的问题结合使用。下面是一些通用问题:

(1)做出这个决定,你需要知道什么?

(2)你理想中希望了解什么?

(3)人们容易做错什么?他们通常没有考虑到什么?

(4)有哪些人能够具备非常好的态势感知能力?

(5)你如何使用这些信息?

(6)你对所获得信息的可靠性和有效性有多大把握?这会影响你的决策吗?

5.4 确定初步目标结构

一旦完成了一次或多次访谈,访谈者应将访谈记录整理成可操作的初步目标结构,以便充分描绘出信息需求。初步目标结构将有助于收集额外的信息,即使这些信息可能很简略或不完整。

虽然每个研究者在完成这个任务时会形成自己独特的风格,但有一种方法是将访谈记录重新组织成相似的分类。这种分类可以通过在每个新分类的页面上开始,并适当地将记录中的陈述添加到这些分类中来完成。以这种方式对信息进行排序有助于确认构成目标的领域,并可能更容易概述出一个初步的目标结构。

初步目标结构中的关键要素是主要目标和子目标,它们按照关系层次排列。图5.4展示了一个陆军旅情报官的目标层次结构的示例。

层次结构中的目标代表操作人员希望实现的目标,并且不是沿着任务或程序线开发的。此外,尽管层次结构中的目标以编号方式进行以便在开发和设计过程中容易引用,但这些编号仅供参考。层次结构中的目标(如1.0、2.0、3.0)并不是根据任何类型的时间表(如1.0活动然后2.0活动)进行排序,也不是按照优先级顺序排列的(如1.0并不比2.0目标优先级更高)。

在动态环境中,哪个目标应该是活跃的或哪个目标优先级最高,完全取决于环境的状态。由于这些环境变化迅速,环境线索会表明需要目标转换,并提供目标应该成为活跃/最高优先级的提示。设计人员应该避免在层次结构中给目标分配时间或优先级的属性,而是使设计支持操作人员从任何目标转换到其他目标的方式。

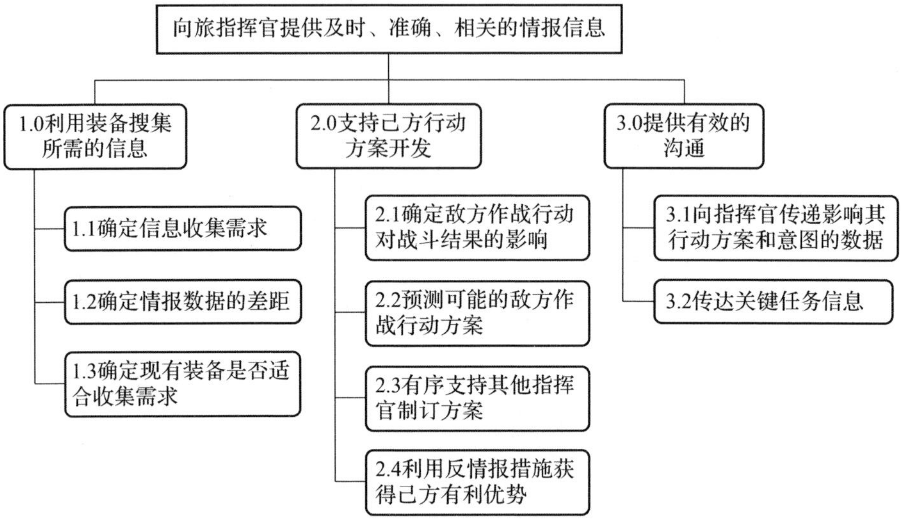

图5.4 情报军官(美国陆军)的目标层次结构

尽管定义一个合适的目标层次结构是目标导向任务分析的基础,但在早期阶段,这个层次结构不会是完美的,也不应该花过多的时间试图使其完美。此时的主要目标是进行一次良好的初步尝试。与专家的进一步访谈很可能会带来新的启示,这就需要通过添加、删除或重新排列目标来改进层次结构。在过程的早期阶段制订目标结构,可以为未来的迭代创建一个基准,有助于整合信息的过程,并指导下一轮访谈中的信息收集工作。下面讨论目标导向任务分析的3个主要组成部分,即目标、决策和态势感知需求。

5.4.1 目标确定

目标是良好工作表现所必需的高阶目的。它们的要素特征应被充分表述,以解释后续分支的性质;并且应足够广泛,能够包括与所描述目标相关的所有要素。目标结构中的目标应该只是目标,而不是任务或信息需求。将目标与任务和态势感知需求分开是成熟目标导向任务分析的一个重要方面。在开发的早期阶段,某些项目看起来可能像是目标,但随着获取更多信息,它们往往会被证明是任务或态势感知需求。

1. 目标与任务对比

目标导向任务分析的目标是记录认知需求,而不是体力任务。体力任务是操作者必须亲自完成的事情,比如填写报告或给同事打电话。认知需求是需要耗费高阶认知资源的活动,如预测敌人的行动或确定敌人行动对战斗结果的影响。执行任务并不是一个目标,因为任务依赖技术。根据所涉及系统的不同,同一个目标可能通过不同的任务实现。例如,在自动驾驶座舱和非自动驾驶座舱中,导航可能有很大的差异。然而,与导航目标相关的态势感知需求本质上是相同的(如位置或偏离航线)。

尽管任务与目标不同,但任务的影响应该被考虑在内。专家提到的任务可能是为了解决某个目标而进行的。例如,考虑图5.5所示的一个例子,该例是目标导向任务分析初步草稿的一部分。

图5.5 情报人员目标导向任务分析的初步子集

在这个例子中,列出的两个子目标都是任务而不是目标。然而,这些行动表达了真实的需求,即让指挥官和其他人了解关键信息。当这些需求被重新书写以更多地反映任务实际目标时,就会出现不同的目标结构(图5.6)。通过关注目标而不是任务,未来使用目标导向任务分析不会受到当前定义的任务完成方法的限制。在未来的某个系统中,实现这个目标的方式可能会与目前的任务大不相同(如信息可能通过电子网络而不是口头报告传递)。

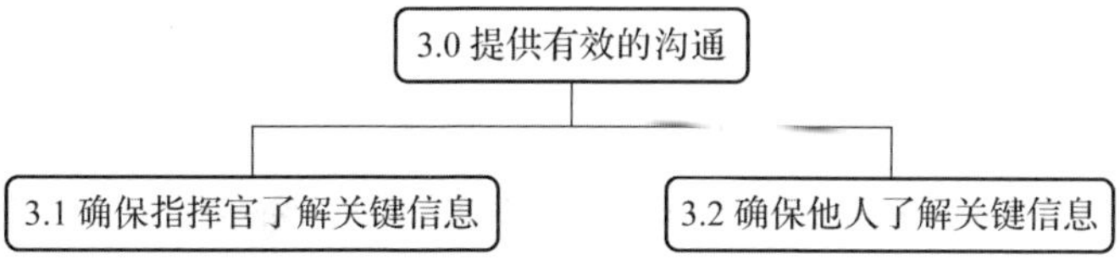

图5.6 情报人员目标导向任务分析的修正子集

2. 目标与信息需求

在进行目标导向任务分析时,另一个常见问题是如何正确区分目标和信息需求。信息需求可能会错误地表述为子目标或决策。例如,考虑图5.7中情报人员目标导向任务分析的初步子目标2.2。列出的几项实际上是在寻找单个信息,因此它们是信息需求而不是子目标。当创建层次结构的过程中,要经常停下来问自己"我想用这些信息做什么?"或"我想找出什么?"以帮助确定该元素是在寻找单个信息还是需要合成多个信息以实现更高阶的目标。很多时候在目标导向任务分析的初步开发中列出的目标元素,实际上是信息需求而不是真正的目标。例如,“敌人优势与劣势”是一个信息需求,而不是一个目标。这样做是为了满足更高级目标,即确定最佳作战行动方案。

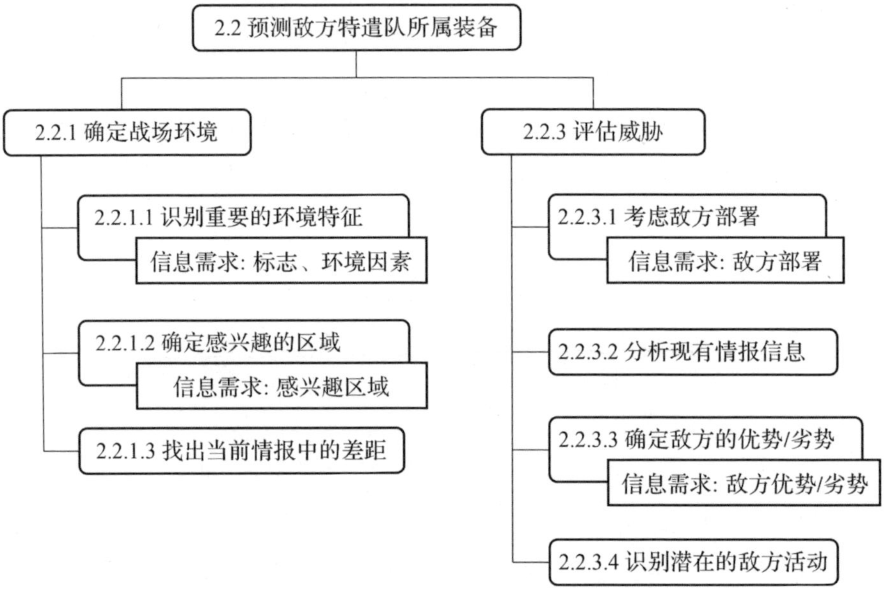

图 5.7　情报人员初步子目标层次结构的子集

在确定初步目标集后,应审查目标结构,以确定最初看起来不同但相似的目标是否可以作为单个目标类别的组合。将它们归为一个单一的类别可避免重复分析。例如,涉及规划和重新规划的目标很少需要列为单独的主要目标;通常将它们表示为同一主要目标下的分支就足以充分划分任何独特的决策或态势感知需求。但是,在合并相似目标时,应保留与目标相关的所有信息需求。如果信息需求非常相似但又不完全相同,则可能需要单独的子目标,或许后续可通过访谈来解决不一致性。如果几个目标相互关联,则表明这些目标应该在层次结构中更高一级的目标下保持一致。

3. 标注

有时,一个子目标对于多个目标来说至关重要。在这些情况下,应该在目标导向任务分析中的一个地方详细描述该子目标,然后在后续的使用中,可以通过“标注”来引用之前的描述,而不是完全重复它。

使用标注可以使层次结构易于管理,并改善文档的连贯性。交叉引用这些标注有助于保持目标导向任务分析的清晰度,使修订工作更加容易,并最大程度地减少冗余(图 5.8)。此外,使用标注而不是重复访谈过程中的信息还会带来额外的好处，因为这些子目标可以在一个时间点进行讨论，而不是无意中占用宝贵的访谈时间来重复相同的子目标。

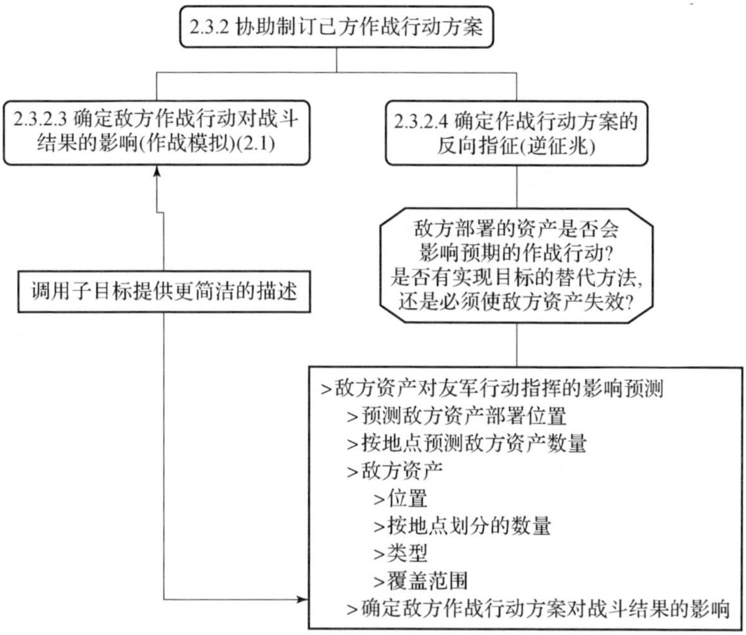

图 5.8　子目标层次结构与标注（交叉引用）

4. 小结

构建正确的目标结构为设计提供了坚实的基础。适合指定为目标的内容是那些需要认知努力且对于成功完成任务至关重要的内容，它们是高层次的目标，而不是基本的信息需求。它们是一系列相互竞争的子目标和目标的组合，必须完成这些目标才能达到总体目标。这些目标本身不需要做出决策，尽管达到它们需要实现一组决策和相应的态势感知需求。全面、准确地确定特定职位的目标集是分析的关键一步。在目标导向任务分析过程结束时，设计人员应该有一个稳固的、具代表性的目标结构，在此基础上可以进行系统总体设计。

5.4.2　决策

目标层次结构中所需的决策被列在相应的目标下方，以有效地实现每个目标。早期版本的目标导向任务分析列出的决策通常比最终版本中要多。在分析过程中，列出所有可能的决策，然后对每个决策进行深入评估，有助于确保捕捉到所有相关的领域信息。随着目标导向任务分析的完善，可以将决策及其相关的态势感知需求进行比较，以确定是否存在两个或多个决策中有重叠的态势感知需求的情况。重叠的态势感知需求的存在表明这些决策不一定是唯一的,可以将它们合并为一个更全面的决策。

决策以问题的形式提出,随后的态势感知需求提供了回答问题所需的信息。尽管决策是以问题的形式提出的,但并非所有问题都适合作为目标导向任务分析中的决策。目标导向任务分析的决策反映了通过对相关态势感知需求进行评估和综合回答开放性问题的方法,而不是可以用“是”或“否”回答的问题。例如,“指挥官是否拥有关于敌方行动计划所需的所有信息?”这个问题可以用“是”或“否”来回答,但却不是目标导向任务分析决策文档中的决策类型。另外,“敌方行动计划将如何影响友方目标?”这一问题需要综合信息来回答,与个人的目标相关。此外,如果一个问题的唯一目的是获取单个信息,那么它就不是本质意义上的决策;相反,它是一个信息需求,应属于层次结构中的态势感知需求部分。

5.4.3 态势感知需求

在确定了最初的目标和决策之后,描述态势感知需求的任务就可以开始了。通过逐个评估每个决策,识别操作者做出该决策所需的所有信息来确定态势感知需求。信息需求应该以不涉及技术或信息获取的方式进行列出,每个需求都应该充分明确。例如,不是简单地用“装备”来标识,而应该标识为“友方装备”或“敌方装备”。尽管许多资源可以用于确定态势感知需求的最初列表(如采访记录或工作手册),而一旦创建了初步列表,则需要由行业专家来验证该列表。

通常,专家会在数据层面(如高度、空速、俯仰)表达他们的信息需求,因此在早期访谈中获得的信息通常是缺乏更高级态势感知需求的详细信息。随着访谈的进行,访谈问题应聚焦于操作者如何整合较低级别的信息来支持任务执行。询问受访者他们为什么需要了解特定信息,将促使他们描述如何使用这些信息。通过这些讨论可以获取到高级态势感知需求。例如,海拔高度可以与其他信息一起用于评估偏离分配高度(二级态势感知)和偏离地区(二级态势感知)。

有时,专家会直接提供更高级别的态势感知需求。在这些情况下,可能需要进行额外的询问以确保所有较低级别的需求已被识别出来。例如,如果受访者回答说他正在试图确定敌人优势和劣势(三级态势感知),采访者可能需要跟进一个问题,如“您需要知道哪些信息来确定敌人的优势”以确保该评估所需的所有二级和一级态势感知需求已被识别出来了。

在访谈过程中,要密切关注被访者在做出决策时可能会做出的预测或推测。要区分他们对当前情况的评估:“每个人在哪里?”(如部队的位置)和为做出决策而进行的预测:“敌人下一步会袭击哪里?”(如预计敌人攻击的位置)。确定环境未来状态的信息构成了三级态势感知需求。通常,三级态势感知需求由多个一级和二级态势感知需求组成。

在目标导向任务分析中,态势感知需求按照态势感知级别使用缩进堆叠的格式列出(图 5.2)。这种格式有助于确保每个级别的态势感知需求得到考虑,并提高了文档的可读性。虽然态势感知的 3 个级别是辅助思考态势感知的一般描述,但有时将态势感知需求明确分类到特定级别也是不可能的。例如,在空中交通管制中,两架飞机之间的间隔既是二级需求(现在的距离)也是三级需求(沿着它们路径的未来距离)。此外,并不是所有的决策都包含 3 个级别的元素。在某些情况下,二级态势感知需求可能没有相应的三级项目,特别是相关决策是解决当前运行问题时。

经常被引用的态势感知需求块也可以作为标注块。例如,在态势感知的所有级别上,天气问题可能涉及层次结构中的许多子目标。为了简化和减少冗余,可以创建一个“天气条件”块。该块可以在多个子目标的态势感知需求部分被称为“天气”,并在目标导向任务分析的末尾进行充分描述(图 5.9)。

天气情况

- 温度
- 降水
- 风
    - 方向
    - 风力
    - 地面风
    - 高空风
- 能见度
- 白天 / 夜晚
- 环境噪声
- 潮汐
- 云层高度
- 月相

图 5.9　态势感知需求块——天气

在态势感知需求中保持一致性非常重要,因为最终会设计要尽可能支持态势感知需求。态势感知需求标注块可用于确保每次调用频繁使用的数据块时,都包含其所有相关信息要求,并在设计阶段有助于确保不会意外遗漏所考虑的任何事项。尽管调用中的所有信息在不同的目标之间都是相同的,但如何使用这些信息来支持特定决策和目标却有所不同。例如,两个不同的目标可能需要来自天气调用的输入,在某种情况下,他们可能想知道天气对部队行动的影响,而在另一种情况下,他们可能想知道天气对无线电通信范围的影响。

5.4.4 常规

完成组织访谈记录的关系层次化过程后,可以参考现有手册和文档来填补空缺。然而,需要注意的是,这些文档往往是程序性的和任务特定的;而目标导向任务分析中的信息涉及目标和信息需求,并非获取信息或执行任务的当前方法和程序。尽管操作人员通常不会严格遵循相关文档中的书面程序,但评估这些信息在层次结构中的使用可以确保目标导向任务分析是完整的,并且可以引发关于操作人员实际执行工作和操作人员真正的信息需求的有益讨论。

5.5 后续访谈

一旦创建了初步的目标导向任务分析,它可以在后续访谈过程中作为一个工具使用。开始一个访谈时,一个好的方法是向受访者展示主要目标层次结构,并讨论目标层次结构是否涵盖了所有相关目标。在讨论之后,可以选择目标导向任务分析的一部分作进一步审查,并详细讨论该部分的每个组成部分(即目标、子目标、决策和态势感知需求)。利用这份草案向受访者追问,以确保内容的完整性,“你还需要了解哪些信息来评估这个问题?”并确定更高级别的态势感知需求,“这个数据如何帮助你回答这个问题?”通常不建议向受访者展示整个目标导向任务分析;目标导向任务分析的复杂性可能会给受访者带来压力,从而对数据收集产生负面效果。如果时间允许,在讨论完一部分的目标导向任务分析后,可以选择另一个子集进行讨论。

在每轮访谈之后,应修改目标导向任务分析以反映新的信息。根据迭代访谈获得的新信息重新组织和压缩结构内的目标,以创建更好的逻辑一致性。例如,当几个参与者提出一个低级别目标作为工作的重要方面时,该目标可能需要移到层次结构更高的位置。此外,随着对各种目标和子目标所涵盖信息广度的了解,目标和子目标通常可以重新编写,以创建更具描述性和准确性的类别。随着目标导向任务分析的进一步审查,目标之间的共同点变得明显。当目标符合多个类别时,应将目标放置在最佳位置,然后根据需要将其调用到其他层次结构区域。

5.6 访谈要点

5.6.1 最大化数据收集

最大化时间利用是必不可少的,因为行业专家的时间通常是宝贵资源。为了最大化利用时间,可以提出以下几个建议。

(1)建议在进行访谈时,应该邀请两名访谈者参与,这可以减少访谈期间的时间停顿。其中一名访谈者可以继续提问,而另一名访谈者可以快速审查和整理笔记或问题。此外,两名访谈者构建有相同的参考框架,这为之后构建目标层次结构提供了帮助,使其变得更加容易。

(2)应该在可行的情况下限制一天内进行的访谈次数。这样做的原因是需要时间来整理每次访谈中获得的信息并更新图表,以确保后续的会话尽可能高效。如果连续进行过多的访谈而没有时间来更新笔记和图表,可能会导致"脑雾",从而对访谈会话本身以及结果数据质量产生负面影响。此外,如果没有适当的休息或者单个访谈时间过长,访谈者可能会感到疲劳。因此,建议每次访谈的时间不要超过2个小时。

(3)当与一个参与者讨论一组目标导向任务分析图表后,应该在向另一个参与者展示之前更新这些图表,以反映出更改内容。在未编辑图表之前向另一个参与者展示它,可能不是最好的时间利用方式,因为访谈者的记录和被划掉的项目可能会让参与者感到困惑,从而达到相反的效果。因此,在展示之前应更新图表,以便让参与者更好地理解,这一点是非常重要的。

5.6.2 参与者的人格因素

并不是所有的采访都会顺利进行并得到最佳数据收集结果。即使是最有经验的采访者也会遇到偏离采访方向的情况。有多种因素可能导致这种次优体验,不应将其视为采访者收集适当数据技能或能力的指标。尽管绝大多数采访参与者愿意提供相关信息,但参与者的人格因素有时会对采访产生负面影响。本书将探讨会妨碍或破坏采访的4种受访者人格类型,并提出缓解其影响的建议。

(1)健谈的凯西。有些受访者在谈话中往往会偏离主题,并且很少停顿,采访者几乎无法插入问题。这种情况可能会出现在期望快速传递知识的人身上,也可能出现在天性健谈的人身上。此时,要尝试引导受访者的对话并保持关注点,即使需要打断他们,可以说:“请稍等一下。那非常有趣。在我们继续之前,我可以再问一些问题吗?”这种方法向受访者表明你在倾听,并且想要了解更多关于他所说的具体信息,因此不太可能冒犯受访者。

(2)安静的肯。与健谈的受访者相比,安静的受访者则恰恰相反。这些受访者不太健谈,往往仅提供非常直接、简短的答案。要尝试引导受访者,促进持续的对话,使受访者感到舒适,并提供更长、更具描述性的答案。像“告诉我更多关于你为什么想知道那个信息“或“告诉我你过去如何使用那个信息”这样的问题可以帮助促进对话。

(3)怀疑的山姆。怀疑可能源于多种因素,其中许多因素与当前的访谈无关(如对类似努力的负面经历或对访谈者资质的怀疑)。试着与受访者建立关系打消受访者的怀疑,从而实现高质量数据的收集。其中一个建议是向受访者解释数据将如何用于影响系统改进,强调未来他们将使用系统的质量取决于对真实用户需求进行分析的质量。

(4)固执的杰尔。受访者可能会带着既定的理念来参加访谈者正在调查领域的访谈。在这种情况下,挑战在于帮助受访者跳出他们的议题,以便进行有价值的信息交流。通常,在这些情况下,允许受访者表达他们对工作中真正问题和难题的意见是必要的。在表达完观点后,受访者更愿意回答问题,特别是如果问题能够直击受访者感同身受的某些方面。

请记住,并非所有专家都能够同样出色地表达他们的知识,即使他们在工作中非常出色。你可能需要与多位专家交谈,才能找到一个非常擅长表达这种类型信息的人。

5.6.3 音频/视频录制

一般不推荐对访谈场景进行音频或视频录制。录像设备的存在可能会使受访者不敢放开讲话,更不可能提及态势感知不佳或犯错误的例子,担心对于承认错误或批评目前的系统/流程而可能面临的报复,有时会阻碍调研过程。当没有录音设备存在时,这种担忧通常不那么明显,信息交流更为开放。录制会话还会增加额外的工作量,需要事后转录或分析录音带。依据《人类受访者使用准则》,应始终确保受访者的匿名性。

5.7 组织技巧

有时候,创建目标导向任务分析可能会是一项看似艰巨的任务。下面是一些有助于简化数据管理的技巧。

(1)在采访结束后尽快整理笔记,将其组织成初步的目标导向任务分析,这样可以在记忆仍然清晰的情况下进行整理。

(2)创建目标导向任务分析草稿后,对页面进行编号,以减少混淆并方便讨论。在合作开发会议期间,找到第 7 页比找到“子目标 1.2.3.1”更容易。

(3)一旦允许重新组织过程,制作一个新的初始结构页,以减少混乱并为未来的修改提供一个整体结构。

(4)不要花太多时间纠结一个需求支持什么级别的态势感知,态势感知需求的级别并不具体。它只是提供了一种辅助手段,以确保设计人员不仅考虑需要哪些信息,还要考虑信息如何使用。

(5)在构建目标导向任务分析层次结构时,记录关于某个项目如何或在何处适用的问题。这个列表可以带到下一个访谈上,并请求澄清。

(6)如果为了实现基本相同的目标而在不同的地方考虑了同一件事情,可以将其合并。例如,“敌方作战行动序列如何影响我们?”和“敌方作战行动序列如何影响战斗结果?”这两个问题基本上是相同的,可以合并起来。

(7)在考虑某个项目是否符合目标时,提出一个问题:“为什么?”问题的答案将有助于将项目定位于层次结构中。例如,在当前示例中,对于可能的目标“评估/分析情况”,问一个“为什么?”的问题,会得到“为了支持友方作战行动方案的制定”的答案。因此,“评估/分析情况”不是一个单独的主要目标,而应该包含在“支持友方作战行动方案的制定”层次结构中。

5.8 目标导向任务分析的验证

创建一个全面的特定工作的目标导向任务分析需要大量的时间与行业专家进行多次访谈。通常,根据所评估岗位的复杂程度,可能需要 3 ~ 10 个访谈。即便如此,分析员和专家之间的主观性可能仍然存在一定程度的偏差。这些问题在所有任务分析方法中都很常见,目标导向任务分析方法也不例外。

为确保最终的目标导向任务分析完整且准确,应尽可能与更多的行业专家进行验证。可以将最终的目标导向任务分析的报告复印多份,尽可能分发给更多的专家,并附上如何解读的说明,以及要求他们识别缺失的信息或错误的请求。然后根据这些反馈,进行必要的修正。

在某些情况下,某位专家可能会反馈:某些信息不用考虑或者某些目标或子目标不适用。然而,这种见解并不一定意味着目标导向任务分析中的这些元素不相关;因为如果其他专家反馈使用这些数据或满足这些子目标,那么这些元素可能仍然是相关的。目标导向任务分析旨在记录人们理想情况下应考虑的信息,但有些人可能并没有像其他人那样熟练地考虑到全部因素。此外,某些人的经历可能与其他人略有不同,也可能从未处于接触所有可能子目标相关情况的岗位。由于目标导向任务分析将形成未来设计的基础,因此其目标是确保全面覆盖所有可能操作和信息需求。

另一种验证目标导向任务分析有效性的方法是,通过观察被评估岗位上有经验的人员实际或模拟操作。尽管我们总是很难确切了解操作人员的思考过程,但这些观察可以用来检查目标导向任务分析的完整性。通过观察受访者,访谈者能够将观察到的行动、陈述和活动验证目标导向任务分析的各个部分。如果观察到人们在执行目标导向任务分析中没有明显原因的任务,或者在目标导向任务分析中未识别到信息,访谈者应跟进以确定原因。根据这些验证工作,应对目标导向任务分析进行必要的补充。

完成目标导向任务分析后,它将成为设计系统的基础,该系统通过满足各个目标所需的态势感知要求以实现高水平态势感知。第6章到第12章详细讨论了设计准则,可以帮助设计人员进行系统开发,在各种具有挑战性的条件下,有效地给操作人员传递所需态势感知。目标导向任务分析也是创建增强态势感知的有效培训计划的关键步骤,这在第13章中有所讨论。此外,如第14章所述,目标导向任务分析材料还可以用来帮助评估最终的系统设计对态势感知和性能的支持程度。

第 6 章　态势感知设计原则

6.1　从理论到设计

通过系统界面向操作人员呈现信息的方式极大地影响着态势感知，它决定了操作人员在有限时间内可以获得多少信息、以多大的准确度获取信息以及这些信息与操作人员的态势感知需求的一致程度。总体而言，我们的目标是设计系统界面，该界面应该尽可能快速地将所需信息传递给操作人员，而无须过度认知工作。减少与系统界面相关的脑力工作是设计的考虑因素之一。同时，需要考虑所提供的态势感知水平（这种脑力工作的结果）。本书介绍了设计增强操作人员态势感知系统的几个通用原则，这些原则是基于对影响复杂系统态势感知因素的理解凝练出来的（第 2 章和第 3 章）。在介绍这些设计原则之后，将给出一个典型案例，展示如何将这些设计原则应用于实际的系统设计中。

原则 1：围绕目标组织信息

信息应该以操作人员的重要目标为基础进行组织，而不是以技术为导向的方式呈现，即不是根据创建信息的传感器或系统进行显示（如油压或温度）。其信息组织应使特定目标所需的信息相对集中，并直接支持与该目标相关的主要决策。态势感知需求分析提供了确定实现每个目标所需信息的所有输入。这种分析应指导如何跨多个显示器显示分组信息，并确保尽可能提供所有必要的信息。

原则 2：直接呈现二级信息——支持理解

由于注意力和工作记忆有限，因此显示屏提供的信息能够在态势感知二级需求方面进行处理和集成的程度，将对态势感知产生积极影响。例如，直接显示当前值与预期（或所需）值之间的偏差，要比要求操作人员基于较低级别的数据计算此信息更好。二级态势感知需求在不同系统之间会有所不同,但通常包括考虑优先级、数据值和需求之间的一致性以及各种因素对其他系统或操作人员目标的影响。在某些情况下,需要进行系统计算才能提供这些信息。在其他情况下,与其他信息并列呈现信息(相关比较信息)将使操作人员更容易理解。例如,将飞机的当前高度显示在指定高度旁边的线条上,使操作人员能够轻松且直观地发现与指定高度的偏差。在某些情况下,二级态势感知信息是真正所需的,而低级别数据则不需要。在其他情况下,一级和二级数据都对建立全面的态势感知至关重要。

《Oz 项目》(Still 和 Temme,2001)提供了一个示例,说明了如何通过以人为中心的方法(基于集成的二级数据呈现操作人员真正需要的信息),来替代以技术为中心的方法(简单地呈现由系统传感器生成的数据)。传统上,飞行员需要在头脑中计算飞行包线及其飞机参数在该包线内的位置(如当前飞机状态与其限制条件之间的偏差)。飞行员基于刻度盘和仪表,通过心算得出飞机受阻力、空速和配置影响的可用推力。

Oz 概念(图 6.1)向飞行员呈现了直接描绘这种复杂关系的图形图像。在这种表示中,飞行员只需要将水平杆或操纵杆保持在屏幕上显示的弯曲“机翼”的左右边缘之间。操纵杆的长度显示了可用的推力和已用的推力(杆的内部部

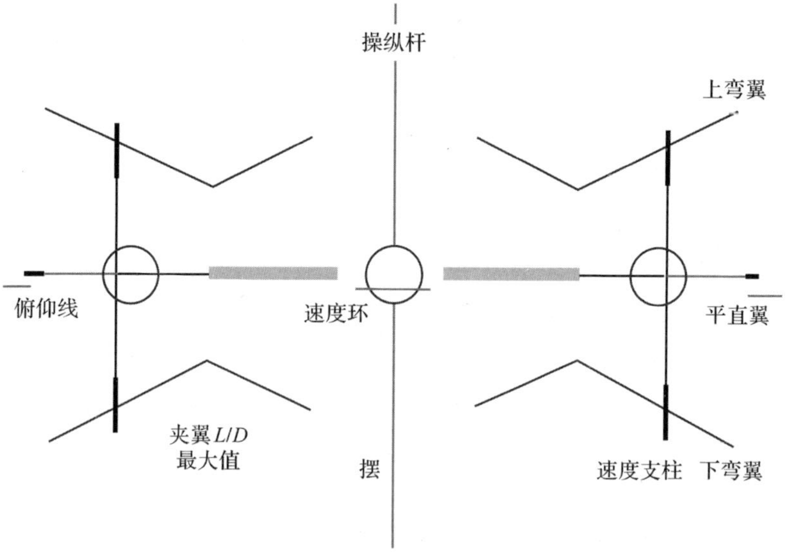

图 6.1 Oz 驾驶舱显示屏

(Still,D. L. 和 Temme,L. A. ,Oz:以人为中心的计算驾驶舱显示器,《军种间/行业培训、模拟和教育会议论文集》(I/ITSEC),弗吉尼亚州阿灵顿,2001)

分)。这些机翼的边缘显示了最大安全结构速度和飞行员必须停留在其之间的最小飞行速度,以及由机翼上的V所代表的最佳最小阻力速度。该阻力曲线根据飞机配置(重量、起落架、襟翼等)和密度高度的变化自动调整,从而节省飞行员的脑力计算工作量。飞行员真正需要知道的(当前的飞机性能相对于飞机极限和最佳飞行控制值下降了多少),总是能够直接显示。显示器还集成了许多其他参数,包括转向速率、俯仰角和横滚角。这些参数信息以图形方式呈现,使飞行员只需通过快速扫视即可轻松确定。研究表明,相较于传统驾舱的显示器,人们不仅可以通过Oz显示器更快地学会飞行,而且在强烈的湍流下能更好地保持所需的飞行控制,并在飞行时有更多的精力用于处理其他任务(Still 和 Temme, 2001)。

原则3:为三级态势感知提供支持

三级态势感知中最困难且繁重的部分之一就是对系统未来状态的预测。预测需要一个相当成熟的认知模型。系统生成的对未来事件和系统状态的支持,应该直接有利于三级态势感知,这对于经验较少的操作人员尤其重要。虽然基于某些信息预测系统状态十分困难,但对于许多操作人员来说任务是可以完成的。例如,操作人员通过查看某个参数随时间变化趋势的图形化显示,就可以预测该参数未来的变化(图6.2)。

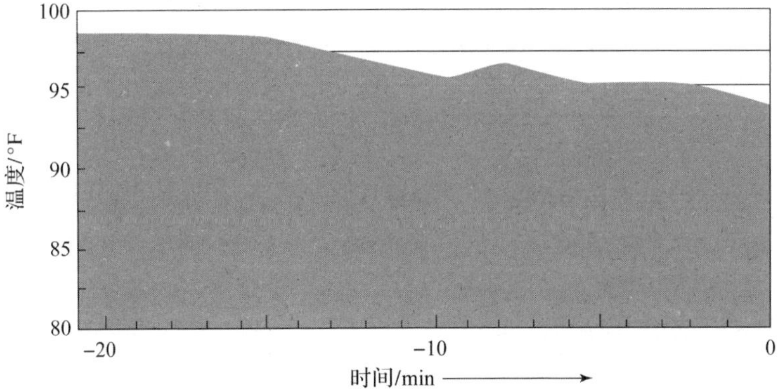

图6.2　从趋势图中进行预测

已经证明,支持操作人员预测可能发生情况的显示(如用于显示敌机飞行检测范围的显示器),可以有效支持操作人员进行准确的预测(Endsley 和 Selcon,1997)(图6.3)。

在这个例子中,导弹发射区域的计算不是静态的,而是动态的,与飞行的高度、姿态和空速的变化相关。这些区域提供了飞行员需要的动态特性,使他们

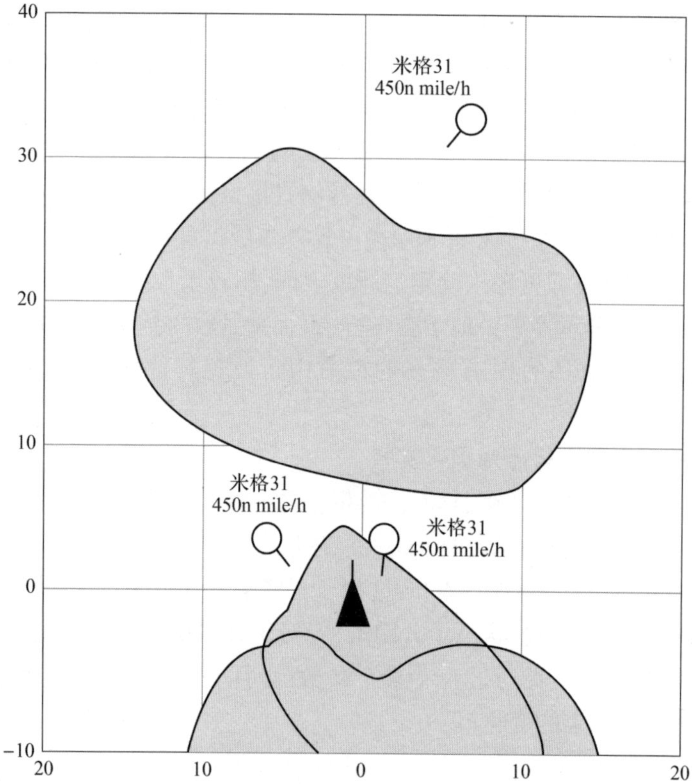

图6.3 飞机探测包络能够实现更高级别的预测——三级态势感知

(Endsley M. R. 和 Selcon S. J. 通过增强态势感知来辅助决策的设计,第二届战术飞机态势感知研讨会论文集。P107－112,马里兰州帕塔克森特河海军空战中心,1997)

能够很好地预测自身飞行路径和控制操作如何影响自身相对其他飞机的脆弱性。在其他情况下,可以利用组件动态信息生成显示,以预测在指定时间内组件行为的变化。

原则4:支持全局态势感知

在态势感知中常常出现的一个问题是,当将注意力集中在某些信息的子集上时,其他重要元素往往被有意或无意地忽视(Jones 和 Endsley,1996)。这种限制信息访问的设计,只会进一步加剧注意狭窄。例如,过多的菜单和窗口经常会遮挡其他窗口上的信息,导致人们忽略更重要的信息。

通过使用提供给操作人员"大视图"或全局态势感知的显示,可以避免注意狭窄。应始终提供全局态势感知,即跨操作人员目标情况的高层级概述,以便确定哪些目标应具有最高优先级,并预测未来事件。同时,应根据需要提供与操作人员当前感兴趣目标有关的详细信息。在许多系统中,可能需要一个始终可见的全局态势感知显示。全局态势感知对于准确确定哪些目标应该具有最高优先级以及预测未来事件至关重要。

原则5:支持目标驱动和数据驱动处理之间的权衡

设计需要同时考虑自上而下和自下而上的处理。系统的设计应围绕操作人员的目标(原则1)以支持目标驱动的处理。支持全局态势感知的全景显示(原则4),通过指引操作人员应将注意力集中在何处以实现高优先级目标,来支持数据驱动的处理。关键是确保这两种方法相互补充。具有高度明显特征的提示(如闪烁的灯光、鲜艳的颜色和响亮的声音)通常会将注意力从当前目标驱动的处理中转移走。因此,这些特征应该被保留用于指示激活其他目标的关键提示,并且应该避免将其用于非关键事件。

原则6:凸显图式激活的关键提示

在复杂系统中,认知模型和图式被认为是实现更高层级态势感知的关键特征。因此,在界面设计中,需要确定并突出显示用于激活这些机制的关键提示。例如,如果出现特定的燃料液位触发不同类别的情况,就应该在这些"临界点"上设置标记,特别是那些指示典型情境存在的提示。Kaplan 和 Simon(1990)发现,如果关键提示在感知上非常明显,可以使人们决策更容易。

然而,确定这些关键提示实际上是非常困难的,因为操作人员通常无法用语言表达他们可能关注的微妙提示。对于那些可以用语言表达并已知重要性的提示应在界面上进行编码,并使用突出的提示来支持操作人员进行决策。

原则7:充分利用并行处理能力

能够在多个任务和信息源之间分配注意力,对于任何复杂系统都很重要。支持操作人员并行处理信息系统的设计,直接有利于态势感知。尽管人们一次只能在视觉上接收有限的信息,但他们也能同时处理视觉信息和听觉信息。同样,他们还可以同时处理触觉(通过皮肤感知)、听觉或视觉信息,因为这些不同的感知方式利用了不同的认知资源(Wickens,1992)。

例如,佩戴在手臂、头部或身体其他部位上的触觉显示器,可以通过电力或机械刺激皮肤来提供信息。这种替代形式的信息传输,被视为在视觉密集的驾驶舱和太空应用中提高态势感知的方法(Gilliland 和 Schlegel,1994; Rochlis 和 Newman,2000; Zlotnik,1988)。另外,复杂的听觉显示器,提供的提示使声音呈现出空间分布,正在被开发作为增强态势感知的方法(Begault 和 Wenzel,1992; Calhoun 等,1987,1988; Endsley 和 Rosiles 等,1995; Forbes,1946; McKinley 等,1994; Wenzel 等,1988)。这些显示器以新的方式传递空间信息,不会对人们的视觉通道造成负担。在多模态信息传输模式下,如何提高信息吞吐量是一个活跃的研究领域,有望在许多信息过载的领域中提高态势感知。

原则8:谨慎使用信息过滤

在许多系统中,信息过载问题仍需考虑。过滤无关信息(与态势感知需求无关)和减少数据(通过处理和整合低级别数据以达到态势感知需求)将有利于态势感知。在许多系统中,信息过滤被作为一种辅助态势感知的手段。在这些情况下,计算机只显示操作人员在任一时刻需要的信息。人们认为,这种方法会减少数据过载,从而提高态势感知。然而,这种信息过滤方法实际上会严重降低态势感知水平(Endsley 和 Bolstad,1993)。

首先,信息过滤会剥夺人们所需的全局态势感知,使其难以具备预测性和主动性。操作人员不会仅凭瞬间呈现的信息立刻获得态势感知,还需要一定的时间来判断形势,并确定参与者及其关键特征。此外,态势感知是通过在一段时间内对系统的动态观察逐渐形成的,而信息过滤会对这一过程产生不利影响。当信息被过滤时,由于他们不能了解系统如何随时间变化,操作人员形成系统动态和趋势的态势感知能力可能会受到损害。

其次,操作人员不仅需要对即时危机做出反应,还需要预测即将发生的事情,以识别正在发展的情况(第三级态势感知)。这使他们能够提前计划以避免意外情况,制定应对可能性的战术策略,或为可能的行动做好准备,从而最大限度地缩短反应时间。只有当开发人员能够提前研制出这种更高级别的态势感知,操作人员才可能采取这些措施。

第三,在形成信息过滤方案时,必须考虑个体差异。单个操作人员可能需要使用不同类型的信息来形成他们的态势感知,而这在计算机驱动的信息过滤中是无法实现的。

以易于理解和处理的方式呈现信息,由操作人员决定何时查看信息,远比只提供信息子集的计算机驱动策略好得多。操作人员将能够保持更高水平的系统认知(理解系统正在做什么)和更好的预测认知水平,这对于高水平的态势感知和前瞻行动是必需的。只有真正不需要的信息才应该被滤除。

6.2 案例研究:面向态势感知设计

为了更清晰地阐述这些设计原则,本书提供了一个基于美国联邦航空管理局(Endsley 和 Kiris,1994c)维护控制中心(MCC)的真实案例研究。空中交通管制系统正处在过渡期。为控制空中交通而更换陈旧设备,不仅影响了空管员,还影响到了那些负责监督和维护庞大空中交通管制系统网络的人员。这些系统包括遍布全国的信标和通信设备,以及支持飞行员在不同的天气和能见度条件下降落在不同机场的各种系统。

以往,技术人员必须驱车长途跋涉才能了解某个特定系统的运行情况,如果出现问题,则需要花费相当长的时间驱车返回总部获取配件。过去的人工维护系统正在被一个新的系统所取代,该系统具有在维护控制中心集中监控远程信息的功能。维护控制中心负责确保这一复杂的、地理位置分散的系统的持续完好。要实现这个过渡,必须克服许多挑战。新系统能否成功实现可靠性和安全性等关键航空目标,取决于该系统在多大程度上支持维护人员完成任务,包括监测系统状态以检测操作问题、诊断问题并确定解决方案以及进行预防性维护活动。

该案例研究的目标是,评估现有维护控制中心系统对人员的态势感知需求方面的支持程度,并根据需要提出改进系统态势感知的新设计建议。为实现该目标,进行了 3 项主要工作:①确定维护控制中心专业人员的主要任务和态势感知需求;②根据本书提出的态势感知设计原则,评估现有系统支持这些需求的程度;③开发一种新的系统界面,以提高维护控制中心专业人员的态势感知水平。

6.2.1 维护控制中心态势感知需求分析

本节使用第 5 章描述的方法论进行了详细的分析,以确定维护控制中心专业人员的态势感知需求。通过审查可用的文档、以及观察和访谈维护控制中心专业人员,来确定目标、决策和信息需求。该分析在德克萨斯州奥斯汀的维护控制中心进行。该维护控制中心在研究时已经运营了几年,并被认为是全国最好的中心之一。该分析结合了 3 名维护控制中心专业人员的意见。此外,还参观了位于达拉斯—沃斯堡机场的第二个维护控制中心,以便比较评估维护控制中心之间在工作流程和职责方面的差异。制定的态势感知需求列表经过奥斯汀维护控制中心的专业人员审核,以确保准确性和完整性,并进行了相应修改。

本节制定了一份态势感知需求列表,包括:①数据需求(一级态势感知);②关于数据集成重要性的更高级别信息(二级态势感知);③关于责任区设施未来事件和趋势的预测(三级态势感知),这些都使专业人员能够成为有效和及时的决策者。

这份态势感知需求评估包含了维护控制中心专业人员完成主要目标和任务所需的信息。这些目标被定义为:①监测责任区状态;②实时和前瞻控制;③沟通和协调责任区内活动;④报告责任区状态和活动。图 6.4 提供了完成每个目标的态势感知需求。该图展示了每个目标的主要子目标的划分,以及与每个子目标相关联的一、二、三级态势感知需求。

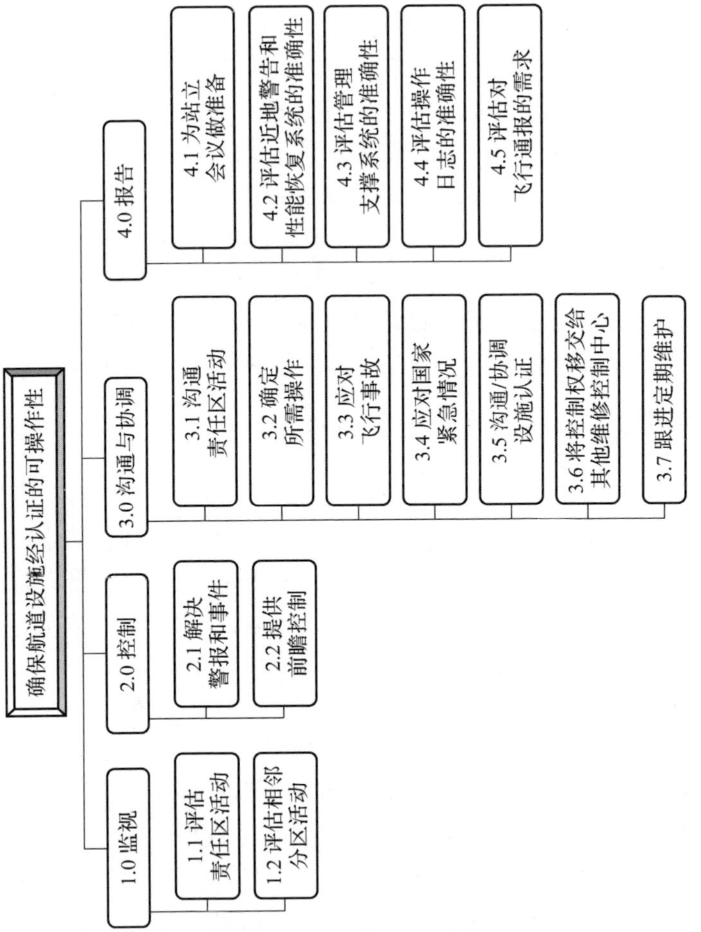
确保航道设施经认证的可操作性
1.0 监视
1.1 评估责任区活动
1.2 评估相邻分区活动
2.0 控制
2.1 解决警报和事件
2.2 提供前瞻控制
3.0 沟通与协调
3.1 沟通责任区活动
3.2 确定所需操作
3.3 应对飞行事故
3.4 应对国家紧急情况
3.5 沟通/协调设施认证
3.6 将控制权移交给其他维修控制中心
3.7 跟进定期维护
4.0 报告
4.1 为站立会议做准备
4.2 评估近地警告和性能恢复系统的准确性
4.3 评估管理支撑系统的准确性
4.4 评估操作日志的准确性
4.5 评估对飞行通报的需求

(a) 目标结构

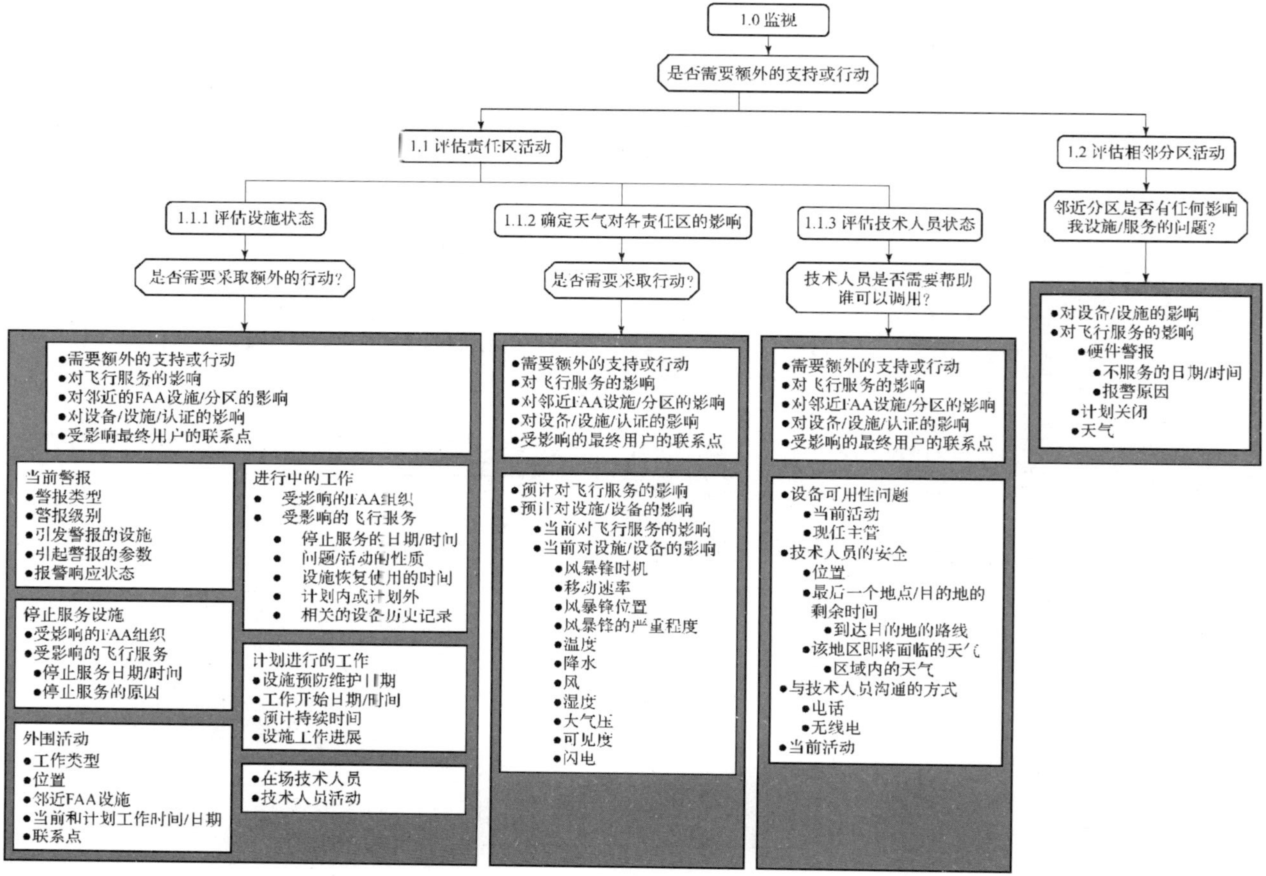
1.0 监视
是否需要额外的支持或行动
1.1 评估责任区活动
1.2 评估相邻分区活动
1.1.1 评估设施状态
1.1.2 确定天气对各责任区的影响
1.1.3 评估技术人员状态
邻近分区是否有任何影响我设施/服务的问题?
是否需要采取额外的行动?
是否需要采取行动?
技术人员是否需要帮助 谁可以调用?
•需要额外的支持或行动
•对飞行服务的影响
•对邻近的FAA设施/分区的影响
•对设备/设施/认证的影响
•受影响最终用户的联系点
当前警报
•警报类型
•警报级别
•引发警报的设施
•引起警报的参数
•报警响应状态
进行中的工作
• 受影响的FAA组织
• 受影响的飞行服务
• 停止服务的日期/时间
• 问题/活动的性质
• 设施恢复使用的时间
• 计划内或计划外
• 相关的设备历史记录
停止服务设施
•受影响的FAA组织
•受影响的飞行服务
•停止服务日期/时间
•停止服务的原因
计划进行的工作
•设施预防维护日期
•工作开始日期/时间
•预计持续时间
•设施工作进展
外围活动
•工作类型
•位置
•邻近FAA设施
•当前和计划工作时间/日期
•联系点
•在场技术人员
•技术人员活动
•需要额外的支持或行动
•对飞行服务的影响
•对邻近FAA设施/分区的影响
•对设备/设施/认证的影响
•受影响的最终用户的联系点
•预计对飞行服务的影响
•预计对设施/设备的影响
•当前对飞行服务的影响
•当前对设施/设备的影响
•风暴锋时机
•移动速率
•风暴锋位置
•风暴锋的严重程度
•温度
•降水
•风
•湿度
•大气压
•可见度
•闪电
•需要额外的支持或行动
•对飞行服务的影响
•对邻近FAA设施/分区的影响
•对设备/设施/认证的影响
•受影响的最终用户的联系点
•设备可用性问题
•当前活动
•现任主管
•技术人员的安全
•位置
•最后一个地点/目的地的剩余时间
•到达目的地的路线
•该地区即将面临的天气
•区域内的天气
•与技术人员沟通的方式
•电话
•无线电
•当前活动
•对设备/设施的影响
•对飞行服务的影响
•硬件警报
•不服务的日期/时间
•报警原因
•计划关闭
•天气

(b) 目标1.0监视

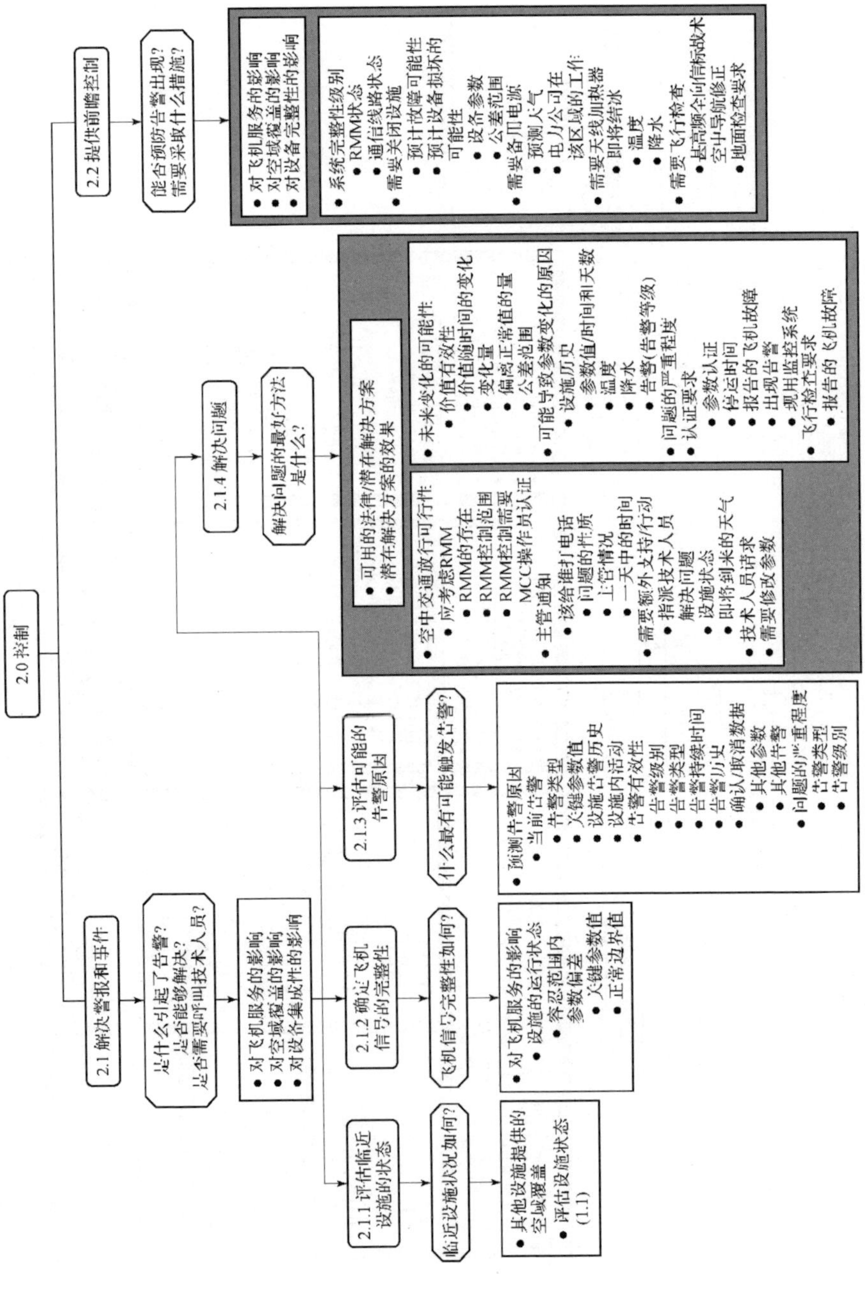
2.0 控制
2.1 解决警报和事件
2.2 提供前瞻控制
能否预防告警出现？需要采取什么措施？
• 对飞机服务的影响
• 对空域覆盖的影响
• 对设备完整性的影响
• 系统完整性级别
• RMM状态
• 通信线路状态
• 需要关闭设施
• 预计故障可能性
• 预计设备损坏的可能性
• 设备参数
• 公差范围
• 需要备用电源
• 预测天气
• 电力公司在该区域的工作
• 需要天线加热器
• 即将结冰
• 温度
• 降水
• 需要飞行检查
• 甚高频全向信标技术
• 空中导航修正
• 地面检查要求
是什么引起了告警？是否能够解决？是否需要呼叫技术人员？
• 对飞机服务的影响
• 对空域覆盖的影响
• 对设备集成性的影响
2.1.1 评估临近设施的状态
临近设施状况如何？
• 其他设施提供的空域覆盖
• 评估设施状态(1.1)
2.1.2 确定飞机信号的完整性
飞机信号完整性如何？
• 对飞机服务的影响
• 设施的运行状态
• 容忍范围内参数偏差
• 关键参数值
• 正常边界值
2.1.3 评估可能的告警原因
什么最有可能触发告警？
• 预测告警原因
• 当前告警
• 告警类型
• 关键参数值
• 设施告警历史
• 设施内活动
• 告警有效性
• 告警级别
• 告警类型
• 告警持续时间
• 告警历史
• 确认/取消数据
• 其他参数
• 其他告警
• 问题的严重程度
• 告警类型
• 告警级别
2.1.4 解决问题
解决问题的最好方法是什么？
• 可用的法律/潜在解决方案
• 潜在解决方案的效果
• 空中交通放行可行性
• 应考虑RMM
• RMM的存在
• RMM控制范围
• RMM控制需要MCC操作员认证
• 主管通知
• 该给谁打电话
• 问题的性质
• 主管情况
• 一天中的时间
• 需要额外支持/行动
• 指派技术人员
• 解决问题
• 设施状态
• 即将到来的天气
• 技术人员请求
• 需要修改参数
• 未来变化的可能性
• 价值有效性
• 价值随时间的变化
• 变化量
• 偏离正常值的量
• 公差范围
• 可能导致参数变化的原因
• 设施历史
• 参数值/时间和天数
• 温度
• 降水
• 告警(告警等级)
• 问题的严重程度
• 认证要求
• 参数认证
• 停运时间
• 报告的飞机故障
• 出现告警
• 现用监控系统
• 飞行检查要求
• 报告的飞机故障

(c) 目标2.0控制

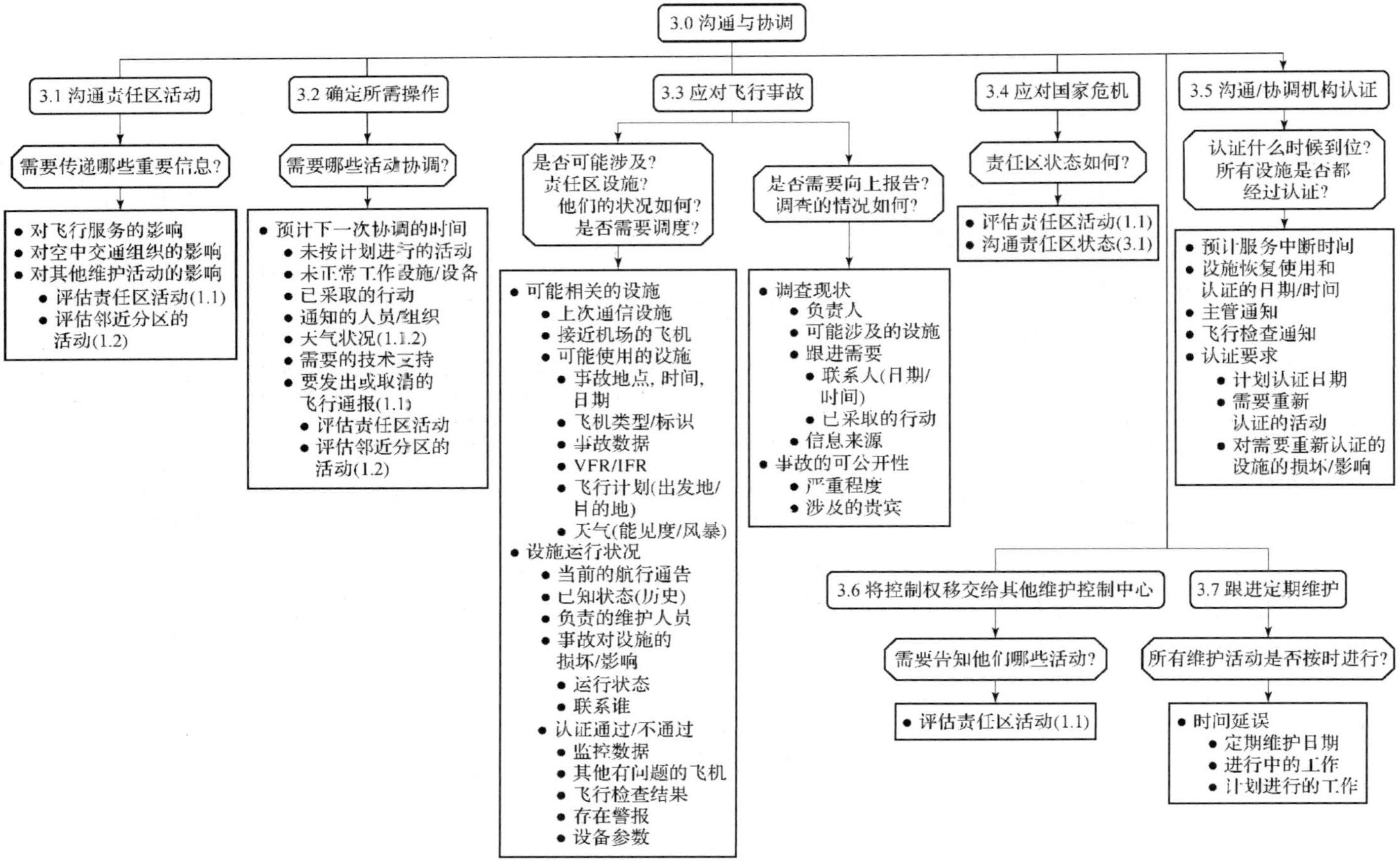
3.0 沟通与协调
3.1 沟通责任区活动
需要传递哪些重要信息?
• 对飞行服务的影响
• 对空中交通组织的影响
• 对其他维护活动的影响
• 评估责任区活动(1.1)
• 评估邻近分区的活动(1.2)
3.2 确定所需操作
需要哪些活动协调?
• 预计下一次协调的时间
• 未按计划进行的活动
• 未正常工作设施/设备
• 已采取的行动
• 通知的人员/组织
• 天气状况(1.1.2)
• 需要的技术支持
• 要发出或取消的飞行通报(1.1)
• 评估责任区活动
• 评估邻近分区的活动(1.2)
3.3 应对飞行事故
是否可能涉及?责任区设施?他们的状况如何?是否需要调度?
• 可能相关的设施
• 上次通信设施
• 接近机场的飞机
• 可能使用的设施
• 事故地点，时间，日期
• 飞机类型/标识
• 事故数据
• VFR/IFR
• 飞行计划(出发地/目的地)
• 天气(能见度/风暴)
• 设施运行状况
• 当前的航行通告
• 已知状态(历史)
• 负责的维护人员
• 事故对设施的损坏/影响
• 运行状态
• 联系谁
• 认证通过/不通过
• 监控数据
• 其他有问题的飞机
• 飞行检查结果
• 存在警报
• 设备参数
是否需要向上报告?调查的情况如何?
• 调查现状
• 负责人
• 可能涉及的设施
• 跟进需要
• 联系人(日期/时间)
• 已采取的行动
• 信息来源
• 事故的可公开性
• 严重程度
• 涉及的贵宾
3.4 应对国家危机
责任区状态如何?
• 评估责任区活动(1.1)
• 沟通责任区状态(3.1)
3.5 沟通/协调机构认证
认证什么时候到位?所有设施是否都经过认证?
• 预计服务中断时间
• 设施恢复使用和认证的日期/时间
• 主管通知
• 飞行检查通知
• 认证要求
• 计划认证日期
• 需要重新认证的活动
• 对需要重新认证的设施的损坏/影响
3.6 将控制权移交给其他维护控制中心
需要告知他们哪些活动?
• 评估责任区活动(1.1)
3.7 跟进定期维护
所有维护活动是否按时进行?
• 时间延误
• 定期维护日期
• 进行中的工作
• 计划进行的工作

(d) 目标3.0沟通与协调

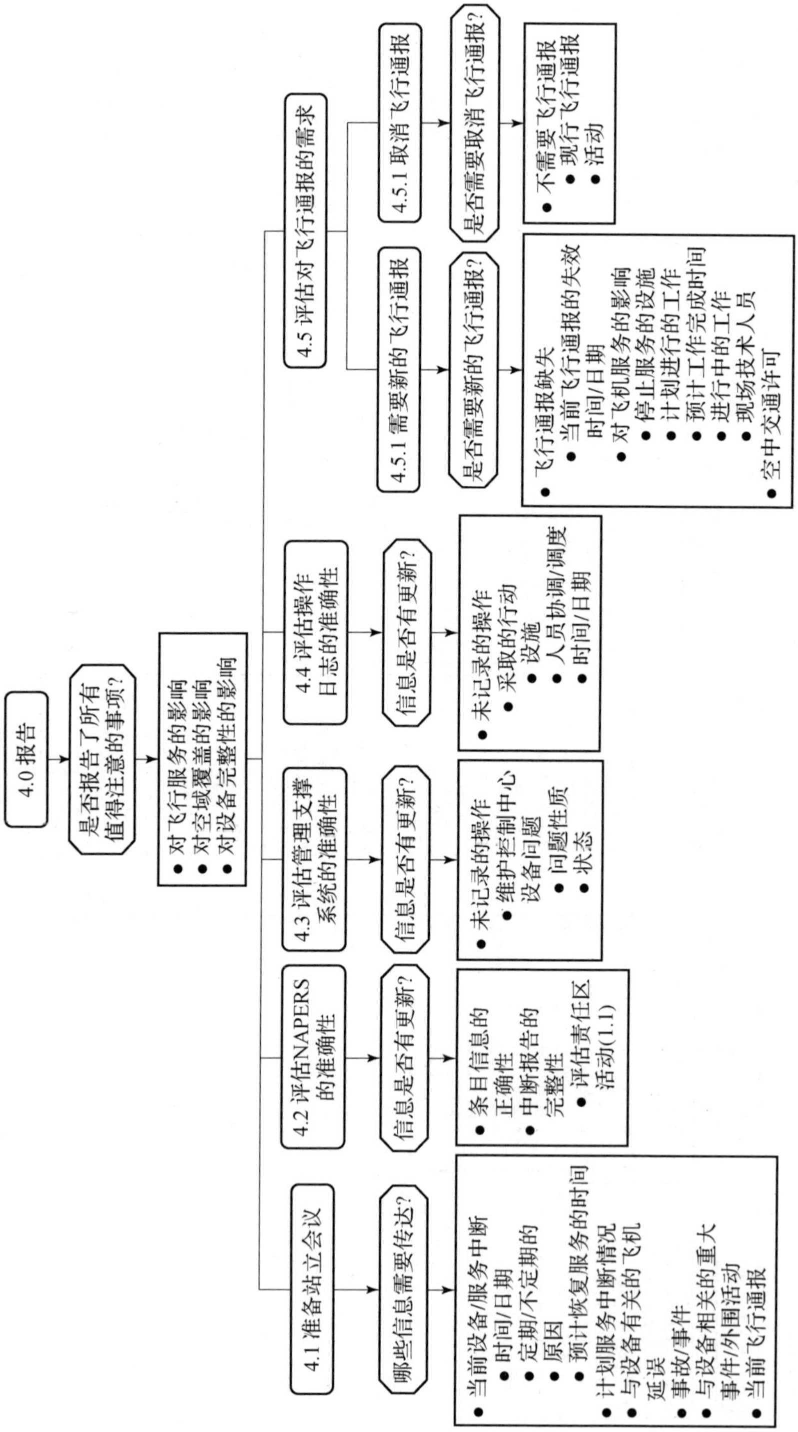

(e) 目标4.0报告

图 6.4 目标导向的任务：维护控制中心态势感知需求

6.2.2　维护控制中心系统评估

在详细的态势感知分析之后,我们评估了支持维护控制中心专业人员履行其职能的现有系统。以态势感知需求作为分析的关键起点,该分析准确指出了操作人员在完成各种目标时所需的具体信息。通过分析,确定了系统是否已经充分提供了所需信息。如果某些数据是必需的,但系统并未提供,或者需要在各种参考手册中查找,我们也会明确指出这些情况。此外,我们利用态势感知分析,指出了操作人员所需的更高级别的综合信息和目标导向信息,但这些信息并未在系统设计中直接提供。同时,我们也考虑了必须一起使用的信息,以确定适当的信息分组和排列。

此外,还根据本章提出的面向态势感知设计原则,评估了界面增强或削弱态势感知的程度。此评估不仅关注信息是否存在,还关注信息是否以有助于在复杂、动态和分布式系统中实现和维持态势感知的形式存在。

表6.1给出了这一评估的结果。特定的态势感知需求可以被一个给定的系统完全满足(黑色方格)或部分满足(浅灰色方格);或者该系统提供了足够的信息,使一个知识渊博的专业人员可以通过推断满足需求(深灰色方格)。表格中的空白表示该信息不能直接从给定系统中获得,而必须通过以下方式之一获得:①从另一个系统或来源中获取;②通过与技术人员或其他人员的言语交流获得;③通过整合可用信息源的信息并由专家确认。许多态势感知需求是通过后两种方法来满足的。

在现有的维护控制中心中,专业人员花费了大量时间来获取态势感知。由于监测和控制的设施数量有限,并且岗位职责有限,维护控制中心的专业人员似乎能够应对这个挑战。然而,随着被监控和向维护控制中心报告的系统数量以及人员岗位职责的增加,他们将来可能面临严重的压力。随着维护控制中心监控和控制的设施数量继续增加,预计维护控制中心远程修改设施参数、应对问题以及避免告警状态的需求也将增加。除了扩大维护控制中心专业人员职责范围外,还会增加维护控制中心中工作的专业人员数量,从而增加了某些额外的沟通和协调需求。

下面总结了现有维护控制中心系统中存在的主要问题,这些问题造成态势感知困难,并限制了专业人员履行职责的绩效。

表 6.1　将现有系统与态势感知要求进行比较

1.0 监视	导航设备性能评估与报告系统	飞行通告	计划维护日志	维修服务系统	停运计划	卡片归档	记事本活动日志	维护控制系统站点状态	维护控制系统站点目录	维护控制系统网站信息	维护控制系统活动警告	维护控制系统报告	维护控制系统效用	飞行服务监控	气象图
1.1 评估责任区活动															
受影响的终端用户的联系点															
对飞行服务的影响															
对邻近联邦航空局(FAA)设施/分区的影响		■													
对设备/设施/认证的影响		░													
需要的额外支持/行动		░													
1.1.1 设备状态	░													■	
当前警报											■			■	
警报类型								■			■	■		■	
警报级别											■	■		■	
引发警报的设施	■							■			■	■		■	
引起警报的参数								■			■	■			

续表

	导航设备性能评估与报告系统	飞行通告	计划维护日志	维修服务系统	停运计划	卡片归档	记事本活动日志	维护控制系统站点状态	维护控制系统站点目录	维护控制系统网站信息	维护控制系统活动警告	维护控制系统报告	维护控制系统效用	飞行服务监控	气象图
报警响应状态															
停止服务的设施															
受影响的联邦航空局(FAA)组织															
受影响的飞行服务															
停止服务的日期/时间															
停止服务的原因															
进行中的工作															
受影响联邦航空局(FAA)组织和服务															
定期/不定期的															
设施停止服务的时间															
设施恢复使用的时间															
问题/活动的性质															

续表

	导航设备性能评估与报告系统	飞行通告	计划维护日志	维修服务系统	停运计划	卡片归档	记事本活动日志	维护控制系统站点状态	维护控制系统站点目录	维护控制系统网站信息	维护控制系统活动警告	维护控制系统报告	维护控制系统效用	飞行服务监控	气象图
设备历史记录				▒								■			
计划进行的工作															
预防防护日期/设施			■		■										
工作开始的日期/时间 - 预计持续时间	▒	▒	■		■										
在设施方面的工作进展	■			▒											
外围活动(包括公用事业、电讯工程)							▒								
工作类型		▒					▒								
位置		▒					▒								
临近联邦航空局(FAA)设施		▒					▒								
工作时间/日期(当前/计划)		▒					▒								
联系点							▒								

续表

	导航设备性能评估与报告系统	飞行通告	计划维护日志	维修服务系统	停运计划	卡片归档	记事本活动日志	维护控制系统站点状态	维护控制系统站点目录	维护控制系统网站信息	维护控制系统活动警告	维护控制系统报告	维护控制系统效用	飞行服务监控	气象图
在场技术人员															
技术人员活动															
1.1.2 责任区天气															
对飞行服务的影响(潜在/实际)															
对设施/设备的影响(潜在/实际)															
对交通/道路状况的影响															
风暴锋面出现时间															
移动速率															
位置															
风暴锋面强度															
温度															
降水															

续表

	导航设备性能评估与报告系统	飞行通告	计划维护日志	维修服务系统	停运计划	卡片归档	记事本活动日志	维护控制系统站点状态	维护控制系统站点目录	维护控制系统网站信息	维护控制系统活动警告	维护控制系统报告	维护控制系统效用	飞行服务监控	气象图
风															
湿度															
气压															
可见度															
雷电															
1.1.3 技术人员															
设备可用性问题															
当前活动															
主管															
安全															
位置															
最终地点/目的地的剩余时间															

续表

	导航设备性能评估与报告系统	飞行通告	计划维护日志	维修服务系统	停运计划	卡片归档	记事本活动日志	维护控制系统站点状态	维护控制系统站点目录	维护控制系统网站信息	维护控制系统活动警告	维护控制系统报告	维护控制系统效用	飞行服务监控	气象图
到达目的地的路线															
即将面临的天气情况															
区域天气															
与技术人员的沟通方式															
现场电话															
无线电(频率)															
当前活动															
1.2 评估相邻分区的活动															
对设备/设施的影响															
对飞行服务的影响															
硬件报警															
不服务的日期/时间															
原因															
计划关闭															
天气															

续表

2.0 控制	导航设备性能评估与报告系统	飞行通告	计划维护日志	维修服务系统	停运计划	卡片档案	记事本活动日志	维护控制系统站点状态	维护控制系统站点目录	维护控制系统网站信息	维护控制系统活动警告	维护控制系统报告	维护控制系统效用	飞行服务监控	气象图
2.1 解决告警/事件															
对飞行服务的影响															
对空域覆盖的影响															
对设备完整性的影响															
2.1.1 邻近设施状况															
其他设施覆盖的空域															
评估设施状态(1.1.1)															
2.1.2 飞机收到信号的完整性															
对飞行服务的影响															
设施运行状况															
容忍范围内参数偏差															
关键参数值															

续表

	导航设备性能评估与报告系统	飞行通告	计划维护日志	维修服务系统	停运计划	卡片档案	记事本活动日志	维护控制系统站点状态	维护控制系统站点目录	维护控制系统网站信息	维护控制系统活动警告	维护控制系统报告	维护控制系统效用	飞行服务监控	气象图
正常边界值															
2.1.3 可能产生告警的原因															
预测告警原因															
告警类型															
关键参数值															
设备告警历史															
设施内的活动															
告警有效性															
告警级别(硬件/软件)															
告警类型															
告警持续时间															
告警历史															

续表

	导航设备性能评估与报告系统	飞行通告	计划维护日志	维修服务系统	停运计划	卡片档案	记事本活动日志	维护控制系统站点状态	维护控制系统站点目录	维护控制系统网站信息	维护控制系统活动警告	维护控制系统报告	维护控制系统效用	飞行服务监控	气象图
确认/不确认数据															
其他参数															
其他告警															
问题的严重程度															
告警类型															
告警级别															
2.1.4 解决问题															
可用的法律/潜在解决方案															
潜在解决方案的效果															
空中交通放行情况															
可解决的远程维护监控(RMM)															
远程维护监控的存在															

续表

	导航设备性能评估与报告系统	飞行通告	计划维护日志	维修服务系统	停运计划	卡片档案	记事本活动日志	维护控制系统站点状态	维护控制系统站点目录	维护控制系统网站信息	维护控制系统活动警告	维护控制系统报告	维护控制系统效用	飞行服务监控	气象图
远程维护监控控制的程度															
在设施上获得认证的 MCC 操作员															
技术人员/主管通知															
通知谁															
问题的性质															
主管情况															
一天中的时间															
需要额外的支持/行动															
指派处理问题的技术人员															
设施状况															
即将到来的天气															
需要修改设备参数															

续表

	导航设备性能评估与报告系统	飞行通告	计划维护日志	维修服务系统	停运计划	卡片档案	记事本活动日志	维护控制系统站点状态	维护控制系统站点目录	维护控制系统网站信息	维护控制系统活动警告	维护控制系统报告	维护控制系统效用	飞行服务监控	气象图
未来变化的可能性															
参数值的有效性															
参数随时间的变化															
变更数量															
偏离正常值的量															
公差范围															
参数变化的可能原因															
设施历史															
参数值/时间和天数															
温度															
降水															
告警(告警等级)															

续表

	导航设备性能评估与报告系统	飞行通告	计划维护日志	维修服务系统	停运计划	卡片档案	记事本活动日志	维护控制系统站点状态	维护控制系统站点目录	维护控制系统网站信息	维护控制系统活动警告	维护控制系统报告	维护控制系统效用	飞行服务监控	气象图
问题的严重程度															
认证要求															
参数认证															
停运时间															
当前报告的飞行问题															
出现告警															
现用监控系统															
飞行检查要求															
飞机问题报告															
技术人员请求															
2.2 提供主动控制															

续表

	导航设备性能评估与报告系统	飞行通告	计划维护日志	维修服务系统	停运计划	卡片档案	记事本活动日志	维护控制系统站点状态	维护控制系统站点目录	维护控制系统网站信息	维护控制系统活动警告	维护控制系统报告	维护控制系统效用	飞行服务监控	气象图
对飞行服务的影响															
对空域覆盖的影响															
对设备完整性的影响															
系统完整性级别															
远程维护监控工作								■							
通信线路状态															
关闭设施的需要															
设施故障的可能性															
设备损坏的可能性															
需要备用电源															
预计天气															■

续表

	导航设备性能评估与报告系统	飞行通告	计划维护日志	维修服务系统	停运计划	卡片档案	记事本活动日志	维护控制系统站点状态	维护控制系统站点目录	维护控制系统网站信息	维护控制系统活动警告	维护控制系统报告	维护控制系统效用	飞行服务监控	气象图
电力公司工作															
需要天线加热器															
即将结冰														■	
温度														■	
降水														■	
需要飞行检查															
甚高频全向信标战术空中导航修正															
地面检查要求															

全部 ■　部分 ▩　推断 □

续表

3.0 沟通与协调	导航设备性能评估与报告系统	飞行通告	计划维护日志	维修服务系统	停运计划	卡片档案	记事本活动日志	维护控制系统站点状态	维护控制系统站点目录	维护控制系统网站信息	维护控制系统活动警告	维护控制系统报告	维护控制系统效用	飞行服务监控	气象图
3.1 沟通责任区活动															
对飞行服务的影响															
对航空运输组织的影响															
对其他维护活动的影响															
评估责任区活动															
评估邻近分区的活动															
3.2 确定需要采取的行动															
预计下一次协调的时间															
未按计划进行的活动															
不能正常工作的设施/设备															
采取的行动															
通知的人员/组织															

续表

	导航设备性能评估与报告系统	飞行通告	计划维护日志	维修服务系统	停运计划	卡片档案	记事本活动日志	维护控制系统站点状态	维护控制系统站点目录	维护控制系统网站信息	维护控制系统活动警告	维护控制系统报告	维护控制系统效用	飞行服务监控	气象图
天气情况															
需要的技术支持															
待发布/取消的飞行通报															
评估责任区活动															
评估邻近分区的活动															
3.3 应对飞行事故															
可能相关的设施															
上次通信设施															
邻近机场															
可能使用的设施															
事故地点、时间、日期															
飞机类型、标识															

续表

	导航设备性能评估与报告系统	飞行通告	计划维护日志	维修服务系统	停运计划	卡片档案	记事本活动日志	维护控制系统站点状态	维护控制系统站点目录	维护控制系统网站信息	维护控制系统活动警告	维护控制系统报告	维护控制系统效用	飞行服务监控	气象图
事故数据															
目视飞行规则/仪表飞行规则															
飞行计划(出发地/目的地)															
天气(能见度、风暴)															
设施运行状况															
当前飞行通报															
已知状态(历史)															
负责的维护人员															
事故对设施造成的损害/影响															
调度需要															
运行状态															
联系谁															

续表

	导航设备性能评估与报告系统	飞行通告	计划维护日志	维修服务系统	停运计划	卡片档案	记事本活动日志	维护控制系统站点状态	维护控制系统站点目录	维护控制系统网站信息	维护控制系统活动警告	维护控制系统报告	维护控制系统效用	飞行服务监控	气象图
设施通过/不通过认证															
监控数据															
其他有问题的飞机															
飞行检查结果															
警报出现															
设备参数															
调查情况															
负责人															
可能涉及的设施															
跟进需要															
联系人/日期、时间															
采取的行动															

续表

	导航设备性能评估与报告系统	飞行通告	计划维护日志	维修服务系统	停运计划	卡片档案	记事本活动日志	维护控制系统站点状态	维护控制系统站点目录	维护控制系统网站信息	维护控制系统活动警告	维护控制系统报告	维护控制系统效用	飞行服务监控	气象图
信息来源								■							
事故的可公开性															
严重程度															
机上/相关贵宾															
3.4 应对国家危机															
评估责任区状况															
沟通责任区状态															
3.5 跟踪/协调设施认证															
主管通知						■									
飞行检查通知						■									
认证要求															
预定的认证日期			■		■										

续表

	寻航设备性能评估与报告系统	飞行通告	计划维护日志	维修服务系统	停运计划	卡片档案	记事本活动日志	维护控制系统站点状态	维护控制系统站点目录	维护控制系统网站信息	维护控制系统活动警告	维护控制系统报告	维护控制系统效用	飞行服务监控	气象图
需要认证的活动															
事故对设施造成的损害/影响															
预计停止服务的持续时间															
设备恢复使用/认证的日期/时间			全部		全部										
3.6 将控制权移交给其他维护控制中心															
评估责任区活动															
3.7 跟进定期维护															
时间延误		推断	部分	推断	部分										
计划维护日期		推断	全部		全部										
进行中的工作	全部	推断		推断											
计划进行的工作	推断	推断	全部		全部										

全部 ■ 部分 ▩ 推断 □

续表

4.0 报告	导航设备性能评估与报告系统	飞行通告	计划维护日志	维修服务系统	停运计划	卡片档案	记事本活动日志	维护控制系统站点状态	维护控制系统站点目录	维护控制系统网站信息	维护控制系统活动警告	维护控制系统报告	维护控制系统效用	飞行服务监控	气象图
对飞行服务的影响															
对航空运输组织的影响															
对其他维护活动的影响															
4.1 准备站立会议															
当前设备/服务中断															
时间/日期															
定期/不定期的															
原因															
预计恢复服务时间															
定期服务中断															
与设备有关的飞机延误															

续表

	导航设备性能评估与报告系统	飞行通告	计划维护日志	维修服务系统	停运计划	卡片档案	记事本活动日志	维护控制系统站点状态	维护控制系统站点目录	维护控制系统网站信息	维护控制系统活动警告	维护控制系统报告	维护控制系统效用	飞行服务监控	气象图
事故/事件															
与设备相关的重大事件/外围活动															
当前飞行通报															
4. 2NAPERS															
条目信息的正确性															
中断报告的完整性															
评估部门活动															
4. 3 管理支撑系统															
未记录的操作															
管理支撑系统设备问题															
问题的性质															
状态															

续表

	导航设备性能评估与报告系统	飞行通告	计划维护日志	维修服务系统	停运计划	卡片档案	记事本活动日志	维护控制系统站点状态	维护控制系统站点目录	维护控制系统网站信息	维护控制系统活动警告	维护控制系统报告	维护控制系统效用	飞行服务监控	气象图
4.4 操作日志															
未记录的操作															
采取的行动															
设施															
人员协调/分派															
时间/日期															
4.5 飞行通报															
4.5.1 请求新的飞行通报															
飞行通报缺失															
当前飞行通报的失效时间/日期															
活动对飞行服务的影响															
设施停止服务															

续表

	导航设备性能评估与报告系统	飞行通告	计划维护日志	维修服务系统	停运计划	卡片档案	记事本活动日志	维护控制系统站点状态	维护控制系统站点目录	维护控制系统网站信息	维护控制系统活动警告	维护控制系统报告	维护控制系统效用	飞行服务监控	气象图
计划进行的工作	▒		■		■										
预计工作完成时间	▒		■		■										
进行中的工作		▒	▒		▒										
现场技术员	▒			▒	■										
空中交通许可															
4.5.2 取消飞行通报															
不需要飞行通报															
当前飞行通报		■													
活动完成							■								

全部 ■　部分 ▓　推断 ▒

1. 缺乏信息整合

虽然可以找到维护控制中心专业人员需要的相当数量的信息,但是这些信息却没有得到有效的整合。他们不得不在多个显示屏、报告或窗口之间切换,才能找到解决单个问题或实现某个目标所需的信息。

此外,一个信息来源中的许多信息通常只是部分信息。例如,专业人员花费了大量时间确保显示屏上准确显示所有设施和设备的当前状态,并且对所有参数进行监测。然而,查找具有所需详细信息的正确历史信息却很困难。专业人员不得不查阅外部手册,才能找到特定参数的正确值。这种信息整合的缺乏导致了不必要的工作负担,并可能导致态势感知错误。

2. 缺乏必要信息

在实施过程中,发现很多必要的信息都缺乏。可用的报警信息,对于实时控制来说是不足的。为了更好地进行控制和维护工作,需要更多的相关信息,如参数的允许范围、正常值以及实时趋势信息。此外,这些信息还需要与工作进展和计划维护信息相结合,以便能够快速评估报警的有效性和影响。然而,对于维护控制中心专业人员来说,这项任务非常繁琐且困难。

由于缺乏远程维护监控(RMM)传感器,维护控制中心专业人员的实时控制能力受到了严重限制。他们只能获取该责任区中少数设施和系统的远程信息。而且,对于远程维护监控的系统,无论是从技术上还是从组织上,他们远程执行任务的能力都有限。因此,他们在通知现场人员之前,只能对问题进行非常有限的诊断,这使通知任务成为他们的主要职责。此外,几乎没有提供在线帮助或系统支持来进行远程控制操作。正因为以上原因,专业人员几乎无法采取前瞻控制措施来避免问题出现。

3. 信息呈现不当或缺乏支持诊断的信息

由于历史信息的可获取性差、呈现形式不合理以及与相关参数的结合不密切,导致专业人员准确诊断问题的能力受到严重限制。有限历史信息无法实时获取(需要相当长的时间才能通过网络发送),且是以难以阅读的形式呈现,需要进行大量处理以去除不相关和虚假的数据,很难确定有意义的趋势。数据与其他参数之间没有直接关联,必须进行推断或单独确定。整个过程非常繁琐且困难,以至于几乎没有可用的历史信息。

天气信息也非常有限。奥斯汀维护控制中心拥有一张非常好的彩色地图,显示了该区域的降水情况。这些信息来源于国家气象局,比大多数维护控制中心所拥有的信息更加丰富;然而,这仍然只能满足他们对当前和预测天气信息需求的一小部分,要想获取更详细的信息非常困难,而且可获得的信息通常与所关注的设施没有直接关联。

4. 缺乏主要功能支持

在技术人员、责任区管理、空中交通组织以及外部承包商和服务人员之间的沟通和协调，是维护控制中心最重要的功能之一。这种协调活动会造成很大的记忆负荷，因为专业人员需要在脑海中记住谁在哪里、谁知道什么、谁会在何时回复他们信息以及何时会发生变化等。当只有一个专业人员和控制范围较小时，这个任务还算可行。然而，当有多个专业人员同时在一个责任区从事许多不同的活动时，信息和事件很容易被忽略。错过重要事项、掌握责任区内正在发生的事情方面不及时或者未能在专业人员之间传递重要信息的概率将大大增加。这个功能需要更好的支持，而非目前使用的非结构化记事本。

5. 集成耗时

为了向上级管理层传递行业状况的最新报告，维护控制中心的另一个重要职责是形成最新的行业状况报告。在现有系统中，这项任务比它应该需要花费的时间更多，因为专业人员必须整合来自多个报告和信息源的信息。对于专业人员来说，确保它们已经涵盖了所有内容是非常困难的。

6. 未明确提及的信息

该责任区的设施和设备，包括它们的历史、现状和独特特点以及本地程序和人员情况，仅以非正式方式在现有系统中传递。这些特定于该责任区的信息与对设备的充分技术知识一样重要，对于专业人员评估告警并确定情况对整体目标的影响能力至关重要。维护控制中心的专业人员通过在该责任区和维护控制中心的丰富经历中积累这些知识。这使来自其他分区的专业人员很难通过轮调来满足人力或应急需求，甚至很难让来自同一责任区的技术人员在维护控制中心接受培训或在需要时接管职能。虽然维护控制中心专业人员职位始终需要对各种设备具有高水平的技术知识，但也需要更明确地提供责任区特定的信息。这将使得在需要时能够更容易地将专业人员调配到不同的维护控制中心，并使得在维护控制中心内部专业人员之间的日常交接工作更容易进行。

7. 缺乏必要的零星通信

定位现场技术人员并与之沟通是一个挑战。维护控制中心专业人员只有有限的能力来寻找并预测技术人员的位置。这使得在决定是通知主管，还是针对问题调用技术人员，或者确定在远程站点工作的技术人员是否需要帮助时，优化人力资源利用变得困难。

8. 未提供相邻分区活动的信息

维护控制中心几乎没有关于相邻分区活动的实时信息，“飞行通告”

(NOTAM)是唯一的信息来源。“飞行通告”用来通知飞行员可能影响飞行的设备问题。因此,“飞行通告”很少包含维护控制中心专业人员想要了解的信息类型,并且它们通常在当前活动状态方面不是最新的,因为其发布时间跨度较大。虽然关于相邻分区活动的信息需求不多,但在存在影响跨责任区运行的设施情况时,一些有限的当前信息对于维护控制中心专业人员的决策过程会很有用。

9. 全局态势感知能力差

无法一目了然地获取责任区设施和活动的完整且准确状态信息(全局态势感知)。虽然奥斯汀维护控制中心的状态显示在很大程度上达到了这个目标,但仍然缺少一些信息。例如,早上到达时,专业人员无法从显示屏上知道哪些告警已被停用。因此,如果他们没有检查其他日志来了解远程维护监控和告警的工作情况,他们很容易被误导进入虚假的安全感之中。专业人员必须寻求其他信息来源,以了解发生了哪些重要事件,以及当天有哪些活动正在进行或计划中。

10. 数据过载

与许多复杂系统一样,呈现的大量数据让人难以处理。专业人员无法快速获得他们想要的信息。信息没有按照他们的需求进行最佳组织和呈现。用于区分与操作相关差异的代码并不总是存在(如用于区分由于停机执行其他维护工作而产生的告警和针对特定参数的真实告警)。对这些因素进行分类,挑战了专业人员确定所发生情况的能力。

11. 用户界面设计差

现有系统的用户界面需要改善,因为不同系统界面缺乏标准化。这给专业人员带来了不必要的培训负担,同时也极大地增加了负面转移(以一个熟悉的系统工作方式错误地操作另一个系统)出错的可能性。另外,基于命令的控制结构对有限的工作记忆和负面转移问题也产生了影响。此外,系统的多窗口操作的功能非常有限,这增加了需要的信息分散在许多不同的显示器和系统中所带来的困难。

6.2.3 态势感知导向的界面设计

由于现有界面存在许多缺点,本章设计了一个能够支持更高水平态势感知的系统界面。这个界面不仅满足了维护控制中心专业人员对态势感知的要求,还展示了如何实施态势感知导向设计的概念。

首先,这个系统的信息是围绕着维护控制中心专业人员的目标进行定位的,它支持维护整个系统的全局图像,同时突出特定问题的感知,并促进与这些问题相关的诊断和信息收集。通过向专业人员提供有关系统参数当前和过去趋势的信息,以支持对未来事件的预测。新的系统原型包括几个功能,旨在促进态势感知并专门解决现有系统中存在的一些问题。

(1)该系统被设计为在任何时候都能为维护控制中心专业人员提供其地区航空设施状况的全面概览,同时使他们可以轻松获取特定设施的详细信息。状态地图(图 6.5)将始终在其中一台显示器上显示,不会被其他显示覆盖。

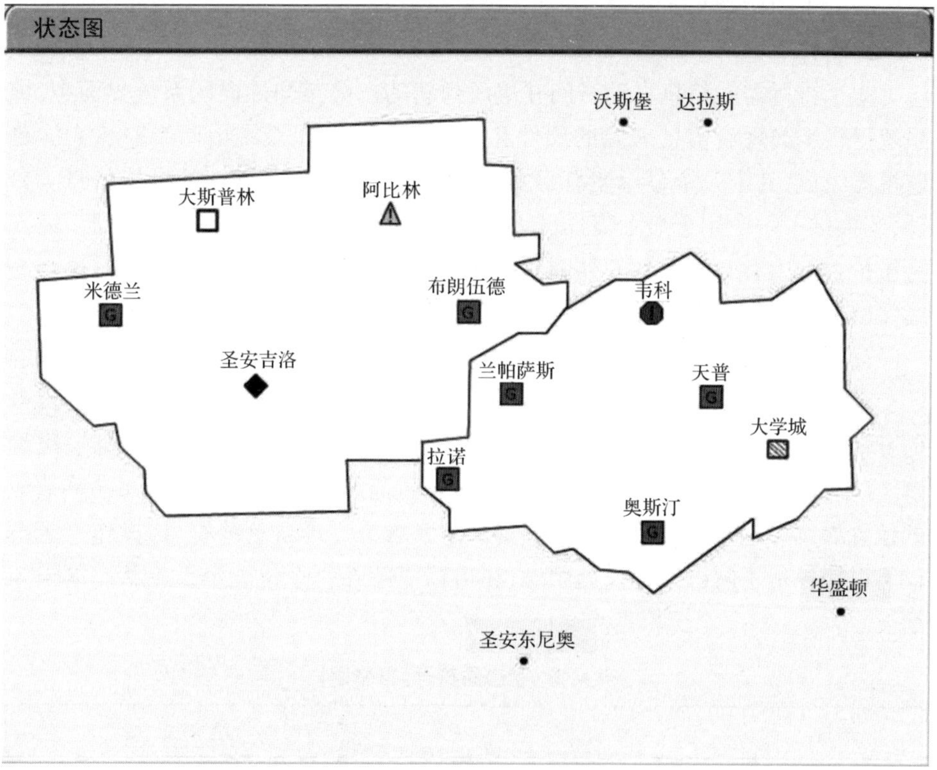

图 6.5　状态地图(见彩图)

(2)显示器的组织方式旨在支持目标实现,并设计成可以轻松切换目标。从目标导向的任务分析中得出的目标和子目标,为信息的主要分组和次要分组提供了指导。

(3)通过在系统参数的优先行为上添加图形化呈现的历史数据,支持对告警的理解和未来趋势的预测。用户可以轻松修改这些图形以满足各种诊断需求。

(4)系统为原本需要依赖隐含信息或散落在各类文档中的信息(如报警阈值、联系人信息和设施信息)的活动提供信息支持。快速和轻松地访问这些信息将有助于改善态势感知,这对于多个维护控制中心专业人员能够在同一设施内有效工作是必要的。

(5)该系统被设计为易于使用,需要最少的培训和低负荷的记忆。

(6)系统通过按位置分组信息、协助维护控制中心中的多个专业人员之间的沟通等方法,支持专业人员及时跟进许多活动的进行。

(7)界面设计便于频繁执行重要的任务(如每天早上对设施参数和远程维护监控的手动检查)。

1. 硬件

为了将所需的信息自动访问并集成到新的态势感知导向的系统界面中,该系统提供了与现有信息来源的硬件和软件的链接。该系统由两个彩色大屏幕监视器组成,其中一个显示责任区状态地图,另一个显示详细的设施信息。另外,还提供了一个用于显示责任区天气信息的第三个彩色大屏幕监视器。为支持维护控制中心专业人员的外围活动和供技术人员访问维护记录系统,还会继续保留辅助性的个人计算机监视器。此外,还提供打印机和电话支持。

2. 状态地图

状态地图始终显示,如图 6.5 所示。它显示了维护控制中心专业人员负责的责任区内设施的状态。使用彩色符号一目了然地传达设施状态的高层次理解。所有符号形状和颜色都具有冗余性,以防范因任何人类色彩感知缺陷造成的信息误读。这些符号在表 6.2 中列出了其含义。通过这些符号,操作人员不仅可以轻松地了解已知的设施状态,还可以了解在每个位置上设施状态的未知情况。

表 6.2 状态图符号(见彩图)

图标	描述	定义
	写有字母 G 的绿色正方形	该地点的所有设施都没问题
	带有模糊对角条纹的蓝色矩形	技术人员正在该地点进行工作
	黑色菱形	该地点的一个设施发生故障,无法使用
	白色方块	该地点有一处设施不受监控

续表

图标	描述	定义
	写有感叹号的黄色三角形	该地点有设施存在软件告警
	写有感叹号的红色八边形	该地点有设施存在硬件告警

态势感知导向的系统界面通过从责任区状态地图直接获取各种类型的信息来支持目标导向活动。该软件被设计成跨显示屏工作,这样在状态地图上选择一个位置会在第二个显示器上呈现该位置的详细信息。第二个显示器上的详细信息包含 5 个主要选项卡,即状态、活动①、历史、通信和设置。

(1)状态。"状态"选项卡提供了所有位置的状态概览。此外,可以通过一个简单步骤轻松访问与特定设施相关的详细信息。

(2)活动。"活动"选项卡提供了指定设施所有当前活动的概览,包括与计划维护、非计划停电和认证相关的信息。

(3)历史。"历史"选项卡提供了对任何受监控设施的既往运行状态和性能参数的信息。

(4)通信。"通信"选项卡提供了有关位置和位置设施的详细信息,包括联系信息和站点信息。

(5)设置。"设置"选项卡提供了允许专业人员根据其特定需求自定义系统的功能。

除了上述 5 个主要选项卡之外,第二个显示屏的顶部提供了一个管理区域,其中包含时间、告警信息、"打印"按钮和"更新"按钮。告警信息包含与硬件和软件告警相关的信息。对于每种告警类型,显示两个数字(如 **3**/5),第一个数字是加粗的,表示新告警的数量,而第二个数字表示总告警数量。这些信息使专业人员能够一目了然地监控该责任区的整体状态,并提供新收到的告警数量的高级别视图。详细的告警信息在"状态"选项卡上提供。"打印"按钮使专业人员能够获得当前显示的纸质副本,而"更新"按钮可使远程维护监控软件更新所有受监控设施的读数。

3. 状态

选择"状态"选项卡会弹出如图 6.6 所示的当前状态概览显示。该显示

① 原文为"Control",应为"Activity"

界面提供了有关每个位置设施状态的详细信息,集成到一个界面中。为了使用方便,所有选项卡上的界面都使用相同的设计约定,即界面的顶部提供了一个显示层级信息的汇总表。在汇总表下方是一个详细信息区域,专业人员可以通过此区域深入了解更多细节。该区域显示的细节取决于主表中的选择。主表中的选择通过选中行使用透明蓝色背景来标记。详细信息区域与汇总表以“详细信息区域标题”分隔开,该标题提供所选行的名称(以提醒专业人员细节与何相关),以及适当时与详细信息区域交互的其他功能。通过选择在区域标题最左边的按钮,可以“关闭”详细信息区域,以提供更多空间查看汇总表中的内容。

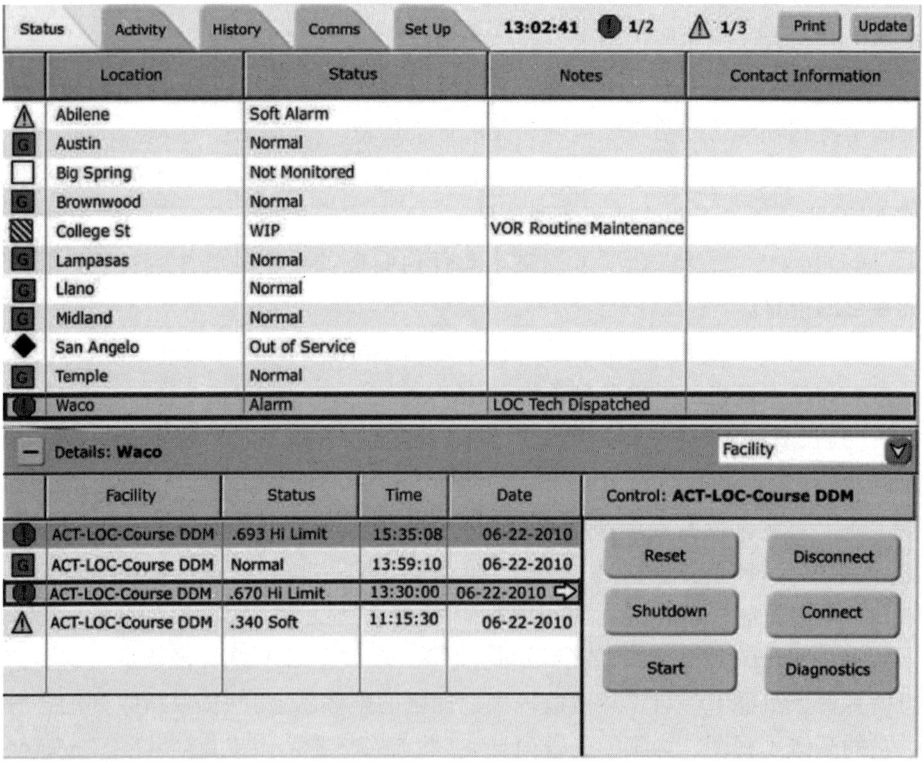

图6.6 “状态”选项卡(见彩图)

在“状态”选项卡上,汇总表提供了与每个位置相关的信息概览。此概览包括状态图标(与地图上显示的状态图标对应)、状态的简要文本描述、支持专业人员之间的沟通的备注字段以及该位置的联系信息。备注信息由维护控制中心专业人员输入,提供与特定设施或位置相关的信息记录。在设计的顶层提供这些信息可以增加专业人员和班次之间的信息传递效率,并且它可以提醒专业人员感兴趣的操作或活动。选择特定位置可使专业人员获取有关每个位置设施的详细信息。

每个位置都有两个详细视图可供查看。其中一个详细视图提供与该位置相关的“飞行通告”详细信息。另一个提供有关指定位置设施的详细信息，并包括该位置所有设施的列表、它们的状态以及最后更新的时间和日期。如果设施有新的告警，列出该设施的行的背景色将变为红色（表示硬告警）或黄色（表示软告警），以帮助专业人员追踪新告警。通过对新告警和现有告警进行视觉区分，可以确保专业人员不会忽视新告警。一旦专业人员选择了该行，背景色将恢复正常，但告警图标仍然保留，直到告警条件恢复正常。

此外，设施视图提供控制功能，允许专业人员通过在设施信息旁边的控制面板中相应的控件来执行与所选设施相关的操作（如蓝色选择指示器所示）。与详细信息部分标题一样，所选设施的名称在控制面板顶部重复显示，以帮助专业人员了解在选择控制操作时将控制哪个设施。该面板共有6个控制按钮可用：

（1）重置，重新初始化设施，通常是响应报警而进行操作；

（2）关闭，关闭设施；

（3）启动，启动未运行的设施；

（4）断开连接，将设施与远程维护监控断开连接；

（5）连接，恢复与远程维护监控的连接；

（6）诊断，允许通过远程维护监控进行的诊断操作。

4. 活动

“活动”选项卡显示所选区域中所有活动的列表，如图6.7所示。汇总表可以通过选择控制区域顶部下拉框中的区域、位置、设施和活动选项来进行筛选。这种自定义功能使专业人员可以专注于特定的区域。专业人员可以深入了解详细信息，并且如果报警发生在被筛选出表格的区域，他们将通过状态地图和管理员区域的告警信息了解到这些报警。因此，该设计支持在特定设施的特定任务上进行具体操作，同时仍支持对责任区域全局的态势感知。

对于符合筛选条件的活动，汇总表显示了活动的维护状态（如未安排的、进行中的、已安排的）、设施名称、活动类型、是否发布了必要的飞行通告、是否已收到必要的批准、停止服务（OTS）时间和日期以及预计恢复服务（EST RTS）的时间和日期。表格可以按照任何列进行排序，以使专业人员能够根据当前任务的需要对表格进行灵活排列。通过选择特定的设施，可以选择在详细部分标题栏右上角的下拉框中选择所需视图，查看协调信息或摘要信息。协调视图提供了与给定活动相关的所有协调行动的日志。该表格列出的所有可能的协调活动在第一列,随后的列允许记载受到影响的其他组织或需要被通知活动的情况,以及将设施停用所需的批准时间、日期和首字母缩写,恢复服务所需的批准时间、日期和首字母缩写。因此,该汇总表为协调需求提供了一个集中有序的存储库,允许任何维护控制中心专业人员快速评估协调工作的状态,即使是由其他人完成的。

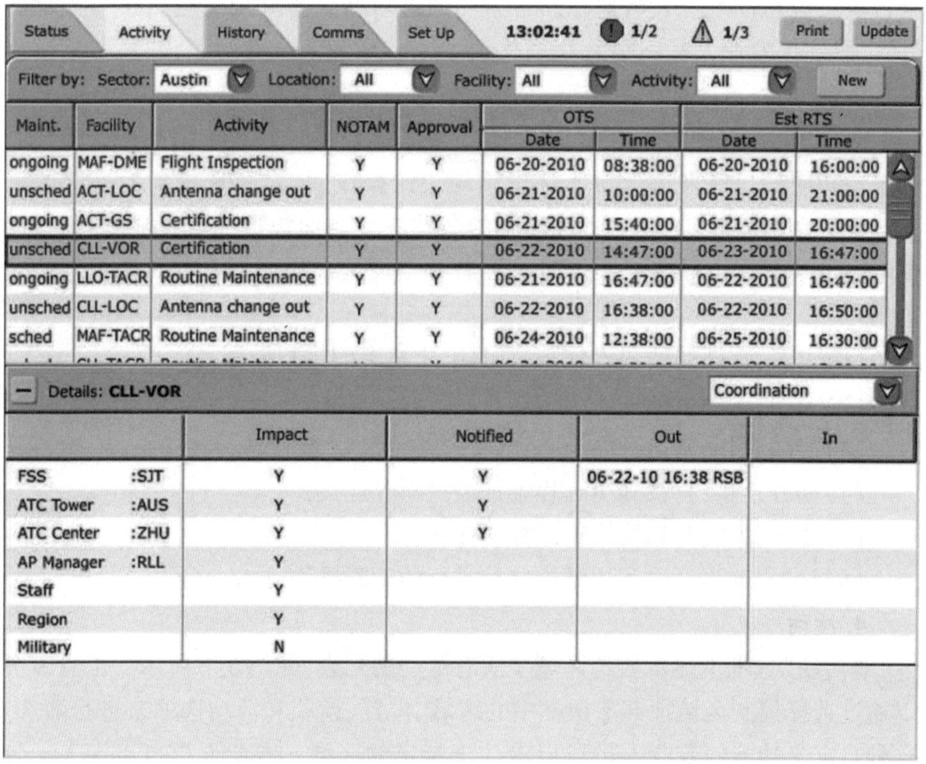

图6.7 “活动”选项卡——协调详情(见彩图)

通过选择详细部分标题右侧的下拉框中的汇总视图,专业人员可以查看有关所选活动的其他信息,如图6.8所示。可用的信息包括活动的当前状态、停止服务日期和时间、预计恢复服务日期和时间、实际恢复服务(ACT RTS)日期和时间、认证信息、分配的技术人员以及用于记录有关给定活动的相关信息的备注。

专业人员可以通过在汇总表上方的控制区域顶部右侧选择“新建”按钮将新活动添加到列表中。选择此按钮会打开一个表单,允许专业人员输入所有相关信息(图6.9)。

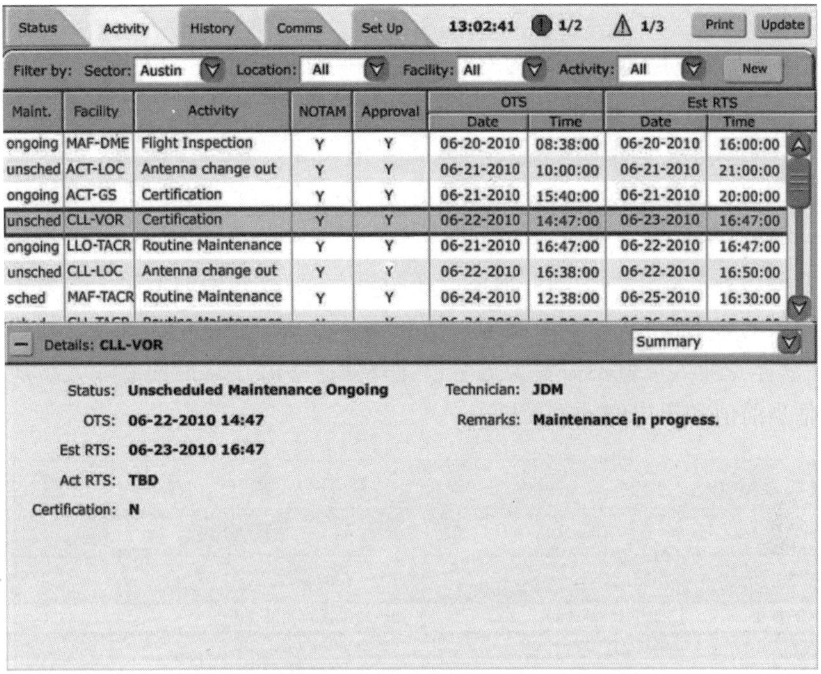

图 6.8　“活动”选项卡——摘要详情(见彩图)

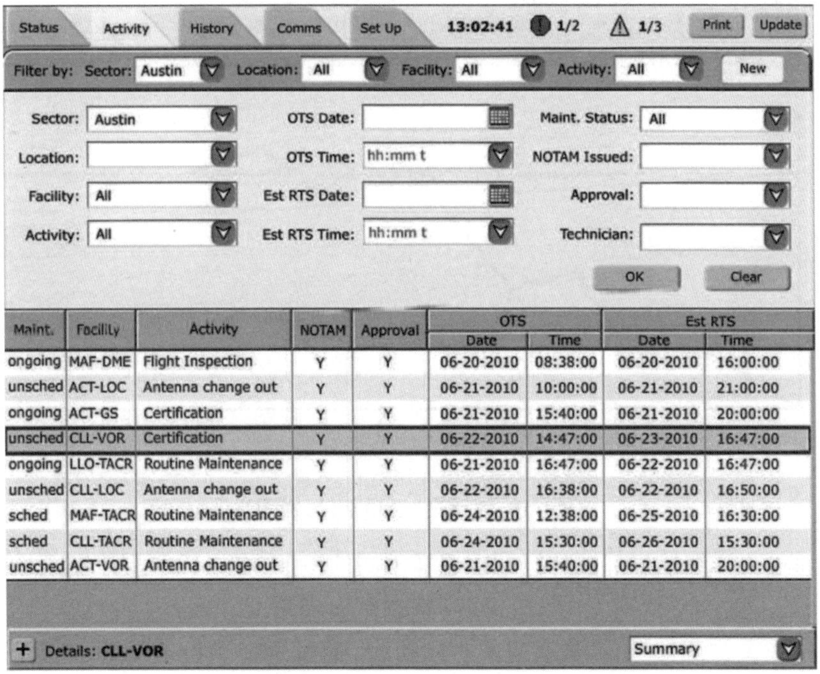

图 6.9　“活动”选项卡——新活动(见彩图)

5. 历史

“历史”选项卡(图6.10)为专业人员提供了快速访问与设施相关的历史数据。在汇总表格上方的控制区域中使用筛选选项,专业人员可以快速筛选需要关注的特定设施。此视图中的汇总表格提供设施列表、当前活动、停止服务时间和日期以及备注字段。备注字段包含与“活动”选项卡上的备注字段相同的信息,为跨显示器提供了适当的信息连续性。此显示的详细信息部分提供所选设施监测参数的既往行为图形描述。在图表上,参数的当前值以一个数字框显示在图表的右上角,软告警限制通过黄色虚线显示,硬告警限制通过红色实线显示(这样专业人员就不需要为每个设施查找这些值),从而使专业人员能够快速评估当前值和历史值的重要性。

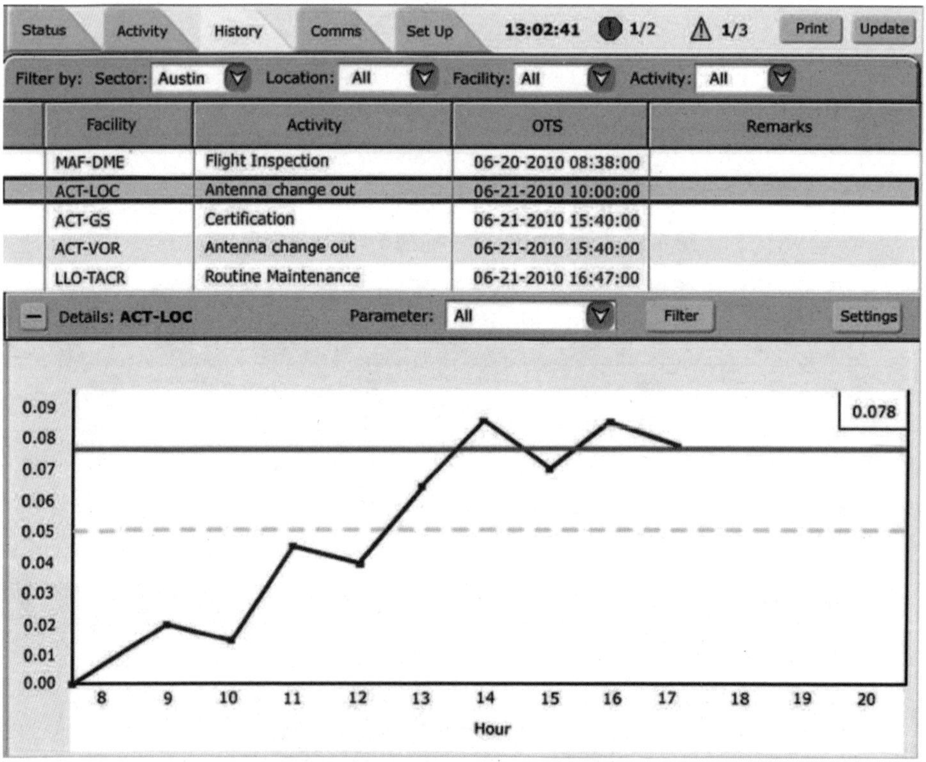

图6.10 “历史”选项卡(见彩图)

通过在详细信息部分的标题中选择不同的参数,可以轻松更改图表中表示的参数。通过选择“设置”按钮,可以修改图表的格式。“设置”按钮为用户提供了一个表单,用于设置要呈现的时间跨度(通过选择预设值或输入自定义参数)以及 x 轴和 y 轴的比例尺(图6.11)。

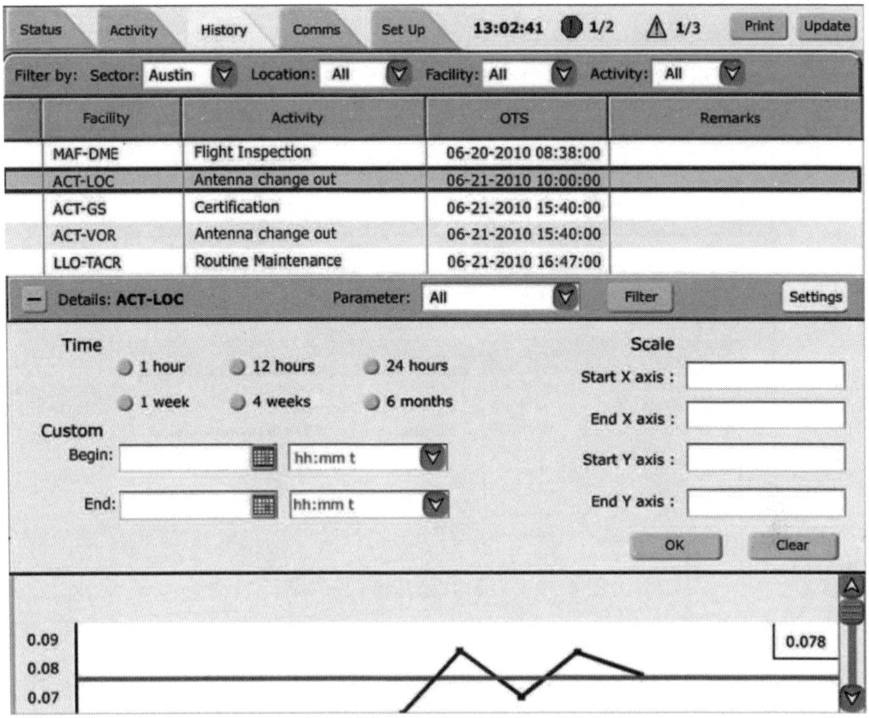

图 6.11　“历史”选项卡——设置(见彩图)

由于远程维护监控收集的日志数据通常存在许多错误值,因此可以应用过滤器来筛选出明显偏高或偏低的无效值。可以通过在详细信息部分的标题中选择“过滤器”按钮来应用此筛选器。在某些情况下,参数只提供离散数据(正常/异常)。对于这些参数,详细信息部分显示了每个代码的计划和非计划中断的计时和持续时间,可以通过选择表示中断的行来获取中断的确切开始时间和日期、结束时间和日期以及 ID 号。

6. 通信

维护控制中心专业人员的一项重要职责是与各种设施的技术人员、主管和美国联邦航空局人员进行沟通。通过选择“通信”选项卡,这些职能可以在每个设施的中心位置得到支持。该选项卡列出了设施的电话号码、内部电话号码和无线电联系信息(图 6.12)。电话号码也按照呼叫顺序(在“设置”选项卡上指定)列出了值班站、主管和获得设施认证的技术人员。这个显示示例展示了如何将特定领域的信息明确化,以便其他可能对特定设施不太熟悉的专业人员更容易获取。所有相关组织的电话号码都被列出,还提供了前往该地点的交通信息,这是技术人员经常需要的内容。

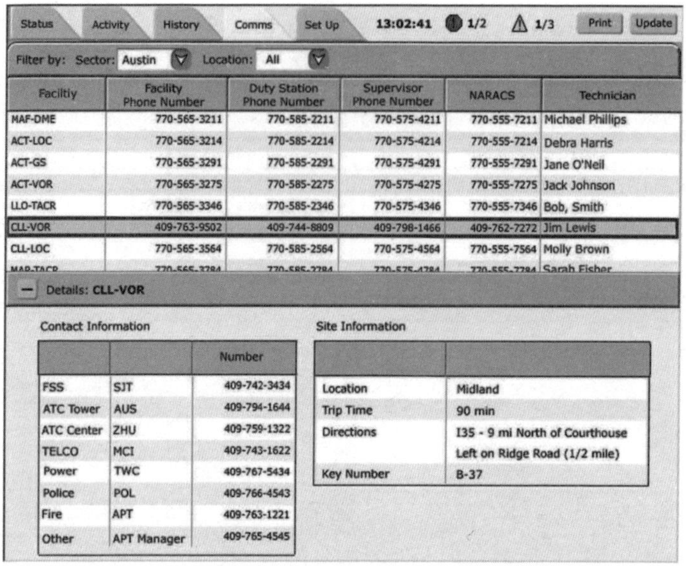

图 6.12 “通信”选项卡(见彩图)

7. 设置

“设置”选项卡(图 6.13)允许自定义特定维护控制中心的系统界面,也允许编辑和更新人员信息。通过选择“显示设置”按钮,专业人员可以选择在状态地图上显示哪个责任区或责任区组。这种自定义,允许快速查看相邻分区,或

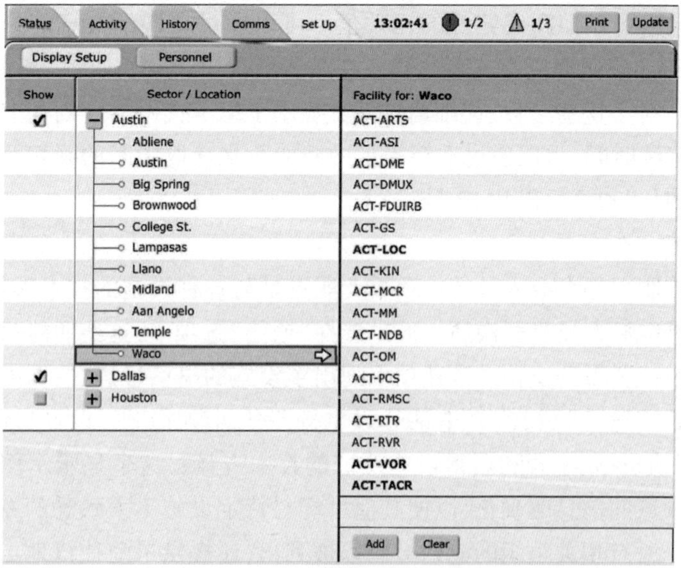

图 6.13 “设置”选项卡(见彩图)

根据需要将控制权从一个维护控制中心转移到另一个。通过在双表的左半部分选择位置,专业人员可以查看右半部分的相关设施。随着新设施的添加、停运或变更,设施列表可能需要进行修改。可以通过选择详细信息表底部的“新建”按钮将新设施添加到列表中。同样地,可以通过选择“移除”按钮从列表中删除不再需要的设施。

通过在显示屏右上部选择“人员”按钮,可以访问人员显示(未显示)。此视图允许在一个集中数据库中维护人员的当前列表,包括其可调配性和当前电话号码,该数据库将自动更新显示屏上其他选项卡中每个设施的通信信息。针对某个责任区中每个地点的设施,均指定了呼叫人员名单。名单中应明确指示个人是第一还是第二联系人。如果某人因休假、培训、伤残等原因而无法工作,可以把这些信息显示出来,将他们从在该时间段内的通信列表中移除。

8. 天气图

第三个彩色监视器显示了该责任区及其周边分区的当前天气情况,并为维护控制中心技术人员提供服务(图 6.14)。地图显示了责任区边界、主要设施位置和覆盖该地区降水的彩色地图所在城市。单击某一设施位置将弹出该站点的天气参数列表。该数据由系统通过现场传感器和/或国家气象局每小时自动更新。

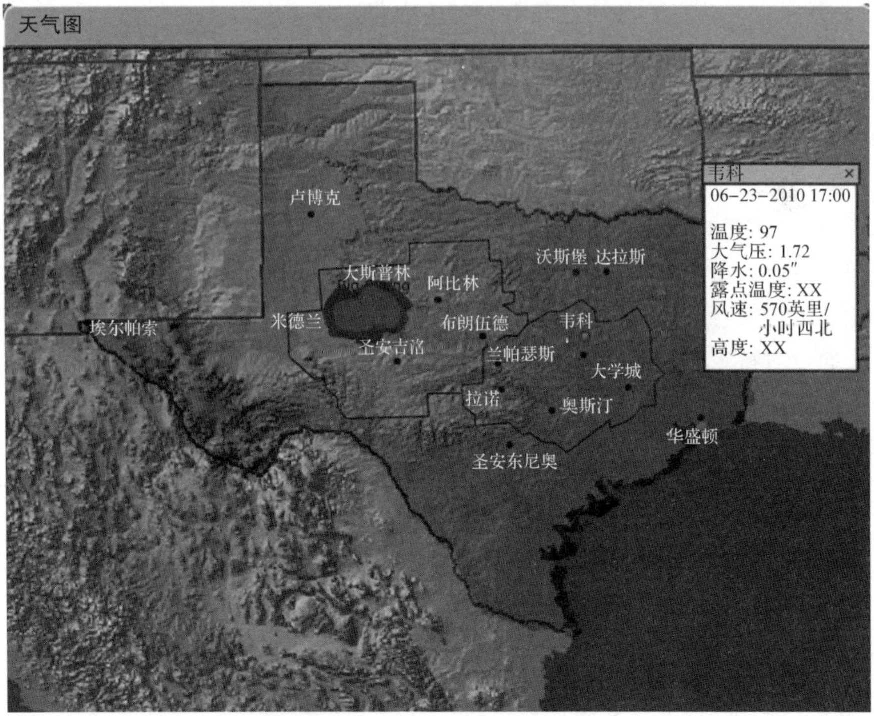

图 6.14　天气显示(见彩图)

6.2.4 界面设计案例研究小结

此新的界面设计演示说明了本章讨论的几个设计原则。首先,维护控制中心专业人员所需的数据是围绕着他们的主要目标和子目标组织的(原则1)。通过集成的方式提供信息,每个目标的相关信息都可以轻松获取,大大减少了忽略重要信息的可能性。

全局视图始终存在(原则4),这使专业人员能够快速确定最高优先级的目标(即"是否存在其他事件应优先于当前正在进行的事情")。已知信息和未知信息(如未监视的设施)在显示中明确而突出地显示出来(有关不确定性区域的显示可参见第7章)。选项卡允许在一个设施的多个目标之间以及全局视图和任何特定目标之间快速切换(原则5)。通过使用颜色和声音告警,指明需要切换目标的关键信息(如新的报警)被明显地显示出来(原则6)。

"历史记录"窗口通过直接呈现理解信息(将当前参数值与告警限制值进行比较)和预测信息(通过时间趋势允许确定影响参数变化的因素)来支持态势感知(原则2和原则3)。这些显示使操作人员能够快速确定他们真正想知道的问题:报警是否真实?它与什么有关?会消失吗?尽管专业人员最初认为需要某种形式的自动化或信息过滤来管理维护控制中心中的数据过载,但新的系统设计已经证明这是不必要的(原则8)。良好的数据组织和整合足以克服存在的问题。

此例演示了有限使用多模态并行处理(原则7)。为每种类型的告警(红色和黄色)提供音频指示器可以确保及时处理新的告警。在这种环境中,维护控制中心专业人员花费了相当多的时间通过电话或无线电进行沟通,因此他们在视觉和听觉信息方面的负荷相当大。

通过对特定领域的信息进行显示,该信息通常只有在该领域工作很长时间的人才知道,使得即使是新入职的专业人员,也能够实现良好的态势感知。总体而言,信息遗漏的机会较少,专业人员不会错过信息,人员之间的信息传递也更加顺畅。获得所需信息的整体便利性大大减轻了工作负荷,并增强了态势感知。通过新的系统设计,可以轻松增加更多远程监控设施并扩大维护控制中心专业人员的责任。

这8个原则构成了以态势感知为导向的设计的核心基础。接下来将讨论系统中影响态势感知的几个关键问题。其中之一是信息确定性(或其相关的概念不确定性)的管理,这对操作人员对信息(即态势感知的关键组成部分)的信任程度至关重要。

第 7 章　态势感知和决策中的置信度和不确定性

7.1　不确定性

不确定性是生活中的一部分。对于那些试图设计系统界面的系统操作人员来说,这一点同样适用。不确定性不仅仅是一个有望通过设计消除的麻烦,而且是影响人类决策和行动的重要因素。因此,非常重要的是,系统设计必须满足操作人员理解情况中不确定性的程度和性质的需求。信息的置信度,作为不确定性的相关因素,是大多数领域中态势感知的重要组成部分。由于其独特的性质,我们将描述不确定性的不同类型和来源、不确定性在态势感知中所扮演的角色以及人们在复杂领域积极应对不确定性的方式。然后,我们将提出信息可靠性或确定性显示的设计建议,以支持态势感知和决策制定。

7.2　不确定性的类型和来源

不确定性在整个决策过程中扮演了重要角色(图 7.1),个人感知的基础数据(u_1)、理解数据的正确程度(u_2)、预测未来发生事情的能力(u_3)以及决策在多大程度上产生预期结果均存在一定程度的不确定性(u_d)。

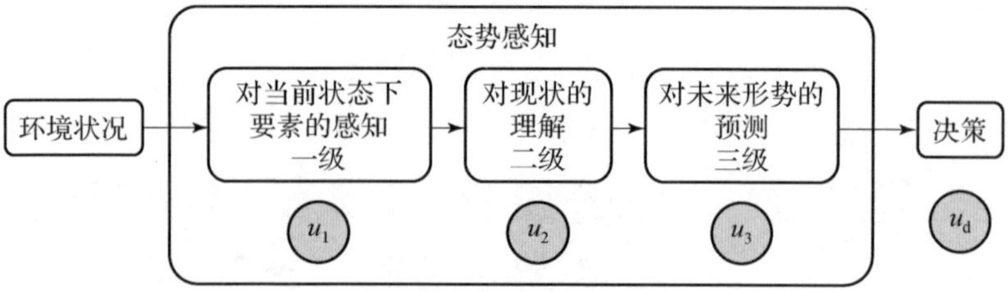

图7.1　决策过程中的不确定性类型

7.2.1　一级:数据不确定性

第一类不确定性与操作人员在环境状态方面所获得的基本数据有关。一般来说,传感器测量或检测环境中的事件、物体及其属性,而这些测量结果会存在一定程度的误差或不确定性。这可能包括检测飞机位置、速度和航向的机械传感器,或者另一个人报告某个区域内敌方坦克的存在;在手术室中,使用传感器测量患者的心率和血中氧气浓度。众所周知,所有这些传感器的测量值都会存在一定误差。许多因素会影响传感器所产生数据的不确定性程度。

(1)缺失信息。数据缺失是不确定性的最常见来源之一(McCloskey,1996)。在军事场景中,敌人尽力否认或隐瞒相关信息,使缺失数据几乎成为常态。飞行员或指挥官必须努力寻找敌方飞机或部队,并确定其相关属性(如数量、编队、航向和类型),但他们几乎总是在只有部分信息的情况下工作。在医疗领域,不确定性可能源于两个方面。一方面是基础伤情信息的缺失,这是因为X光或者其他检测手段只能获取部分所需的病情数据;另一方面是患者既往病史、接种情况或过敏史等信息的缺失,这是因为患者本身可能处于无意识状态或者记不起来。(Xiao和MacKenzie,1997)。几乎在每个领域中,信息缺失都是不确定性的重要来源。

(2)数据的可靠性/可信度。操作人员可获取的信息存在一定程度的不确定性,这是源于探测和测量潜在现象的传感器或信息来源的不可靠度。没有任何传感器或人是100%准确的。一个经验不足的士兵对敌人活动的口头报告将比一个经验丰富的老兵的报告更不可靠(更不确定)。在雷达上的目标探测相比于红外传感器可能被视为更可靠。普遍认为,不同的医学测试对于检测各种医学症状具有不同的可靠性。随着时间的推移,操作人员会知道哪些传感器比其他传感器更可靠,就像他们知道哪些人比其他人更可靠和值得信赖一样。

更重要的是,人们还会知道这些系统何时可靠以及导致它们变得不可靠的因素。例如,某个特定传感器在大部分时间非常可靠,但在云层覆盖或高湿度环境下表现不佳。某人在大部分时间非常可靠，但在周五晚上饮酒过度就不可靠了。这种对信息可靠性的评估比简单的数字（如 75% 的可靠性）更有用，因为人们能够更好地校准他们在给定时间对系统或个人提供的特定数据的置信度。

该传感器或测量工具正确检测潜在事件的可能性（准确性）和报告数据的粒度（细节程度）均与信息来源的可靠性有关。换句话说，传感器报告内容越详细，人们对其准确性的信心就越高。例如，空管员会收到飞机高度报告，其准确度可达实际高度的 300 英尺以内；全球定位系统（GPS）根据三角定位卫星数量，其准确度可达实际目标位置的 50 英尺以内。这些准确度水平都存在固有的不确定性，因为飞机的真实位置可能会有一定的差异。

（3）数据不一致/冲突。通常，多个传感器提供有关同一基本现象的信息。当这些不同的数据来源一致时，即使每个来源的可靠性较低，也可以增加对数据准确性的主观信心（Gilson 等，2001）。然而，许多时候，多个来源可能报告出不一致的数据。这种不一致可能是因为不同的传感器具有不同的可靠性水平，也可能是因为它们实际上在报告不同的基本现象。虽然人们可能会使用不同的策略来解决这些冲突（本章后面将讨论），但可以肯定的是，不一致的数据可能会降低置信度或确定性水平，并且可能会显著减缓决策过程并使工作表现降级（Bolstad 和 Endsley，1998）。对于操作人员来说，确定哪个传感器是正确的可能是一项困难且耗时的任务。

（4）数据的时效性。虽然在某些环境下，数据几乎以连续的方式检测并报告给操作人员，但在许多其他环境中，数据收集只是零星或周期性地进行。在空管员的显示屏上，飞机的位置报告每 6 秒更新一次（根据雷达的扫描），从而引入了与飞机位置、航向和高度自上次更新以来变化相关的不确定性。战场上的情报信息可能是几小时或几天前的，因此，即使数据在最初收集时是完全准确的，也无法确定在此期间发生了哪些变化。

（5）模糊或有噪声的数据。许多数据处于固有噪声或模糊背景中，从而导致其不确定性。心电图信号可能会捕捉到许多运动伪迹，这可能会掩盖医生所寻找的信号。车辆和坦克可能会伪装，使它们在背景中的检测变得困难，并且引入了关于目标是否存在的不确定性。

以上这 5 个因素——数据缺失、数据可靠性、数据不一致、数据滞后和噪声数据，不仅在数量上，而且在质量上都可能引入不确定性，影响人们对自己态势感知的信心。知道一个目标 5 分钟前确实在某个位置，与部分可靠的报告显示它现在的位置截然不同。第一种情况为个人提供了明确的信息（如有一个敌军坦克肯定在该地区),并提供了从中推断其目前状态的有限可能性范围(如它必须在 X 英里的范围内)。第二种情况则可能根本不存在坦克,而是传感器或报告者不可靠导致的结果。这对于进一步的数据收集和决策制定具有重要意义。一个可靠性为 80% 的传感器所产生的不确定性与两个可靠性相同的传感器所产生的不确定性或报告不同信息的两个传感器产生的不确定性截然不同。因此,不确定性可能源于上述任何一个不同的因素,但其性质本身就是用于决策和行动的信息,操作人员不应忽视或掩盖这些信息。

7.2.2 二级:理解不确定性

人们内心会对正在发生事情的理解形成一定程度的信心。在给定某些线索和数据输入的情况下,指挥官可能有 90% 的把握认为敌人正在特定的区域集结。医生可能根据多次检查和生理指标测量,对某种特定的诊断有 80% 的信心。

同样地,许多系统会汇总数据或应用不同类型的算法来对底层数据进行分类或归类。例如,自动目标识别系统或传感器融合算法,可以结合多个传感器的输出来生成目标位置或识别结果。根据底层数据的质量和用于生成结果的软件算法的质量这两方面因素,这个输出将具有一定的可靠性。

分类映射(信号特征与特定参数已知类别的匹配程度)属于这个领域。即使一个系统在检测某个位置是否存在飞机时是 100% 准确的,其特征与已知型号的飞机进行匹配时可能存在不确定性(如 80% 的概率是友军,20% 的概率是敌军)。对于态势感知而言,如果要成功应用这些系统,找到切实有效的方法来呈现与分类/归类以及数据聚合相关的置信度信息至关重要。

7.2.3 三级:预测不确定性

在大多数系统中,对未来发生的事情进行预测本质上是不确定的。虽然对情况的充分了解和对物体行为的良好认知模型可以减少不确定性,但在某种程度上,对未来会发生什么的预测仍然存在一定程度的不确定性。战斗机飞行员可以尝试预测敌机在武器锁定时会向哪个方向转向,但他无法确定。外科医生可能相信患者动脉会在他主刀的斑块清除手术后正常运作,但他无法确定动脉是否可以完全修复并且不会出现进一步的问题。尽管预测很难完美,但是人们仍会积极主动地进行预测。预测的困难不仅来自基础数据的不确定性,还来自个人(或任何系统)根据该信息准确预测未来行为和事件的能力。

7.2.4　决策不确定性

最后，一个人在选定特定行动方案将产生预期结果的信任程度上，往往存在不确定性。前人已经进行了大量关于决策不确定性的研究（Kahneman，1982）以及在自然环境中进行的决策制定的研究（Klein 等，1993a），这些研究都承认了这种类型的不确定性。本书大部分内容都集中在展示与态势感知相关的前 3 种不确定性。

7.3　信心在态势感知与决策中的连接作用

虽然人们的态势感知的实际准确性显著影响着他们决策的质量，但是他们对这种态势感知的信心程度（确定度）也极大地影响着最终决策。这些主观的信心程度评估在将态势感知与绩效联系方面至关重要。也就是说，人们对其态势感知质量的主观评估对决定如何行动可能很重要（如果信心程度低，则保守行事；如果信心程度高，则大胆行事），这与实际的态势感知质量无关。

Christ 等（1994）以及 Endsley 和 Jones（1997）曾探讨过人们如何通过态势感知和信心程度来做出决策。如图 7.2 所示，如果态势感知很好，且对此感知的信心很足，则个人取得良好结果的可能性更大，因为基于此态势感知做出了明智的决策和计划。一个相信自己足够了解敌人的军官，能够制定并执行对抗和战胜敌军的行动计划。

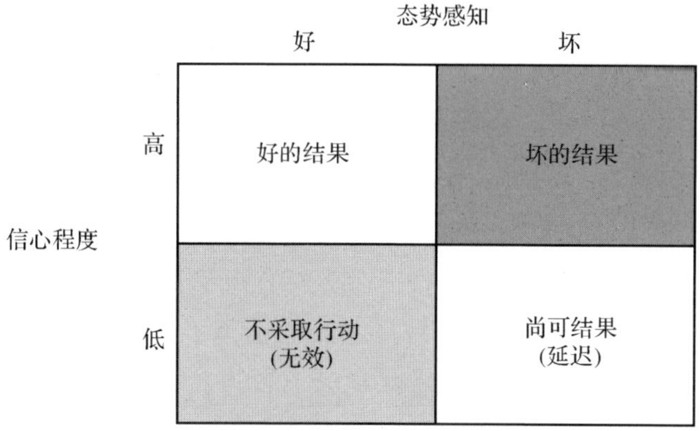

图 7.2　态势感知与信心程度之间的关系

（Endsley，M. R. 和 Jones，W. M.，《态势感知、信息优势和信息战》（AL/CF－TR－1997－0156），美国空军阿姆斯特朗实验室，莱特－帕特森空军基地，俄亥俄州，1997）

如果在同样良好的态势感知下,个人对这种感知的信心程度较低,那么他们很可能不会采取行动,而是选择收集更多信息或采取保守行为,从而导致毫无效果。在这种情况下,同样的军事指挥官可能会延迟行动,并继续努力收集更多有关敌方的信息,即使他的实际态势感知与之前的情况相同。这种缺乏自信(如果与实际的态势感知质量不正确地校准)可能会导致犹豫不决和延误,从而产生糟糕的结果。这说明了传达信息可靠性的重要性,以便人们能够正确校准其信心程度。

如果一个拥有较差态势感知的人认识到自己态势感知较差(信心程度不高),他将选择不采取行动或采取保守行动,并继续收集更多信息来改善态势感知,从而避免可能出现的非常糟糕的结果。在这种情况下,延迟行动以收集更多信息是正确的。

最糟糕的情况是那些态势感知差,但对错误的态势有高度自信的人。这些人不仅可能会大胆而错误地行动,而且往往会误导他人,以至于他人会被这种错误的自信所迷惑。在4种可能的情况中,这种情况是最危险的。如果是军事指挥官,则可能会大胆地率领部队陷入灾难性的局面,导致许多部下牺牲。因此,一个关键问题是确保操作人员不仅能够尽可能准确地了解情况,而且能够对该情景给予正确的信心程度或确定度。

美国国防高级研究计划局(DARPA)最近进行了涉及先进指挥和控制系统的研究,突出了这些挑战(Kott,2008)。当指挥官拥有可收集关于敌人的额外信息以减少不确定性的工具时,即使会延迟决策的时间,他们也会去使用。这导致敌军能够利用这段时间取得优势,这是一个意外的后果。在其他情况下,指挥官们在没有进行充分的侦察收集信息的情况下,就仓促行动。他们相信在他们的态势显示器上没有敌军图标,意味着该地区没有敌军(参见设计原则9)。由于系统没有显示传感器搜索到和没有搜索到的区域,这个问题变得更加复杂。显然,帮助决策者正确评估他们所知道和不知道的事情,确定程度如何,并帮助他们及时利用这些信息,是非常重要的。

个人在采取行动之前所需的信心或确定程度可能会有所不同。在大多数军事环境中,存在着交战规则(ROE),要求在采取行动之前有一定程度的信心。例如,在非战时情况下,战斗机飞行员可能不允许开火,除非受到敌方的火力打击。根据其他交战规则,他只有在视觉上看到敌方目标时才能开火,这提供了对情境高度确定性的感知,反之不能依赖电子识别,因为它的确定性较低。在更宽松的交战规则下,电子识别可能被认为是足以采取行动的依据。因此,交战规则被当作决策的信心程度阈值。对于信息的信心程度,必须超过一定的阈值才能采取行动。

在其他环境中,尽管通常没有明确的规定,但决策制定也存在类似的阈值。例如,护士可能会在一段时间内监测患者的病情进展,直到出现足够的症状才需要打电话给家中的医生。一旦一个人确信收集到当前情况的足够信息,他或她将决定采取行动。

7.4 不确定性管理

在大多数环境中,信息的确定性并非一定存在。人们努力管理或减少不确定性,以最大程度地降低其影响。减少不确定性的几种策略在决策过程中起到重要作用,并对态势感知产生影响。

7.4.1 搜索更多信息

减少不确定性最明显的策略之一是搜索更多信息。这种搜索可能涉及浏览当前存在的显示内容,但通常还包括采取积极的步骤来收集所需的数据。很多时候,操作人员决定由特定传感器搜索环境的特定区域;飞行员可以将雷达指向特定方向;医生可以请求进行额外的检查;指挥官可以请求无人机携带摄像头在特定区域上空飞行,以侦察敌人的活动情况,或者他可以将士兵指派到特定的有利地点,以便向他报告敌人的动态。这种搜索通常是主动的。也就是说,人们事先预置好一切,以便在未来能够收集可能需要的数据(如进行侦察或者实施报告程序)。

人们还会使用搜索更多信息的策略来处理冲突或不可靠的数据。"如果传感器 A 和 B 不一致,是否可以找到其他信息源来解决冲突?如果已知系统 X 不可靠,是否有其他信息可以确认它的报告?"

人们是生成建立自己态势感知所需数据的主动参与者。这种搜索信息的过程可能会一直持续,直到获得足够的信息以得出令人满意的解决方案(达到可接受的置信水平),或者直到用于做出决策的时间用尽。通常情况下,人们必须在比他们期望的更不确定的情况下采取行动。

7.4.2 依赖默认

通常情况下,我们可能无法获得所需的信息,或者没有足够的时间获取。在这种情况下,人们会依赖认知模型中的默认值来填补缺失的数据(Endsley,

1988、1995c)。例如飞行员可以观察到一架飞机的速度为 450 节,根据这个速度他可以推断出这架飞机的类型,因为他知道不同飞机的典型飞行速度。在缺乏其他信息的情况下,护士可能会遵循常规流程,除非医生明确指定替代方案。这些默认值在当前情况下缺乏实际数据时起到替代的作用,使有经验的人在有限信息下仍然能够相对有效地做出决策。然而,除非有数据证实这些默认值或者替代性数据的准确性,否则仍然存在一定程度的不确定性。

7.4.3 消除冲突

最难解决的不确定性可能是冲突的数据。人们通常是通过确定哪个数据源是错误的来解决冲突的数据,而不是简单地取一些算术平均数。他们可能会重启设备,检查连接,或者进行新的读数来判断某个数据是否错误。他们可能会寻求额外的读数(即派人去检查),以确定哪个数据源是错误的。一个有效的做法是,找到可能导致冲突数据源出现错误读数的因素,并通过用户界面予以支持。

如果没有可用的方法来解决冲突,人们可以使用一种综合技术,即将报告特定事件的传感器数量和这些传感器的可靠性作为数据输入(Bolstad 和 Endsley,1998、1999b; Montgomery 和 Sorkin,1996)。人们似乎对传感器的可靠性报告和报告确认冲突的传感器数量非常敏感。负责探测飞机的操作人员将同时报告探测到飞机存在的传感器数量和这些传感器的可靠性水平,以确定是否真的存在飞机。

7.4.4 设置阈值

通常人们在减少不确定性时会停留在一定程度之内。只要他们对某个信息有相当的信心,就会继续执行而不会寻求提升确定性水平。例如,警察只需要提供足够的信息以显示搜捕罪犯的合理性,就可以从法官那里获得搜查令,他们不需要继续收集足够的数据以达到 60% 或 80% 的置信度,而是可以在“足够”的数据后立即采取行动。同样,决策者常常不会采取行动来确定是否存在 A 或 B 条件,因为无论如何他们都会采取相同的行动;医生可能不会努力确定导致感染的具体病原体,但会开出同种抗生素;机修工通常会更换他们怀疑导致问题的零件,而不是努力确定它是否真的有故障或者零件的哪个方面有故障。在许多情况下,减少不确定性并不是必要的。

7.4.5 准备风险对冲和应急计划

由于几乎不可能预测未来将要发生的事情，专业人员经常使用的策略是为可能发生的最坏情况做计划。通过积极地进行“假设”以预测可能发生的情况，并为这些情况下将采取的行动做好准备，他们简单地忽略了不确定性问题。即使这些事件发生的概率很低，这种策略也使人们能够为未来可能出现的负面事件做好准备。对这一策略来说，事件的预期后果比担心事件发生概率更重要。人们可以准备迅速发现这些负面事件(如在特定位置设置观察员或积极监测某些先导指标)，或者计划如何应对突发事件(如在特定地区留下部分军队以备不时之需)，同时继续应对更有可能发生的未来事件。

7.4.6 限制选项

尽管预测未来可能发生的事情非常困难(如敌人将从哪个方向发动攻击)，管理不确定性的另一种策略是努力限制可能发生的选项。例如，军队指挥官可以采取行动，通过封锁通道来消除某些攻击方向，这样敌人只有一两个可选项，指挥官可以提前做好准备。空管员会努力将飞机位置调控得当，以便即使飞机在执行指令时出错或进行了意外的控制操作，也不会发生碰撞。与试图确定可能发生的事情不同，这种策略通过减少可能发生的事情的数量来减少不确定性。因此，不确定性得到有效降低。

7.5 不确定性表示的设计原则

鉴于所有不确定性永远无法消除，并且一个人对信息的信心程度可能与信息本身在决策过程中同等重要，因此帮助人们确定对信息的信心程度对于情报分析至关重要。可以提出几个设计原则来指导这个过程。

原则9：明确标识缺失的信息

根据Bolstad和Endsley(1998)的研究发现，当一个传感器的数据缺失时，人们往往会错误地认为其读数与其他两个传感器相同，即“没有消息就是好消息”。然而，实际上缺失的数据可能存在冲突。如果缺失的数据确实存在冲突，对于他们的决策将会产生完全不同的影响。

Banbury等(1998)展示了一个类似的现象。当目标识别算法仅显示最可能的识别结果时(如93%的概率认定为敌机)，飞行员的反应是非常可能攻击敌机。当剩余的可能性被明确显示时(如7%友机或7%其他敌机),反应则完全不同——如果显示出可能是友机的可能性,他们则不太可能攻击该飞机。当未显示缺失的可能性时,他们会将其视为与最可能的可能性一致(如可能是另一种敌机)。这个问题可能直接导致误伤友军。

空间显示器中缺失信息可能特别隐蔽。例如,很难判断在一个区域中没有提供信息是因为该区域没有目标或感兴趣的物体,还是因为该区域尚未被搜索,又或者是因为传感器不工作。第一种情况代表"无危险",而第二种情况代表"未知危险"。这对于决策者来说是非常不同的情况,因此需要非常小心,防止出现"无危险"的"虚假世界"。

尽管操作人员通常通过培训或经验"知道"某些信息没有被显示出来,但在压力或高任务负荷情况下,人们往往会很容易忘记或不关注这些未出现的信息,因为人类对于视觉非常敏感。例如,1996年,一架载有乘客的波音757客机在哥伦比亚卡利附近的山区坠毁。当时飞行员由于飞行管理系统的问题偏离航线,在调整飞机回到正确航线的同时继续下降,显然完全没有意识到下方是山区地形。他们在飞行时通常使用的图形显示器没有显示任何地形信息。他们构建的这个"虚假世界"可能对他们继续下降的决策起到了一定的影响(Endsley和Strauch,1997)。缺失的信息对他们来说根本不明显。

当缺失的数据非常重要时(如商业客机的导航显示中的地形信息),应改变设计,以确保向操作人员呈现所需信息。在许多情况下,由于技术限制,数据缺失不可避免。在这些情况下,让操作人员认识到显示器上缺失了信息是很重要的。

可以通过多种方式来标识缺失信息。在第6章的案例研究中,我们使用符号明确告知操作人员哪些传感器未报告数据,以避免产生错误的"没有问题"的感觉。在军事显示中,如果只对特定的地理区域进行了搜索,可以使用着色来显示在未知的区域敌军存在与否。图7.3显示了一个着色区域,表示在该区域没有关于敌军存在与否的信息,使指挥官意识到在该区域没有敌人报告并不意味着没有敌人存在。

就传感器融合或分类算法而言,除了最高概率匹配外,明确标识低概率匹配在某些情况下是合理的(图7.4)。当后果很严重时,如可能发生误伤或系统故障,可能值得明确标识其他选项,以鼓励人们考虑低概率的可能性。例如,左侧显示了被探测到的最可能的飞机类型。右侧显示了最有可能的匹配(Su-77),同时还显示了另一型飞机(F16),系统对其匹配只有12%的置信度。右侧的显示更有可能鼓励人们考虑显示屏反映实际情况的可靠性。

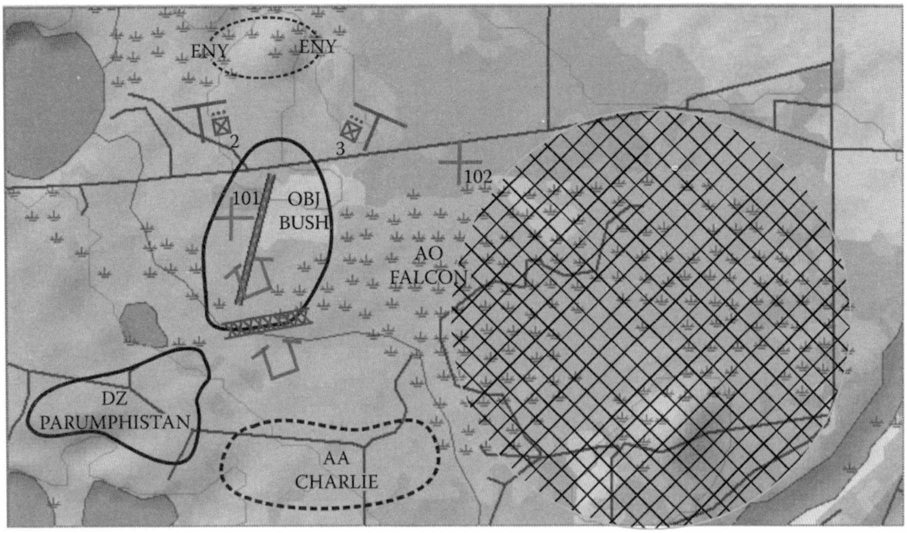

图 7.3　不确定性区域的表示

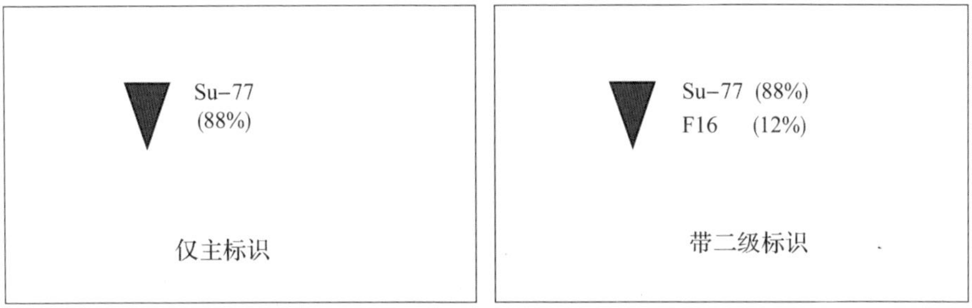

图 7.4　多个匹配的系统确定性展示

原则 10:支持传感器可靠性评估

尽管人们可能不会以最优方式进行判断,但他们能够利用信息来评估传感器的可靠性,并根据此判断来权衡数据(Berg,1990; Bolstad 和 Endsley,1998; Montgomery 和 Sorkin,1996)。研究还发现,在时间紧迫的情况下,人们更倾向于重视视野中心的信息(Sorkin 等,1991),并按阅读顺序将更高权重的信息显示在界面左侧(Bolstad 和 Endsley,1999a)。因此,在显示界面中,应该将最可靠的传感器用于更显著的位置。

尽管传感器的可靠性信息可以用数字方式显示(如 80%、65%),但 Montgomery 和 Sorkin(1996)发现,可以利用亮度水平来指明传感器的相对可靠性,即可靠性较高的传感器比可靠性较低的传感器更亮。此外,还应考虑其他基于信息显著性和模拟处理的呈现技术(参见原则 11 和原则 13)。

最重要的是,人们可以从信息中获益,这些信息告诉他们某些信息何时可能不可靠,或者为他们提供检查给定读数可靠性的信息。也就是说,他们不仅需要了解一般情况下的可靠性,还需要了解在任何特定时间评估传感器可靠性的因素。在数据显示区域内,应当方便地提供这种情境背景信息,以帮助人们做出评估。有关实现这种支持的方法参见原则14。

原则11:用显著数据标识确定性

一些研究人员试图直接在显示屏上显示信息的准确性。例如,Kirschenbaum和Arruda(1994)向潜艇军官展示了舰船位置周围的“不确定性环”(95%的置信区间)。同样,Andre和Cutler(1998)在显示位置不准确的飞机位置符号周围显示了不确定性环(图7.5)。

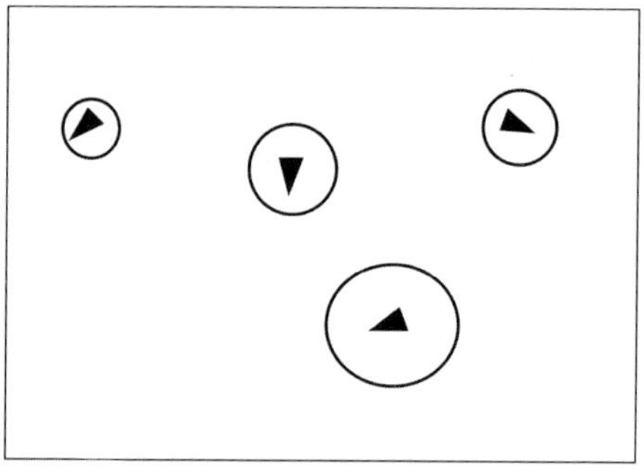

图7.5 通过环形传达位置的不确定性

虽然这种方法可能成功地显示位置的不确定性,但却有一个糟糕的副作用,存在最大不确定性的信息在显示上变得最突出,吸引了操作人员的注意力。当呈现多个符号时,这种显著性的错误将导致不确定的对象比其他对象获得了更多的关注,这可能与操作人员应该关注的方向相悖。

另一种方法是使用显示显著性来传达确信度信息。例如,可以使用阴影来显示位置不确定性,而不会误导操作人员的注意力。图7.6中三角形符号周围的阴影区域显示了位置的确信度范围,外部区域的确信度和阴影程度逐渐降低。在另一个例子中,线条的粗细和填充颜色被用来显示目标的确信度信息,使操作人员更多地关注那些已知的目标。在图7.7中,实心三角形描述的目标比粗黑轮廓的目标更加确定(即基于更可靠的传感器),而粗黑轮廓的目标又比细黑轮廓的目标更加确定。

未来位置预测范围的不确定性应该非常谨慎地呈现,以避免让操作人员不知所措。例如,预测包络或扇形,如图7.8所示,已被提出作为显示飞机未来可能位置的一种方法。虽然对于单架飞机没有问题,但当显示多架飞机时,就会变得非常复杂,扇形将比飞机当前实际位置更为显著。因此,可以使用阴影和亮度水平来帮助更好地控制信息在显示屏中的显著性(图 7.9)。

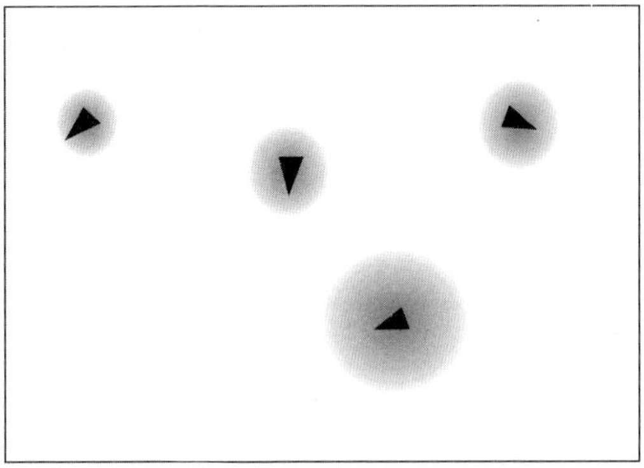

图 7.6　使用渐变阴影来显示位置不确定性

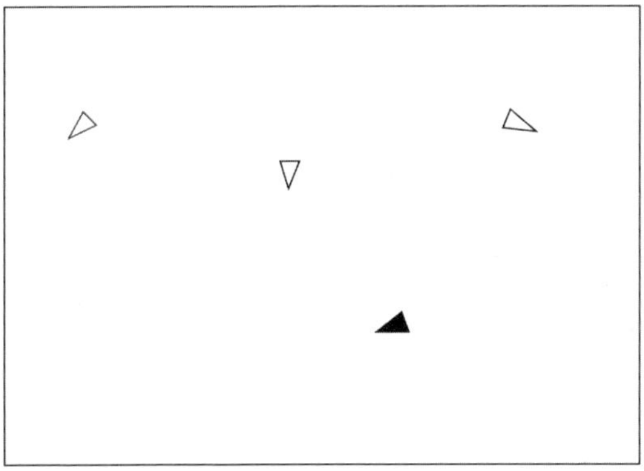

图 7.7　使用线条粗细和填充来显示目标确定性

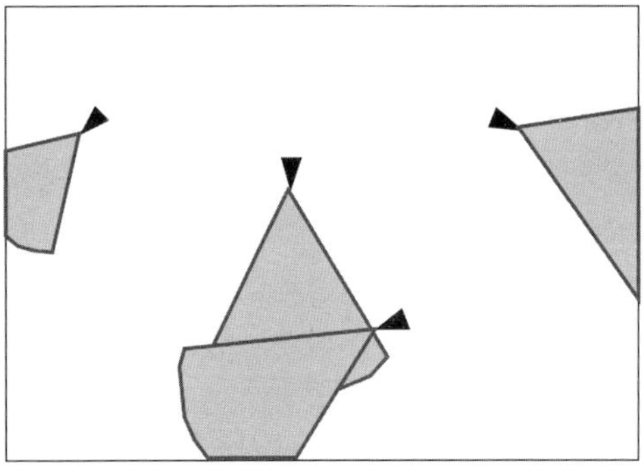

图 7.8　使用扇形图来显示位置预测中的不确定性

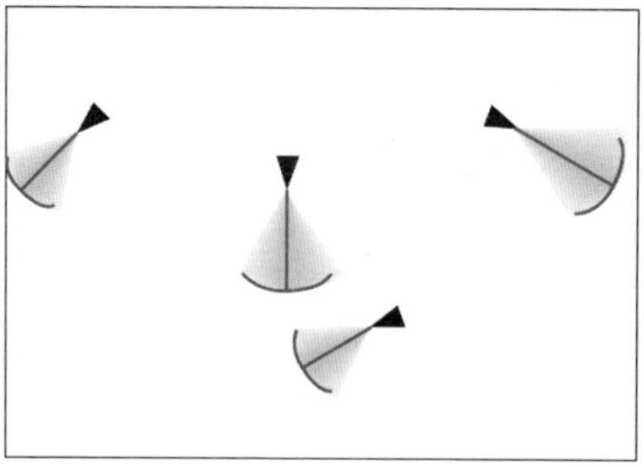

图7.9 使用阴影和须状图来显示位置预测中的不确定性

原则12:展示信息时效性

信息可能因为不可靠而不确定,也可能因为数据收集后又过去一段时间而不确定。如果这段时间非常短且可预测,那么这种滞后可能不会带来重大问题。如果这段时间很长或者变化非常剧烈(如在战场情景中的口头报告),则需要明确表示这些数据的时效性,以便在决策中可以适当考虑。使用阴影或亮度的方式可以突出最及时、最准确的信息,从而展示信息的时效性(图7.10)。这些技术甚至可用于较短的时间滞后信息。例如,显示的飞机符号的亮度可能会逐渐下降,直到雷达下一次"扫描"刷新它的强度。这种提示为操作人员提供了所显示态势清晰又微妙的信息。

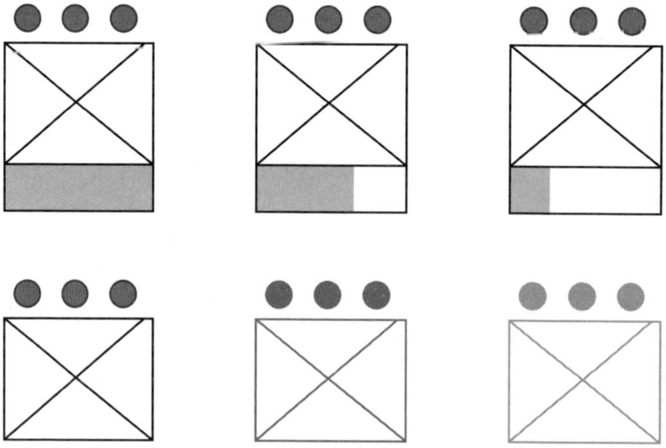

图7.10 信息时效性显示

原则13:支持对综合数据的置信度评估

随着越来越多的系统采用分类算法、传感器融合和决策支持系统,有必要告知操作人员这些系统输出的可靠性或置信水平。可靠性可能会受到潜在数据质量(缺失数据、确认或不一致数据和数据准确性)的影响以及算法本身(如数据符合规定类别的程度）的影响。关于如何有效地完成这个任务还需要进一步研究。由于这类系统本质上会掩盖操作人员目前用来推断信息可靠性的线索（如哪些来源产生了潜在数据或者关于收集过程背景信息），关于操作人员能否有效地使用系统推荐的置信度进行数值概率估计，仍然是一个有待解决的问题。

一些研究已经探讨了这个问题。一般来说，当与推荐或分类相关联的系统置信度水平接近时（如 A 为 45%、B 为 53%），决策时间可能会显著减慢（Selcon，1990）。研究表明，人类在处理概率信息时表现相对较差（Kahneman 等，1982）。

Endsley 和 Kiris（1994a）展示了系统对其建议的分类（高、中、低）的置信度指示，与没有信息相比，决策时间更快（即操作人员必须自行决定哪个选择是正确的）。数字百分比、模拟条形图或排名导致决策速度更慢（图 7.11）。Finger 和 Bisantz（2000）使用了一种计算机混合技术，通过将符号降级以显示其与连续变化的两类极端类别的匹配程度（如友好或敌对）（图 7.12）。他们发现，使用这种符号系统在识别目标时的表现与使用数值概率展示类别匹配度一样好。

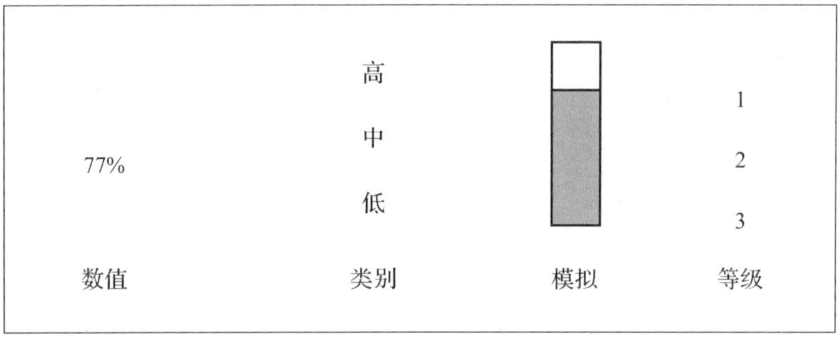

图 7.11　系统对候选方案的置信度水平显示

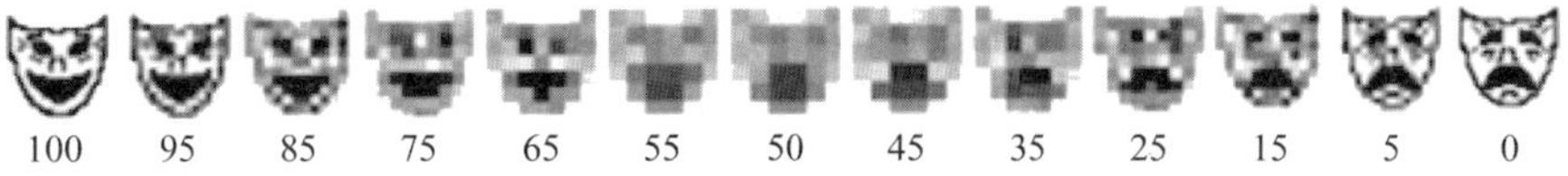

图 7.12　类别隶属程度显示

（Finger，R. 和 Bisantz，A. M.，《利用图形格式传达决策任务中的不确定性》，《国际人体工程学协会第 14 届三年期大会会议记录》和《人类因素与人体工程学协会第 44 届年会》，P1：13 – 11：16，人因与人体工程学协会，加利福尼亚州圣莫尼卡，2000）

Bisantz 等（2005）直接比较了呈现数值概率、语言表达（如“很可能”）、彩色图标（从全部绿色到全部红色不等）以及通过模糊效果（类似于图 7.12 中的效果）从一个类别到另一个类别变化的图标的有效性。他们在一个股票购买任务中发现，这些呈现格式之间没有显著差异，但是他们确实发现概率类别的特定性或细粒度对性能有显著影响。与概率信息中存在较高程度特异性或粒度的条件(如5个或11个类别)相比,低水平的特异性或粒度(3个概率类别)可使决策时间加快,并且倾向于接受较低水平的确定性。

展示与地理分布信息相关的置信度或不确定性尤其具有挑战性。不仅需要显示出一条信息的计算值(如特定区域中的预测风速或降雨概率),而且需要显示出与该预测相关联的置信水平(或带)。Nadav – Greenberg 等(2008)研究了应对该挑战的几种方法,包括仅显示预测中值风速的地图(颜色范围从蓝色到红色)、类似地仅显示预测上限的地图、显示估计的置信范围(或误差范围)大小的地图(用地图上的颜色),以及单独的箱线图(用以显示预测风速、50%预测区间、预测上限及下限)。在最后一种情况下,这些图形没有显示在地图上,而是为每个城市分别显示不同的箱线图。

基于箱线图,无论是新手还是有经验的天气预报员都表现得很好,这是有可能的。但是,如果决定需要跨多个城市进行整合,则这一发现可能有所不同。有趣的是,仅显示预测上限的信息导致决策偏见(偏向于风险规避),而误差幅度显示被判定为更难使用,尽管它可以很好地理解和预测相关的不确定性。McDermott 等(2003)发现,在需要跨地理区域进行资源分配的任务中,与使用字母和数字显示或分离问题不同子集(如不同城市)的概率的显示相比,人们在系统生成概率的集成图形呈现中表现得更好。在诸如这些任务中,可能需要呈现概率信息的多种方式(如地理上、图形上、集成和分离的),以便传达对态势的全面理解。

除了视觉显示外,在某些情况下,如果视觉超载是一个问题,也应考虑其他形式的展示。Basapur 等(2003)发现在雷区导航任务中,能够利用听觉和触觉呈现概率信息时,表现出良好的性能,这表明这种方法在某些情况下是可行的。

目前尚不清楚人们可能需要多大程度地获取系统用于生成综合数据中的基本数据,或者是否可以开发出一种方法,来更好地告知人们此类估计的可靠性的定性和定量特征。

原则14:支持不确定性管理活动

在态势显示设计中,不确定性管理常常被严重忽视。由于操作人员需要评估特定数据读数的质量,因此应提供使此类评估快速且易于完成的方法。确认或否定信息和相关背景信息应清楚地显示在态势信息的附近。例如,如果特定信号的精度易受到干扰,则可以在数据读数正下方显示信号强度的读数。如果其可靠性受到湿度或其他值的影响,则应在附近显示该信息,以便对特定数据的可靠性进行快速评估。这种特定情况的信息远比通用的总体可靠性的(如

67%)更有用,因为它允许操作人员了解在当前实例中对特定数据的信任程度,或者如何调整系统以获得更可靠的数据。

如果系统基于其他数据推断信息(如可能的目标识别),则需要以允许快速确定哪些数据是已知的、哪些数据是推断的方式来显示,如通过颜色编码、线粗细或阴影等方式显示。

最后,应确定操作人员在不同情况下实际需要的精确度或确定性。显示太高的精确度(97.6%)的系统可能会减慢计算机和人类信息处理的速度。用于确定和显示最高概率事件或匹配数据的系统,可能忽略操作人员真正需求,即对预测和准备概率较低但后果严重的事件(如敌人可能通过下水道攻击)的支持。应仔细研究个人管理特定领域不确定性的方式,并在态势显示设计中提供这种方式,以支持他们理解确定信息置信度以及适当减少不确定性的需求。

第8章 应对复杂性

8.1 复杂性概述

复杂性在现代生活中无处不在。复杂性是很多系统的核心所在,从将宇航员送入太空的系统到办公桌上的台式计算机。我们身边的技术,无论在形式上还是在功能上都体现了复杂性。尽管从某种意义上来说无法避免这种复杂性,但如果我们想开发出使用户能够具备高水平态势感知的系统,就必须更好地管理复杂性。如果不加以控制,复杂性将直接对态势感知产生影响,它会降低人们在众多可用信息中发现所需信息的能力。由于复杂性使良好的系统或任务域认知模型难以形成(图8.1),因此会严重影响用户在使用系统时理解和预测发生事情的能力(二级和三级态势感知)。

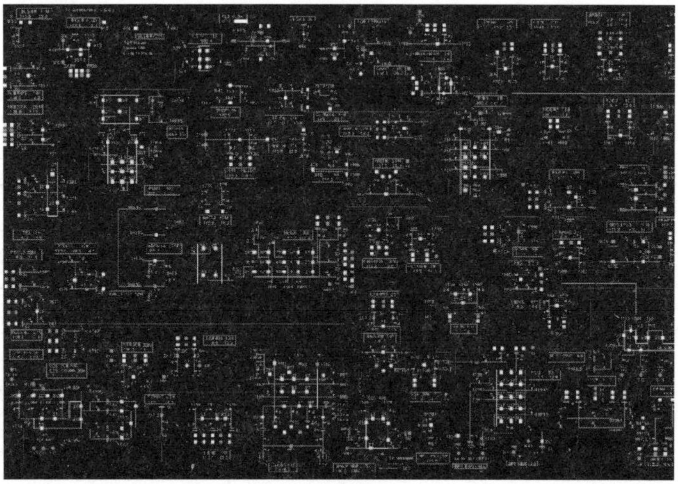

图8.1 电力传输和分配网格具有高度的系统复杂性、数十万个母线和线路相互连接且相互依存

为全面了解导致复杂性的因素和如何设计系统应对这种复杂性，我们将首先描述复杂性的不同组成，这些组成部分共同决定了用户必须应对的复杂性水平，其包括多个层次的复杂性(图 8.2)：①系统复杂性；②用户必须应对的操作复杂性；③由系统接口功能带来的表观复杂性(认知复杂性、显示复杂性和任务复杂性)。最后，用户对系统的认知模型极大地调节了个体所感知到的复杂性水平。

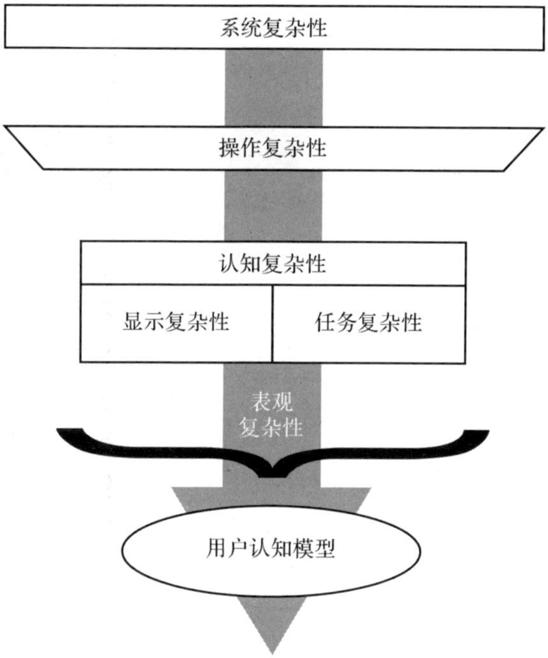

图 8.2 复杂性的层次

8.1.1 系统复杂性

首先，用户所处理的系统复杂性可以有不同的层次。一个系统可以非常复杂(如汽车)或非常简单(如自行车)。系统层面的复杂性可以看作以下几个因素共同作用的结果：

(1) 系统组成(如组件、对象、功能)的数量；

(2) 这些组成部分在实现功能时的相互作用或相互依赖程度；

(3) 系统的动态性，即系统组成的状态及其相互作用的变化速度；

(4) 这些变化的可预测性(例如，相对于对多种因素或组件状态的依赖性，系统动态性在多大程度上受到简单规则的驱动)。

系统组成数量、组成间相互作用程度以及变化速率的增加,会使系统变得更加复杂。系统的复杂性经常受到特征蠕变的影响(图8.3)。过去,日晷足以告知大致时间。随后发明了手表和钟表,其中包含了许多内部机制以提供更精确的计时,如指定分钟甚至秒钟的指针。它们还能在恶劣天气下显示时间,且更加便于携带。如今的手表和钟表不仅能提供时间,还具备闹钟、定时器、日历、贪睡功能、多种闹钟声音和计时功能,甚至还带有收音机,所有这些都集中在同一设备上。这些无疑都是有用的功能,但也是有一定代价的。

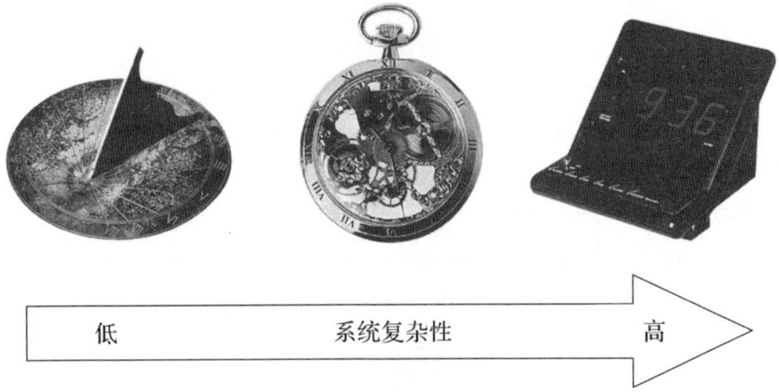

图8.3 功能、组件、交互和可预测性推动了系统的复杂性

这些增加的功能需要更多的组件(机械、电路或软件)以及这些组件之间的深层次连接。系统的行为需要更多的规则和更多的因素与系统状态组合。例如,由于可用功能的数量众多,在多功能手表上设置时间需要按照特定顺序多次按下部分控制按钮;按其他顺序按下按钮将在手表上激活不同的功能。相反,简单的系统则没有多功能和各种可能的系统状态所带来的复杂性——对于只能显示时间的上发条手表,设置时间只需简单地拉出唯一的控制旋钮并转动,直到指针指示所需时间为止。现在,重新设置手表时间和设置闹钟时间都不再像过去那么简单了。

8.1.2 操作复杂性

然而,系统的复杂性并不一定会转化为用户的复杂性。例如,如今的汽车比20世纪20年代的汽车要复杂得多。它们有更多的组件,且每个组件都更加复杂。自动变速器、防抱死刹车和燃油喷射系统都是相当复杂的子系统,在早期的汽车中并不存在。而对于驾驶员来说,现在的汽车在操作上实际更简单。从前,驾驶员需要对汽车的内部工作原理有相当多的了解。他们需要在启动发动机之前正确调节油门,并且可能还需要操作手摇曲柄启动。而今天,只需简单地转动钥匙即可,很少有驾驶员了解引擎盖下的工作原理。

然而,对于汽车技师来说,复杂程度却显著增加。集成电路和内部传感器以及诊断系统的使用大大增加了技师所必须处理的复杂性。过去,大多数人都能够自己修理汽车,并且确实这么做了,但如今大多数人不再自行修理,而是将汽车送到经过专门培训的技师那里进行维修。

同样地,虽然电梯变得越来越复杂(就所涉及的机器构造数量而言),但操作起来却更加简单。过去,电梯需要经过专门培训的操作人员来操作,但现在人们都可以轻松地使用电梯,而无须任何特殊培训。因此,尽管电梯的复杂程度增加,但操作的简易性却有所提高。

这些例子说明了系统复杂性受到特定用户所需的操作复杂性的影响(图 8.4)。虽然汽车非常复杂,但驾驶员只需要了解其中很少一部分的复杂性就可以驾驶。因此,驾驶员的操作复杂性相对较低。而对于汽车维修技师而言,操作复杂性就相当高了。为了修理或维护汽车,技师必须对其工作原理有更深入的了解。因此,操作复杂性可以理解为系统复杂性中与实现一组操作目标(如技师或驾驶员的目标)相关的部分。

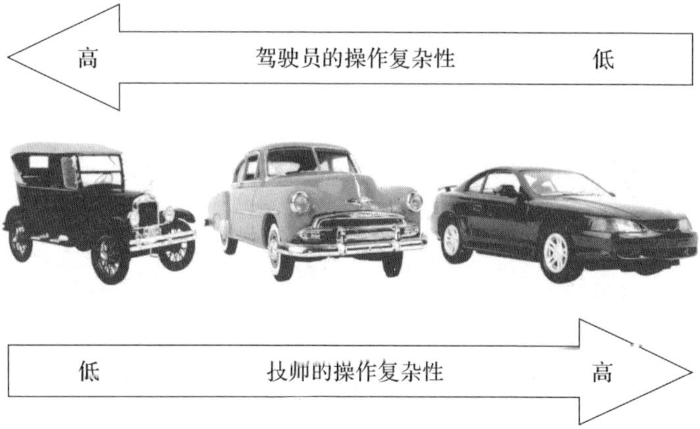

图 8.4　操作复杂性取决于用户的目标

在许多情况下,自动化的设计目标是减少操作复杂性。通过自动执行任务,可以降低用户的认知要求。例如,自动变速器使驾驶员无须保持对当前档位的关注,无须记住与每个档位相关的转速,也无须操作离合器,进而降低了对驾驶员认知能力的要求。因此,自动化可以通过减少操作复杂性来提高系统的易用性。

然而,这种降低复杂性的目的往往难以实现。事实上,引入自动化通常会增加系统的操作复杂性。这是因为,与电梯的例子不同,大多数引入自动化的系统要求用户了解自动化的工作原理。他们通常需要监督自动化运行状态、在系统运行异常时接管控制,并与之交互以共同执行任务。在这些情况下,引入自动化实际上增加了系统的操作复杂性。现代飞机驾驶舱中的自动飞行系统就是一个例子,它要求飞行员了解类别众多(且常常不直观)的操作模式,从而增加了认知负荷和操作复杂性。除非自动化足够可靠,不需要操作人员接管或理解其工作方式就能与之交互,否则引入自动化将增加系统的操作复杂性。从操作复杂性的角度来看,重要的不仅仅是自动化本身的复杂性,还包括与之交互以实现操作目标的要求。如何处理自动化将在第10章中讨论。

8.1.3 表观复杂性

表观复杂性与提供给操作人员的系统显示复杂性有关。无论系统的操作和系统复杂性水平如何,都可以采用简单或复杂的方式来显示。如个人计算机可以通过微软公司的DOS™、Windows™或苹果公司的Macintosh™操作系统来操作。微波炉的操作界面可以相当简单,只需转动旋钮即可;也可以相当复杂,需要按下多个按钮,并了解哪种特定顺序可以实现所需功能(图8.5)。这些不同的表示方式给用户带来的复杂性在许多方面都有明显的区别。因此,表观复杂性与认知复杂性、显示复杂性和任务复杂性均有关。

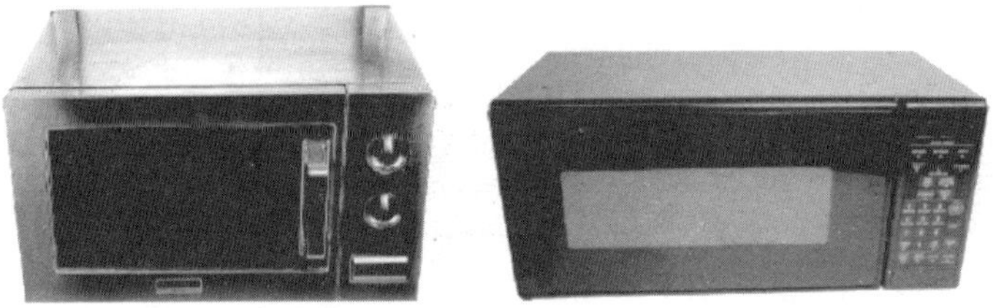

(a) 简单的旋钮控制　　(b) 多种控制选项会增加认知复杂性

图8.5 表观复杂性是由对基础系统操作进行翻译的界面引起的

1. 认知复杂性

认知复杂性是指系统在操作过程中使用的逻辑的复杂程度。认知复杂性也被描述为从特定表示中获取潜在意义的难易程度(Eggleston等,1986)。这是一个人在将系统功能映射为准确而有意义的心理表征时的难易程度的直接结果。在一定程度上,这是系统的潜在复杂性在用户操作需求过滤下的反映。一些人尝试对系统的认知复杂性进行建模,包括Chechile及其同事(Chechile,1992;Chechile等,1989a、1989b)、Kieras和Polson(1985)、McCabe(1976)和Rouse(1986)。基于这些工作,导致认知复杂性的可能因素包括以下几个:

(1)系统组成的对象数量、状态、符号和属性；

(2)它们之间的联系或关系的数量；

(3)联系的体系层次的广度和深度(层次聚类)；

(4)在导致条件运算或运算模式的连接(逻辑命题)中出现的分支程度。

例如,图 8.6 中的家用温控器涉及多个用于控制温度的组件和联动装置。在本例中,温度可以通过 3 种不同的方式进行控制。

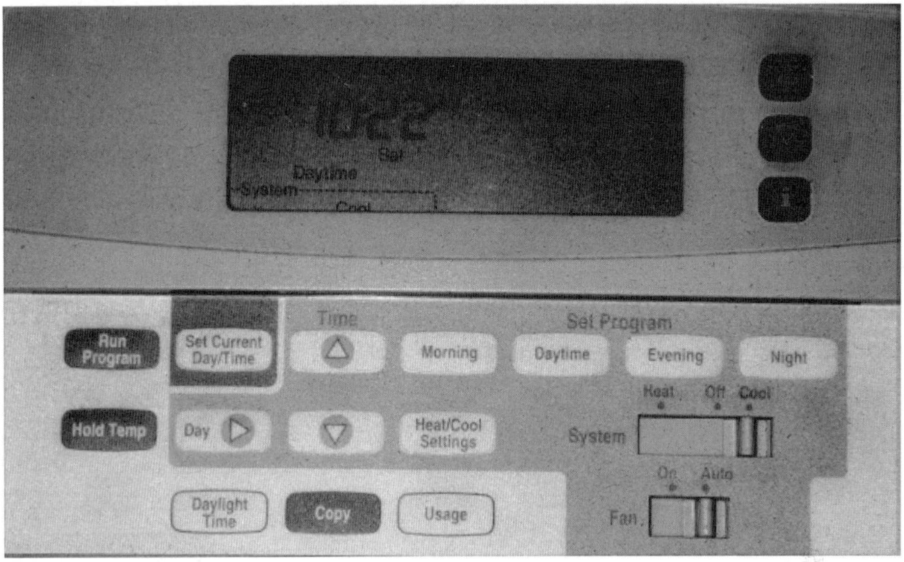

图 8.6　标准家用温控器的认知复杂性

(1)通过按上下箭头,允许用户在未指定的时间段内设置临时目标温度。

(2)通过编程功能,允许用户设置 4 个不同时间段的目标温度,用户需要输入每个时间段的开始时间,并选择冷却或加热模式(即需要输入 8 个不同的设置和时间段)。

(3)通过按两次“保持温度”按钮,再使用上下箭头键输入天数,从而设置一个较长时间的临时目标温度。

用户必须深入了解每个功能的工作逻辑(组件之间的连接),以及系统的集群与结构层次之间的联系。例如,从这个例子来看,我们不清楚这 3 种模式是如何覆盖其他模式的,但是有潜在的逻辑来决定这一点。机器提供了两个开关用于控制要激活的功能;一个是系统模式开关(加热、冷却或关闭);一个是风扇开关(打开或自动)。另外,有逻辑和分支来规定这两个功能如何交互。例如,“风扇开启是否优先于系统关闭?”;“如果系统模式设置为“冷却”且风扇处于

“打开”状态,则风扇是连续运行还是达到温度时停止?”。这些问题的答案由一组复杂的控制逻辑确定,该控制逻辑对于用户认知复杂性(为理解系统的显示内容并确定适当操作而必须处理的)有很大影响。

Sarter 和 Woods(1994b)以及 Vakil 和 Hansman(1997)指出,底层结构中的不一致性也会增加系统的认知复杂性,这在飞机的自动化中有所体现。在许多情况下,随着时间的推移,系统中会添加新的功能或模块,它们的工作方式与已有模块不同。逻辑中的异常和特殊情况增加了系统的“熵”或复杂性(Vakil 和 Hansman,1997)。这些因素都极大地限制了用户对系统工作原理建立良好认知模型的能力,从而导致态势感知的缺陷(Endsley,1995b;Jones 和 Endsley,1996)。航空领域中自动化的使用大幅增加,即使使用很长时间后,飞行员也难以对这些自动化系统建立高水平的认知模型,说明这些自动化系统具有非常高的认知复杂性。因此,这些系统受到了广泛的关注(McClumpha 和 James,1994;Sarter 和 Woods,1994a;Wiener,1993;Wiener 和 Curry,1980)。

这些因素在很大程度上反映了系统的基本特性,此外,从用户的角度来看,认知复杂性还取决于系统与用户的目标、任务和认知模型之间的关联性。用户需要清晰地在系统的功能与他们的目标之间建立映射关系(例如,为了增加房间的光照,通过将开关从“关”位切换到“开”位来激活灯光)。图 8.6 中温控器的示例与用户目标的兼容性就比较差。

系统的透明度或可观察性与其认知复杂性密切相关。许多系统提供的信息非常有限,操作人员不足以判断或理解系统的行为。操作人员必须根据观察到的行为推断功能和因果关系,以弄清系统正在做什么(如前面提到温控器的例子)。系统输出可能会显示一些信息(如飞机处于特定模式或系统检测到交通冲突),但操作人员必须确定生成这些输出的逻辑。在包含许多分支或逻辑不一致的系统中,操作人员的推断可能非常容易出错(Sarter 和 Woods,1994b)。此外,透明度较低的系统通常给用户提供的反馈较少,用户需要能够确定他们的操作对系统的运行产生了什么影响。缺乏这种反馈,用户不仅很难理解系统的状态,还难以对系统工作方式形成认知模型。

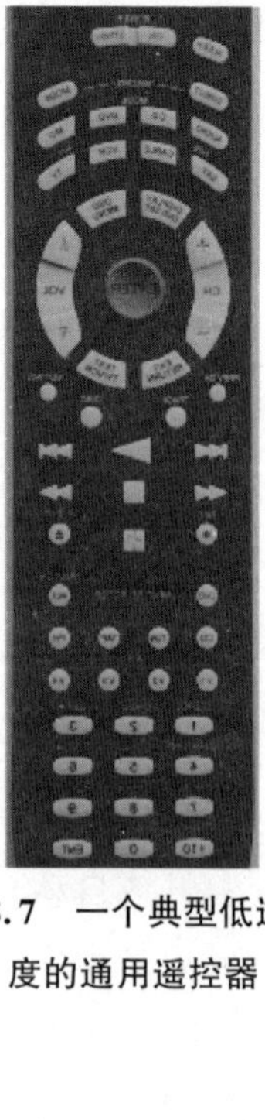

图 8.7　一个典型低透明度的通用遥控器

在透明度较低的情况下,很难形成指导系统交互的认知模型。例如,图 8.7 所示的娱乐系统遥控器提供了许多功能来控制各种设备。然而,除非用户对这些设备之间的物理连接有一个认知模型,否则几乎不可能确定正确的按键顺序来成功操作所需的设备。

例如,为了成功播放 DVD 并调高音量(假设所需的 DVD 已在系统中),需要按照特定的顺序进行 13 次按键操作。从遥控器本身并不能很容易地确定操作顺序以及各个组件或按钮之间的关系(提示:正确的顺序是"音频"、"开机"、"DVD"(输入选择器)、"DVD"(模式)、"开机"、"电视"、"开机"、"9"、"1"、"DVD"(模式)、"播放"、"音频"、"音量"(向上箭头))。在本书其中一位作者的家庭中,5 个人中只有一个人(安装者)在 3 年的使用和数次培训后能够成功操作此设备。记住长串的按键操作非常困难,生成正确的按键序列更需要对系统工作原理有一定的理解。从提供的界面中获取并牢记这种理解几乎是不可能的,因为它没有提供任何线索。

2. 显示复杂性

认知复杂性主要由系统的特征、工作原理以及呈现给用户的信息决定,而显示复杂性或感知复杂性则指的是系统信息如何呈现给用户。Tullis(1983)描述了决定字母和数字显示复杂性的 4 个因素,即整体密度、局部密度、分组和布局复杂性,这些因素可以扩展到更广泛的系统。

(1)显示的整体密度,定义为显示空间内项目数量与可用空间之比。密度很大的显示,无论是打印品上的文本、雷达显示器上的图标还是视觉场景中的物体,都具有更高的感知复杂性。

(2)显示的局部密度,取决于显示器上每个项目附近其他项目的数量。一个聚集显示 10 个项目的显示器,比分散显示 10 个项目、同样大小的显示器有着更高的显示复杂性。

(3)项目分组,用于提供感知上显著的信息块,有助于降低显示的复杂性。分组可以根据功能相似性或其他标准进行(如信息来源或发生时间)。为了支持态势感知,建议根据用于解决特定目标、决策或更高级别态势感知需求的信息进行分组(参见原则 1 和原则 21)。

(4)布局复杂性,指的是信息排列遵循可预测的图式的程度。信息显示的可预测性可以通过简单地从左到右或从上到下的信息排序或使用字母顺序来实现。在某些系统中,通过增加结构来提供可预测性,这些结构大大减少了显示复杂性。例如,空管员通过使用有限数量的路径或航线,为其提供了清晰的工作框架,飞机将穿过显示屏上的空域扇区。这些路径大大提升了可预测性,即在显示屏上可以找到飞机以及随着时间的推移飞机将如何在显示屏上移动。

虽然 Tullis 的工作主要关注单个显示屏,但在许多感兴趣的系统中会出现多个显示屏同时显示快速变化的信息。在这些情况下,需要考虑一些与显示密度相关的其他因素。

显示复杂性可能受到同一人使用不同显示屏之间的一致性程度的影响。在许多系统中,可能会在不同时间或在不同显示器上同时查看多个计算机显示窗口。类似信息的显示如果采用一致的方案,复杂性就会降低(例如,如果控制按钮总是按照相同的顺序排列在相同的位置上,或者在不同的显示屏上使用类似的信息顺序方案)。术语和标签的一致性同样减少了复杂性。一致性(或标准化)实质上可以提高信息位置和含义的可预测性。

显示数据的某些特性也会影响复杂性,包括显示信息变化的速度、显示数据的可靠性以及获取所需信息的难度。信息变化较慢的显示(如由于基础系统的动态较慢或移动视觉场景的速度较慢)将比信息变化迅速的显示复杂性更低。与显示的信息相关的不确定性(通常反映了传感器、系统算法或信息源的不完善)会导致更高程度的复杂性。同样,冲突或不一致的数据会被认为显著增加了显示复杂性。令人惊讶的是,数据缺失似乎并没有造成什么问题,而且在处理缺失数据时,缺失数据似乎只是证实了现有的信息(如缺失数据不一致的可能性似乎可忽略不计(Banbury 等,1998; Bolstad 和 Endsley,1998)。

为获取特定决策所需的信息,需要采取的步骤数量也会增加显示复杂性。如果操作人员必须在多个显示器之间进行搜索或调用以获取所需信息,那么显示复杂度将更高。

对于态势感知,操作复杂性和认知复杂性会增加人们实现高水平理解和预测(二级和三级态势感知)的难度。而高水平的显示复杂性将增加人们实现良好的一级态势感知——所需信息感知的难度。更高的显示复杂性可能会增加搜索和获取需求信息所需的时间,并可能增加这个过程中的错误(Sanders 和 McCormick,1992; Wickens,1992)。有趣的是,Chechile 等(1989b)的研究发现,尽管两者都需要才能完全解构复杂性性能,但认知复杂性因素贡献的影响程度是感知复杂性的4倍。

3. 任务复杂性

任务或响应的复杂性,是操作者为实现目标所需进行的活动度量。它受多种因素影响,包括操作者需要同时或交替处理的目标数量,以及完成这些目标所需采取的步骤或行动数量。在一些工作中,用户必须同时处理多个冲突或并行的目标,这本身就给他们的任务增加了复杂性。此外,他们还需要能够将操作映射到需要使用系统执行的目标上。这种映射的直接性(认知复杂性的一种体现)以及实现给定目标所需的步骤数量会直接影响任务复杂性。如图8.6和图8.7中的温控器和遥控设备,虽然满足了多个用户目标,但每个目标的实现都需要一定数量的步骤,从而导致了中等程度的复杂性,即使其底层系统本身并不特别复杂,这只是两个简单的家用设备。在非常复杂的系统中,如发电厂,任务复杂性会在许多不同的子系统中成倍增加。用户需要同时处理更多目标并执行更多步骤才能实现目标,系统会更加复杂。

此外,将行动或步骤映射到特定情境的困难程度将增加任务的复杂性。在具有严格程序化和明确步骤的环境中决定需要做什么,相比于在模糊的新情境中会更简单。Campbell(1988)指出,任务复杂性是包含以下因素的共同作用:

(1)实现目标或终态的多种路径;

(2)多个期望的终态;

(3)实现多个期望终态的路径之间相互冲突、相互依赖;

(4)路径和结果之间存在的不确定性或概率联系。

任务复杂性会增加人们总体的认知负荷,导致更容易出错(Wichman 和 Oyasato,1983),(例如,通过增加操作人员必须记住的信息量来执行任务,或者通过增加操作人员必须整理的信息来确定合适的行动),并且会增加其他与态势感知相关的任务,如前瞻性记忆(即记住将来要做的事情)。

8.1.4 用户认知模型的作用

认知复杂性、显示复杂性和任务复杂性将共同影响操作人员感知的复杂性程度,并由操作人员通过其系统的认知模型来调节。操作人员处理表观复杂性的内部能力,取决于认知模型的完整性和清晰度,这可以减少表观复杂性的影响。因此,经验丰富的空管员、飞行员和驾驶员可以比新手处理更为复杂的任务。

设计人员常常努力创建与用户现有认知模型相一致的系统。系统的认知复杂性可能并没有减少,但对已经具备了关于系统运作方式的认知模型的用户来说,其复杂性明显降低(通常是基于对类似系统的经验)。例如,苹果 Macintosh 计算机是基于一个物理桌面的模型进行设计的。早期的文字处理系统则是基于打字机的模型进行设计的。

然而,许多时候无法通过设计来适应已经存在的认知模型,用户需要通过培训或经验来为新系统建立认知模型。当底层系统复杂时,建立良好的认知模型要困难得多,不仅可能有更多的组件、组件交互、分支、层级和异常需要理解,而且往往也较少有机会实际体验系统所有可能的模式或状态(Endsley,1996a)。复杂性是认知模型的天敌。

8.2 管控复杂性的设计原则

从对复杂性因素及其对态势感知的不良影响的讨论中,可以得出一些设计原则,用于在系统设计中管控复杂性,从而有助于加强操作人员的态势感知。其中许多原则非常简单,但在系统设计中经常被忽视。

原则 15:拒绝特征蠕变——逆势而行

简化复杂性最简单、最直接的方法是减少复杂性。在系统设计过程中,这通常意味着要打一场硬仗。工程师和营销人员一直在推动将更多的功能添加到系统中,他们认为人们想要或需要这些功能。如果仅仅问用户,“您认为这个功能有用吗?”,很多人会回答“是”“谁知道呢? 也许我以后会需要!”。然而用户很少能够理解这些选择所带来的复杂性,以及在完成其主要任务时所花费的时间和错误成本。

在系统设计过程中,一个有用的方法是严肃质疑是否需要添加多个功能,这些功能可能只会偶尔使用或仅由一小部分用户群体使用。如有必要,可以使用快速原型设计来评估这些功能对系统的影响,即评估其是否会导致用户在高频任务中的表现下降。这些数据可以用来向设计过程中涉及的其他人展示添加功能所带来的成本以及所感知到的好处。在系统设计中,只有真正需要的功能才应包含在内,以最大程度地减少复杂性。

原则 16:通过优先级和灵活性防止功能泛滥

由于通常情况下,几乎不可能为简化特定系统而限制系统功能的增长,因此只能尽量管理现有的功能,使其对用户的影响降到最低。那些很少被使用的功能(如自定义闹钟标准或设置日期),可以比更常用的功能稍难访问(虽然不难找到)。在非软件系统上(如前面讨论过的遥控器),与不太常用的功能相关的按钮可以被最小化(如做得更小,放在不那么重要的位置,或者有更小的标签)。

许多软件系统允许用户自定义工具栏,将最常用的功能放在前面。这样用户自己可以根据实际需求进行自我优化,有助于管理软件包中不断增多的功能。虽然不能完全消除系统复杂性的问题,但这些方法有助于减少用户所承受的认知复杂性。

原则 17:确保模式和功能之间的逻辑一致性

系统运行中存在的逻辑不一致性显著增加了复杂性。应减少或消除操作逻辑、信息显示和输入顺序上的差异，这些差异对于操作该模式或功能并无直接必要。例如，如果电话菜单要求用户在系统的某个部分按下 2 表示“否”，则应该在整个系统中保持这个约定。在系统的各种模式、模块或特征之间的功能、显示及控制一致性程度越高，就越容易处理任何潜在的复杂性。

原则 18：最小化逻辑分支

与通过减少功能来减少复杂性类似，这个原则旨在通过减少与系统相关的联系和条件运算来降低复杂性。“如果 x 则 y”的逻辑对于人们来说已经很难学习了。“如果 x 则 y，除非 z”，或者“如果 x 和 z，则 y”的逻辑，对于努力建立认知模型的人来说更具挑战性。模式的使用（在第 10 章中进一步讨论）会导致复杂性显著增加。即使人们建立了系统所有模式的认知模型（由于分支可能很难），也很难保持对当前模式的认知，从而难以正确理解系统信息并执行操作。最好的解决方法是尽可能避免使用多重分支逻辑的模式。

原则 19：将系统功能与用户的目标和认知模型相匹配

用户目标与系统功能之间应有清晰的对应关系。在前面讨论的遥控装置示例中（图 8.7），用户的目标通常是有限的（如看电影、看电视、播放 CD）。相反，它要求用户理解系统的工作原理，以及它们是如何联系在一起以实现目标的。一个较简单的设备将为主要目标提供一步到位的控制。只需要一个按钮，就足以配置音频系统、DVD 播放器和用于播放 DVD 的电视机（参见图 8.8）。

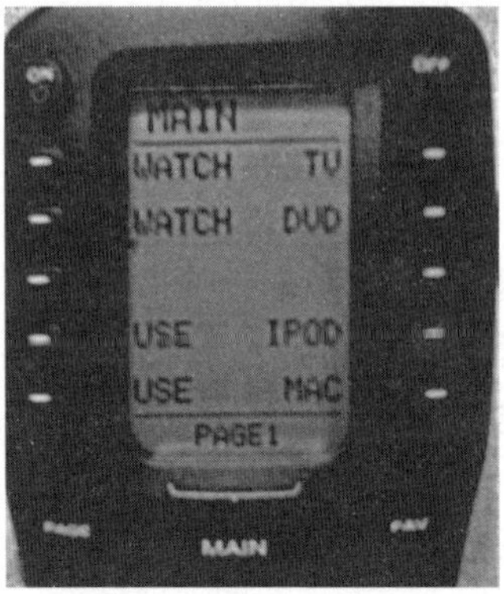

图 8.8　一款与用户目标相匹配的家庭电子遥控设备
（是以人为中心而不是以技术为中心的）

另外，还可以提供直接支持来帮助用户建立系统的认知模型。例如，一些网站在侧边提供一个分支式地图，让用户可以看到他们在系统的嵌套结构中的位置。遥控器或温控器的界面可以通过在面板上绘制线条和通过设备上功能按钮的合理排序等方式，来显示组件是如何联系以及哪些部分可以被覆盖。

原则20:提供系统的透明度与可观察性

最重要的是,对于用户需要监控和操作的组件,系统行为和功能的透明度和可观察性要求非常高。这可以通过系统显示直接提供给用户,不仅展示系统正在做什么,还包括为什么要这样做以及下一步将会发生什么。Hansman 及其同事(Kuchar 和 Hansman,1993; Vakil 儿童案例,1996)证实,当提供垂直状态显示器时,飞行员对飞机飞行管理系统的理解有了显著提高,该显示器显示了飞机在当前自动化模式的预计高度变化。

在一个相当巧妙的应用中,米勒及其同事(Miller,2000; Miller 等,1999a)为飞行员提供了显示器,显示了飞机推断驾驶员试图做什么(目标),从而驱动自动化行为。飞行员不必再猜测系统在做什么以及为什么这样做,而是能够轻松监控这些目标信息,并根据需要进行修正。这只是如何实现更好的系统透明度的两个简单例子。令人惊讶的是,设计者通常很少向用户提供支持理解有关系统功能的信息。

原则21:围绕二级和三级态势感知需求和目标进行信息分组

在显示器上对信息进行分组,以减少复杂性并方便搜索和阅读,并不是一个新的设计原则。支持态势感知的设计为分组提供了基础,分组不是以技术为中心(基于产生信息的设备),而是以用户为中心(基于人们需要如何使用信息)。用户目标构成了高级别分组标准(原则1)。用于支持相同目标的信息集中显示在一个共同的显示屏上,这样用户就不需要在多个系统中搜索以获得目标驱动行为所需的态势感知。在这些显示屏内部,通过认知任务分析(第5章)得出的高级态势感知需求,指导了每个显示屏上需要将哪些信息进行分组显示。

原则22:降低显示密度同时确保连贯性

过高的显示密度(数据过多难以浏览)会降低搜索和获取所需信息的速度。显然,多余的数据应该被清除,但在降低显示密度的同时,必须十分小心,不要以降低显示连贯性为代价。也就是说,当人们必须从一个显示器到另一个显示器以查找所需信息时,要比查找单个显示器产生显著的成本。在使用菜单和窗口的系统中,这种情况尤为明显,因为这样就需要翻阅可能被隐藏起来的显示内容来查找所需的信息。这种信息的隐藏会对态势感知造成严重的负面影响,因为查找所需信息的时间会更长,并且可能会完全错过重要的提示信息。

因此,对于动态系统中的态势感知,减少必须监控的显示器数量也是有益处的,但这会提高显示密度。为避免陷入这一困境,需要最大限度地利用显示屏内部的组织结构,使相对密集的信息显示对用户来说仍然可轻松读取,支持

“一目了然”的态势感知需求。通过对信息进行智能分组可保持显示的连贯性(原则 7 和原则 24)。

原则 23:提供跨屏跨系统的一致性和标准化控制

一个基本的人因学原则,是在单个操作人员使用的具有类似功能的系统中保持布局、格式和标签的控件的标准化。系统之间的一致性有助于操作人员形成对系统的可靠心理表征,从而使其能够预测信息的含义和位置。这种可预测性通过允许从一个系统布局中学到的东西应用到其他布局上(正向迁移),从而减轻了操作人员的认知负荷,减少了操作人员搜索常用信息或功能所需的时间等问题。如果每个系统都独立设计,那么操作人员实际上必须学习每个系统的特定术语和布局,并且不仅会错过系统间正向迁移的好处,还会发生负向迁移(如将一个系统上某个项目的位置与另一个系统上相同项目的位置混淆)。以统一的方式设计系统的所有方面,使操作人员能够只建立一个认知模型即可,并在此基础上吸纳跨系统呈现的新功能或不同功能。

原则 24:最小化任务复杂性

同样地,任务复杂性(执行任务所需的动作数量以及这些动作的复杂性)应该尽量减少。要求操作人员学习和记住一系列复杂的动作来完成任务,不仅增加了操作人员的认知负荷,而且如果其中一个或多个步骤被遗忘或错误地执行,还会留下出错的空间。减少实现特定系统状态所需的步骤数量可以降低犯错的可能性,并降低操作人员为与系统交互必须建立的认知模型的复杂性。如果必须按顺序执行的 13 个步骤可以只用一个按钮代替,那么系统的复杂性以及操作人员需要开发复杂认知模型的需求将大大降低。

第 9 章　告警、诊断和态势感知

9.1　告警案例

许多系统都包含不同种类的告警或提醒,用来提醒操作人员关注重要信息。在飞机驾驶舱中,近地告警系统(GPWS)会在飞机离地面过近或垂直下降过快时提醒飞行员。核电站操作人员要面对许多告警,这些告警会及时提醒他们当前核电站的异常状态,并告知核电站不同设备的各种参数。空中交通管制站也配备有告警系统,该系统会在飞机可能发生碰撞时,闪烁显示器上的飞机符号(图 9.1)。

图 9.1　告警是许多系统的重要组成部分

理论上,理想告警系统提供的声音/视觉告警会有效地帮助操作人员提高态势感知能力,提醒他们注意由于分心或警惕性差而忽视的重要信息。然而受制于诸多因素,现实中的告警系统与理想相去甚远。

首先,许多领域中,告警系统的滥用导致告警频繁出现,以至于操作人员无法应对。例如,在一次重大核事故中,核电厂每分钟报告50~300个告警给操作人员(Stanton等,2000),面对巨量的告警信息,任何人都无法追溯引发告警的源头。Sheridan(1981)在报告中指出,三哩岛核电站特大事故发生最初的几分钟内,有500多个报警信号器被激活。当然,其他领域也同样受到告警过多的困扰,一个典型的医疗手术室有多达26种不同的音频告警,但是多数医护人员很难分辨超过半数的告警来源(Momtahan等,1993)。综上所述,当告警数量过多时,系统操作人员很难像设计者设想的那样有条不紊地处理各类告警。

其次,许多告警系统都存在高虚警率的问题。为此,操作人员通常会无视或暂缓响应一些他们认为可信度较低的告警信息。因此,火灾报警、汽车报警和家庭安全报警被无视的情况非常普遍。在一场为安全专业人士举办的研讨会上,一位参与者目睹了300人中只有3人对酒店的火灾报警做出了响应。在高安全意识的群体中响应比率却如此低,说明人们从实际经验中学会了不去相信频繁响起、却没有真正指示危险情况的告警。Breznitz(1983)恰当地将这种现象称为"狼来了综合症"。简单来说,人们对自己不相信的告警根本不予理会。

第三,在许多领域,操作人员被发现主动禁用告警系统(Sorkin,1989)。这种行为已在铁路运营、航空和过程控制行业广泛出现。在许多情况下,这是一种非常符合人性的做法,尤其是对于一些告警过于频繁且虚警率高的告警系统。因为此时告警对于操作人员而言,成为了滋扰而不是帮助。对告警的响应增加了操作人员的工作负担,会分散他们处理手边问题的精力。例如,在医疗领域,医生和护士会抱怨对告警信息的响应会占用他们治疗病患的时间和注意力,导致他们更多地关注告警系统而非患者。

上述部分阐述了由告警设计与行业操作人员行为习惯结合不紧密而引发的失败开发案例。在这些失败案例中,告警系统不仅不能增强操作人员的态势感知能力,反而在某些情况下还会降低其感知能力。为了制订出满足复杂领域使用需求的告警设计方案,需要在实践中探索发现提高告警系统性能的关键因素。

9.2 态势感知中的告警处理

告警系统的设计者通常假设操作人员会及时响应每个告警,并快速消除导致告警发生的潜在威胁。然而事与愿违,商业航空公司在调查 17 年间可控飞行撞地(CFIT)事故时,发现在 26% 的案例中,飞行员对飞机近地告警系统告警存在不响应、响应不及时或响应不正确等问题(Graeber,1996)。Kragt 和 Bonten (1983)曾在报告中例举一个工厂只有 7% 的告警获得了响应。Seagull 和 Sanderson(2001)曾在研究中指出,手术过程中麻醉师只对 28% 的告警采取了应对措施。综上所述,操作人员会基于各种理由以设计者意想不到的方式来处理告警信息。

事实上,响应告警涉及复杂的心理过程,如图 9.2 所示。告警信号(视觉或音频信号)的溯源离不开环境中的其他信息。对于告警信号意义和重要性的解释(深层次的态势感知)要综合考虑诸多因素,包括操作人员过去使用告警系统的历史、对系统深层次发生事情的认知模型以及预测。操作人员会根据对告警信号的理解来决定响应行动,包括纠正问题、静音告警并保持关注,或完全忽略告警。我们将更细致地讨论与此过程相关的因素。

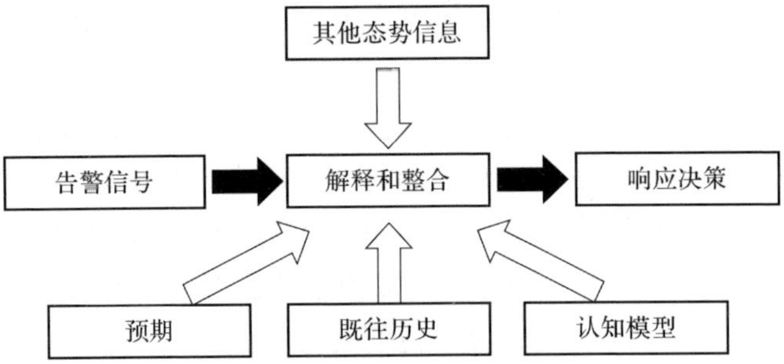

图 9.2 告警信号的认知处理过程

9.2.1 报警可靠性

操作人员对告警系统的使用经验,会加深他们对告警的理解,进而选择适合的响应措施。影响操作人员对告警理解的重要因素是告警自身的可靠性。高虚警率导致的"狼来了综合症",会降低操作人员对告警的信任度。例如,过高虚警率是导致飞行员对系统告警响应不及时或不响应的重要原因(DeCelles,1991)。

虚警对于许多系统而言是一个严重问题。在针对手术室的一项研究中发现,手术室平均每 4.5 分钟响一次告警,其中 75% 是虚警(Kesting 等,1988)。在另一项美国海军安全中心关于飞机事故回顾的报告中指出,至少有 50% 的报告涉及错误或不可靠的告警,这些告警至少是造成事故的部分原因(Tyler 等,1995)。

操作人员对告警的信任源于他们自身对系统虚警的切身经历,进而影响他们所采取的响应措施(Bliss,1993;Bliss 等,1995a、1995b;Lehto 等,1998)。一旦操作人员失去了对告警系统的信任,就很难在短期内恢复(Lee 和 Moray,1992)。出人意料的是,系统的告警数量与操作人员对该系统告警信息的信任度强关联,即使这些告警在功能上是完全独立的(Gilsonet 等,2001)。那些在空间、时间和功能上相似的告警,以及有一定关联的未激活告警都会降低操作人员对系统告警的置信度,甚至会使其对设备产生不信任感(Gilsonet 等,2001)。告警的可靠性来源于操作人员处理它们及其他并发告警的经验,并可将其作为确认或否认告警有效性的证据。

实际上,操作人员不愿响应一个虚警率高的系统所发出的告警是人之常情。因为,响应虚警会消耗操作人员的时间和精力,分散其处理重要事务的注意力。虚警会降低系统所有告警的可靠性,甚至会减少操作人员对合理告警的关注度,为此要最大可能地减少虚警。

虚警问题对系统设计者而言是一个难题。一个系统产生虚警的同时也会发生漏警(即系统存在问题,但是却没有发出告警),两者必须一体化考虑。如图 9.3 所示,设计者提出了一个准则来根据输入数据判断是否发出告警,并展示了系统虚警概率与漏警概率之间的权衡关系。在这种情况下,在降低虚警概率的同时(即如图 9.3 所示,将判断是否告警的准则向右移动),会增加漏警概率;反之亦然。

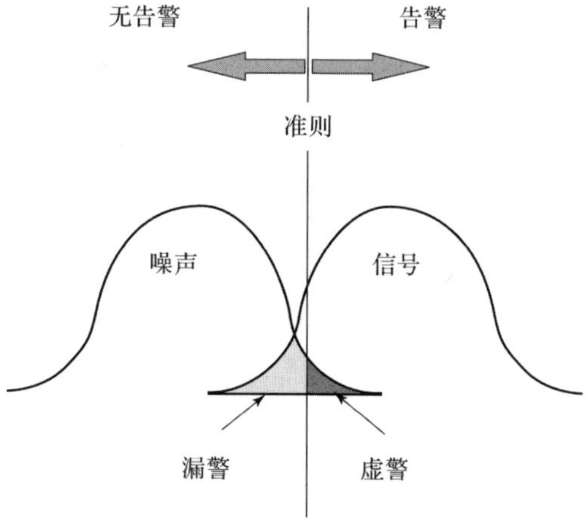

图 9.3　系统设计中虚警和漏警的概率

这对设计人员而言是一个非常艰难的决定。对系统设计人员而言,漏报往往会造成重大灾难,所以宁可虚警也要尽量避免漏报。但是这种设计理念忽略了虚警过多带来的负面影响,那就是操作人员往往会将绝大多数的告警都当作虚警。例如,Dixon 等(2004、2007)发现,航空任务中的虚警(即便当中存在正确的告警)会导致系统监控效率和当前任务执行效率下降,但是漏报过多却不会导致相同的问题。在一些实际设计案例中,一款设计用来警告空中交通管制人员注意飞机间隔的系统中,漏警率指标必须低于 0.2%,但是虚警率指标却高达 65%(Cale 等,1998)。在另一款具有类似功能的告警系统中,约 12% 飞机间隔过近(相距 5 英里)的告警会被系统遗漏,但是系统却会在两架飞机间隔为 25 英里时发出间隔过近告警,虚警率超过 60%(Pacelli,1998),严重影响告警系统的有效性。进而导致操作人员对系统的告警响应速度变慢,严重的甚至会使操作人员忽略告警或关闭告警器。尽管研究结论还有待核实,但是只有当一个系统的可用认可度超过 95% 时,才能被认为是可靠的(Scerbo,1996)。

解决虚警与漏警之间平衡问题的唯一方法是提高系统的灵敏度,即系统区分真、假事件(信号和噪声)的能力。这实际上表现为减少噪声和信号之间的交叠程度(图 9.4)。通过创造更多的传感器或算法,使系统能更敏感地区分环境中应该告警的真实事件与其他事件,从而在理论上同步减少虚警和漏警。

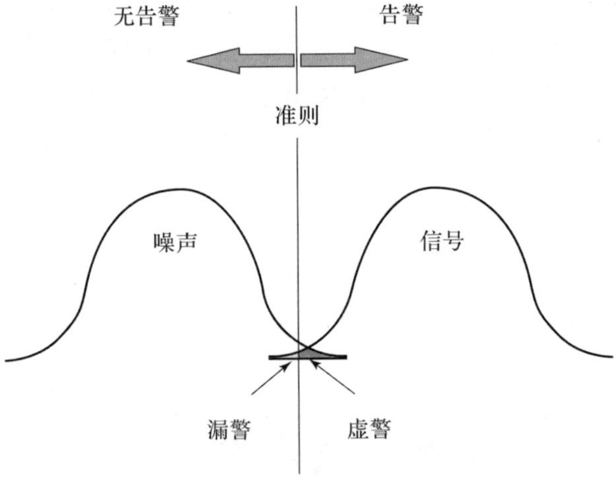

图 9.4 系统灵敏度的提高会同步减少漏警和虚警

有趣的是,设计告警算法的系统工程师始终坚信他们设计的系统没有虚警——他们认为所有的设计都通过了系统可靠性检测。然而,会导致虚警的潜在问题不是算法本身,而是告警系统无法理解的环境因素。例如,特定机场的近地告警系统通常会在飞机飞行路径靠近高山时发出告警。尽管飞行员可以消除地形影响,并控制飞机飞行在正确的航线上,但是告警系统没有飞行路线等信息,因此,只要飞机距离山脉过近就会产生滋扰告警(对告警系统来说是正确的,但是对于飞行员来说是错误的)。在俄亥俄州辛辛那提,靠近机场跑道的河岸地形会随着河流水位高度快速上升,这会导致近地告警系统告警,因为系统发现飞机飞行路径上有逐渐上升的地形。在实际情况下,系统没办法判断跑道边的地形究竟是不断上升成为山峰还是变平成为高原,最后还是要靠飞行员来判断。因此,降落在该机场跑道的飞行员已经习惯了这种频繁的虚警,导致飞行员不再对该告警敏感。其他的系统也有类似的缺点。例如,麻醉告警无法判断导致病人生理参数变化的源头是病人自身的病症,还是外科医生采取的救治措施(如在患者身上开一个小切口会造成血压的暂降),或是一些不易察觉的行为(如患者的运动会扰乱 ECG 或 SpO2 监测仪器),大约有46%的麻醉报警由一些轻微的行为引发,因此常常被忽略(Seagull 和 Sanderson,2001)。空中交通管制告警系统经常会检测到飞机之间间隔过近发出告警,但实际上,假如空管员已经知道其中一架飞机正在爬升、下降或转弯,那么即使忽略告警也不会出现问题。

尽管告警系统能够可靠地检测输入信号,但是这些信号只能说明一部分情况。这种局限于对电子或计算机化告警信号的有限感知(低系统态势感知),会使实际虚警率远远高于系统设计人员的期望。对系统虚警率的经历,影响操作人员对告警的处理。告警系统发展要兼顾更大范围的环境因素,非常需要有效地减少系统虚警问题,即检测到的信息是否构成真正的危险(即增加系统的灵敏度)。

9.2.2 确认

由于虚警问题的存在,操作人员一般不会立即响应告警,而是去寻求确凿证据以确定告警是否正确。近地告警系统设计者编写的算法是基于操作人员会立即响应告警,而飞行员也是通过训练来强化这一点。然而,数据显示飞行员实际上会延迟响应高达73%的近地告警系统的告警(DeCelles,1991)。飞行员会在显示器或驾驶舱窗外搜寻诱发告警的外部信息(图9.5)。如果找不到诱发告警的外部因素,或者该告警经常由虚警造成,那么很容易导致飞行员忽略该告警(即便他们不应该这么做)。

在一项飞行员遵守告警系统命令的研究中,Pritchett(1997)发现,当视觉告警与音频告警同时存在时,飞行员更容易相信视觉告警,而当两者发生冲突时,会延缓飞行员对告警的响应速度。理论上,告警系统发出的告警是支持人们决策的唯一信息,但是实际上告警信号只是一个线索,此外还需要搜集处理其他在环境中可获取的有用信息。从某种程度上看,这是必然的结果。因为,人才是最终的决策者,操作人员可以将环境信息进行综合考虑,而告警系统缺乏这一能力,否则系统将能够完全地自主行动。

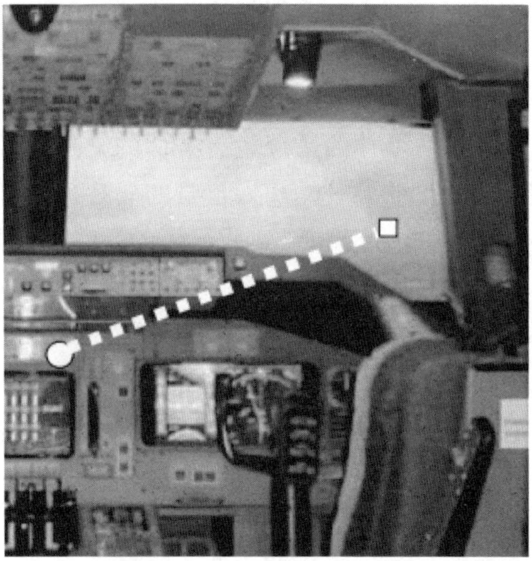

图9.5 告警通常需要确认

由机器发出告警、由人来确认告警这一过程存在如下缺陷。首先,需要操作人员花费额外的时间寻找证据来确认告警。在时间紧和任务重的情况下,这种额外的耗时对操作人员而言是一种沉重的负担。其次,人的决策也会存在失误。例如,在飞机存在撞地风险时,视觉错觉会使飞行员误认为没有危险。

为此,警报系统设计者必须认识到,人们需要确认警报是否代表真正的危险情况,而不能期望人们会盲目地对警报做出反应。尤其是对已经经历过高虚警率的人而言,即使再多的训练或一厢情愿的想法也不能改变这一事实。由于确认告警需要时间,同时为了避免失误,好的告警系统都会尽可能地降低虚警率。Xiao等(2003)发现了一些在医疗保健相关环境因素中影响核实告警有效性的原因(如员工超负荷工作、距离病人太远、视觉障碍和其他障碍)。显然,在一个告警发生时可满足人们查看系统信息的需求,能够显著地影响告警响应行为。

9.2.3 预判

除了为告警寻求确凿证据外,人们对告警的预期会影响他们对其成因和含义的理解。在许多情况下,操作人员反应他们能预测告警是由某些行为(或事件）诱发，并因此而给出相应的解释。例如，近地告警系统会在飞机急剧下降到机场上时发出告警。研究发现，手术室中约 6% 的告警是麻醉师根据外科医生的操作预判到的（Seagull 和 Sanderson，2001）。在预判情况下发出的警报会成为操作人员的滋扰源。

实际上，当告警是由预判之外的其他因素引起时，这些预判也可能导致操作人员对告警的理解出现重大偏差。在一次飞行事故中，一架 DC－9 飞机在降落到休斯敦的过程中机轮朝上，对飞机造成了相当大的损坏。事后调查发现，机长将警报理解为是自己在起落架放下前就把襟翼调整到 25°所致，而非起落架未放下，无法着陆的警告（美国国家运输安全委员会，1997）。国家运输安全委员会发现，该系统的高虚警率导致了这一事故。近地告警系统在这次事故中发出的音频告警被飞行员判断为飞机下降过快（飞行员自行判断）（图 9.6（b）），而不是起落架没有放下（真实情况）（图 9.6（a））。此外，还存在许多告警系统未能阻止事故发生的类似例子，因为飞行员根据自身的预判来理解告警发生的原因，却忽略了产生告警的真实情况。

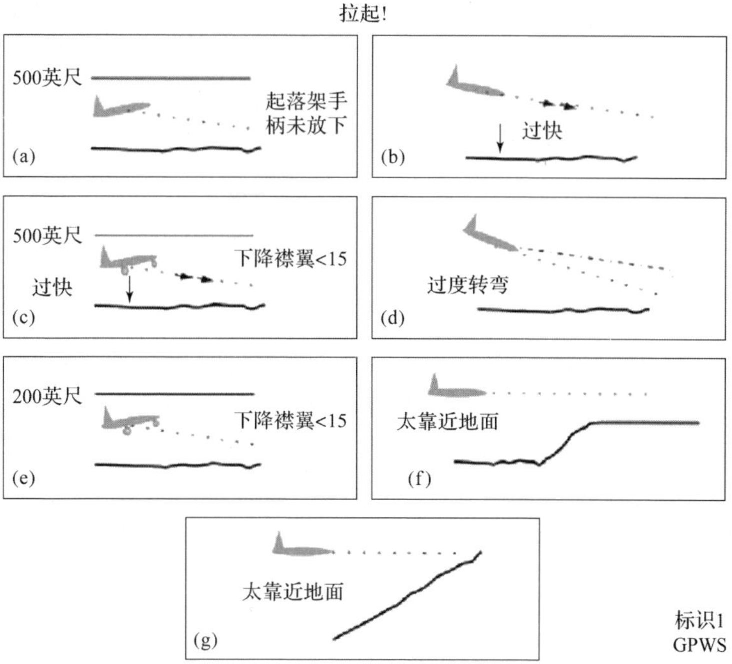

图 9.6　告警的预测有可能偏离引起告警问题的真实诱因
（至少有 7 种不同的疑似情况会导致近地告警系统告警）

（a）500 英尺以下，起落架收起；（b）500 英尺以下，起落架放下，襟翼小于 15，下降速度过快；（c）200 英尺以下，起落架放下，襟翼小于 15；（d）下降速度过快；（e）下降角度过陡；（f）和（g）与地形过于靠近。

从根本上讲,一些对告警信息的误解只能伴随对告警信息的深入理解而消除。操作人员需要逐一排除诱发告警的可能因素,从而避免人的预测失误。近地告警系统的 Mark II 版本提高了引发拉升告警可认知性,如图 9.6 所示,增加了“高度过低,起落架!”“高度过低,襟翼!”“高度过低,注意地障!”“下降率高”“不要下降!”“最低限!”等告警提示。当然在一些情况下,歧义依然存在,如下降率高的告警可以进一步提示为下降过快或下降太陡。

9.2.4 中断和转移

一旦操作人员响应虚警及引发虚警的环境情况,就会中断和转移他们执行当前任务的注意力,因为告警设计本身就是需要操作人员确认、消除或静音系统发出的音/视觉告警。这些行为会占用他们正在执行其他任务的时间,并容易导致其他错误的产生,如在执行程序或检查列表时忘记了他们的位置。

即使操作人员不需要采取任何行动,告警也会分散他们的注意力,促使他们用有限的认知资源来处理环境信息。这是因为绝大多数告警都设计得非常引人注目。因此,想要完全屏蔽它们非常困难。例如,Banbury 及其同事发现,处理无关的听觉信息会对执行其他任务产生负面影响,特别是那些需要持续关注的任务(如从显示器上确定趋势信息)(Banbury 等,2001)。因此,非必要的告警可能会影响正在进行的态势感知进程。

在另一项系统调查中,Yeh 和 Wickens(2001)发现,一些用以帮助士兵在繁杂的视觉场景中搜寻目标的提示会将他们的注意力从显示屏上的其他地方吸引过来。那些通过视觉提示人们需要注意某些潜在问题的系统(可能是真实问题,也可能不是),可能会促使他们的注意力从他们本应该注意的问题上转移过来。很多空中交通管制显示屏上的交通冲突告警就以此方式工作,如系统会闪烁出疑似飞机冲突的符号以吸引控制员的注意。然而,考虑到大量的漏警和虚警,这种转移空管员注意力的做法可能既不必要也不可取。他们会因此而分心,无法集中精力去处理真正的问题和更重要的任务,尤其是当系统可靠性低(即虚警率高)时,过于频繁的告警会导致态势感知变差。

9.2.5 工作负荷和告警

告警系统何时有用?设计者如何权衡处理好必然会发生的虚警和漏报?通过考虑操作人员工作负荷及其对告警反应之间的相互关联,可以为这个问题提供一些解答思路(图 9.7)。需要考虑 3 种不同的情况,即低负荷、正常工作和超负荷。

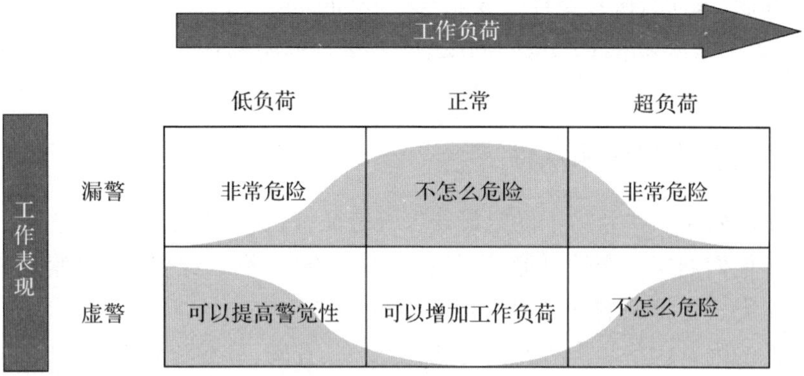

图 9.7　在不同工作负荷水平下的工作表现

低负荷或警觉性不足,会对保持态势感知能力带来极大挑战。当长时间(超过 30 分钟)没有发生任何事情时,人对重大事件的响应速度和准确性会显著下降(Davies 和 Parasuraman,1980;Macworth,1948、1970)。典型的预警场景涵盖雷达监视和长途飞行。在工作负荷非常低的情况下,漏报会产生严重后果,因为人们警觉水平较低,错过应该响应问题的可能性非常大。然而,在这些情况下,虚警可以实质性地提高操作人员的警觉性和工作表现(Wilkinson,1964)。因此,在操作人员低负荷和警觉性成为重要问题的系统中,建议在告警准则中倾向于产生更多的虚警、尽可能减少漏警。

在正常工作条件下,情况则完全不同。在适度的工作负载下,人们需要竭尽全力应对各种任务。在这种情况下,虚警更有可能成为一个问题。它们会成为一个严重的困扰或麻烦,并且会使操作人员不堪其扰,增加他们的工作负荷。在这种情况下,操作人员经常会选择消除或忽略告警,从而使告警系统完全失去潜在作用。然而,由于操作人员专注于执行任务,错过告警不会像低负荷条件下那样成为一个大问题。操作人员更有可能自行发现危险情况(前提是他们有此类诊断的显示)。在正常工作条件下,应该严格减少虚警的数量。研究发现,就算在有较多的漏警的情况下,减少虚警也会降低操作人员的工作负荷(Bustamante 等,2004)。

在许多情况下,信息量、操作速度或需要考虑的系统数量远远超过人类能力,会出现超负荷的情况。在严重超负荷的情况下,人们可能会改变其操作策略。他们不再尝试手动完成所有操作,而是依靠自动化来优先安排任务,只关注自动化提示的问题。这个策略使他们能够最大程度地分配自己的精力。这种策略的缺点是,错过告警会导致严重的工作失误,因为在这种策略下,人们不太可能自己发现这些问题。研究发现,操作人员过度依赖告警系统,忽视潜在的系统漏洞,反而会降低整体工作表现(Bustamante 等,2004)。然而,在这种情况下,虚警不会成为一个严重的问题,因为这种策略确保了许多潜在问题得到处理。

9.2.6 告警格式和顺从性

大量的研究工作致力于确定最佳告警特征,以确保能够引起操作人员的注意并提高他们响应告警的可能性。Edworthy(1997)对音频告警的“紧急映射”进行了研究。告警的响度是最有可能导致更快反应的特征。其他影响告警感知紧迫性的因素包括频率、谐波、速度、重复率、音调、节奏和旋律结构(Edworthy 等,1991;Hellier 等,1993)。持续时间长的告警也会促使操作人员对告警进行感知和确认(Fallon 等,2004)。然而,除非提供允许人们检查告警有效性的信息,否则紧急的音频告警如果经常是假的,也可能会加剧“狼来了综合征”,导致人们不响应的增加(Fallon 等,2005b)。

研究发现,具有与警示状态关联紧密的声音提示比传统告警声音表现更好(Belz 等,1999)。一个听觉提示的例子是汽车打滑的声音,用来警告驾驶员即将发生碰撞。在一些杂货店中,雷电的声音预示着新鲜蔬菜上方的自动喷水器启动,警告可能会被淋湿的购物者。这些告警具有较高的信息关联内容,支持人们对告警含义的快速解读。

相比之下,Lacherez 等(2007)研究了在医疗环境中使用的旋律告警,并发现这些类型告警的识别表现非常差。无论是护士还是非护士,在7种具有不同旋律的告警中都表现出非常高的告警混淆水平,当告警部分或完全时间重叠时情况变得更糟。在需要多个告警的环境中,创建清晰可辨认且区分明确的音频告警至关重要。

作为对音频告警的替代,从提供座椅或方向盘震动的触觉告警中发现,这种方式警示驾驶员不仅能有效提醒驾驶员即将发生的碰撞威胁,还能提醒驾驶员潜在威胁的方向,从而提高了性能。这些研究结果来自 Fitch 等(2007)和 Navarro 等(2007)。

除了音频告警外,通常还提供视觉告警。对于那些可能会环顾四周的人来说,音频告警更容易引起他们的注意。而视觉告警可以在支持多警报诊断方面提供显著优势,并在处理不同警报时便于人们记忆,尤其正在处理其他信息时出现告警的情况下。

研究发现,对音/视频告警显示的结合使用,合规率最高(Belz 等,1999;Selcon 等,1995)。参与警告感知的方式越多,合规率就越高。增加告警的紧急程度,并明确公示告警的可靠性,也能增加合规率并减少“狼来了综合症”的影响(Bliss 等,1995a)。与激活的告警数量相比,告警呈现的速率更为重要,因为在告警快速连续发生时,人们较难正确地检测和处理(Stanton 等,2000)。

9.2.7 告警诊断

在许多情况下,即使操作人员注意到了告警并尝试去解决时,通过告警正确诊断系统问题仍然是一项重大挑战。告警诊断存在以下诸多难题。

首先,如前所述,操作人员可能会成为错误预判的牺牲品,或者成为所谓“表征错误”的类似现象的牺牲品。当环境中的相关信息(在本例中为告警)被正确感知,但为了匹配不同的情境表征而曲解了该信息的意义(二级态势感知信息误判)时,就会发生表征错误。各行各业都存在表征错误的现象,包括医学领域(Klein,1993)、系统诊断领域(Carmino 等,1988)和航空领域(Jones 和 Endsley,1996)。

在一些案例中,操作人员已经先入为主地建立了环境信息的表征模型,导致后续的环境感知信息会被操作人员用已有的表征模型进行解释。例如,即便可能导致误诊,护士也会努力地寻找线索来印证她对患者症状的初始表征(第一印象)。Carmino 等(1988)在发电厂运营过程中,发现了许多这种先入为主的解读导致告警诊断错误的案例。Jones 和 Endsley(2000b)调查了空中交通管制操作中的表征错误,尽管有非常明显的线索表明初始表征是错误的,控制人员仍然会去寻找新的信息来印证初始表征(第一印象),即使理由非常牵强。在前人的研究中,近 2/3 的线索并没有引起人们修正表征错误。

这些表征错误可能导致操作人员对告警信号的误判。操作人员非但不会意识到他们对所发生事件的内部表征是错误的,反而可能会根据表征来解释警报。例如,Carmino 等(1988)将三哩岛核电站报警信号的错误解读归因于表征错误。在许多航空事故中,飞行员将近地告警系统的警报解释为与他们自认为所处的情况相符。在这种情况下,他们错误地将告警归因于下降速率或其他操控配置,而不是他们应当注意的实际问题。不幸的是,除非提供的提示意义明确,否则很难使人摆脱表征错误。如果报警信号被误解为表征错误,那么这个错误可能会长期持续。

报警诊断的另一个主要挑战源于多重故障的问题。人们通常倾向于找到一个简单的、单一的故障解释而不是涉及可能实际引起报警的多个故障(Bereiter 和 Miller,1989; Reising,1993; Reising 和 Sanderson,1995; Sanderson

等,1995)。Moray 和 Rotenberg(1989)将其作为一种认知禁锢类型进行了讨论,在这种情况下,人们会专注于单一系统存在的问题,而忽视其他子系统。后续的故障往往会很久之后才会检测到,甚至根本不会被发现(Kerstholt 等,1996)。需要提供额外的系统支持,以支持操作人员进行多故障诊断。

某些系统存在集中突发数量庞大告警的问题。尽管系统设计者会想办法逐个或逐对显示或告警,但是一旦同时出现数百个告警,操作人员几乎不可能轻松地搞清楚发生了什么。面对已经滚动到计算机屏幕末尾长长的告警列表,操作人员必须对其进行整理,按照优先级排序,确定哪些是发生问题的有效指示,哪些是无须关注的,并试图去分析导致告警的潜在可能问题。目前有一些处理这些问题的方法(图 9.8),包括串行报警显示、信号器报警显示和模拟报警显示。

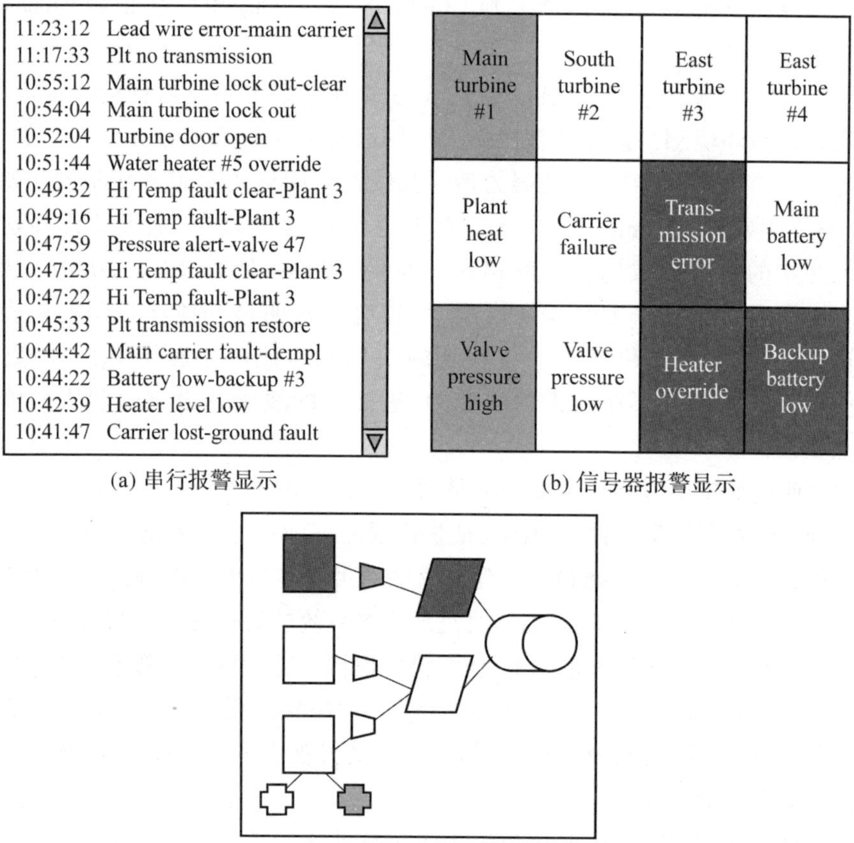

(a) 串行报警显示

(b) 信号器报警显示

(c) 模拟报警显示

图 9.8 显示多个系统告警的方法

串行报警显示可以列出多个报警，有助于保留报警发生的顺序信息（通常对于诊断潜在问题很有用），但由于报警信息在列表上会大量堆积，这对操作人员来说是挑战（Combs 和 Aghazadeh，1988）。对于操作人员来说，还面临一个挑战，即在复杂系统中很难找到彼此相关的报警并在列表上整理出它们之间的关系（Stanton 和 Stammers，1998）。

这些问题在使用闭锁报警时会更加严重。闭锁报警显示某个参数或系统处于报警状态，直到操作人员采取行动将其清除（即使触发报警的故障已经不存在）。闭锁报警旨在确保操作人员了解发生的每一次警报。许多报警可能只在与某些异常相关的短暂时间内处于报警状态，但最终也会出现在列表中。闭锁报警要求操作人员付出大量努力，尽力消除每个报警，以确定系统是否仍处于报警状态。因此，闭锁报警会导致操作人员的态势感知体验非常差。

基于信号器报警显示如图 9.8（b）所示，通常在面板或显示器上同时显示系统的多个报警。这些设备帮助人们同时评估多个报警。由于相同的告警通常显示在相同的位置，它们还支持人工模式匹配。但是，这样会不利于操作人员确定多个报警发生的顺序。而顺序对于诊断而言非常重要，因为当新的音频报警响起时，很难判断哪个是系统最新提示的。如果有多个事件同时发生，将最新的报警关联到现有情境中比起整理所有报警来重新评估系统状态要高效得多。在麻醉监护显示器上，寻找新的报警可能需要占用额外本应用于照顾患者的时间。由于显示屏上可能还存在非报警显示（即不在告警状态下未亮起告警灯），人们可能还需要更频繁地搜寻报警来了解发生了什么（Stanton 和 Stammers，1998）。例如，在复杂的电厂中，报警显示装置可能占据从地面到天花板的数个墙面。

在一些系统中还使用了模拟报警显示。如图 9.8（c）所示，这些显示器试图以与底层系统图像显示相对应的模式来显示报警信号。例如，它可以显示每个系统组件与其他组件的关系示意图，并通过与组件相关的指示灯或信息来显示系统相关告警。这种展示方式可以帮助操作人员确定特定报警模式对应的底层故障情况。

在调查和比较支持多重告警诊断的各种方法时，Stanton 和 Stammers（1998）发现，基于文本的串行报警显示对于操作人员而言最为合适，信号器报警显示在诊断显示支持方面表现最好，模拟报警显示则更适合那些空间表示很重要的系统。在许多系统中，最好提供多种方法来支持报警诊断，便于取长补短。

9.2.8 告警消除方案

为了帮助处理多重告警,提出了大量报警消除方案。在一些系统中,可以使用过滤技术来帮助减少虚警,即那些由系统异常引起,但并不对应实际危险的报警,如医疗系统可能需要收集一定数量的心跳数据才会在检测到信号异常时触发报警。数据中的尖峰,比如由于松动传感器或噪声数据而产生的尖峰,可能会被排除在报警算法之外。其他方案涉及基于模式的处理,即在虚警率可能较高的某些模式下,系统不会发出警报(如在系统刚启动时)。

减少虚警和误警的方案被认为有助于缓解问题。然而,在许多复杂系统中,这些方案很可能无法显著降低报警的发生率,因为报警过载问题仍然存在。告警诊断系统可引导操作人员采取一系列行动来确定报警原因,被认为是帮助操作人员解决报警过多问题的一种方法(Deaton 和 Glenn,1999;Noyes 和 Starr,2000)。这样的系统被认为可以通过信息分类和提供核查表,来帮助操作人员正确地诊断告警。

在第 10 章将深入讨论,自动化系统在某些情况下也可能干扰诊断工作。例如,MD-11 飞机在菲律宾苏碧湾超出跑道后坠入水中(Air Transportation Office of the Philippines,2002)。事故的一个重要原因是空速指示器故障进而导致机组误判了告警。他们按照自动化系统为他们提供的告警诊断清单进行了训练,然而,系统程序中并不存在绝对正确的清单。因此,他们所受的培训使其产生了对系统的依赖,导致他们的判断偏离了真相。除了浪费宝贵的时间外,机组没有得到正确解决问题所需的支持,因为诊断系统将他们引向了与实际问题无关的方向。开发用于支持系统诊断的“智能”系统必须非常谨慎,以避免发生这种悲剧性的结果。

9.3 告警系统设计原则

在支持态势感知方面,使用告警系统充满了风险。操作人员会形成对系统当前状态的期望和认知模型,并根据对系统可靠性的过往经验以及其他可用信息的视角来观察音频或视觉告警。设计在苛刻环境中既能应对这些现实情况,又能为态势感知提供有力支持的告警系统并非易事。为了设计出支持态势感知最佳的告警系统,提出了以下几条设计原则。

原则 25：不要让人们依赖告警——提供预测支持

就其本质而言，报警系统使人们处于被动的状态。当报警响起时，他们必须采取行动来理解为什么会触发报警以及应该采取什么措施。报警本身会增加这一过程的压力。与其让人们在这种情况下做出正确决策，更好的策略是为他们提供必要的主动性信息。尽管一些系统提供显示数据的窗口来显示告警涵盖的状态变量，但在许多情况下，这些数据的提供方式并不能支持态势感知。实际上需要进行的是三级态势感知的预测。

例如，将趋势信息直接以图形方式显示出来，可以有效帮助操作人员预判即将出现的问题。相较于突然提示心率过低，显示患者心率随时间变化的图表会更有价值。除了让医疗专业人员能够预测可能出现的问题外，这种显示方式还有助于他们对问题的理解。比如，这个下降是突然发生的还是随着时间逐渐降低？这个下降是否与其他事件或其他生理参数的变化同时发生？这是真实的下降还是读数错误？上述评估无法通过简单的报警和当前显示的读数来完成。它们随着三级态势感知图的展示同步提供。虽然报警可以辅助趋势分析，但它们不应作为形成良好决策所需态势感知的唯一手段。

体现这一原则的另一种方式是分析报警系统在整体态势感知和决策过程中的作用。根据第 2 章中对态势感知的定义，人们需要感知“一定空间和时间范围内”的元素。图 9.9 展示了飞行员所处的空间和时间范围。这个范围会根

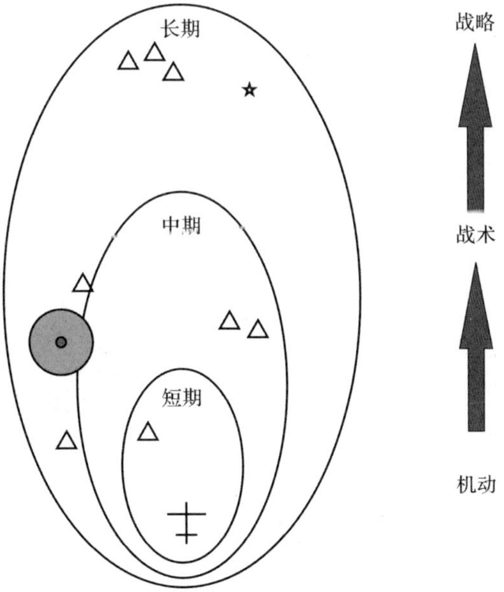

图 9.9 感兴趣的态势感知区域

据飞行员不断变化的目标而动态变化。也就是说,飞行员需要及时掌握他们周边的其他飞机、地形或天气情况。此外,他们还需要对"全局"态势有所感知。他们需要知道中远程范围内会发生什么,以便能制订相应的计划。根据任务的不同,他们的关注点可能会在这些区域之间转换。

在这些感兴趣区域内,不同的任务有不同的重点,如飞机机动需要近程区域的即时信息。战术思考涉及中程区域的信息,而战略规划则需要远程区域的信息。

综上所述,近地告警属于近程区域的信息源并会影响飞行员操纵飞机,但是该信息无法影响飞行员的战术思考和战略规划。换言之,支持飞行员理解他们的飞机与周围地形关系的视频显示(包括图9.6中显示的情况),对于长期规划和战术评估而言要比近地音频告警更有用。尽管撞地音频告警会支持飞机机动等近期行动,但是可视化展现飞机周围地形则更有助于避免引起撞地告警。对地理态势感知进行评估(如规划或重新规划安全航线),飞行员的关注重点通常会在中远程范围内,并且能从地形可视化展示中获取所需信息。假如飞行员此时还需要关注其他视频信息,就会无暇顾及地形可视化视频信息,此时地形可视化视频信息就不如音频告警有用。这两种信息呈现方式的使用在不同类型的任务中有很大差异,并且适用于不同类型的任务。

图9.10展示了将该问题概念化的另一种方法。在大多数可控飞行撞地事故中,飞行员都犯了某种错误,包括但不限于违反程序或进入禁飞区、误读仪器、设置系统不正确或者陷入空间定向障碍的影响。预测显示可以帮助飞行员检测到他们所犯的错误以及该错误会引发的潜在可控飞行撞地事故。它们还能为飞行员提供有效的规划工具,预防他们犯错。当飞行员的注意力被转移到其他地方(从而无法注意到或正确理解视觉显示屏上的信息),或者他们在空间上迷失方向,无法正确理解自己的处境时,这些系统尤其有效。

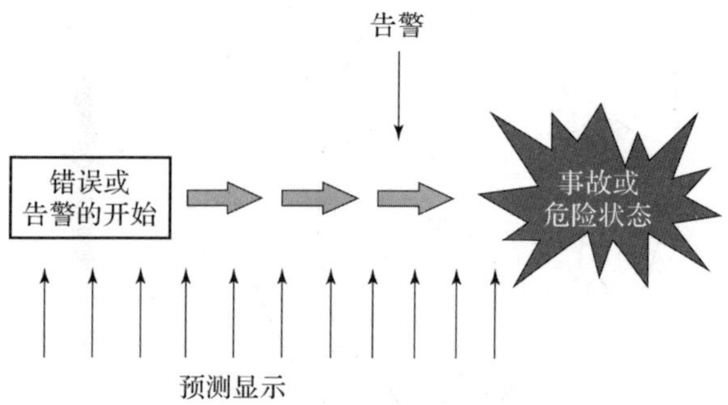

图9.10 预测显示能够支持战略和战术需求、而告警则更适合作为备份支持(用于最后关头的机动动作)

其他系统也存在类似的情况。告警系统和预测显示在支持态势感知中扮演着不同的重要角色。通过提供预测显示来支持个人的战略需求,能够最好地支持态势感知,从而实现主动决策。如果个人没有意识到危险即将来临,告警可以作为这一过程的备份提供支持。然而,必须注意确保告警确实提供了新的信息,而不是给正在处理现实问题的操作人员增添负担。

原则26:支持告警确认活动

人们往往并不会简单、刻板地处理告警。事实上,他们常会寻求其他信息来确认告警的有效性。为此,想要提高操作人员对实际告警的响应速度和信任度,需要显示一些额外信息,帮助他们快速评估告警的有效性。通常,这不仅需要显示引发告警的基本系统参数数值,还需要提供一些导致系统告警的环境因素。Bliss(2003)的研究表明,人们可以利用与告警有效性相关联的信息,提高响应告警的准确性。在告警中包含有效性的关联信息时,态势感知效果会更好,人的工作负荷更小(Fallon 等,2005a)。

例如,机械师在查找系统特定位置上的告警时,希望能了解该区域中的其他活动(如例行维护或工程工作)是否会引发告警。通过参数数值随时间变化的图形显示,可以帮助他们评估参数是否真正超出了规定范围,还是只是由于传感器或传输错误引起的异常波动。态势感知的需求分析将揭示操作人员在确定告警真实性时所需的额外数据源。这些数据信息用于支撑告警确认活动,以便帮助操作人员快速评估告警的原因和可能导致告警的因素。如果没有这些数据,人们在对告警做出反应时将会更加迟缓和容易出错。

原则27:告警表述要清晰

由于人们倾向于根据工作经验或心理表征主观地解释告警,因此,重要的是,可以从所提供的显示中清楚地区分出告警的潜在原因。如果告警容易被误解,那么它们将失去效果。通过提供视觉或音频提示,应该能够辨别导致告警状态的不同潜在情况。例如,在图9.6中,将“拉起”告警加上“档位过低”这样的文字描述可以减少告警表述的模糊性。

原则28:严控虚警

与告警和态势感知相关的绝大多数问题都源于系统产生的虚警过多。从系统工程的角度来看,采取措施减少虚警数量无疑是有帮助的。这里指的是增强传感器和告警算法的能力,以区分真正需要告警的危险状态和其他可能导致告警状态的情况或异常状况。总之,这是提高系统告警对态势感知支持程度的重要措施。

当发生虚警时,重要的是操作人员能够知道原因,以便他们能够适度地调整对系统的信任度。了解报警系统何时可靠(以及为什么有时不可靠)与了解它的总体可靠性一样重要。如果没有这些信息,操作人员可能会在不应该信任或不信任报警的情况下产生误判,并且整体上会受到虚警的干扰更多。

减少虚警的一种方法是允许操作人员自定义报警条件,在某些领域可能是适用的。例如,医疗设备通常允许医生调整特定生理监测器发出报警的阈值水平,医生可以根据患者的生理状况(基于年龄、体重、身体状况和是否吸烟等因素)设置平均心率的报警值,比如一个患者设置为120,另一个患者设置为150。这种情境定义的个性化设置可以将虚警最小化。如果采用这种方法,需要考虑的一个重要问题是,在许多环境下,往往有多人监控和响应报警。如果更改了报警限制,应及时告知其他人更改情况,以避免对系统报警水平产生错误期望。在某些情况下,人们可能会依赖系统在某一点发出警报来为他们提供信息,如果因为警报条件被更改而达不到他们的预期,他们可能会毫不知情。

原则29:适当平衡虚警和漏警

在最大化系统区分真正危险和非危险情况的能力之后,不可避免地需要做出一些困难的决策,以权衡系统在该报警时不报警和在不该报警时报警之间的取舍。这样的决策通常是通过考虑系统忽略应该报警的情况所带来的后果做出的,而没有考虑报警过多所带来的后果。

在考虑相关人员的工作负荷时,需要权衡实际后果(图9.7)。在警戒情况下,可以接收更多的虚警,从而将漏警的可能性降至最低。即使在这种情况下,人们能够迅速评估报警的真实性也非常重要。然而,在正常工作情况下,应尽量避免大量的虚警。务必谨慎创建可靠的系统,使虚警不会降低人们对报警的响应能力,也不会因错过危险情况而对系统产生怀疑。此时,为操作人员提供解决问题的清晰信息(如预测显示)比起表现不佳的报警系统更能最大化操作人员的环境感知能力。当人们难以应对高速增长的事件数量时,需要帮助他们警惕危险。在这种情况下,倾向于产生更多的虚警并减少漏报。同时,信息预测显示必须支持操作人员快速确认报警的有效性和发生原因。此时,操作人员不应对可能发生的漏报危险负责。

原则30:多模一致告警

为了让人们对告警有所警觉,最好同时提供多种告警模式(通常是视觉和听觉提示,也可能包括触觉)。然而,如果视觉和听觉告警不一致,特别是当视觉告警占主导地位时，人们的反应速度可能会明显减慢。视觉显示所做的不仅是提供可视化报警，还应帮助人们迅速确认报警的有效性。

在许多需要在高压环境下立即做出反应的系统中，视觉指示告诉人们如何处理报警。例如，在发动机起火时，战斗机座舱的显示屏上显示“弹射”。然而，在许多领域，如医学或电厂运营等，命令式显示并不可取，因为需要人的判断和决策来确定最佳的行动方案，而这往往是基于系统可能无法监控的信息。

原则 31：减少告警干扰

通常很难决定在警报响起时要求人们做出什么反应，是要求他们将警报静音（阻止警报响起），还是要求他们在出现可视显示时以某种方式确认警报（如阻止警报闪烁）？要求操作人员静音或确认显示的目的是确保他们看到或听到了告警，并且没有因为不在房间内或忙于其他任务而错过它。

不利之处在于对告警的响应本身可能成为一项需求繁重的任务。在单个告警情况下，这可能不会是一个负担。但实际上，显示屏闪烁如同圣诞树，操作人员可能会花费大量时间来解除让人讨厌的告警。由于系统参数值常在告警阈值附近波动，导致频繁触发告警，因此对操作人员来说，烦恼和分心程度可能很高。

在确保操作人员知晓警报的同时，还必须考虑到响应警报对正在进行的工作（包括解决可能导致警报的情况）造成的干扰。告警隔一段时间后重新响起，虽然可以确保告警不会被遗忘，但最终还是要有人“照看”机器。

不能消除虚假或错误告警的可视化显示没有价值。例如，当某些子系统被禁用或者新系统上线时，操作人员会发现整个告警系统几乎没有用处，因为显示屏上充斥着毫无价值的告警。这种情况会导致人们采取变通方法，包括禁用告警，这可能会带来负面后果。

一般而言，告警的作用是告知人们危险事件的发生，而不是分散人们执行当前任务的注意力。任务的轻重缓急最终应由了解环境中发生的事情的相对重要的人来决定。此时，周期性音频告警与持续性视觉告警两者相辅相成。这样可以避免操作人员在音频告警发声间隙认为危险状态已解除或者误认为是虚警。此时，可视化显示可以通过闪烁向操作人员显示新的告警。但是，一旦可视化显示要求操作人员采取行动来确认告警（并停止闪烁）则会耽误时间，如果告警未得到响应，持续的闪烁也会分散操作人员的注意力。为此，可将此类视觉显示设置为只在指定时间内闪烁（或者变换不同的颜色）。

系统的虚警率决定了告警干扰性的强弱。在一个虚警率较高的系统中,特别是在人们忙碌时,干扰性很强的告警会引起反感,从而被关闭或禁用。当系统告警较少,特别是虚警较少时,干扰性强的措施会更容易被操作人员接受。

原则 32:支持多告警评估和诊断

在高度复杂系统中需要监测的组件参数非常多,为操作人员显示出所有变量的当前数值和变化趋势是不可行的。操作人员需要依靠告警系统来帮助他们确定问题何时发生。这种情况在许多系统中都存在,如发电厂。

即使在这些系统中,预测显示也非常有用。在计算机支持下,根据操作人员控制需要显示子组件的当前状态和趋势。这些显示可以帮助操作人员建立系统运作的心理预期,避免发生应急性的反应行为。

在高度复杂的系统中,显示需要帮助操作人员判断以下内容:①哪些系统处于报警状态和非报警状态;②哪些报警是新报警;③报警发生的时间顺序。可能需要使用串行显示、信号器显示或模拟显示的组合来支持这些评估,没有一种格式能够满足所有这些需求。显示的格式需要通过报警的物理和空间显示来帮助人们确定多个报警之间的关系(如果有)。例如,相关的子系统或变量应该一起显示,支持告警分析的基础数据应直接与告警毗邻显示。当以系统的基本结构来排列信息时,极有助于支持多个告警的分析和诊断。

原则 33:支持告警状态下快速形成全局态势感知

最重要的是,操作人员要能够一目了然地了解整个系统的状态来实现全局态势感知。计算机显示的关键是确保报警消息不会在滚动列表中丢失或被其他窗口覆盖(如为了诊断其他报警而弹出的窗口)。在这些情况下,重要信息很容易被操作人员忽视。应该设置一个中央显示区域,用于显示所有报警的状态,并且确保不会被其他信息遮挡,来维持全局态势感知(参见原则 4)。这一点非常关键,因为这样可以避免操作人员忽视比当前工作优先级更高的任务。

大多数系统应避免使用操作人员不干预就一直告警的告警显示器。它们不仅会对操作人员造成干扰,而且还会误导操作人员评估当前哪些系统处于报警状态,混淆全局态势感知。

串行告警列表常常含糊难解,它们通常包含晦涩的缩写和关于参数何时进入和退出报警状态的信息。这些列表会变得非常长,并需要耗费相当大的工作量来按时间轴整合,而列出当前处于报警状态的系统(以及持续多长时间)则更有用(如果需要确切的历史记录,可以提供一个单独的日志供操作人员检查)。可使列表无须滚动,就可在一个屏幕上进行查看。告警时间线(沿固定的时间刻度显示系统告警)也是显示告警时间顺序的一种非常有用的方法。这种显示还应该允许操作人员叠加其他对报警分析有用的关键事件或信息,如当前温度波动或某个过程的开始或结束。告警显示必须支持操作人员快速理解哪些系统需要引起关注,以及可能存在问题的原因。

第 10 章　自动化和态势感知

10.1　自动化是态势感知助力还是阻碍

在过去的一个世纪中,推进自动化已成为主要趋势。随之而来的是进步和问题并存的情况。许多以前由人类实现的不同功能现在已经实现了自动化。电梯无需人工操作,定速巡航系统在许多汽车中普遍使用,自动取款机遍布全球。当开发的自动化系统具有高度的可靠性、对人类操作人员或系统用户的要求也相当简单时,这种系统就是非常成功的。

然而在许多系统中,自动化也伴随着更高水平的复杂性和较低水平的可靠性(在不同系统条件下易出错),这可能导致惨痛后果。例如,在 1983 年,一架由阿拉斯加的安克雷奇飞往韩国首尔的大韩航空公司飞机误入苏联领空并被击落。这起悲剧被归咎于机组人员在将航线输入导航计算机时犯下的错误(Billings,1997; Parasuraman 等,1996b)。一个简单的错误就可能导致飞机严重偏离原定航线。另一个例子是在 1996 年,一架美国航空公司飞机在哥伦比亚山区坠毁,导致所有人员遇难,原因是程序出错。对自动化的过度依赖以及缺乏反馈,使飞行员无法理解自动化运行机理(Endsley 和 Strauch,1997)。这些问题不仅限于航空,还出现在空中交通管制、驾驶、海上作业、发电厂以及石油和天然气管道等系统中,因为它们越来越多地引入了自动化技术(Parasuraman 和 Mouloua,1996)。虽然在许多情况下,人们很容易将事故归咎于操作人员,但更仔细地分析会发现,操作人员行为和自动化对人类信息处理和决策制定的影响是一致的。

本章目的是探讨不同形式的自动化与人类特性之间相互作用的复杂方式。这种相互作用对态势感知和整体表现既有益处,也带来了挑战。研究证据表明,历史上在实现人机共生方面的努力中存在一些重大缺陷,这可能破坏自动化实行的有效性。

在继续讨论之前,应指出自动化是一个广泛的术语,适用于各类举措,其范畴从计算机之间的路由信息(如航空系统中所讨论的数据链路和军事领域中的数字化),到为人们提供行动建议,再到为操作人员执行某些任务的系统。这些不同类型的自动化,以及与如何实施自动化有关的众多因素,会对态势感知和人类与系统交互的表现产生截然不同的影响。Endsley 和 Kaber(1997、1999)指出了任务自动化的 4 个主要方面:

(1)监控或获取信息;

(2)制定实现目标的选项或策略;

(3)选择或决定采用什么选项;

(4)行动实施或执行。

上述每个任务都可以由人类、计算机或两者协同完成,从而产生了许多为任务增加自动化的方法。研究表明,自动化对态势感知、工作负荷和人类表现的影响,因不同类型或水平的自动化而不同(Endsley,1997;Endsley 和 Kaber,1997、1999; Endsley 和 Kiris,1995a; Endsley 等,1997c)。本章将努力把握事物的本质,目的不是将自动化定义为好或坏,而是确定在各种条件下能够最成功地实现良好的人机系统性能的自动化类型和实施策略。

虽然一些人错误地认为自动化降低了操作人员对态势感知的需求,但事实证明,态势感知不仅在操作人员单独操作时对人类表现至关重要,而且在人们操作必须与自动化进行交互或监管的系统时同样重要。在大多数系统中(甚至包含高度自动化水平的系统),人们仍然扮演着作为整体系统监控员和操作人员的重要角色。虽然"无人工厂"被认为几乎是 20 世纪末的必然趋势,但今天的工厂从系统操作到维护都有人类参与,在大多数其他领域也是如此。人类操作人员在这些系统中扮演重要角色,因为他们具有灵活性和创造力;他们能够以大部分自动化无法做到的方式在面对新事物时进行学习,并能"填补"系统能力上设计者未预见到的漏洞(Rasmussen,1980)。本章将重点讨论至少包含部分自动化功能的系统对操作人员态势感知的影响。

为了有效地监督自动化系统,以确保其正常运行来实现系统目标,操作人员不仅需要对自动化功能("它是否运行正常? 其输出是否满足运行目标?")保持高水平的态势感知,还需要对许多用于回答这些基本问题的底层系统参数的功能进行感知。

如为了掌握飞行管理系统(FMS)(飞机自动导航)是否正常工作,飞行员不仅需要监控飞行管理系统程序提供的显示和当前的操作模式,还需要掌握验证飞机性能的信息,如飞机的当前速度、高度和航向(即原始数据)。随着将自动化引入系统,对态势感知的需求不减反增,因为操作人员必须对所有基本系统信息以及来自新的自动化系统的信息保持态势感知。由于许多自动化系统的固有复杂性,这项工作可能变得更加困难。

在开发健全的自动化设计原则时,需要了解自动化如何影响态势感知所涉及的一些关键问题。这些问题包括以下几个:

(1)各种形式的自动化趋势往往会减少态势感知,使操作人员在检测自动化故障或问题以及在需要时手动接管操作时的能力减弱,这被称为"环外综合症"。

(2)操作人员经常误解系统正在做什么以及为什么这样做,这对于准确理解和预测(二级态势感知和三级态势感知)是必要的。当理解和预测受到影响时,操作人员为了确保自动化与他们的期望一致而努力,可能会出现重大错误,这类问题通常被称为模式感知问题或自动化理解问题。

(3)决策辅助自动化(通常称为专家系统或决策支持系统)倾向于与人们注意力和信息评估过程交织互扰,从而降低其预期效果,将此称为决策支持困境。

我们将对每个挑战进行更详细地讨论,以便能够展示许多典型自动化实施中固有的问题,并得出成功实施自动化的原则。

10.2 环外综合症

在许多系统中,当自动化出现故障或遇到无法处理的情况时,操作人员需要能够检测问题,诊断正在发生的情况,然后手动接管任务。然而,他们接管系统的能力往往受到影响。首先,人们通常在很长时间以后才能察觉到自动化系统存在问题(Ephrath 和 Young,1981; Kessel 和 Wickens,1982; Wickens 和 Kessel,1979; Young,1969)。此外,一旦发现问题,操作人员可能需要相当长的时间来进行判断,以了解问题的性质以及应该采取的措施。在许多情况下,因为失去了对态势的感知,并且在接管手动操作方面产生延迟,可能会导致重大危险。

例如,1987 年一架西北航空公司的 MD-80 飞机在底特律机场起飞时坠毁,因为襟翼和缝翼配置错误,导致除一名乘客外所有人丧生(National

Transportation Safety Board,1988)。调查显示,飞机失事的主要原因是自动起飞配置警告系统失灵。机组人员由于空中交通管制通信而分心,未能在起飞前正确配置飞机参数。设计用于检测和防止这种问题的自动化系统也失效了。机组人员没有意识到飞机的状态和自动化系统的状态。

另一个例子是在 1989 年,一架美国航空公司的 B-737 飞机未能成功从纽约的拉瓜迪亚机场起飞,最终坠落在附近的一条河流中,并造成了人员伤亡和飞机损毁(National Transportation Safety Board,1990)。在这次事故中,自动油门被意外解除了,但机长和副驾驶并未注意到。机组人员处于环路之外,没有意识到自动化系统并没有为他们管理油门。结果导致他们的飞机没有足够的空速起飞,冲出跑道滑入河中。

虽然大多数关于自动化问题的例子来自航空领域(这是因为该行业长期以来一直在实施自动化,并且法律要求进行详细的事故调查和记录),但随着自动化形式在其他领域的普及,也可以在其他领域找到类似的例子。例如,阿富汗战争中发生的一起误伤事件被发现是由全球定位系统(GPS)设备的简单自动化故障导致的(Loeb,2002)。一名士兵使用该设备来瞄准对方部队,但由于电池失效,设备出现故障。士兵迅速更换了电池,并发送了所需的空袭坐标。然而,士兵没有意识到,当系统失去电源时,它会自动恢复报告自身位置的状态。他没有理解系统反馈的信息。随后的轰炸造成 3 名友军死亡,20 名友军受伤,而非原定目标。

再举一个来自海上行业的例子。1996 年,一艘货船在新奥尔良撞上了码头,导致 116 人受伤。据报道,事故原因是一台润滑泵发生故障,导致备用泵启动并同时减速。航速的降低显著削弱了在密西西比河上一个关键转弯处的驾驶控制能力。当船只在该转弯处失去动力时,它撞上了河岸上拥挤的购物区。虽然自动化系统按设计工作,但这使船长处于"环路外",无法采取必要的控制措施(Associated Press,1996)。

另一个例子,2003 年电力网络出现了大规模故障,导致美国东北部和加拿大部分地区几乎全面停电,此次停电估计造成的总损失在 40 亿~100 亿美元(Electricity Consumers Resource Council,2004)。在这次停电之前,俄亥俄州一个控制室里负责监视电力网络的操作人员没有意识到,更新他屏幕上的自动化系统已经停止工作。他对自动化系统和电力网络状态都不了解,导致他无法采取适当的措施来确保电网正常运行。一个小问题最终演变成了一个更大的问题,并迅速蔓延到相互连接的电力网络中(U.S. - Canada Power System Outage Task Force,2003)。

当人们被要求同时执行多个任务(即多任务处理)时,这个问题似乎变得更严重。Ma 等(2005)发现,正常条件下,在驾驶任务中使用自适应巡航控制系统可以提高态势感知。然而,当它与手机一起使用时,驾驶员的态势感知意识显著下降,甚至比仅使用手机时还要严重。显然,自动化的引入,使驾驶员将注意力进一步从驾驶任务转移到电话通话上,从而影响了他们对行驶过程中全局的态势感知。

环外综合症问题可能会相当普遍。在一项关于飞机系统中自动化问题的研究中,81%的巡航报告问题与系统脱离监控有关(Mosier 等,1994)。当监控自动化系统时,人们态势感知的丧失将直接导致环外综合症(Endsley 和 Kiris,1995a)。这种态势感知丧失主要由于以下3个原因(Endsley 和 Kiris,1995a):

(1)监控过程中的警觉性和自满感的变化;

(2)被动而不是主动处理控制系统的信息;

(3)给操作人员的反馈质量或形式的变化。

接下来将详细讨论这些因素。

10.2.1 监控中的警觉性和自满感

很多人将环外综合症归因于操作者的自满或对自动化系统的过度依赖(Parasuraman,1993、1996;Parasuraman 和 Riley,1997)。一般而言,人们并不擅长长时间的被动监控信息。即使是在短至30分钟的时间内,他们对所监测信号的警惕性和警觉性也会降低(Davies 和 Parasuraman,1980;Macworth,1948、1970)。虽然警觉性问题在历史上通常与简单任务相关(如监控不常见信号的雷达),但 Parasuraman(1987)指出,"即使是在复杂的监控中也能发现警觉性效应,而且无论所监控的事件复杂程度如何,人类都可能成为一个较差的被动监控者。"

值得注意的是,还有不同形式的自满需要考虑。Dixon 和 Wickens(2006)区分了依赖和顺从性。依赖是指操作人员相信自动化系统能够完成某项任务的程度。研究发现,依赖性与自动化在多大程度上能够检测和处理分配给它的任务有关。如果系统存在很多漏报情况,操作人员必须更加警惕地处理原始数据以便检测并纠正自动化行为。另外,依从是指操作人员是否会立即响应自动告警并遵循其建议。依从与系统的虚警率最为密切相关。因此,依赖和依从似乎是受到不同因素影响的人机交互的截然不同的方面。

信任(Lee 和 See,2004)是影响人们对自动化依赖程度的因素之一。过于信任自动化系统,人们会转移注意力到其他任务上,并变得监测效率低下

(Parasuraman 等,1993、1994;Wiener,1985)。影响信任的一些关键因素包括系统的可靠性、有效性和可理解性(Seong 和 Bisantz,2002)。信任随着系统可靠性的降低而逐渐下降,特别是如果自动化系统的故障是不可预测的话,信任会很快丧失(Lee 和 See,2004)。相对于较为困难的任务,自动化在操作人员看来较容易完成的任务上出现错误,会显著降低信任(Madhavan 等,2006)。

对自动化的依赖与操作人员对系统可靠性的主观信心(尽管与实际系统可靠性水平不完全一致)(Wiegmann 等,2001),以及他们相对的自我效能感或完成任务的能力有关(Prinzel 和 Pope,2000)。Wiegmann 等(2001)发现,当人们认为自动化辅助工具比没有它的情况下自己的表现更好时,人们对自动化的依赖超过了他们对系统的主观信心。具有讽刺意味的是,人们在自动化可靠性较低时反而更容易发现自动化故障,因为他们对其依赖程度较低(Oakley 等,2003)。

通常,针对特定情况或推荐而提供的系统可信度信息,比只提供系统整体可靠性信息更有用,并可以减少对自动化的不适当依赖(McGuirl 和 Sarter,2003)。训练对系统可靠性(或不可靠性)的认知能力也被发现可以改善操作人员过度信任自动化的现象(Masalonis 和 Parasuraman,2003)。

此外,值得注意的是,有些人一般更容易相信他人。研究表明,那些更容易自满的人在态势感知方面的表现较差(Bailey 等,2003)。年长者也被发现对自动化系统的依赖较低(McCarley 等,2003;Kramer 等,2007)。然而,在一般情况下对自动化系统更加信任的人能够更适当地调整对系统可靠性的信任程度(Lee 和 Moray,1994;Singh 等,1993)。经过与系统的接触后,信任似乎不再取决于个人偏好和个人特征(如外向性),而更多地取决于可感知的系统特征(如可预测性、可靠性和能力)(Merritt 和 Ilgen,2008)。

具有讽刺意味的是,那些更容易相信技术的人,受到性能不佳的自动化设备的负面影响最大。其他影响人们在某些特定情况下对自动化的信任或依赖程度的因素包括时间限制和主观工作负荷、人们对自己完成任务的信任程度以及与自动化系统交互所需的努力(Lee 和 See,2004)。

当操作者有限注意力被其他任务分散时,这种自满问题会更加严重(Parasuraman 等,1993)。研究发现,这不是一个视觉问题(不能同时查看多个输入源),而是一个注意力问题。将自动化任务和其他同时进行的手动任务的状态信息叠加在一起似乎并不能解决这个问题(Duley 等,1997;Metzger 和 Parasuraman,2001a)。

虽然自满通常被描述为人为失误,但 Moray(2000)提出了令人信服的论点,即人们实际上根据不同信息来源的效用可能性来近乎最优地运用他们的注意力。也就是说,尽管人们有时会错过自动化系统失灵的重要线索,但并不是因为他们没有监控各种信息源或者因为他们过于信任自动化。相反,他们之所以没有发现问题,是因为在最佳采样策略下,通常不需要经常监控可靠的信息源。"由于操作者的注意力有限,这是一种应对过剩需求的有效策略。然而,这样做的结果可能是缺乏对自动化系统状态和系统参数的态势感知"(Endsley,1996a,167)。

10.2.2 主动处理与被动处理

导致"环外综合症"的第二个因素是操作者被当作被动的自动化监控者而不是积极主动地手动执行任务,进而导致操作者难以全面理解当前的状况。Cowan(1988)、Slamecka 和 Graf(1978)等的研究表明,被动参与者的信息处理能力远远低于主动的任务执行者。因为即使监控了适当的信息,操作者也可能无法完全处理信息。这类似于与某人一起乘车去一个新地方参加聚会,然后在晚上结束时发现必须自己开车回家。到达那里的记忆与自己亲自开车到达完全不同,这说明被动处理导致了较差的态势感知。

还需要指出的是,检查系统的输出或性能往往需要亲自操作才能完成。例如,即使是简单地检查计算机加法运算是否正确,也必须要亲自将运算过程执行一遍。而要手动执行每个任务来检查系统通常是费时且难以为继的。因此对自动化系统进行"检查",往往只针对同一任务的部分环节进行手动操作。例如,Layton 等(1994)发现,飞行员只对系统建议的路线规划方案进行了较为粗略的评估。这是因为,如果操作者仍然需要手动执行所有环节来检查系统,那么自动化辅助工具就几乎没有价值和意义了。

Endsley 和 Kiris(1995b)进行了一项涉及汽车导航任务的研究。他们发现,当人们在使用自动化辅助工具驾驶时,对导航任务中所发生的事情的理解程度较低(二级态势感知),尽管他们的一级态势感知(能够报告导航任务中的信息)没有受到影响,但是他们并没有理解获取的信息与导航任务目标之间的关联关系。在这项研究中,为了进一步得出导致态势感知丧失的原因,首先排除了自动化与非自动化条件在信息呈现上的潜在差异。在此基础上,发现较差的态势感知表现是由于操作者在监控自动化系统运行与自行完成任务相比,对信息的存储和处理的方式发生了变化。在其他研究中,也发现了空管员在被动监控飞机时的态势感知要比他们主动控制飞机时的态势感知差得多(Endsley 等,

1997a；Endsley 和 Rodgers，1998；Metzger 和 Parasuraman，2001b）。

因此，环外综合症可能不仅仅是由一些简单概念引起，如自满或对自动化的过度依赖，而且还与操作者在被动监控系统时很难完全理解系统运作的底层逻辑关联紧密。因此，即使人类操作人员保持高度警觉，自动化仍可能对其态势感知构成挑战。

10.2.3　系统反馈质量

无论是有意还是无意，许多系统的设计都对态势感知构成了重大挑战，因为它们不足以向操作人员传递关键信息（Norman，1989）。这种情况下，系统运行的反馈要么被消除，要么被改变，以至于人们难以有效地监控正在发生的事情。“如果没有适当的反馈，人们将脱离环路。他们可能不知道他们的请求是否被接收，操作是否正确执行，或者是否出现问题”（Norman，1989）。

有时设计人员会错误地在自动化系统运行中删除关键的提示信息，且并未意识到这一点。例如，在 F－16 飞机上开发的电子飞行控制系统最初在确定空速和保持正确飞行控制方面给飞行员带来问题，因为原本在飞行操纵杆上感受到的重要的振动提示无法再通过触觉获得。相反，必要的信息仅通过传统的视觉显示提供（Kuipers 等，1990）。当飞行员在降落时，他们会将注意力集中在驾驶舱外，因此通过视觉显示同时确定这些关键信息会更加困难。设计人员无意中剥夺了他们曾使用的重要提示，却没有意识到这一点。为了解决这个问题，现在通常会在电子飞行控制系统中添加人工杆震器，用来给飞行员提供所需的反馈（Kantowitz 和 Sorkin，1983）。其他研究也指出，在自动化执行任务时缺乏手部运动反馈（Kessel 和 Wickens，1982；Young，1969）以及在自动化控制操作过程中损失了振动和气味等因素（Moray，1986）。

在其他情况下，设计人员有意删除或隐藏了自动化应该处理的系统状态信息，因为他们认为操作人员不再需要了解这些信息。Billings（1991）发现，在某些情况下，自动化未能告知飞行员引擎关闭的情况，直接剥夺了飞行员在避免事故时所需的态势感知。另一起事件中，自动驾驶使飞机在大西洋中部降低了 9500 英尺的高度，直到机长发现并试图夺回控制权。事后调查发现，自动驾驶有效地掩盖了飞机失去控制的迹象，并隐藏了飞行员所需的线索（National Transportation Safety Board，1986）。

在许多自动化系统中，使用大量的计算机窗口或信息显示器来显示操作者调用的信息，同样会导致较差的系统反馈。因为一旦操作人员正在忙于查看某些信息,另一个隐藏窗口上的关键数据可能会被湮没。除非操作人员知道有问题存在,否则他会由于缺少信息而无法对发生问题的原因进行溯源。工作环境越复杂,操作人员越容易忽略显示的信息并难以理解其重要性。

2001 年,一架空客 A330 飞机从多伦多飞往里斯本的途中在大西洋上耗尽燃油(葡萄牙政府公共工程、交通与通信部,2004)。由于机组人员的快速反应和出色的驾驶技术,飞机在没有动力的情况下滑翔了 19 分钟,成功降落在亚速尔群岛的特塞拉岛上,这是 500 英里内唯一可以降落的地方。导致这起事件的原因是维修期间装错了零件,而使燃油泄漏。飞行过程中,平衡飞机燃油的自动化系统花费了 25min 试图平衡油箱(为应对故障发动机的燃油泄漏),而后才向机组人员报告故障问题。告警的延误导致问题加剧,飞行员不仅需要处理右发动机的油压和温度警告,还需要与维修中心进行沟通以排除故障。直到机组人员不再关注显示温度和油压问题的发动机信息屏幕后,他们才在显示屏上发现燃油不平衡的警告。这是一个很好的例子,说明自动化系统的用户界面设计可能严重导致操作人员无法及时掌握系统状态的反馈。

此外,许多系统中存在关键信息显示不够显著的问题。“显示复杂性和计算机显示格式的增加,降低了操作人员对关键信息的感知显著性,即使这些信息是可获得的。因此,在一个许多活动同时进行的复杂环境中,操作人员很容易对这些信息失去关注”(Endsley,1996a)。例如,在许多飞机系统中,杂乱无章的显示屏上可能只有一个字母或数字来表示系统所处的模式。这种低显著性与操作人员对自动化模式的低水平认知直接相关。通过其他感官方式(如触觉提示)努力提高模式转换的显著性,已经成功地帮助减少操作人员对显示器上的模式信息感知较差的问题(Sklar 和 Sarter,1999)。

Furukawa 和 Parasuraman(2003)的研究表明,通过提供一套更加综合的显示屏,以更清晰地描述自动化的意图,可以大大减少操作人员基于自动化的自满问题。自动化显示器也可以通过更加详细的设置,来提供有关其推荐或执行内容的更清晰的指示,并显示其建议的置信程度。例如,Goh 等(2005)发现,在行李安全检查任务中,直接指示潜在问题所在的线索显著优于仅指示存在某个潜在问题的间接线索。

在导致“环外综合症”的低水平态势感知相关的 3 个因素中,通过应用良好的人因设计原则,并重视与自动化状态相关的信息提示,可以很容易地改善不良反馈与信息呈现问题。

10.3　自动化理解问题

除了“环外综合症”之外,即使系统正常运行,人们也可能在理解系统正在做什么方面遭遇极大的困难。也就是说,理解和预测(二级和三级态势感知)可能会牵强附会、不甚准确甚至缺失。Wiener 和 Curry(1980)在研究与自动化系统协同工作的飞行员时首次注意到这些问题。人们经常听到“它现在在做什么?”“我想知道为什么它会这样做?”和“嗯,我以前从未见过这个”等评论。虽然随着飞行员驾驶经验的积累,他们对这些问题的理解会更加深入,但是问题依然存在(McClumpha 和 James,1994)。

导致难以理解自动化系统的原因有很多,包括许多自动化系统内在设计太过复杂、系统界面设计不佳和对操作人员的培训不够。随着系统变得越来越复杂,人们很难建立起对系统工作原理的认知模型(请参阅第 8 章)。自动化系统往往融合了复杂的运行逻辑,以便系统可以实现多种功能并应对不同的情况。通常,系统具有多种工作模式,这进一步增加了人们需要理解的逻辑结构的复杂性。系统逻辑越复杂,人们要实现并保持二级态势感知(理解)和三级态势感知(预测)就越困难。系统的日益复杂使人们更难以对系统建立完整的认知模型。系统逻辑的诸多分支,以及引起系统多种罕见状态的环境和事件的组合,增加了全面理解系统的难度。

Vakil 和 Hansman(1998)指出,航空领域的自动化系统设计缺乏一致的全局模型,是导致上述情况的主要原因。在自动化系统多年来的发展中,不同的设计人员添加了不同的新功能,这些功能之间的工作方式可能并不一致,这就导致了“复杂性的熵增长”。为应对不同客户的不同需求,以及提供产品模式的差异化,系统中新的工作模式不断增加,模式增值成为主流趋势。Vakil 和 Hansman 发现,飞行员的培训简单且规则性强,几乎没有提供有关因果关系或有关底层系统结构连接的信息,更加剧了这一问题。由于缺乏对系统工作方式的清晰认知模型,飞行员倾向于采用自己的特定模型,而这些模型往往是对系统工作方式不准确或不完整的表述。

此外,自动化系统及其当前运行状态通常并没有通过系统显示清晰地呈现出来。例如,当系统从一种模式切换到另一种模式时,变化往往非常微妙,以至于操作人员可能没有意识到这种转变,因此在系统功能发生变化时会感到困惑。没有理解系统,操作者就无法预测系统将会做什么(以及评估这些操作是否符合当前目标),使主动作出决策变得困难且容易出错。Sarter(2008,507)总结的该领域的大部分研究认为,尽管强调了驾驶舱自动化显示的重要性,但“飞行员经常未能检查模式选择、发现自动模式的变化并对模式显示进行足够深入的处理,以理解其对飞机行为的影响。”

对系统预期动作的显示通常不足或缺失,这进一步限制了操作人员对系统的理解,并加剧了这个问题。例如,在自动化飞行管理系统中,水平飞行路径会直接显示,但却缺少有关垂直飞行路径变化以及该路径与地形和关键操作点之间关系的信息。研究发现当为飞行员提供垂直态势显示时,在避免模式错误方面有了显著改善(Vakil 等,1996)。

其他研究还发现,飞行员诊断自动化问题并做出决策的能力会受到时间、压力和信息一致性的负面影响。一般情况下,信息冲突会导致飞行员要花费更多的时间来检查和交叉验证信息来源以达到诊断的目的(Mosier 等,2003)。

有趣的是,许多人可能甚至不会试图诊断问题和理解自动化,而是依赖于通用的流程和行为。Nikolic 和 Sarter(2007)发现,在问题阶段,飞行员不仅会停留在错误的模式中,还很少尝试诊断干扰源。相反,他们专注于立即恢复和避免后果。他们使用通用的恢复策略(如重新启动自动化系统),而不是尝试应用他们的系统知识,来理解自动化的行为并采取纠正措施,这归因于糟糕的认知模型以及能力(自动化模式实现预期性能)显著性和反馈的缺失。

虽然这些问题可能是航空领域自动化发展不完善所特有的,但它们清晰地指出了在任何领域研发自动化时都应避免的问题。

10.4 决策支持困境

有些自动化系统的重点不是替操作人员做事情,而是给操作人员提供建议。这类系统历来被称为专家系统或决策支持系统。其基本设想是,这些系统可以通过弥补人们专业知识的不足或操作人员可能犯的决策错误,来改善人类的决策能力。该系统的建议应该能够通过提供正确行动方案的信息来提升操作人员的决策能力和表现。

然而,关于专家系统在改善人类决策能力方面的研究往往并未验证这一设想。Selcon(1990)对使用专家系统的用户表现进行了一系列研究,这些系统提供了各种选择“正确性”相关的概率。他发现,当这些选择概率彼此接近或不够清晰时,与在没有系统建议的情况下做出相同决策的情况相比,操作人员决定如何行动所需的时间将显著增加(值得注意的是,在此种选项优劣难辨的情况下,人们更有可能需要建议,而不是当选项好坏差异明显时)。

基于人们在处理以百分比形式呈现的信息时经常遇到困难的事实,Endsley和Kiris(1994a)研究了在专家系统建议中呈现置信度的不同方式,包括数字式(如92%)、模拟条形图式、排名式(如1、2、3)和分类式(如高、中、低)。他们发现,专家系统的建议并没有显著提高效能(即使对于任务初学者),大多数的展示方式反而会增加决策时间。只有分类式呈现的决策时间,略快于没有专家系统支持的情况。

Kibbe和McDowell(1995)研究了图像分析师在接受自动目标识别系统输出结果时的表现。他们发现,尽管在图像质量较差的情况下,分析师更倾向于寻求帮助,但他们并没有因此表现更好,而是表现得更糟。总体而言,在给出质量较差的图像时,无论是人类还是系统单独运行,其表现均强于两者的组合。同样,Metzger和Parasuraman(2005)发现,与提供不完善的冲突检测辅助工具相比,在人工条件下,航空交通空管员对飞机冲突的检测效果更好。

在其他研究中,已经揭示了决策偏见的问题。也就是说,当决策支持系统出错时,人们犯错误(遵循专家系统)的可能性要比他们完全没有得到系统建议时高得多(Layton等,1994;Olson和Sarter,1999;Sarter和Schroeder,2001;Smith等,1995),这些研究观察到错误率增加了30%~40%。

最后,其他研究也调查了人们对自动告警系统的反应。Pritchett和Hansman(1997)发现,当飞行员面对系统发出其他飞机侵入跑道的告警时,他们并不会立即做出反应。相反,他们通常会使用与系统算法不同的方法来评估这些告警,形成对告警有效性的独立评估。Madhavan和Wiegmann(2005)发现了认知锚定效应。人们接受或拒绝辅助工具建议的可能性,取决于他们在辅助工具介入前后对情况的评估是否一致。

尽管这些研究涉及不同类型的系统和领域,但这一模式表明,人们如何使用决策支持系统的建议是非常重要的。这些系统的前提是,通过提供应该做什么的建议,来提高人机系统的整体可靠性。也就是说,应该引入一种协同机制,使综合性能比单独使用人类或计算机更为优化(否则为什么还要将表现较差的组成部分纳入其中?)。一般而言,只有在两个并行操作的系统中发挥两者的最佳性能时才能提高可靠性(图10.1(a))。

然而,这些不同研究的综合结果展示了一种非常不同的性能模式。它们表明,人们并不是独立于决策支持系统来做出决策的,而是受到系统建议的高度影响。系统建议成为他们必须考虑的另一个信息,与他们通常要考虑的所有其

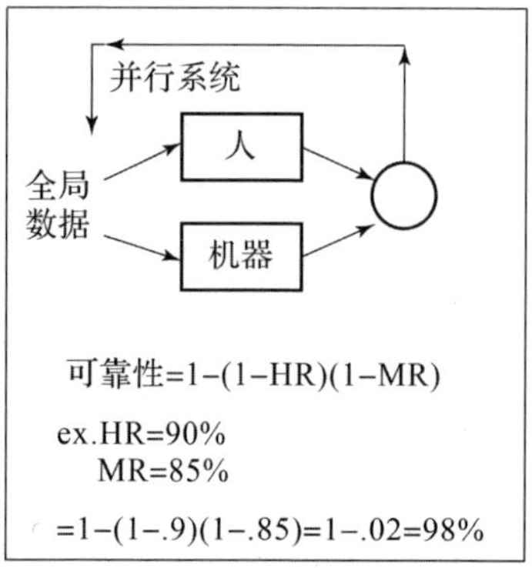

(a) 并行操作

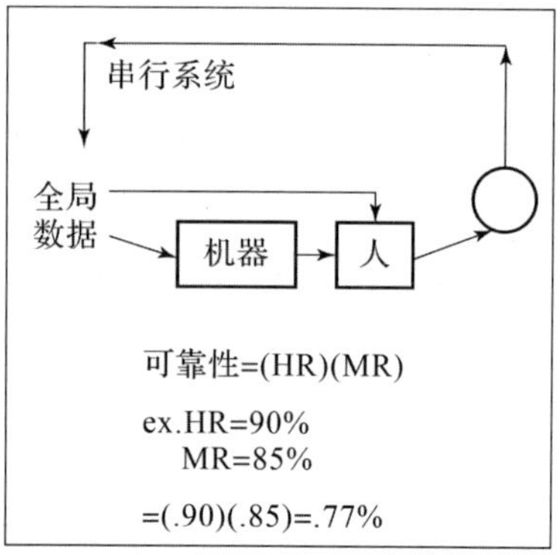

(b) 串行操作

图 10.1 同时操作时人类和机器组成部分的可靠性示例

他系统信息一起,以便做出决策。这种模式更加说明了两个组成部分(人类和计算机)是串联运行的(图 10.1(b))。在这种情况下,系统的整体可靠性不但不会提高,反而会降低(Sanders 和 McCormick,1992),这从根本上说明了为什么这种决策辅助模型未能产生预期的系统性能优势。决策支持系统不是独立于人类决策而运行的,而是应成为形成决策的态势感知的一部分。

在一种相关的方法中,智能目标提示系统被设计用来帮助引导操作人员将注意力集中在复杂显示中最重要的区域。这种方法不是直接告诉操作人员该做什么,而是通过引导注意力来帮助态势感知。研究发现,当系统正确并且目标位于突出显示的区域时,这些系统可以提高检测性能并缩短检测时间。然而,当存在其他未提示的目标或目标不在预期区域时,这些系统也会导致严重的错误(Wickens 等,1999; Yeh 和 Wickens,2001; Yeh 等,1999)。此外,当系统不正确时,操作人员更有可能选择一个虽然被提示但却错误的目标。

这些结果显示了与系统提示相关的注意力偏差,与决策支持系统方法中的决策偏差结果一致。在这两种情况下,好的建议可以帮助提高性能,而糟糕的建议则会导致操作人员误入歧途。由于这两种系统类型的输出很可能以与串行模型(图 10.1(b))一致的方式进行处理,所以这是可以预期的。由于大多数系统并不完全可靠,或多或少都会在一定程度上产生错误的建议,因此在使用这些系统时需要明确考虑整体性能上的显著缺陷。

好的方面是,并非所有的决策支持方法都遇到这些问题。例如,Guerlain 及其同事已经探索了使用批评系统,这些系统在操作人员做出决定之后而不是之前为他们提供建议(Guerlain 等,1999)。这些系统通常指出错误的推理、不一致的答案或对约束条件的违反。Guerlain 等发现使用该系统不仅能够显著改善性能,还能大大降低在系统编程无法完全处理的困难情况下出现偏差的可能性;相比没有系统的情况下,使用该系统的错误率为 19%,而无系统的错误率为 50%。这些结果表明,通过在操作人员做出初步决策之后提供输入,批评方法更符合并行模型的交互(图 10.1(a)),能更好地发挥人机协同作用,从而提高组合系统的整体性能。

10.5　新的自动化方法

还有一些新的自动化方法正在探索,希望能找到提高态势感知和减少脱离环路问题的方法。这些方法旨在创造一种新的人机结合方式,增加人类参与系统控制的程度:通过自适应自动化(AA)临时将控制权从人类转移到自动化系统,并通过提高人类参与和态势感知的自动化水平来实现,如图 10.2 所示。

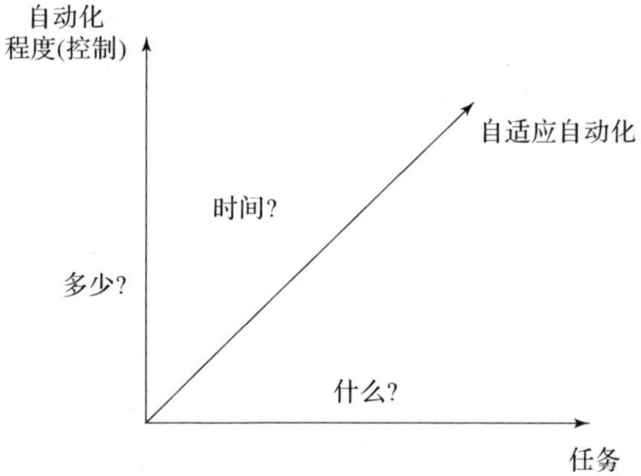

图 10.2　自动化水平以及自适应自动化方法

(Endsley,M. R.,"自动化与态势感知",收录于 R. Parasuraman 和 M. Mouloua(主编),《自动化与人类表现:理论与应用》,劳伦斯埃尔巴姆出版社,新泽西州马霍,1996,P163－181)

10.5.1　自适应自动化

自适应自动化意识到大多数自动化系统并非始终在计算机的控制下;相反,它们的操作人员有时需要承担控制和手动操作系统的任务。自适应自动化利用这个机制,系统定期地将控制权分配给操作人员,以期减少自满情绪并提高人类监管性能(Rouse,1977、1988)。

在许多情况下,将控制从自动化转交给人工的决定是基于固定的时间间

隔,但也可以基于其他一些因素(Scerbo,1996):

(1)关键事件的发生;

(2)检测到低于特定标准水平的人类表现;

(3)使用心理生理监测来检测导致表现不佳的线索(如意识丧失);

(4)使用人类行为模型来预测最佳干预时机。

Parasuraman(1993)发现,当操作人员通过自适应自动化,每10分钟进行一次手动控制时,对自动化故障的监控能力得到了提高。在另一项研究中,Parasurman等(1996b)发现,基于模型的自适应自动化系统和基于行为的自适应自动化系统均能提高性能。

自适应自动化似乎主要通过减少工作负荷来帮助提高人机系统性能。Hilburn等(1997)在一个空中交通管制任务中发现,与全自动化或完全手动操作相比,使用自适应自动化可以减少工作负荷。Kaber和Riley(1999)使用心理生理分配方法还发现,当操作人员被分配到自适应自动化的控制间隔时,工作负荷有所改善;当控制时机由操作人员决定时,工作负荷并没有改善。Kaber(1996)发现,与自动化水平(对态势感知变化的影响最大)相比,操作人员在自适应自动化下工作的时间比例(如更长的周期时间)对减少工作量的贡献最大。

最新研究探讨了将测量操作人员的生理状态作为自适应自动化的基础。Prinzel等(2003)提出了一个基于脑电图(EEG)的操作人员参与度指数。他们使用该指数根据操作人员的参与度自动增减任务的自动化水平。当操作人员对任务变得“专注”时,就会应用自动化。当他们变得不太专注(表示态势感知较低)时,自动化被移除。Prinzel等发现,使用这种反馈方法要比没有应用参与度指数时,能够显著改善操作人员执行任务的整体表现。在另一项研究中,Bailey等(2003)证明,基于他们的脑电图参与度指数进行自适应自动化的人的态势感知水平要高得多,相比之下,那些使用与他们的脑电图参与度指数无关的自适应自动化系统的人则没有这种情况。然而,这仅适用于具有高度自满倾向的人。

在稍有不同的方法中,Wilson和Russell(2004、2007)当检测到操作人员工作负荷高的生理状态时,采用自适应自动化来提高无人机任务的执行效果。根据生理状态提供自适应自动化的操作人员,表现明显优于没有任何自动化辅助和随机提供自动化的操作人员。

目前正在开发的自适应自动化实施方法,包括建立激活自适应自动化方法和确定最佳任务分配策略(如手动控制与自动化控制的持续时间和频率)。如果要成功施行自适应自动化,还需要优化人机交互界面,以避免带来与自适应自动化相关的潜在态势感知挑战。由于自适应自动化涉及模式的切换(手动或自动),需要帮助确保操作人员非常清楚系统所处的模式,并在预测手动操作阶段到来前进行通知,避免他们毫无准备地接管控制。同时,这些手动控制阶段必须被操作人员视为自身工作,而不是系统失灵或消磨时间的工作。到目前为止,大多数自适应自动化研究都是在实验室条件下进行的。自适应自动化在实际操作中的长期效果仍需要进一步确定。

10.5.2 自动化水平

另一种方法是寻找能够使操作人员一直参与系统操作的自动化水平,而不是让他们处于被动控制的阶段。研究人员针对适用于不同类型系统的自动化水平已经有了相应的表述(Billings,1991; Endsley 和 Kaber,1997、1999; Endsley 和 Kiris,1995a; Parasuraman 等,2000; Sheridan 和 Verplanck,1978)。

Endsley 和 Kiris(1995b)的研究表明,在涉及中等控制水平的系统操作中,态势感知能力有所提高,并且这种态势感知能力的提升对于减少“脱离环路问题”是相对应的。当在中等控制水平下操作时,人们对系统故障的反应速度比完全自动化下的操作更快。

Endsley 和 Kaber(1997、1999)通过对自动化分类进行更深入的研究,进一步探讨了该方法,区分为 4 个方面的任务:①信息监测;②生成选项;③选择行动;④人类、计算机或两者结合实施任务(图 10.3)。这个分类与 Parasuraman 等(2000)的分类相似,他们将这 4 个角色称为:①信息获取;②信息分析;③决策选择;④行动实施。Endsley 和 Kaber(1999)发现,当自动化辅助或接管任务时,整体性能会有所提高。然而,当自动化用于生成选项时,性能则会下降(符合先前关于决策支持系统的讨论)。然而,无论是由人类还是计算机进行行动选择似乎并不重要。

操作人员最容易陷入“环路外”状态(从自动化故障中恢复正常需要很长时间),尤其是在使用了先进排队技术的自动化级别中,这些技术允许操作人员或系统对未来要执行的一系列任务进行排序。值得注意的是,飞机飞行导航系统(其存在很多问题)就是这样做的;飞行员编程输入一系列航点来定义飞机的航线,有效地排列了未来的导航操作。Kaber(1996)发现,任务的自动化水平是态势感知的最具预测性的(与自适应自动化相比)。

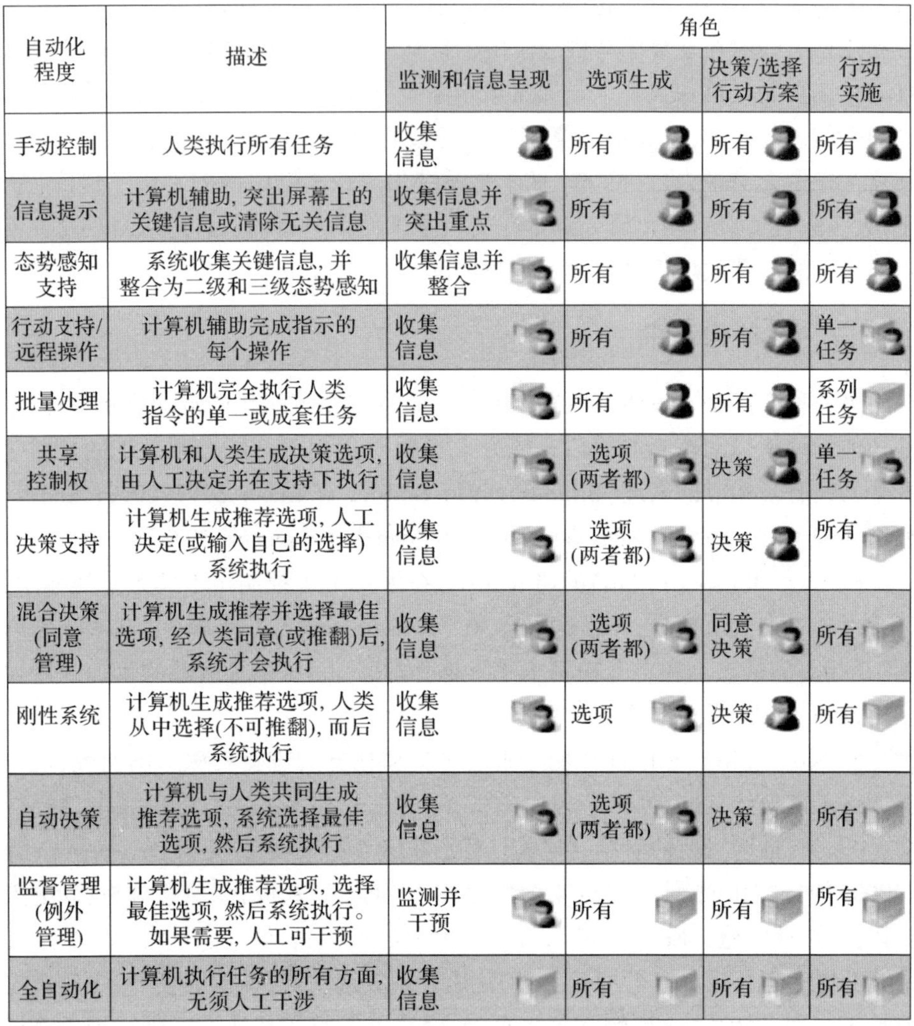

自动化程度	描述	角色			
		监测和信息呈现	选项生成	决策/选择行动方案	行动实施
手动控制	人类执行所有任务	收集信息	所有	所有	所有
信息提示	计算机辅助, 突出屏幕上的关键信息或清除无关信息	收集信息并突出重点	所有	所有	所有
态势感知支持	系统收集关键信息, 并整合为二级和三级态势感知	收集信息并整合	所有	所有	所有
行动支持/远程操作	计算机辅助完成指示的每个操作	收集信息	所有	所有	单一任务
批量处理	计算机完全执行人类指令的单一或成套任务	收集信息	所有	所有	系列任务
共享控制权	计算机和人类生成决策选项, 由人工决定并在支持下执行	收集信息	选项(两者都)	决策	单一任务
决策支持	计算机生成推荐选项, 人工决定(或输入自己的选择)系统执行	收集信息	选项(两者都)	决策	所有
混合决策(同意管理)	计算机生成推荐并选择最佳选项, 经人类同意(或推翻)后, 系统才会执行	收集信息	选项(两者都)	同意决策	所有
刚性系统	计算机生成推荐选项, 人类从中选择(不可推翻), 而后系统执行	收集信息	选项	决策	所有
自动决策	计算机与人类共同生成推荐选项, 系统选择最佳选项, 然后系统执行	收集信息	选项(两者都)	决策	所有
监督管理(例外管理)	计算机生成推荐选项, 选择最佳选项, 然后系统执行。如果需要, 人工可干预	监测并干预	所有	所有	所有
全自动化	计算机执行任务的所有方面, 无须人工干涉	收集信息	所有	所有	所有

图 10.3　4 个主要角色的自动化水平

(引 Endsley, M. R. 和 Kaber, D. B. ,用自动化作为减轻环外性能问题的方法:分类学和实证分析,载于 P. Seppala、T. Luopajarvi、C. H. 尼加德和 M. Mattila(编辑),国际人体工程学协会第 13 届三年一度的大会,卷 1, P168 - 170,芬兰职业健康研究所, 芬兰赫尔辛基, 1997; Endsley, M. R. 和 Kaber, D. B. ,人体工程学, 42(3), 462, 1999)

总体而言,相对于生成选项或选择最佳行动方案等高级认知功能的自动化,人们似乎更容易适应辅助收集和呈现相关信息以及执行任务的自动化。这个观点也适用于自适应自动化的应用。Kaber 等(2005)和 Clamann 与 Kaber(2003)发现,与高级认知功能(信息分析和决策制定)相比,人们更能适应应用于行动实施的自适应自动化。在另一种方法中，McGarry 等(2005)发现，通过自适应自动化，在高水平的自动化(辅助决策)中插入一个低水平的自动化(信息自动化)，可以提高整体决策能力。这很可能是因为在信息自动化的辅助下，操作人员可以更好地了解任务的重要基本信息，并提高了辅助工作的透明度。与信息自动化辅助相比，决策辅助更容易受到可靠性不足的负面影响。

在 Rovira 等(2007)对军事目标打击决策辅助的自动化工具使用进行研究时发现，当辅助工具不完全可靠时，自动化水平(LOA)对决策准确性有显著影响。在 80% 的可靠性条件下，低级自动化工具(提供相关信息列表)比高级自动化工具(生成选项列表，筛选出前 3 个选项，或为操作人员选择“最佳”打击对象)能够更好地提高决策准确性。当工具的可靠性仅为 60% 时，趋势则相反，这很可能是因为在较低的可靠性条件下，人们对工具的依赖程度较低。与 Endsley 和 Kaber(1999)的研究结果一致，自动化辅助认知任务的部分(生成选项和选择选项)比用于收集和呈现相关信息的自动化更容易出现问题。

针对低级别自动化对团队表现的影响也进行了研究。Wright 和 Kaber(2003、2005)研究了低级别自动化对团队表现的影响。他们发现，自动化的信息获取和分析可更好地支持团队协作，从而带来更好的团队表现。决策选择的自动化会增加工作负荷，并且只在低工作负载条件下才有效。

10.6 自动化系统设计原则

原则 34：非必要不自动化

全自动化可能会导致系统运行理解难、系统复杂度过高、决策易产生偏差和人在环外表现差等一系列问题。因此，除非必要，应该避免使用全自动化。尽管如此，自 20 世纪以来，追求自动化已成为以技术为中心设计方法的标志。在许多情况下，系统的改进实际上是通过精简信息和材料处理流程实现的，与是否实施自动化无关。

推动自动化的主要动力来源于减少数据过载和高工作负荷的诉求(Endsley，1995d)。然而，自动化带来的问题主要来源于以技术为中心的系统与用户实际需求脱节(见第 1 章)。作为面向态势感知设计的关键原则，首先应该寻求改进用户界面以支持人类的态势感知和决策能力。由于人类是最具创造力和灵活性的问题解决者(如果提供了良好的态势感知),这种方法可以创建最强大的人机系统。只有在系统针对态势感知进行了优化后,才应考虑将自动化作为辅助操作人员执行特定任务的工具。此外,应该认识到某些情况下可能需要自动化辅助,如排雷或处理放射性材料等极端情况。总之,慎重地选择合适的自动化功能可使大多数系统受益。

原则 35:使用自动化来协助执行常规操作而不是更高层次的认知任务

通常情况下,计算机比人类更擅长执行例行、重复性的任务。但是,自动化很难用于认知任务(Endsley 和 Kaber,1999)。数学计算、心理运动控制(如在固定路线上驾驶)以及将数据从一个系统移动到另一个系统,这些重复性任务更适合计算机辅助,可以减少错误和减轻操作人员工作负荷。

原则 36:提供态势感知支持而不是决策

由于存在决策偏差和减慢决策速度的问题,应当避免使用为操作人员提供建议或决策的自动化辅助系统。相反,能够增强操作人员态势感知的自动化系统则更能辅助操作人员做出可靠决策。

例如,如今汽车上常见的典型导航系统,能够自动创建一张从汽车当前位置到目的地的最佳路径地图。然后,它会通过视觉或听觉显示指示司机沿着哪条路径行驶,并告知其何时转弯。在陌生城市或前往新地点时,这些系统非常有用,它们能自动生成到达目的地的最佳路径,并发挥辅助记忆的功能来引导司机何时转弯以及每段行程有多长。

然而,上述自动驾驶系统也存在一些显著的缺点。实际上,它们创造了一个非常狭窄的情境图,并导致了非常低级的态势感知。这不仅因为视觉显示通常范围有限,使驾驶员只能"管中窥豹",很难全面了解建议的路径相对于更广阔范围环境中的位置,也因为它不支持驾驶员可能需要做出的更多决策。司机只能看到系统提供的"最佳路径"。

例如,假如驾驶员住在距离两条主要高速公路相等的距离上,这两条路都通往城市的机场,并且这两条路路程大致相同(在 30 英里的距离上仅有不到 1 英里的差距)。由于计算机只会规划出最短的路线,无法预判路线是否拥堵或是否发生交通事故等特殊情况,导致规划路线并非当天出行的最佳路线。尽管司机可以通过看报或听广播上的交通报道得知信息,但是他无法利用这些知识指导系统重新规划路线,只能被动接受系统提供的路线或自行驾驶。

导航系统在司机不熟悉的城镇中是最好的选择,因为司机们不得不依赖它。在这种情况下,司机们永远不会知道还有另一条几乎同样短的路线,且交通还不拥堵。他们真正想知道的是:"与其他路线相比,这条路线有多长(比其他路线短 1% 或 50%)?”“影响这些路线选择的主要因素是什么?”(例如,哪条路上有一个已知会拥堵的收费桥?哪条路会穿过市中心并最好在下午 5 点避免经过?哪条路需要绕行?哪条路可能经过一个交通拥堵的大型足球比赛场馆?)。这类知识能帮助驾驶员做出准确的决策。如果发生交通事故或遇到道路施工(系统很可能不知道),“如何选择最佳绕行路线?”如果系统只是使用预设的优化算法来确定“最佳路线”,就无法回答这些问题。使用提供稳健决策所需的态势感知系统,驾驶员将可以看到与备选路线的比较数据,从而更有效地将人类知识与系统能力相结合。这使驾驶员能够根据实际情况做出选择,并迅速适应情况的变化。

在另一个系统案例中,Endsley 和 Selcon(1997)用学习了飞行员选择最佳航线相关知识的系统取代了原有驾驶舱中的路线规划系统,尽管该系统在决策支持方面仍存在很多问题,但是确实显著提升了飞行员态势感知水平,并能在危险区域中找到更好的路径(图 6.3)。

导航系统只是诸多试图为操作者提供“最佳”解决方案系统中的一个案例。许多其他类型的系统也可以侧重于提高态势感知而不是提供决策支持。上述研究表明,自动化地呈现信息相对于自动化地选项生成或决策选择而言,优势更大且产生的问题更少。

原则 37:保持人在环内

在面向态势感知的设计中,避免人们因长期处于控制闭环外而导致态势感知能力减弱,进而无法监测和理解自动化的问题非常重要。即使是简单的自动化故障也可能导致灾难性后果,当操作者不参与其中时更是如此。在一项有趣的试验中,Pope 等(1994)通过脑电活动测量显示,被动监控自动化会导致操作人员的精神投入不足。Endsley 和 Kiris 等(1995b)的研究表明,不同于主动决策,被动决策是导致操作人员“人在环外”使系统控制性能下降的主要原因。

解决低参与度导致问题的一个关键方法是增加操作人员的参与度和控制能力。在工作负荷没有问题的情况下,中等和低等级的自动化明显优于高等级的自动化,因为可以使操作人员保持较高的态势感知水平(Endsley 和 Kaber,1999; Endsley 和 Kiris,1995a)。确保操作人员对自动化的控制权,并设计使人类决策者持续深入参与到任务当中,可以大大减轻或最小化上述问题。

原则 38:避免自动化模式过多

该原则是最小化系统模式和逻辑分支以降低复杂性(见第 8 章)的一般原

则的延伸。使用自动化模式会增加系统的复杂性,从而影响操作人员对系统在所有可能模式下的工作方式建立良好认知模型的能力,这也导致人员培训问题凸显。此外,由于操作人员很少有机会频繁地体验到多种模式,导致很容易忘记不常见的系统模式或基本情况。过多的自动化模式会使操作人员难以适应当前的系统自动化模式,无法正确预测系统的下一步动作。通常,设计人员总是希望添加模式来使自动化系统看起来非常强大(如可以应付更多的情况变化),这种趋势很难转变。但是从领域发展的角度而言,为了极大地提高系统的可用性并减少错误,为用户提供一个灵活的工具并允许用户根据当前情况自定义自动化系统功能,可能比简单地增加模式更实用。

原则39:凸显系统模式和状态

许多自动化系统的一个关键缺点是它们没有突显当前的模式。例如,在繁忙的显示屏上,能让忙碌的飞行员知道系统当前行为与预期产生偏差的唯一线索可能只有一个字母。娱乐中心的通用遥控器根本不显示系统处于哪个模式,因此,控制输入对系统的影响可能与预期大相径庭。总体来说,很多设计在突显当前模式方面做得不好,进而导致错误的发生。模式状态是一个关键的信息,它可以影响其他信息的解释方式,并影响操作人员对系统行为的期望。每当自动化系统存在多种模式时,应该将当前模式向操作人员突出显示。此外,系统的当前状态也应该突出显示,以便任何违反人们期望的情况都能立即显现出来,使其能够察觉自身对模式或模式行为的误解。

原则40:加强自动化一致性

不同自动化模式下的系统术语、信息存储和功能应保持一致。Vakil 和 Hansman(1998)指出的“复杂性的熵增长”源于运行中的自动化模式未保持一致。即在某些系统中,不同的模式下基本上相同的功能可能会使用不同的术语(是启动、开始还是运行),容易发生混淆。同样的基本任务或功能的控件可能会在屏幕上以完全不同的方式随机分布。最糟糕的情况是,系统在不同模式下可能表现出截然不同的工作方式,增加了复杂性和错误的可能性。在各种模式和显示中采用一套一致的系统设计原则可以大大减少自动化使用过程中的错误。在后续的系统重新设计或修订中使用这些系统设计原则的文档,有助于自动化系统的可持续发展(Vakil 和 Hansman,1998)。

原则41:避免任务提前排队

自动化方法中与“脱离环路问题”最密切相关的方面是任务提前排队。允许操作人员提前设置多个不同任务供自动化系统自主执行,很可能导致操作人员对需要干预的问题反应迟缓。然而,当前驾驶舱管理系统和制造业中的批处理系统正是采用了这样的方法。虽然这种方法可能看起来很高效,但在故障后果严重的情况下,应该避免使用这种自动化方法。相反,应尽可能确保操作人员参与每个任务的执行决策。

例如,在飞机的飞行管理系统中,飞行员通常会编程设定一个由三维空间中的多个航点组成的航线,飞机将按照这个航线从起点飞行到目的地。计算机会在没有来自飞行员额外输入的情况下遵循这条航线。然而,如果有一个航点由于某种原因没有被捕捉到,飞行员可能会因为脱离飞机控制环路导致反应迟钝。高度超限(超出指定高度)是这一问题的常见后果,可能导致飞机之间失去安全间隔等严重问题。作为一种不依赖于任务提前排队的替代方法,可以要求飞行员确认或指定沿途的每个航点来保持飞行员参与其中。这样可以使他们在工作负荷较低的时候保持参与飞机控制,并减少脱离环路的问题。

原则 42:避免使用信息提示

信息提示帮助将操作人员的注意力引导到系统认为最重要的区域或信息片段。它可以突出显示显示器上的仪表或杂乱的视觉场景区域。然而,由于这种方法也容易产生显著的注意偏差问题,因此存在重大风险(Yeh 和 Wickens,2001;Yeh 等,1999)。当系统出错或不完备时,人们更容易忽略他们应该关注的信息。除非发生错误的概率非常低,否则应该避免使用这种类型的提示,而是采用能够更有效地利用自己感官的方法。例如,与突出显示杂乱区域的系统相比,一个允许人们系统地清理不需要的信息或改善图像清晰度便于更好地查看所要搜寻内容的系统会更受欢迎。

原则 43:使用促进人机共生的决策支持方法

应进一步探索批评系统对改善决策质量和减少决策偏差问题方面的成功经验(Guerlain 等,1999)。此外,关于如何将人与计算机结合起来,以取得更好的协同效果的其他方法(而不是向人提供建议的传统决策支持系统)也没有得到充分的研究。决策支持的备选方法包括以下几个:

(1)支持“假设”分析,鼓励人们考虑多种因素可能性和执行应急计划,可以帮助人们形成三级态势感知;

(2)帮助人们考虑数据多种解释的系统,有助于避免表征错误;

(3)通过计算二级态势感知要求和三级态势感知预测来直接支持态势感知的系统。

原则 44:提供自动化系统透明度

最后,考虑到自动化可能在许多系统中得到应用,提供其行为(当前和未来)的透明度可极大地减少导致自动化事故的问题。例如,1992年斯特拉斯堡的空中客车320型飞机坠毁被归因于飞行员可能存在模式识别错误。他们认为自己处于3.3°下降,但实际上是以每分钟3300英尺的速度下降,这个差异在模式显示面板上并不明显,无论情况如何都会显示33(Johnson和Pritchett,1995)。只有模式指示会有所不同——在某个区域显示"VS"(垂直速度)或"FPA"(飞行航径角)。然而,这个差异对飞机飞行的影响却十分显著!

Johnson和Pritchett(1995)发现,在他们研究的12名飞行员中,有10名未能及时检测到这种模式错误,以防止坠机。尽管许多人检测到下降速度比预期快,但他们无法弄清楚原因并及时采取纠正措施。在相关研究中,Vakil等(1996)发现,当向飞行员提供垂直态势显示(描述飞行路径的预期垂直剖面)时,飞行员对这个问题的易受干扰性显著减少。该显示为飞行员提供了了解自动化期望行为的可见性,这对于理解自动化并成功与之交互是必需的。

Miller等(1999b)采用了一种不同的方法,也符合这个原则,他们创建了一个界面,让飞行员能够看到系统正在处理的目标和任务。通过直接检查这些目标,飞行员可以很容易地进行修正(如"不,我们现在不打算着陆")。虽然这似乎是一件显而易见的事情,但在大多数自动化系统中,操作人员只能猜测系统行为背后的原因。诸如此类让操作人员清楚地了解系统行为的方法,将大大减少目前自动化系统中存在的许多问题。

无论好坏,自动化都有可能成为当前和未来许多系统中的重要组成部分。目前的挑战在于制定有效的自动化实施策略,以提供有效的人机协作,并让操作人员了解系统的运行状态。

第 11 章 支持分布式团队的态势感知设计

11.1 团队概述

在许多系统中,人们不仅作为个体工作,而且作为团队的成员工作。例如,商业航班的飞行员通常以两名或三名飞行员组成团队,分别担任机长、副驾驶和第二副驾驶。航空交通空管员(ATC)通常以两名或三名为一组进行工作,负责管理某个区域内的所有飞机。此外,他们还是一个更大团队中的一部分,负责在飞机跨越较大地理区域时将控制权从一个区域转移到另一个区域。飞机维修也是由机械师团队进行的,他们共同合作完成所有所需的服务和修理任务。不仅每组人组成了一个团队,而且他们一起形成了一个团队(图 11.1)。

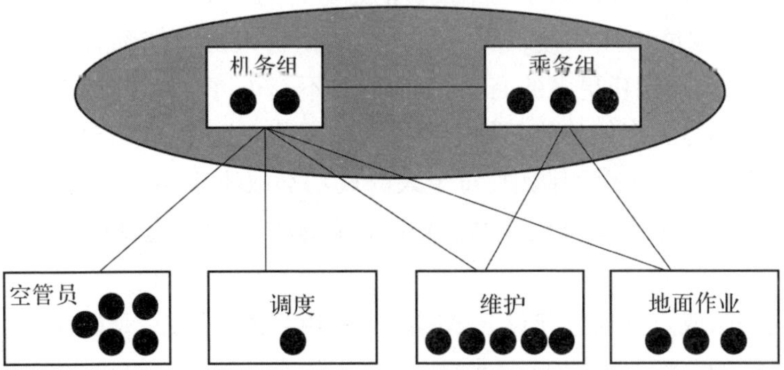

图 11.1 一组航空团队

在这个航空示例以及许多其他系统中,不仅需要设计支持团队个体成员的态势感知,还需要设计支持整个团队的态势感知。要弄清楚如何最好地实现这一需求,需要了解团队性质的几个关键因素,以及团队行动对态势感知的影响。通过研究团队在彼此之间建立态势感知所使用的不同因素,可以确定促进团队内更高水平的态势感知设计原则。

要理解团队内的态势感知所需的内容,首先需要明确定义团队构成。一个团队不仅是一群个体,而且具有一些典型特征。Salas 等(1992)将团队定义为"由两个或两个以上的人组成的一个可区分的集合,这些人为了一个共同的、有价值的目标/目的/任务而动态地、相互依存地、适应性地协作,每个人都被分配了特定的角色或职能,且作为成员的时间是有限的"。这个定义凸显了团队的几个重要特征。

(1)团队有一个共同的目标。以驾驶舱中的飞行员为例,他们的共同目标是安全和高效地驾驶飞机从一个地点到另一个地点。对于更广泛的团队,包括飞行员、空管员、空中乘务员和机械师,他们的共同目标是飞机的安全运行。以商店中的顾客为反例,每个顾客的个体目标是购买他们想要的物品,但他们实际上没有共同的目标——他们不构成一个团队。个人的聚集并不足以(甚至不必要)形成一个团队。

(2)团队有明确的具体角色。飞机机组有着分配给机长、副驾驶员和空中乘务员的特定职责和目标(虽然可能会有多个人被分配到相同的角色)。在一家餐厅里,服务员、厨师、清洁工和经理各自都有非常明确的职责,他们共同完成团队的总目标,即为顾客提供餐饮服务并赚取利润。这些角色定义了每个团队成员的目标;这对态势感知非常重要,因为目标决定了每个团队成员的态势感知要求。回顾第5章,个人的目标决定了其态势感知要求。通过研究团队中的不同角色,可以明确团队中每个成员的态势感知要求。

(3)团队成员相互依赖。同一家公司的销售人员可能都有一个共同的目标,就是为该公司销售更多的商品,但他们并不真正符合团队的定义,因为这些销售人员并不是相互依赖的。每个销售人员都独立运作,在自己的区域内销售更多的小商品。在一个团队中,每个人的成功都取决于团队其他成员的成功。飞行员能否成功地安全驾驶飞机,取决于副驾驶、空管、机械师以及其他人的表现。

不同团队成员的角色和目标之间的这种相互依存关系,是确定团队态势感知构成要素的关键。如图11.2所示,每个团队成员目标之间的相互依赖,也意味着每个团队成员的态势感知要求之间存在一定程度的重叠。在每个团队中,团队成员共同承担任务。在某些情况下,团队中的每个人可能会担负非常相似的职能。例如,一个人可以协助另一个人执行基本相同的任务。而在其他情况下,业务会被划分开来,因此每个团队成员的职责都截然不同。例如,飞行员和乘务员虽然都是飞机机组人员,但他们的职责却截然不同。

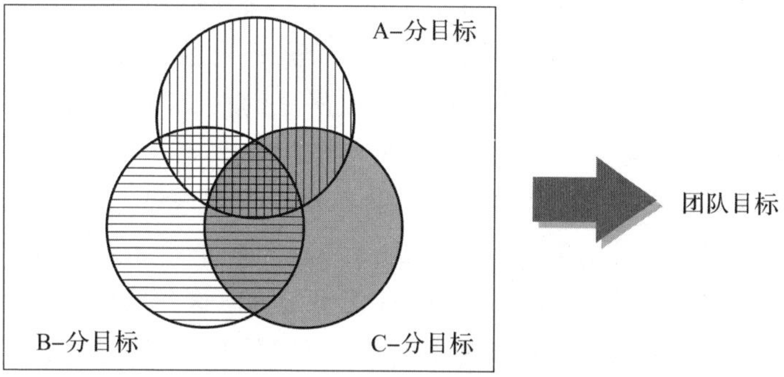

图 11.2 团队态势感知可以通过检查团队目标和所有团队成员态势感知要求来确定

(团队间和内部态势感知模型:对设计、培训和培训的影响测量,载于 M. McNeese、E. Salas 和 M. Endsley(编),合作活动的新趋势:了解复杂环境中的系统动力学,人因和人体工程学学会,加利福尼亚州圣莫尼卡,2001,P46 - 67)

如果两个团队成员(如驾驶舱内的机长和副机长)的目标有较多重叠,那么他们的态势感知需求就会有相当多的共同点。如果目标重叠较少(如机长和乘务员或空管员),那么他们态势感知需求的共同点就相对较少。

值得注意的是,这既适用于具有相当程度自主权的团队,也适用于那些在团队间明确划分了权限层级的、更大的系统中运作的团队。例如,军事组织可以由不同层级的团队(如班、排、连、营、旅)组成;而对于其中任一个团队,都可以确定其明确的目标以及与目标相关的态势感知需求。无论是等级分明的团队,还是组织更加民主的团队,都需要态势感知。

11.2 团队态势感知

由于团队成员间相互依存的特性,团队要想取得成功,就必须具备高水平的团队态势感知。然而,“团队态势感知”一词可能会导致某些误解。态势感知是一种认知结构,并不是一个团队作为一个整体就能拥有的。不存在“超级大脑”能够意识到团队中的所有事情。只有团队中的个人才能拥有这种意识。因此,团队态势感知必须通过团队成员的个人态势感知来体现。

团队态势感知被定义为“每个团队成员拥有其履行职责所需的态势感知程度”(Endsley,1989a、1995c)。团队的成败取决于每个团队成员的成败。如果团队中的任一成员的表现不佳,都可能导致严重的失误,从而影响整个团队的成功。例如,在潜艇中,所有艇员必须齐心协力,才能确保整个团队的成功和安全。如果声呐操作人员错过了关键的提示,导致潜艇搁浅,就会威胁到整个团队的目标。如果武器操纵员不了解鱼雷的状态,还可能出现其他类型的故障。在这样的团队中,如果炊事员没有意识到厨房里的火势越来越大,哪怕是炊事员的态势感知失误,也会给整个团队带来严重的后果。

团队整体表现需要高水平的团队态势感知。根据这一定义,每个团队成员都需要对与其工作相关的因素有较高的态势感知水平。如果团队中某些人不了解自己所需的某些信息,那么团队中有其他人知道这些信息也是没用的。例如,1989 年,安大略航空公司一架航班的飞行员试图在机翼结冰的情况下从加拿大机场起飞,结果发生了一起重大飞机事故(Moshansky,1992)。由于机翼结冰对飞机的升力极为不利,这直接导致了飞机失控坠毁。在随后的分析中发现,飞机上的乘务员和一名乘客都发现了机翼结冰,但却没有将这一信息传递给飞行员,他们错误地认为飞行员知道这一情况。

类似地,一架波音 737－400 飞机于 1989 年在英国凯格沃斯坠毁,当时飞行员在其中一个发动机起火后关闭了错误的发动机(英国航空事故调查局,1990)。乘务员和乘客知道哪个发动机着火,但没有将这一信息传递给飞行员。这些例子说明,要使团队具备高水平的态势感知,每个团队成员都必须具备自己所需的态势感知。如果需要信息的人不知道,那么团队中的某个人知道该信息也是无用的。

作为支持团队操作的系统的设计者,目标是确保整个团队具有较高的态势感知水平。为了实现这一目标,必须确保每个团队成员都具备较高的态势感知水平。作为团队态势感知的重要组成部分,团队成员之间的共享态势感知也必须达到较高水平。

11.3 共享态势感知

在许多系统中,设计者都希望支持共享或协同态势感知。也就是说,他们希望不同的团队成员对情况的理解是一致的。在某些领域中,这也被称为"达成共识"(Clark 和 Schaefer,1989)。但必须指出的是,我们并不希望两个团队成员的态势感知完全相同。例如,空管员是否真的应该了解与飞行员一样的情况?这不仅会导致工作负担过重,而且不同团队成员的理解和预测要求往往也不尽相同。

共享态势感知实际上并不取决于团队成员之间信息的完全共享，而是对实现各自目标所需的信息子集达成共识。如图 11.3 所示，根据任何两个团队成员目标之间的重叠程度，真正需要共享的只是他们的态势感知子集，只有这个子集与两个团队成员的态势感知都相关。共享态势感知的定义是"团队成员基于态势感知需求、拥有相同共享态势感知的程度"（Endsley 和 Jones，1997、2001）。

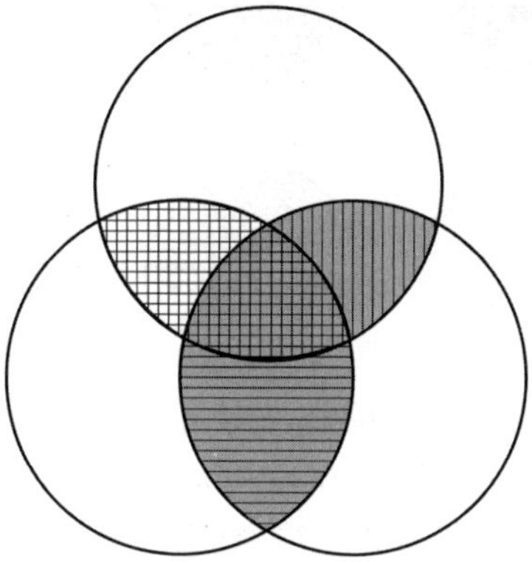

图 11.3　共享态势感知的需求是个人目标重叠的函数

（团队间和内部态势感知模型：对设计、培训和培训的影响测量，载于 M. McNeese、E. Salas 和 M. Endsley（编），合作活动的新趋势：了解复杂环境中的系统动力学，人因和人体工程学学会，加利福尼亚州圣莫尼卡，2001，P46－67）

本书提供的方法和背景，为理解和设计支持团队运作中的共享态势感知提供了有用的机制。通过对每个团队成员进行态势感知需求分析（第 5 章），可以准确识别出任意团队成员的态势感知需求中的重叠部分（在态势感知的 3 个层次）。这也就是需要通过培训和系统设计，努力分享具状态的信息子集。

团队内共享态势感知可能有多种不同的状态（图 11.4）。两个团队成员可以对某个态势感知需求情况有同样的了解，且都是正确的。这显然是最理想的状态。例如，两名飞行员都认为飞机处于某一特定高度，并且这种看法是正确的。

或者，两个团队成员对正在发生的事情有不同的理解。其中一人可能正确，另一人可能不正确，或者两人在某种程度上都不正确。例如，一名飞行员可能误读了正常运行的高度计，或者由于分心而忘记了检查高度计。支持共享态势感知的有效通信程序和显示技术，可以有效降低发生这种情况的可能性。对信息的感知和对信息解读上的差异需要被揭示出来，以便团队能够消除差异。

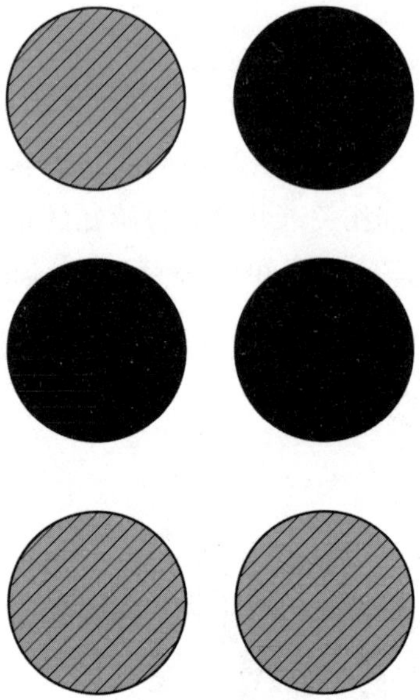

图 11.4　共享态势感知的可能状态

(团队间和内部态势感知模型:对设计、培训和培训的影响测量,载于 M. McNeese、E. Salas 和 M. Endsley(编),合作活动的新趋势:了解复杂环境中的系统动力学,人因和人体工程学学会,加利福尼亚州圣莫尼卡,2001,P46 – 67)

另外,两名机组成员可能共享了态势感知,但两者都不正确。例如,如果两名飞行员都认为他们在某一高度,但实际上飞机并不处在这一高度。再比如,如果气压计管堵塞,导致高度计向两名飞行员显示不正确的信息,这种情况也可能发生。在这种情况下,虽然共享态势感知水平很高,但团队态势感知水平却很低。这是一种非常危险的状态,因为与至少有一个团队成员拥有正确的态势感知相比,团队成员在相互交流时更难发现自己的态势感知是错误的。在一项研究中,发现 60% 的飞机事故都发生在两名飞行员都失去了态势感知的情况下(Jentsch 等,1997)。通常情况下,直到发生事故或意外之前,或者在出现某些外部因素使他们意识到态势感知错误,团队会一直沉浸在对形势的错误认识中。

确切地说,共享态势感知对于团队的有效协作至关重要。没有它,团队的协调性就会很差,并导致缺乏做出正确决策所需的个人态势感知。例如,俄罗斯"和平号"空间站上曾发生过一起重大事故,空间站在轨道上失去了所有动力,严重威胁机组人员的生命安全(Burrough,1998)。在这次事故中,宇航员在例行维护时不小心断开了错误的电缆,导致中央计算机电源中断,空间站陷入漂移状态。虽然宇航员很快意识到发生了什么,但他们需要地面控制人员的支持,以帮助破译计算机的信息并纠正这种情况。然而,值班的地面控制员并不了解宇航员所处的情况,因为两人之间的语音传输很混乱。地面控制员继续把这种情况当作例行公事,任由空间站漂移,等待下一次轨道飞行时的通信。这种缺乏共享态势感知的情况导致了大量的时间损失。由于没有采取任何节能措施,导致"和平号"的电池耗尽,空间站失去了动力。

虽然团队中的一部分人明白发生了什么,但另一部分人却不明白。由于涉及相互依赖关系,这种共享态势感知的缺失是非常严重的,甚至会危及生命。在这类团队行动中,个人的有效行动往往取决于对所发生情况的共同理解。还需注意的是,由于团队中的每个人都相互依赖,每个团队成员的态势感知通常都会影响到其他人。因此,对于培训师和支持这些团队的系统设计者来说,影响团队成员之间态势感知传递的各种过程和机制的成败至关重要。本章的目标是讨论通过系统设计来发展和支持这种共享态势感知的方法。

11.4　影响团队态势感知的关键因素

开发在团队协作中实现高水平共享态势感知的方法已成为一个新的设计目标。为了实现这一目标,首先讨论促进团队共享态势感知发展的因素,使用的模型如图 11.5 所示。

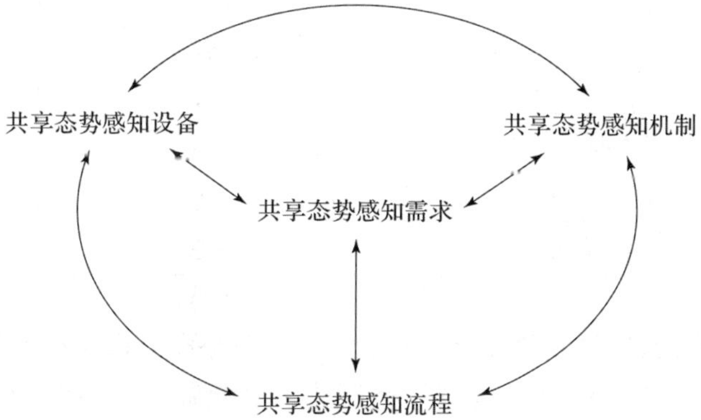

图 11.5　团队态势感知模型

11.4.1　共享态势感知需求

任何两个团队成员之间需要共享的要素(在态势感知的 3 个层次上),都可以通过为这些团队成员进行态势感知需求来确定。这些需求中的重叠部分,说明了团队成员需要达成共识的信息。这可能包括有关正在运行的系统,或影响多个团队成员环境的基本信息。此外,可能也需要共享人们是如何使用和转换这些数据以形成理解和做出预测的。例如,表 11.1 列出了飞行员和空管员在等待航线方面需要共享的情况(Endsley 等,1998b)。

表 11.1 飞行员和空管员之间的共享态势感知需求:保持

仅空管员	空管员和飞行员共有	仅飞行员
其他飞机的等待放行许可	给定飞机的等待放行许可	
其他飞机的当前轨迹	给定飞机的当前轨迹	
其他飞机是否符合空管许可	给定飞机是否符合空管许可	
航线上其他飞机的相对时间	飞机沿航线的相对时间	
可用高度层	给定飞机高度层	
		风向和风级
所有飞机的预计放行时间	预计给定飞机的进一步放行时间	
影响所有飞机飞行安全的紧急情况	影响给定飞机飞行安全的紧急情况	暂停对飞行安全的影响
交通对所有飞机飞行安全的影响	交通对给定飞机飞行安全的影响	燃料充足性
飞机优先级		天气对飞行安全的影响
飞机到达率和到达限制之间的偏差		
相对预计飞机航线		
飞机之间的垂直间距		
飞机之间的水平间距		

需要注意的是,虽然两者的态势感知需求在很多方面是相同的(如飞机的高度和当前许可),但也存在差异。空管员必须跟踪航段内接近机场的多架飞机的相关信息,而飞行员只需关心自己的飞机即可。还有一些信息只有双方中的一方需要了解。只有空管员需要了解飞机之间的间隔(水平和垂直)、飞机到达率与机场到达限制之间的差异,或可用于将飞机分配到等待航线的高度。相反,只有飞行员才需要了解风向和风速及其对飞机目标航线的影响。此外,只有飞行员才需要知道飞机是否有足够的燃油继续保持等待航线。只有当燃油

不足导致紧急状态时，空管员才需要了解这些信息。

虽然有些需要共享的内容属于一级态势感知（如当前飞机高度），但其他内容则涉及二级态势感知或三级态势感知。例如，当前航线与指定等待航线的偏差以及天气对飞行安全的影响，都涉及空管员或飞行员对情况的理解和预测。通常情况下，两个人的评估结果可能会大相径庭（因为每个人获得的基础信息不同），因此必须主动共享以避免态势感知的差异。团队中的一项重要任务是在团队成员之间传递态势感知信息（包括数据、理解和预测）。当所需的态势感知信息无法成功传递时，团队就会出现重大失误。

除了团队成员共有的情况外，共享态势感知通常还包括考虑其他团队成员的任务状况及其对自身任务和目标的影响。在许多团队中，某个特定成员的态势感知需求包括考虑其他团队成员正在做什么（例如，“他在做什么任务？她做的事情会影响我吗？我正在做的事情会影响到其他人吗？他完成某个任务了吗？”）。每个人都有自己的态势感知需求，这些需求与他正在操作的系统有关，也与相互依赖的其他团队成员有关。

例如，飞行员需要知道什么时候能从空管员那里得到进一步的许可，这样他才能确定自己将滞空多长时间，在此期间是否有足够的燃油，或者是否需要寻求前往备用机场的许可。如果空管员没有给出其预期的放行时间，那么飞行员必须评估这将会产生什么影响。反之，如果飞行员不能及时遵守新的放行时间，也会影响空管员的决策，空管员必须做出其他调整以确保飞机之间的距离。

团队中的共享态势感知包括了解团队其他成员的任务状况，以及这些任务对自己的任务和目标的影响程度。同样，在运营较好的团队中，团队成员经常会预测自己的任务状态和行动将如何影响团队其他成员。例如，飞机机械师需要知道其他机械师在同一架飞机上正在做什么，这样他们就不会采取可能危及在飞机上其他地方工作的机械师同事安全的行动（如打开阀门）（Endsley 和 Robertson，1996b）。

在团队中，经常需要预测共同计划的潜在变化可能会对其他团队成员产生什么影响。在军事单位中，当一个连队偏离计划或更改共同计划时，他们需要能够预测这将对其他单位产生什么影响，以便做出适当的决定，采取最佳行动。很多时候，没有足够的时间和技术能力进行言语交流；在这种情况下，必须单独进行预测，这有可能严重影响整个团队的运作。

最后，在团队的高水平态势感知下，团队成员也会预测其他成员会做什么。例如，具备较高共享态势感知水平的机长和副机长能够预判对方在飞行途中何时会采取某些行动。空乘人员也能预判飞行员会做什么,从而计划自己的行动。在许多时间紧迫的行动中,团队的有效协作取决于这种预测。例如,Xiao等(1998)发现,如果团队成员无法预测其他人需要什么帮助,医疗创伤部门将无法运作。

因此,团队中的共享态势感知涉及准确、及时地共享影响团队成员的系统和环境信息,这包括团队成员积极分享对他们共享的高层次需求的理解和预测(这可能是不同的,因为每个人往往拥有对方没有的信息)。它还涉及了解其他团队成员的状态(如他们的任务进展情况、他们将如何执行任务、他们是否超负荷工作且需要帮助),以及他们在这些任务上的进展如何影响自己的目标和任务。在紧密耦合的团队中,可能需要主动预测其他团队成员的行动,并评估自己的行动对团队中其他人影响的程度。表11.2总结了这些共享态势感知要求。需要共享的确切信息是通过对每个团队成员职务的认知任务分析,以及对比每个团队成员之间的重叠领域来确定。

表11.2 团队中的共享态势感知需求

数据	理解	预测
系统 环境 其他团队成员	与自己的目标/要求相关的状态 与他人的目标/要求相关的状态 自己的行为/变化对他人的影响 他人的行为对自身和总体目标的影响	团队成员的行动
来源:团队间和内部态势感知模型:对设计、培训和培训的影响测量,载于M. McNeese、E. Salas和M. Endsley(编),合作活动的新趋势:了解复杂环境中的系统动力学,人因和人体工程学学会,加利福尼亚州圣莫尼卡,2001,P46-67		

在团队中就共享态势感知达成良好共识存在许多问题。例如,在许多团队中,团队成员可能并不知道哪些信息需要与其他团队成员共享(Endsley和Robertson,1996b)。在其他情况下,共享信息没有在团队成员之间传递,要么是因为他们认为其他团队成员已经知道,要么是因为他们没有意识到需要传递这些信息。这通常会为二级和三级态势感知带来问题,因为团队成员会错误地认为,其他人会根据相同的一级态势感知数据,得出相同的评估结果(Endsley和Robertson,1996b)。有许多因素会影响团队在多大程度上成功实现共享态势感知的要求,包括共享态势感知设备、机制和流程。

11.4.2　共享态势感知设备

虽然很多人认为在团队中实现共享态势感知需要言语交流，但实际上有很多其他的方法可以用来实现共享态势感知（表 11.3）。首先，团队可以进行言语交流，也可以进行非言语交流，如通过面部表情和手势。通过这些途径，人们可以获得大量有关另一位团队成员情绪状态的信息（如超负荷工作、焦虑、困倦），这对于评估团队成员的工作表现非常重要。Xiao 等（1998）发现，非语言交流在医疗团队中非常重要，Segal（1994）在研究飞行员团队时也发现了这一点。

表 11.3　团队态势感知设备

沟通	共享显示器	共享环境
言语 非言语	视觉 音频 其他	
来源：团队间和内部态势感知模型：对设计、培训和培训的影响测量，载于 M. McNeese、E. Salas 和 M. Endsley（编），合作活动的新趋势：了解复杂环境中的系统动力学，人因和人体工程学学会，加利福尼亚州圣莫尼卡，2001，P46－67		

共享显示，在创建团队成员之间的共享态势感知方面也能发挥关键作用。不同的团队成员可以在各自的显示器上直接查看需要共享的信息。例如，商业航空中的数据链路能够在空管员和飞行员之间以电子信息的形式传递许可和其他信息，从而以视觉显示方式提供给每个人，降低了无线电通信链路的繁忙程度。军事部门也在配备类似的显示器，通过电子网络向士兵显示战场的关键信息。共享信息的显示，可通过视觉显示（通过计算机、系统仪器或文件）、听觉显示（如警报或合成语音）或其他感官（如触觉设备）来实现。

除了这些设备之外，许多团队也通过共享环境来实现共享态势感知。这是由于团队成员处在相同的工作环境中，他们无需通过上述措施来相互传递信息。例如，司机无需告诉乘客当前的交通非常繁忙。乘客自己能够直接获得这些信息。然而，在分布式团队中，这种共享环境就并不存在。司机必须告诉电话另一边的人，他不能说话，因为他必须注意交通情况。在飞机上，两名飞行员会建立共享态势感知（至少在某些方面），因为他们都能感知到诸如飞机的振动、俯仰和滚动变化的前庭感知、发动机的声音以及温度的变化等线索。这为他们提供了大量的态势感知，而无需额外的通信或显示。

在不同时间的不同系统中,共享态势感知可以通过这些态势感知设备的不同组合来传递。从医学到军事系统,再到航空的许多领域,工程师们都着力开发能够传输和显示大量信息的网络,而这些信息目前只能通过言语方式进行交流。

开发有效的方法来传递和显示这些信息,仍然是一项核心挑战。例如,Bolstad 和 Endsley(1999a、2000)提供了共享显示来增强团队成员之间的言语交流。他们发现,某些类型的共享显示(根据团队其他成员明确的态势感知需求定制的显示)可以显著提高团队表现,尤其是在高负荷工作的情况下。而其他类型的共享显示(重复团队其他成员的所有信息)则没有任何效果,或者会降低团队表现。

还应注意的是,团队成员可以在不同的信息源之间自由取舍。例如,有研究发现,当共享显示可用时,团队会减少言语交流(Bolstad 和 Endsley,2000;Endsley 等,1999b)。当共享环境或言语交流不可用时,对其他信息的需求可能会相应增加,以弥补这一不足。例如,在互联网上交流的人们经常会添加表情符号,如笑脸等符号,来表达情感,而这些情感内容能通过言语表达,但无法通过电子邮件或网上聊天传递。

由于许多新的工作都旨在提高团队成员之间的电子通信和言语交流能力,以及创建共享显示(通常称为通用行动视图或可视化),因此仔细评估这些变化对通信信息水平和类型的影响非常重要。例如,研究发现,空管员可以根据飞行员的语音,获得很多与之交流的飞行员的信息,如经验水平、对机场的熟悉程度、对语言的熟悉程度等(Midkiff 和 Hansman,1992)。这些信息对空管员非常有用,可以让他们迅速调整通信频率、预期飞行员相应指令的速度以及与区域内其他飞机的间隔距离(Endsley 和 Rodgers,1994)。如果言语通信被电子数据链取代,很可能会丢失这些信息(Midkiff 和 Hansman,1992)。随着用于支持态势感知的设备类型发生变化,必须非常谨慎地确保通过某种方式提供用户所需的所有信息,并确保这些变化不会以某种意想不到的方式降低态势感知水平。

11.4.3 共享态势感知机制

有趣的是,团队实现共享态势感知并不完全依赖于这些设备。有些团队还有可用的内部机制,能够极大地帮助实现共享态势感知,尤其是共享认知模型的存在,被认为能极大增强团队实现相同理解和预测的能力,只需基于较低层次的数据而无需额外沟通(图 11.6)。

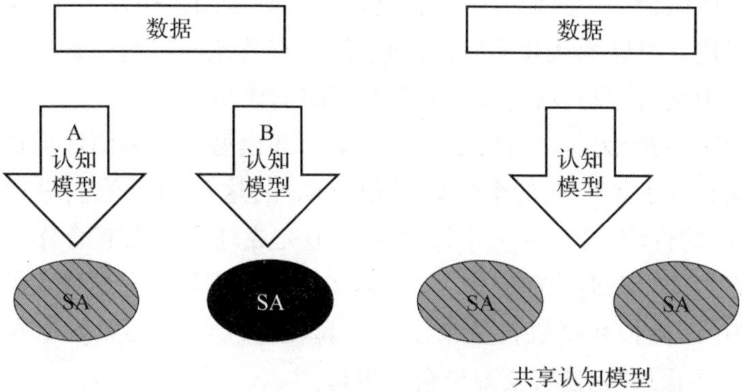

图 11.6 共享认知模型提供了建立共享态势感知的有效机制

（团队间和内部态势感知模型：对设计、培训和培训的影响测量，载于 M. McNeese、E. Salas 和 M. Endsley（编），合作活动的新趋势：了解复杂环境中的系统动力学，人因和人体工程学学会，加利福尼亚州圣莫尼卡，2001，P46 – 67）

如果没有共享认知模型，团队成员很可能会以不同的方式处理信息，并对正在发生的事情作出不同的解释。要对信息达成共识，并对其他团队成员正在做的事情和将来要做的事情有准确的预期，就需要进行大量的沟通。

然而，人们相信在某些团队运作中存在共享认知模型（Orasanu，1990；Salas 等，1995；Stout 等，1996）。认知模型和模式构成了在复杂系统中进行理解和预测的机制。如果两个团队成员拥有相似的认知模式，那么他们对所处理的数据达成相同理解的可能性就会大大增加，与此相关的工作量也会大大减少。Mosier 和 Chidester（1991）发现，表现较好的机组人员比表现较差的机组人员进行交流的次数要少，这很可能是因为使用了这些共享认知模型，使他们能够通过有限的交流来提高工作效率。Bolstad 和 Endsley（1999b）通过一项研究验证了“共享认知模型很重要”的假设。在这项研究中，他们为一半的团队提供了共享认知模型（通过信息和培训），另一半则没有。他们发现，拥有共享认知模型的团队在任务中的表现明显优于没有共享认知模型的团队。

共享认知模型可以通过多种方式创建。首先，可以通过共同的培训经历来形成共享认知模型，如在彼此的工作岗位上进行交叉培训。接受过交叉培训的团队，往往比没有接受过交叉培训的团队表现更好（Bolstad 和 Endsley，1999b；Volpe 等，1996），并表现出更多有关任务和团队合作的具体知识（Cooke 等，2003）。交叉培训也被证明，能特别提高团队成员的态势感知能力（Bolstad 等，2005）。整个团队的联合训练也有助于培养共享认知模型。例如，空勤人员接受的标准化培训可以建立一个强大的认知模型，让他们知道其他机组成员在不同情况下应该做什么。我们鼓励空管员坐在驾驶舱的机组座位上,从而对驾驶舱内的情况建立更好的认知模型,帮助他们更有效地与飞行员沟通。也鼓励飞行员参观空中交通管制设施,以建立相互理解的模型。

其次,共同的经历非常有助于建立共享认知模型。许多团队成员在过去的合作中都能充分了解彼此的个性以及角色职能,这有助于他们进行有效的沟通,预测彼此的行动,并作为一个团队出色地完成任务。没有合作过的团队则可能会处于劣势。在商业航空中,大约44%的事故都发生在新成立的机组的第一段旅程中(即机长和副机长从来没有一起飞行过),且73%发生在机组成立的第一天(美国国家运输安全委员会,1994)。

最后,在合作之前,团队可以通过直接沟通建立共享认知模型。例如,Jones(1997)发现,飞行员可以依靠其他飞行员的一些关键信息来建立自己的认知模型,如机组职位和机型的工作经验时数、最近的飞行经验以及在特定机场的经历等。当团队成员彼此较为陌生时,可以通过数据库或口头交流,向团队成员提供此类信息,以帮助建立共享认知模型。这是许多团队面临的共同挑战。

共享认知模型被认为具有以下几个关键优势(Orasanu 和 Salas,1993):①它们可以提供重要的互动模式和标准化的语言和交流方式,使机组成员能够以可预测的方式进行互动;②建立对谁拥有什么信息的理解;③提供一个确保团队资源用于共同目标的环境。然而,对于认知模型在多大程度上应该共享,还存在一个悬而未决的问题(Duffy,1993)。也就是说,团队成员的认知模型是否需要完全相同才能有效(如果可能的话)?也许只需团队成员认知模型的某些方面需要相互关联就能产生预期的结果,就像只需他们共享态势感知的某些方面就能使团队有效协作一样。由于认知模型是难以衡量的,这些问题在很大程度上仍然没有答案。

11.4.4 共享态势感知流程

最后,团队依赖于良好的共享态势感知流程来形成共享态势感知。Orasanu 和 Salas(1993)回顾了许多关于高效和低效团队的研究,归纳出了几种可能成功建立团队共享态势感知的流程。高效的团队倾向于制订未雨绸缪的计划——与良好的个人态势感知有关的进程——可以通过建立对其他团队成员想要做什么的良好预测来帮助团队。高效团队的领导者也会营造一个促进信息共享的环境,明确传达目标、计划、战略和意图,考虑更多的选择,提供更多的解释,给出更多的警告或预测。这些因素对于确保团队成员的态势感知建立在相同的基础和预期上至关重要。

高效的团队同样致力于在确定解决方案之前对问题达成共识。Citera 等(1995)认为,这一点对于由背景各异的人组成的团队尤为重要,如设计团队。Klein 等(1993b)发现,高效的团队会积极鼓励团队成员表达不同意见,并参与到形成共同评估、跟踪团队进展和管理时间的过程中,努力建立对团队成员角色和职能以及对团队目标和计划的共同理解。

Taylor 等(1996)研究了某团队在执行一项任务时的态势感知过程,在这项任务中,团队需要适应任务目标和计划预期的变化。他们发现,在高效的团队中,团队成员每个步骤中都会积极地相互确认、相互协调以获取信息,作为一个整体来确定优先次序以应对可能出现的突发情况,并表现出(以积极的方式)相互质疑的团体规范,以确保他们对情况的了解是准确的。这些团队即使在不知道问题实际存在的情况下,也能对形势做出最准确的判断,并在可能出现问题之前制订有效的计划。当意外事件发生时,这些过程会很有帮助。

相反,Orasanu 和 Salas(1993)发现,表现不佳的团队往往不具备正确的认知模型。导致这种结果的共享态势感知过程,往往包括不愿意质疑团队的共识或比较权威的团队领导者。同样,个人通常也不愿意提供与团队意见相左的新信息,尽管这往往是为了保持团队的凝聚力。这样的团队成员往往会错误地假设他人与自己的观点一致,自己了解他人的目标,或者认为只有某人有不同的观点。团队中地位较低的成员所提供的相关信息,往往也会被地位较高的成员所否认。所有这些因素都会直接降低团队成员之间交流相关信息的可能性,以便创建准确的共享态势图。

Duffy(1993)发现团队中存在三大类错误:①根据所谓的共享认知模型对信息进行曲解;②由于社会约束而接受不良的情境模型;③存在对信息获取产生负面影响的不良组织流程。在 Taylor 等(1996)的研究中,表现不佳的团队中,团队成员表现出不主动提供相关信息的群体性特点。作为一个团体,他们未能对任务进行优先排序,不同的成员以不协调的方式追求不同的目标。这样就很容易偏离团队的主要目标。表现不佳的团队依赖于他们的期望,而不对其进行核查。这使他们在面对被证明是错误的期望时毫无准备。他们还倾向于出现“态势感知黑洞”现象,即一名成员对情况的错误理解会将其他人带入他或她的错误理解中。

为探究某些团队比其他团队表现更好的原因,相关学者进行了大量研究,这不在本书的讨论范围之内。在此只需明确,即使团队拥有高质量的态势感知设备和机制,团队使用的共享态势感知流程和规范也会对共享态势感知和团队态势感知的质量产生重大影响。Helmreich 等(1986)开发了机组资源管理

(CRM)等培训项目,并在航空领域广泛实施,以改善这些流程。机组资源管理已扩展到其他领域的类似计划,以改善团队流程,如飞机维修(Taylor 等,1993)和医疗手术(Bringelson 和 Pettitt,1995)。

虽然机组资源管理项目一直注重于改善团队共享态势感知流程和规范,但最近的项目则侧重于在其基础上,帮助团队发展更好的团队协作能力。Endsley 和 Robertson(2000a)为飞机机械师制订了一项培训计划,重点是在团队内部和团队之间发展共享认知模型,传递与较高水平的态势感知相关的关键信息并提供反馈,以促进准确认知模型的发展,以及提供应对态势感知挑战的机制。在另一个项目中,Robinson(2000)为飞行员开发了一个培训项目,教授态势感知等级以及提前发现和纠正问题的方法。这两项计划都是为了加强传统的机组资源管理,指导团队如何更有效地进行沟通,以及哪些信息需要沟通才能建立良好团队的态势感知。

11.4.5 各因素之间的相互关系

设备、机制和流程,其中任一个因素都有助于建立共享态势感知。团队既可以依靠这些因素中的任一个或多个的组合来形成态势感知,也可以进行不同因素的权衡。例如,Bolstad 和 Endsley(1999a)发现,如果提供共享显示或共享认知模型,团队的表现会很好;但如果两者都不提供,团队的表现就会很差。他们发现,提供共享显示实际上能非常有效地帮助团队建立共享认知模型,而且即使不再提供共享显示,团队的表现仍然很好。还有人认为,共享认知模型可以用来代替明确的言语交流(Mosier 和 Chidester,1991)。总之,当我们讨论如何设计系统来提高团队的态势感知时,必须记住这些可能存在的权衡。在评估新设计概念的影响时,需要注意确保发现团队用于建立态势感知的设备、机制或流程的变化。

11.5 分布式团队中的态势感知

虽然通常认为团队成员会集中在一个房间里紧密合作,但在许多领域,集中式团队正逐渐向分布式方向发展。移动电话网络和互联网使企业能够将其员工分布在广阔的地理空间中。远程办公成为一种常见的商业运作形式,它既为员工提供了灵活性,也为公司带来了好处,但也在支持分布式团队的协作方面带来了新问题。在许多情况下,人员不仅在地理上分布,而且在时间上也分布。一个国家的员工在其他国家的员工睡觉时接管软件开发或客户服务职能，从而实现全天候运作。

军事行动总是涉及地理位置分散的多支部队的行动。通常情况下，由于通信条件有限，这些行动的协调受到统一计划的严格控制，该计划事先规定了每个部队要做什么以及他们可以在哪些地区行动，以便协调部队活动、避免行动冲突。然而，这样做的缺点是，此类行动的计划通常比较冗长，面对不可预见的敌方行动，部队难以进行有效的全盘应变。如今，军事行动中越来越多地使用电子信息网络来支持实时规划和协调，从而大大缩短了这一周期，并使传统上彼此保持在视线范围内的团队能够更加分散。

太空领域的行动对分布式运作提出了更大的挑战。地球与低地轨道空间站之间的通信延时为 2 ~ 8 秒。在火星任务中，与宇航员之间的单向通信延时为 7 ~ 20 分钟。而在太空、火星和地球地面站工作的人员作为一个团队，往往需要密切协调与合作。

这些例子中都包含了必须在分布式环境中工作的团队。他们可能分布在不同的房间、不同的建筑或不同的城市；也可能分布在不同的时间、不同的时区或同一时间，或受到严重的通信延时影响，如太空行动。其他情况下，虽然各小组的位置可能较为接近，但由于存在障碍物，彼此的视线会被遮挡。在同一架飞机上工作的机械师们就构成了一个分布式团队，因为他们在同一架飞机的不同区域工作时无法看到对方。

如果分布在各地的成员都在执行相当独立的任务，就不会造成什么问题。但是，在如今的系统中，往往希望为分布式团队提供与集中式团队相同的团队整合度。在这种情况下，分布式团队对共享态势感知的需求与非分布式团队一样高。他们对态势感知的需求仍然是他们目标重叠程度的函数（图 11.7）。

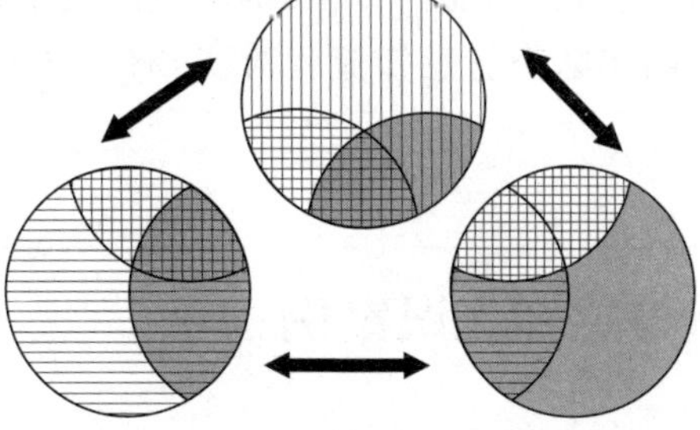

图 11.7　分布式团队中的态势感知

（团队间和内部态势感知模型：对设计、培训和培训的影响测量，载于 M. McNeese、E. Salas 和 M. Endsley（编），合作活动的新趋势：了解复杂环境中的系统动力学，人因和人体工程学学会，加利福尼亚州圣莫尼卡，2001，P46－67）

分布式团队的态势感知被定义为“成员因距离、时间和/或障碍而分离的团队中的态势感知”(Endsley 和 Jones,2001)。他们对态势感知的要求是相同的,但可用于支持信息传输的设备可能会存在相当大的限制。一般来说,他们不具备共同环境或非言语交流的优势。这在传统上通过言语交流方式传递信息,而言语交流方式往往难以承担这一重担;或者通过电子通信方式,以便利用共享显示促进相关信息的共享。电子聊天、文件共享、电子邮件甚至网络视频会议等电子协作工具越来越多地被用来填补这一空白。虽然这些方法在支持团队协作方面具有一定的优势,但它们在支持分布式团队的共享态势感知流程和信息传输方式上也存在局限性(Bolstad 和 Endsley,2002)。由于更受限制的非言语通道和非共享公共环境而丢失的信息,必须通过充分利用其他态势感知设备来弥补。

一个复杂的因素是,许多分布式团队在建立共同认知模型方面可能存在问题。由于他们的互动机会往往比较有限,在很多情况下,他们可能没有足够的机会与其他团队成员建立共享认知模型,导致他们不能在信息流较少的情况下有效地协作。这反映出需要更加关注分布式团队的交叉培训和团队建设练习,同时也表明,显示系统设计人员可能需要更加关注支持共享显示中信息的理解和预测。如果没有良好的共享认知模型,共享态势感知的这些方面很可能会出现偏差。更直接地显示这些信息有助于克服这一问题。设计人员需要研究团队中用于信息传递的正式和非正式流程,并确保提供新的信息传递方法,以进行补救。

值得注意的是,分布式团队的成员表现不一定会(比非分布式团队)更差。Gorman 等(2005)发现,在模拟无人机任务中,分布式团队在发现和应对故障方面的表现要优于非分布式团队。分布式团队表现出团队成员对问题的第一手感知能力更强,传递信息的能力更强,解决问题的协调行动能力更强,这表明他们已经将卓越的团队态势感知流程落实到位,从而弥补了分布式带来的挑战。

11.6 团队态势感知失误案例

对团队态势感知可能出现问题的方式进行研究,可以很好地说明态势感知模型中的因素对这一过程的影响,以及在系统设计工作过程中,实现高水平态势感知所需要支持的特征。下面是一个案例研究,展示了 1995 年 12 月在哥伦比亚卡利发生的美国航空公司波音-757客机坠毁事件中,团队态势感知问题所造成的影响,该事件造成机上人员全部遇难(哥伦比亚共和国民航局,1996)。

从迈阿密飞往卡利的航班在进入哥伦比亚之前情况正常。副机长驾驶飞机,机长负责与空中交通管制部门联系,并管理飞行管理系统(FMS)。在进入没有配备空中交通管制雷达的卡利空域时,发生了以下无线电交流。

空管员:“……获准前往卡利,注意观察VOR,下降并保持15000英尺……报告,呃,经图卢瓦,注意观察VOR。”

驾驶舱:“好的,明白。确认直航卡利,观察VOR。经图卢瓦报告,海拔高度15(千英尺)……先生,是否正确?”

空管员:“确定。”

在以上通信中,机组人员和空管员所拥有的不同思维模式导致了他们对许可的不同理解。空管员认为,飞机正按照预定的航线,通过图卢瓦的一个导航点飞往卡利机场。而驾驶舱的机组人员则认为,他们正在从目前的位置直飞卡利,只是在经过图卢瓦航点时报告了一下。对机组人员来说,“直航”一词意味着他们可以在飞行管理系统中输入指令,将飞机直接导航到该点,而不是沿着既定路线飞行。

虽然空管员在第一次通信中没有说“直航”,但他在回复机组人员的许可中说了“确定”。尽管空管员接受过标准驾驶舱通信所需的英语培训,但由于英语是其第二语言,他并不完全精通。在这种情况下,他对机组人员使用“直航”一词的理解可能稍有偏差。事实上,如果像空管员那样熟悉该地区,那么机组人员选择直接飞往卡利就没有意义了,因为图卢瓦是飞机必须飞往的机场进场的起点。但机组人员并不具备这种机场思维模式。他们习惯于在途中空域获得直接航线。在他们听来,直航卡利VOR就像是一条直接航线。

在这一通信过程中产生的误解,为机组人员随后遇到的一系列问题埋下了伏笔。当他们在飞行管理系统中输入“直航卡利”时,显示屏上的图卢瓦航点被取消了。随后,空管员批准机组进入一条与他们最初准备的跑道不同的跑道。这条跑道使用图卢瓦VOR作为罗佐1号抵达的初始进场定位。然而,机组人员无法在飞行管理系统上找到图卢瓦。由于所处的位置和高度,机组几乎没有时间进行必要的高度下降以及必要的步骤以执行新的进近。机组人员随后选择在他们所能找到的唯一进场点罗佐开始进场。

驾驶舱:“AA 965可以直接去罗佐然后从罗佐降落吗?”

空管员:“是的。走罗佐1号和19号跑道,风很平静。”

随后,驾驶舱机组人员在飞行管理系统中输入了“直航R”(由于程序错误,他们偏离了航线)。现在看来,这似乎是一个非常错误的决定,因为罗佐距离跑道不到3英里。但对机组人员来说,由于没有时间充分了解新的进近和跑道,这似乎是最好的解决办法。此时,机组人员与空管员之间的共识度非常低。他们继续交谈,空管员仍然认为飞机正飞往从图卢瓦开始的罗佐1号跑道,而飞行员仍然认为他们是在直接前往指定的罗佐点。

值得注意的是,在这种情况下,空管员没有共享显示(如雷达)来显示飞机的位置或飞往机场的进度(在许多山区雷达覆盖率很低)。他不得不严格依靠言语交流来了解飞机的情况。由于地形信息没有纳入飞行管理系统的显示,且不同的航点并不总是显示在显示器上,飞行员对他们飞行区域的信息知之甚少。由于依赖于飞行任务管理系统提供的导航显示,飞行员在飞行途中也很少使用纸质地图。此外,飞行员的纸质地图所用的术语与飞行任务管理系统所用的术语大相径庭,使两种信息源难以融合。

尽管这起事故有许多相关的诱因(其中主要是自动化界面的问题),但事故中空管员和飞行员之间缺乏共享态势感知,这导致了失去预防事故的机会。如果空管员了解飞行员在做什么,他或许就能在飞行员越过预定航线进入多山地形区域时进行干预,或是提醒飞行员注意他们的困境。而实际上,空管员只是在继续等待飞机报告经过图卢瓦。当飞机没有报告时,他询问飞机所在的位置。

空管员:“AA965 现在的距离?”

驾驶舱:“与卡利的距离是38英里。”

空管员对飞机运行模式的理解不同,导致他错过了这一有问题的线索。虽然图卢瓦距离卡利有40英里,但空管员将38英里处的报告理解为“他们忘记报告沿途经过图卢瓦”。实际上,他们从未经过图卢瓦,而是在完全不同的航线上。一分半钟后,驾驶舱报告:

“DME 显示,我们处在距离37英里、飞高10000英尺处。”

这又是一个失误。如果直接飞往机场,在一分半钟内就能飞越1英里以上的距离。只有当飞机偏离航线,并穿越一条与它们本应穿越的航线正交的航线时才能做到这一点。不久之后,飞机在继续下降时撞上了山顶,在此之前,飞机一直在朝着他们以为直线路径上飞行。

这起事故说明,导致团队协作失败的原因可能既简单又微妙。对同一个词的简单曲解可能会导致对情况截然不同的理解,尤其是在跨国团队或成员背景迥异的团队(如来自市场营销和工程设计的混合团队)中。不同的认知模型会导致对交流的信息做出完全不同的理解和预测。

在这个例子中,几乎没有为创建良好的团队态势感知提供支持。在并非所有参与者都能完全自如地使用语言的情况下,缺少共享态势感知设备,而只依赖言语交流渠道。此外,许多团队都是临时组建的,没有机会进行交叉培训或流程开发。

通常情况下,不同的团队难以界定哪些信息是需要向其他团队成员传递的。一个团队成员并不知道其他成员了解到何种程度。空管员对驾驶舱显示屏向飞行员显示的内容知之甚少甚至一无所知,也不知道飞行员对机场周围的地形缺乏了解。

在这些团队中,往往不会直接传达高层次的理解或预测,而只会传达低层次的信息。例如,虽然空管员担心飞行员尚未报告通过图卢瓦,但他从未表达过对这一情况更高层次的评估。相反,他从未意识到这是一个潜在的问题,只是要求飞行员报告位置,而飞行员也确实报告了位置。由于低层次的信息可能导致不同的团队成员做出截然不同的理解,远不足以指导团队发现这些情况在理解上的严重偏差。

这个例子并不罕见。在其他领域也发现了这些导致团队效率低下的问题(Endsley 和 Robertson,2000a)。在分布式团队和临时团队中,开发团队流程和共享认知模型的培训机会往往很有限,因此,设计能克服上述问题的系统以更好地支持团队协作就显得极为重要。

11.7　支持团队运作的设计原则

原则 45:建立支持团队运作的共同视图

人们总说需要一个支持团队运作的共同行动视图(COP)。然而,如何建立这一视图并非显而易见。在某种程度上,问题在于如何提高电子网络的带宽和可访问性,特别是对于分布式团队而言。如果没有这些系统,就很难实现所需信息的实时共享。然而,这些技术突破还不足以创建共享态势感知,还需要精心设计在这些网络中共享的信息,包括每个团队成员真正需要的信息,且信息的呈现方式必须符合每个团队成员的需求。这有时被称为通用相关行动视图(CROP)。

在大多数情况下,不同的人对可用数据的处理和解释会略有不同,每个人都有不同的、动态变化但又相互关联的信息需求,每个人都需要在总体任务的背景下正确理解这些信息(如飞行员、副机长和空管员)。从数据中创建信息的工作非常复杂,就像评判“美”一样,什么是真正的“信息”在很大程度上取决于观察者的眼睛。支持团队中所有成员的信息需求,并确保他们能妥善协调,“从同一页纸上读取信息”,即是我们面临的关键任务。

有几项关键原则与推动发展共同行动视图有关。首先,不能一刀切。虽然对不同团队成员共享的信息达成共识非常重要,但根据每个团队成员各自的目标和更高层次的态势感知需求,向不同团队成员展示和使用这些信息的方式必须有所不同。因此,分析和随后的系统设计必须基于对每个团队成员的态势感知需求的理解。

其次,必须注意整合不同团队成员获取信息的信息源,特别是当不同信息源提供类似信息时。例如,在航空领域,空管员通常会根据地面雷达系统,查看其区域内各种飞机的位置。20 世纪 80 年代,一种名为“空中防撞系统”(TCAS)的新技术开始应用于飞机,该系统可根据每架飞机上的传感器,向飞行员显示附近其他飞机的情况。空中防撞系统旨在为飞行员提供飞行交通信息,并为防止潜在的空中碰撞提供最后一道防线。

然而,这两个信息源从未进行过整合。空管员无法得知某位飞行员是否知道某特定飞机的位置,也无法得知空中防撞系统可能会向飞行员下达什么指令,让其在最后时刻进行机动以避开其他飞机。在某些情况下,空中防撞系统和空管员会向飞行员提供相互矛盾的引导。空中防撞系统会在不考虑该区域内其他飞机的情况下,指示飞行员爬升或者下降,这会导致与其他飞机产生冲突,从而需要进行额外的机动。

一般来说,空管员的视角更加立足全局,他们会对不同的交通状况做出不同的放行许可。一架货机和一架满载乘客的俄罗斯飞机在德国上空相撞,原因是空中防撞系统向飞行员发出的指令与空管员发出的指令相冲突(Landler,2002)。其中一名飞行员听从了空管员的指令,而另一名飞行员则听从了空中防撞系统的指令,导致他们撞向对方,而不是相互远离。

总之,虽然需要根据每个团队成员的个人需求为其提供精确视图,但也需要提供潜在数据背后的一些共性,以确保不会出现此类分歧。

原则 46:避免共享显示过多

虽然过去有些团队被迫尝试通过语音通信链路来形成共同视图,但这些系统有限的带宽严重限制了团队成员之间可传递的信息量。在这些系统中,音频过载可能是限制态势感知的一个重要因素。

在一些系统中,团队成员之间的态势感知需求有很多重叠,因此通常需要视觉显示器来帮助传递和可视化复杂的空间信息。许多领域正通过创建超大型投影显示屏或数据墙,来为多个团队成员提供共同视图。然而,仅仅通过这些机制,即重复其他团队成员的显示,并不能创建共享态势感知。因为团队成员显示屏的内容是根据他们的需要进行整合和格式化的,查看这些显示屏对其他团队成员造成的负担大于给其带来的帮助(Bolstad 和 Endsley,1999a)。团队成员需要花费额外的时间来整理所有无关的信息,以找到自己所需的部分。特别是在时间紧迫的任务中,这种额外的工作量和精力分配可能会降低而不是提高工作表现。

在团队中,如果团队成员对态势感知的要求不同(即他们在团队中的职责不同),则必须精准提炼需要在团队成员之间传递的信息,并将这些信息与其他团队成员的显示整合在一起,从而创建共享态势感知。这种创建通用相关行动视图的方法已被证明能显著提高团队表现,而不会造成工作负担(Bolstad 和 Endsley,2000)。

原则 47:提供灵活性以支持跨职能共享态势感知

一套共享态势感知需求的确定(在所有 3 个层级上)应指导选择要共享的信息以及信息的展示方式,以支持每个团队成员的态势感知需求。基于共同信息的显示,并不意味着必须以完全相同的方式向每个团队成员显示信息。尽管显示可能是基于共同的数据库创建的,但向每个团队成员呈现的视角和信息必须符合个人的需求。

这种方法需要考虑几个因素。首先,在分布式团队中,每个团队成员都拥有不同的物理视点。例如,战场上的士兵可能会从不同的位置观察同一块地形。因此,查看地形数据库时,可能需要根据使用人员的实际视点进行移动。同样,显示机械零件的数据库也可以旋转和移动,以配合机械师操作特定零件时的物理视角。

其次,每个团队成员可能有不同的目标导向,或对所提供的信息有不同的参考基础。这与他们不同的二级态势感知需求有关。例如,一个军事组织中的许多不同团队成员,可能都想了解周围的地形和天气情况,但每个人要做的更高层级的评估却截然不同。后勤军官想知道地形能通过哪种类型的车辆、车速能达到多少,或是建立补给站的最佳区域。作战军官希望了解地形对己方和敌方部队能见度、通信能力以及对部队机动速度的影响。连队工兵希望了解地形对他们需要开辟的进出通道的影响,或对他们需要设置的路障或障碍物的影响。

虽然基础信息(周围地形)相同,但了解情况所需的相关参照物却大相径庭。根据不同位置的不同目标,需要对信息进行不同的整合和解读。要灵活地支持不同成员所需的比较基准转换,就要求显示屏上的信息比较器易于修改或适合每个团队成员。例如,显示的地形(道路、水域、土壤质地、海拔起伏或等高线等)和其他情况因素(如部队位置、补给车辆、预定行动路线)可以通过过滤器进行控制,每个小组成员都可以根据特定评估的需要在自己的显示器上进行筛选。另外,如果二级态势感知信息直接显示在显示屏上,则可根据特定职位进行调整。

最后,为不同的团队成员提供不同的语义或术语支持。例如,不同军种对"安全"一词的理解可能完全不同。对海军来说,确保建筑物安全意味着熄灯锁门;对陆军来说,这意味着占领它,禁止没有通行证的人进入;对海军陆战队来说,这意味着攻击、占领以及进行加固,并在必要时请求空袭;而对空军来说,这可能仅仅意味着租约谈判。尽管术语上的差异偶尔让人觉着幽默,但在某些情况下,它们可能会导致严重的沟通不畅和误解,从而破坏共享态势感知。多国维和行动和跨国公司在弥合术语使用上的这类差异时,可能会遇到特殊的困难。给特定团队成员展示的术语,应与团队在特定领域使用的术语保持一致,并建立沟通机制,以帮助理解需要如何与他人沟通。

原则48:支持跨团队传递不同的理解和预测

虽然每个团队成员的显示屏需要根据自己的信息需求量身定制,但他们也要能与其他团队成员(每个人都有自己的视角、视点和语义)进行有效沟通。解决这一问题的办法在于创建灵活的显示。这些共享显示应允许物理切换(从不同的角度或视点查看情况)、比较切换(根据不同的目标状态和参考查看信息),以及使用不同的信息过滤器,允许查看与不同团队成员或子目标相关的不同信息集。因此,尽管一个人通常可能希望看到针对自己的有利观点和目标的显示,但提供"快速查看"、转向其他团队成员的有利视点或二级态势感知评估的能力,有助于在团队内部建立所需的共享态势感知。特别是,这些转变应有助于解决与共享态势感知有关的关键问题,比如"他在执行什么任务?他做的事情会影响我吗?我做的事情会影响到他吗?他完成某任务了吗?"他们还应向团队成员传递其他成员评估情况的方式,以便发现潜在的差异(如两个团队成员计划将相同的资源用于不同的目的)。

这种灵活性将大大有助于团队对信息进行跨职位评估,使他们能够有效地实现高水平团队态势感知,从而实现自己的目标,并在团队各职位之间实现共享态势感知,这是进行有效协调以实现团队总体目标所必需的。

原则49:限制显示技术的非标准化

过多地对显示进行个人定制,可能会影响团队整体表现。如果个别团队成员可以修改显示屏上用于表示目标的颜色编码或符号,就会在成员之间产生严重的误解。在许多团队操作中,多个团队成员会查看同一个显示屏;例如,手术室里的不同医生和护士通常会共用同一个显示屏;在指挥控制中心,可能不止一个人负责后勤工作;不同的团队成员会在同一时间或跨几个班次一起工作;空中交通管制和发电厂运行也是如此。

如果一个团队成员大幅改变了信息的显示内容或显示方式,其他成员就会误解他们所看到的内容。而在许多系统中,当程序员不确定如何显示信息时,他很可能会选择“让用户决定”,提供用户可以随意使用的符号和颜色选项。然而,这种非标准化的做法可能相当危险,会完全破坏这些系统中的共享态势感知。不同的团队成员很容易误解自己正在查看的信息。此外,在许多系统中,用户都是根据自己的显示进行交流的(如“我看到了两个菱形显示”)。如果不同的团队成员可以轻易改变符号,那么这种交流就很容易出错。

虽然原则 47 和原则 48 提倡根据团队成员的不同需求量身定制显示内容,但这一原则似乎与之相悖。如何既支持量身定制和灵活性,又限制非标准化?实现这两个目标是可行的。为不同团队成员量身定制显示信息的能力,不应与如何标准化显示任何特定部分信息的想法混淆。在这种情况下,要注意在一个团队成员的显示屏上对某一信息使用的编码,在另一个团队成员的显示屏上应表示相同的含义。比较或有利视点切换应明确标出,以避免某人对正在查看的内容产生误解。

原则 50:通过公开要素和状态支持跨职位态势感知的传递

最后,与此类似,共享态势感知也需要在团队中相同职位的成员之间,以及不同职位的成员之间得到支持。团队中的不同成员可能会不时离开房间、被其他任务分心或轮班工作,因此应采用公开的方式,来传递有关正在进行的任务的状态和当前情况的关键信息。

在许多系统中,这些信息是隐含而非公开的。例如,就某个问题与谁联系过,或采取了哪些措施,这些信息往往只存在于相关人员的记忆中。如果这些信息没有正确、完整地传递给其他团队成员,就可能发生错误。例如,一名护士在给病人喂药时被打断,可能不记得转告下一班护士哪些病人没有吃药。一名进入病房的医生可能不知道另一名医生关闭了某些出现故障的监视器,如果他预计出现问题时会发出警报(但实际上监视器被关闭,不会有警报出现),他可能会措手不及。

在某些系统中,人们试图创建标记来向彼此传递任务的状态信息。例如,空管员一贯利用飞机进程单的位置和倾斜角度以及上面的标记来向自己和他人传达所采取的行动、计划和期望。随着许多系统日益计算机化,设计人员有责任在系统中直接提供此类通信辅助工具。如果某些信息被移除(如关闭传感器或过滤掉信息),显示屏上应一目了然,以免向他人传达错误的信息;如果没有显示通常需要显示的信息,则应明确指出(见原则9)。

此外,还应该清楚地显示正在进行的任务和计划的状态,以实现不同班次和团队成员之间的平稳过渡。例如,在第6章的案例研究中,为了支持航道设施维护系统中团队成员之间的沟通而创建了一个矩阵,其中显示了已经联系了哪些组织,获得了哪些权限(图6.7)。取代纸质飞行进程单的电子飞行进程单应允许管制员对其进行操作,以显示订购信息、预期流量和需要关注的飞机,就像管制员对纸质飞行进程单所做的那样。在某些系统中,可能需要辅助工具来允许操作人员输入更高级别的评估信息(如这个病人出现了问题需要尽快检查),以帮助促进这种跨班次和多成员的交流。

支持团队协作所需的态势感知首先要求我们设计的系统能够支持每个团队成员的态势感知。此外,要支持团队中的态势感知,还需要额外考虑某些设计功能,以确保数据、理解和预测能够根据工作需要在团队成员之间快速、准确地传递,且不会造成超负荷。遵循这里所描述的设计原则,可以避免这一过程中的许多陷阱,并引导设计者进行更多必要的考虑,从而在团队中建立高水平的共享态势感知。

第 12 章　无人和远程操控载具

12.1　用途广泛的无人载具

越来越多的无人载具正逐渐进入日常工作之中。其中包括无人驾驶飞行器(UAV,简称无人机),如 Predator 或 Hunter,被军方用于提供远距离区域的视频和传感器视图,以及受到模型飞机爱好者青睐用于娱乐目的的小型遥控无人机。无人地面车辆(UGV,简称无人车)应用广泛,范围从清洁家用地毯到探查被飓风、龙卷风或炸弹摧毁的建筑物废墟,以便寻找和营救幸存者,还有可以穿越各种地形运输物资、提供遥远地区视频甚至充当军事应用的远程武器系统的车。类似地,无人潜航器(UUV)和无人水面舰艇(USV,简称无人舰)在海军作战中提供远程能力(图 12.1 和图 12.2)。

图 12.1　General Atomics Predator 用于各种军事任务

图12.2 陆军的小型UGV可以穿越复杂的地形

"无人"一词实际上意味着"无人驻留",即尽管存在人类操作人员,但他并不像传统的飞行员、驾驶员或船长那样身处载具上,而是通过远程控制站操作载具。尽管如此,操作人员仍然是系统中的重要组成部分,并且与他们在载具上时一样需要态势感知能力。然而,由于这种"远程"状态,获取和保持态势感知所面临的挑战要大得多。不幸的是,在这类载具中经常忽视对远程控制站进行良好人因设计的重要性。

12.2 无人载具的控制类别

虽然无人载具通常被一并讨论,但实际上对操作人员而言存在至少4种不同的控制方式。第一种是外中心远程操控(图12.3)。在这种控制方式中,操作人员可以直接看到飞行器或车辆在空中、地面或水面移动。操作人员通过手持控制器直接控制载具的路径和参数(如速度、路径、摄像机运动)。娱乐用的遥控车和许多小型无人地面车就属于这一类。

图12.3 外中心遥操作使用直接观察车辆来控制无人系统

自中心远程操控与外中心远程操控类似,但是操作人员没有直接的视线,而是通过摄像头视图来控制载具,显示的是载具"窗外"的景象,就像他们是从载具内观察一样(图 12.4)。这种类型的控制通常试图复制有人载具的驾驶员的体验。

图 12.4 "捕食者"无人机的操作人员控制站提供了一个以自中心的视图飞机上的摄像头以及其他车辆显示器的环境

随着自动化程度的提高,操作人员的部分任务(如飞行路径保持或系统操作)也可以由自动化来完成,随之而来的是一种不同的控制方式,称为自中心半自动或自动控制。同样,未来也可能开发出外中心半自动或自动控制。在许多系统中,控制模式可以从其中一类迅速切换为另一类。

12.3 无人载具操控中的人为错误

许多现有无人驾驶车辆的事故率相当高。例如,美国国防部报告称,无人机的事故率比有人驾驶飞行器高出 10 ~ 100 倍(美国国防部,2001)。这种高于常规的坠毁率可能是由于多种因素导致的,包括系统技术相对不成熟以及使用无人载具可能存在的更大风险。

一些研究还指出,要使这些系统成功达到其预期目标,必须解决严重的人为错误问题。Rash 等(2006)总结了涉及无人飞行器事故的多项研究,结果如表 12.1 所列。对于大多数系统而言,人为错误的比例约为 30%,而对于空军系统来说,则为 60% ~ 70%,这主要与"捕食者"无人机存在问题有关,这一增加可能是因为"捕食者"使用自动化系统进行降落,而其他军种通过地面上的外部飞行员控制降落(外中心远程操控)。"捕食者"的事故数据包括战斗和训练飞行,而涉及其他军种的数据主要来自非战斗训练飞行。此外,还发现了与"捕食者"控制站有关的重要人因问题,稍后将对此进行更详细的讨论。

表12.1 美国军事部门的无人机人为错误事故率摘要

来源	美空军	美陆军	美海军
Manning 等,2004	—	32%	—
Schmidt, Parker, 1995	—	—	33%
Rogers, 2004	69%	69%	—
Seagle, 1997	—	—	31%
Williams, 2004	67%	36%	28%

来源:远程操作车辆的人为因素,Rash, C. E., LeDuc, P. A. 和 Manning, S. D., 美国军用无人机事故中的人为因素,P117 - 131,版权所有(2006),来自 Elsevier。

在进一步研究这些数据时,我们发现大多数事故(60% ~70%)发生在飞行的起飞和着陆阶段,这两个阶段通常是由能够观察到飞机的外部飞行员(外中心远程操控)进行控制的(Williams, 2004)。然而,值得注意的是,有人驾驶飞机的绝大多数事故也发生在起飞和着陆阶段(Graeber, 1996),因此很难根据这一发现得出过多臆断。事实上,大多数活动都发生在上述飞行阶段(而不是巡航阶段),因此更有可能出错。这也是飞机离地面更近、容错空间更小的阶段。

尽管无人车不会像无人机那样发生相同类型的事故,但它们在操控中也存在许多困难。例如,机器在环境中的定位和定向问题,以及当机器被困在障碍物上或翻倒时需要手动解救的问题(Murphy, 2004)。这导致每辆无人车需要多个操作人员,显著降低了其工作效率,增加了执行任务的时间(Riley 等,2006)。据报道,常见的操作人员与机器的比例约为 3 : 1(Murphy 和 Burke, 2010; Riley 和 Endsley, 2005),许多使用者都希望改善这一比例,使无人车在复杂任务中的效率更高。

12.4 无人载具操控的态势感知需求

无人载具操控的态势感知需求在很大程度上取决于它们所执行任务类型。许多这类载具参与各种类型的搜索任务,无论是在军事应用中还是在救灾工作中。在其他情况下,它们也需执行特殊的任务。例如,在月球上采集样本,在战场上运送设备或伤员,或在危险的矿山中开采矿物等。许多情况下,这些载具是作为混合载具小队(其中既有有人驾驶的载具,也有无人驾驶的载具)的一部分,而非单独执行任务。例如,在国家领空内运行的无人机,或与有人驾驶飞机协同执行侦察任务的军用无人机。在这种情况下,消除与其他飞行器的冲突并协调任务分配,会增加额外的目标和信息需求,这些都需要在设计系统显示时加以考虑。

许多研究已针对各种类型的无人载具进行了大量目标导向任务分析,这些分析揭示了上述操控所需的态势感知需求类型。表 12.2 概述了参与搜救行动的无人潜航器的态势感知需求(Riley 和 Endsley,2004)。如表中所列,许多需求不仅涉及车辆状态和方向,还涉及有关环境(障碍物、地形和天气)以及车辆携带的传感器的详细信息。这就指出了大多数无人系统的一个关键问题。态势感知不仅需要关于载具的信息,还需要与载具任务相关的传感器的详细信息,以及该传感器搜索相关区域的方式。许多为此目的开发的系统显示在这个方面都存在很大缺陷。

表 12.2　无人地面车辆的态势感知需求

一级态势感知	
车辆状态	天气状况
车辆速度	地形要素
车辆位置	地标/障碍
车辆航向	杂乱
过去的车辆位置	碎片
在界面上控制行动	楼梯/不平坦的地形
过去的控制操作	恢复操作阶段
起始位置/底座	人力资产状况
操作员位置	位置
距底座的距离	活动
电池/燃油水平	车辆方向
踏步开/关	车辆在地形上的俯仰

续表

一级态势感知	
安培数/电压电平	车辆在地形上的滚动
车辆特性	车辆的驶向
尺寸(长、宽、高)	设备或工具的定向
离地间隙	搜索区域
轨道/车轮	搜索区域的划分
车辆配置	指定区域的机器人车辆
翻转角度	车辆的搜索策略
机械手手臂/夹持器旋转	传感器
本体配置	传感器数量
重量	报告数量
对象/障碍物	传感器报告类型
对象特征	报告频率
材料(固体、液体)	检测
尺寸(长、宽、深、高)	传感器检测目标数
障碍物的位置	检测目标的传感器类型
到障碍物的距离	检测目标的传感器可靠性
任务/任务目标	其他来源的信息
当前位置的时间	人工识别的目标数量
任务时间	系统识别的目标数量
已完成的任务数	人力资产能力/限制
时间限制	过去搜索的结果
队友任务	搭载设备状态
要完成的任务总数	传感器(功能、开/关)
电机系统的整体状态	相机(功能)
翻转电机功能	方向(平移和倾斜)

续表

一级态势感知	
电机温度	缩放
通信链路的质量	机械手/夹具(功能)
与机器人操作控制单元/站	大小
与其他车辆	功能限制
与任务控制站	开/闭
信号强度(当前和趋势)	自动化(开/关、自动化级别)
用于 GPS	灯
可用带宽	其他操作员的位置
带宽需求	其他机器人系统/资产的位置
二级态势感知	
车辆操作	传感器和机械手操作
行驶距离	机器人航向和相机位置之间的偏差
覆盖区域	相机相对于机器人航向的方位
孔径大小与机器人尺寸之间的偏差	夹持器与对象的接近程度
定向对机器人移动的影响	可能的控制/通信延迟
接近对象/障碍物	传感器覆盖范围
机器人与其他资产之间的距离	障碍物目标检测的可能性
车辆功能	区域覆盖的充分性/质量
车辆限制	地形对传感器的影响
机器人的定向	天气对传感器的影响
机器人的位置	机器人数据与其他情报之间的相关性
丢失/损坏机器人的可能性	虚警的可能性

续表

二级态势感知	
天气和地形的影响	传感器功能/限制
天气对任务完成时间的影响	任务
地形要素对任务完成时间的影响	任务/进度状态
能见度	对任务计划的影响
环境复杂性	任务优先级
地形对通信的影响	机器人执行任务的能力
天气对通信的影响	
天气对地形的影响	
三级态势感知	
机器人的预计位置	机器人的预计动作/行为
相对于操作员	其他预测信息需求
相对于起始位置	完成任务的预测需求
相对于其他系统	预计任务的完成时间
车辆的预计目的地	预计下个或即将的任务
预计控制行动	预计检测目标的能力
预计对机器人的损害	预计目标识别
碰撞的可能性	预计目标位置
预计穿越空间或孔径的能力	预计区域覆盖范围
预计穿越地形的能力	预计传感器覆盖范围的可靠性
预计完成任务的能力	预计与目标/障碍物的距离
预计返回基地的需要	预计操纵对象的能力
预计无法通信的时间	预计恢复时间
预计无法通信的位置	其他机器人的预计活动

许多研究还详细分析了无人机(Chappell 和 Dunlap,2006;Drury 和 Scott,2008)和无人潜航器(Strater 等,2007)的态势感知需求。对确保为这些系统

设计的显示器能够完整涵盖执行各种任务时所需的信息,并足够详细以弥补远程操控中缺乏的直接信息(视觉、听觉、嗅觉和触觉)的不足而言,这样的分析至关重要。

12.5 远程操作中的态势感知挑战

如今的无人载具系统面临着很大的困难,原因是工作负荷过大,导致难以减少操作人员的数量。此外,这些无人系统往往难以为操作人员提供充足的态势感知,也无法为操作团队提供全面的共享态势感知。这些挑战源于目前的无人载具存在的一系列根本问题。

12.5.1 感知数据错误、数据不连续和时延

与有人载具相比,无人载具操作面临的最紧迫挑战之一,是直接感官信息的缺失或退化。一旦操作人员远离机器,就无法再直接获取关于环境和载具状态的丰富感官信息(如视觉、听觉和触觉)。直接感官信息的缺失必须通过视频图像和其他车辆传感器或状态显示来弥补。在许多系统中,这可能对态势感知造成重大挑战,因为当操作人员努力通过这些类型的显示器了解正在发生的事情时,很容易出现视觉过载和认知瓶颈(Tirre,1998)。

在执行任务时,各种操控问题也会大大降低态势感知水平。即使是与远程载具之间的数据传输的微小延时,也可能影响到操控人员在遥控操作中的表现(Hale,1992)。当载具就在操作人员附近时,这些延时可能很小。然而,许多无人载具的运行距离都很远,甚至跨越大陆或星球,因此延时是影响任何类型的直接远程操控的主要问题,必须采取各种补偿措施。A1lender(2010)回顾了一些研究,结果表明,延时持续时间、延时变异性和任务难度会互相影响,对性能和 3 个层级的态势感知都会产生负面影响。

在操控过程中,时断时续和噪声数据进一步损害了态势感知能力,因为它们可能造成潜在的通信间隙,导致载具无法传输当前状态或接收操控人员的命令。如果系统不能帮助操控人员了解这些通信覆盖间隙的位置以及何时会受到这些间隙的影响,那么问题就会变得更加严重。这些问题通常导致数据理解和决策中的不确定性,降低人与系统交互的效率,以及难以保持对载具状态及其环境的感知。

12.5.2 无人载具定位难点

无人载具在环境中迷失方向是一个重要的态势感知问题,它使载具在空间中的定位变得非常困难。定位涉及确定载具相对于其他相关物体的运动方向和方位,如入轨点、操控人员、目标位置或附近的地标,以确定载具的实际位置。操控人员不仅需要知道载具在空间或地图上的位置,还需要知道它如何定向(其相机或传感器运动轴在三维空间中的指向)以及附近物体的位置,以避免发生碰撞。在载具定位方面的态势感知缺失可能导致操作回溯及延时决策和行动。归根结底,在任何需要对区域进行空间理解的任务中缺乏对载具物理方向和位置的态势感知都会出现问题。

12.5.3 复杂环境中的苛刻任务

无人载具操控任务的感知要求通常很高,尤其在是视觉上,这可能对身体造成负担。由于杂乱无章、光照不足以及机载相机和传感器提供的图像质量不佳(通常是由于带宽限制),往往使人很难理解视觉场景。Pazuchanics 等(2010)指出,有许多问题会导致无人载具操控人员的视觉感知不佳,包括物体属性的退化(表面纹理和颜色)、视频的空间和色彩分辨率低以及时间流和光流中断。摄像机的有限视野("吸管视角")和低分辨率设备呈现的粗糙图像,再加上具有误导性的视角(以车辆的视角显示图像),往往使得对环境的态势感知变得非常困难。需要对摄像机进行大量的平移和缩放来找到相关的地标或正确识别物体,很容易混淆物体的相对大小和距离。长时间执行这种耗费精力的任务,可能会加重操作人员对环境的感知压力,影响其工作表现(Barnes 和 Matz,1998)。

12.5.4 低级数据过载和接口设计

除了难以理解的视觉场景外,无人载具系统的用户界面通常只提供有关载具系统和参数的低级数据。例如,Riley 和 Endsley(2004)发现,一种用于搜索和救援任务的无人车的操控人员界面提供了许多系统组件的状态信息(如翻转器角度、航向、速度)。超过一半的用户界面显示空间用于呈现这类车辆状态信息。然而,这只是在提供低级别的数据,几乎没有任何数据整合来支持操作人员快速理解车辆整体状态和功能。也就是说,这些显示几乎不支持理解和预测更高级别的态势感知(Riley 等,2006)。

Neumann 和 Durlach(2005)发现,由于关键状态信息的缺乏或显示不突出,无人载具操控人员的态势感知速度很慢。特别是,他们发现大多数飞机坠毁事件都是由于对飞行高度认识不足造成的。缺乏基本的人因工程设计原则、将多个功能映射到相同的控制输入设备以及功能分组不当都是问题所在。地图太小以及由于更新速度慢而导致无人机相对于下一个航点的位置指示不佳等问题,给"猎人"无人机的操控人员造成了困扰(Barnes 和 Matz,1998)。

12.5.5 无人载具操控中的多任务处理

无人载具系统的控制通常需要进行大量的多任务处理。然而,目前的系统常常不能很好地支持这种需求。例如,Barnes 和 Matz(1998)发现,瞄准过程中注意力不集中是导致"猎人"无人机坠毁的一个关键问题。载具操控人员通常需要同时管理多个系统,根据多个显示器或传感器视图确定载具的位置、方向和路径,关注不同摄像机视图中的目标,并确保操控的安全性。在这种多任务并行的情况下,操控人员的认知必须分布在相互冲突的多个目标、多个任务或多个载具之间,这更加具有挑战性。

用户界面严重地影响操控人员对多个无人载具操控任务的态势感知能力,因为用户界面在有限注意力资源下,帮助操控人员形成态势感知的能力有限。为此,操控人员必须能够在这些多个相互竞争的任务需求之间迅速切换注意力,以便在注意力转移时能够快速获取其他载具或任务方面的态势感知。这就要求用户界面具有灵活性,能够适应无人操控中涉及的多种载具和任务快速切换的需求和优先级,并能以较低的认知要求最大限度地理解态势。

12.5.6 缺乏对多人操控的支持

在许多环境中,成功的操控不仅仅是一名操控人员控制一台载具,而往往涉及多台载具,并由其他团队成员操控。例如,无人机可与其他有人和无人载具在空中和地面协同操控。此外,无人机还可根据其他团队成员的需求进行操控,这些成员可能掌握有关任务背景的重要信息(如地面指挥官或其他人员),从而增加了额外的任务负荷。军事指挥官可能掌握着有关任务背景的重要信息,而当前信息需要无人机提供动态支持。有效载荷分析人员经常参与其中,他们必须动态观察载具的传感器图像,确定载具任务、任务分配和路径的持续变化,并将图像转化为可供地面指挥官使用的信息。

这表明,无人载具不仅需要以固定和预定的方式行动,还需要具有灵活性,能够适应快速变化的需求和优先事项。此外,无人载具的显示需要支持参与其操控的分布式团队(操作人员、有效载荷分析员和信息用户)共享信息。大多数无人载具的用户界面都忽略了这种分布式信息显示,以及不同角色的人员对信息的不同使用方式。

12.5.7 增加无人载具行动的自主权

由于远程载具操控在时间上的滞后性和远程操控人员注意力的局限性,越来越多的自动化技术被用于无人载具操控以支持各种任务,如任务规划、系统监控、飞行器飞行路径控制和有效载荷分析。然而,由于人类必须操作、监测和监督无人载具系统,自主性的增加将导致获取和维持态势感知方面的问题倍增。遗憾的是,40 多年的研究数据表明,操控人员在有效监督自动系统并与之交互方面存在很大问题,这限制了有人与无人联合系统充分发挥其潜力(见第 10 章)。

Riley 等(2008)发现,手动控制无人车的操控人员的态势感知水平明显优于同时控制半自动化无人车的操控人员。虽然手动控制无人车的操控人员工作量更大,但他们的表现却比控制半自动无人车的操控人员更好。这些操控人员(控制半自动无人车的)在人工干预时会犯更多错误,进而影响任务的整体表现。特别是,机器人的精确定位问题是最大的挑战。

Roth 等(2004)同样发现,无人载具操控人员很难理解自动辅助工具生成计划的底层机理。他们不知道为什么自动辅助工具会推荐某些目标、目标的顺序和飞行路径,也无法有效地提出可能的计划改进方案。特别是,他们无法评估环境变化对计划有效性的影响。

如果自动化的应用方式符合自动化指南(第 10 章),则会取得更好的效果。例如,Squire 等(2004)发现,灵活的自动化界面具有显著优势,操控人员可以选择是否将任务委托给自动化系统,相比之下,使用固定任务委托的自动化系统更为僵化。Cosenzo 等(2010)发现,当自适应自动化应用于无人车任务中,较为简单和重复性较高的方面,及当操控人员提前设置自动化时,可以实现更好的态势感知。同样,Allender(2010)也发现,提高自动化水平有助于弥补无人载具任务中的时间延时问题。这些研究表明,在许多类型的无人载具系统中,精心选择自动化任务和实施自动化可以是有益的。

12.6 有效设计无人载具任务和系统的因素

无人载具运行的性能和态势感知成功的基础包括一系列复杂的因素。总体而言,应用迄今为止提供的以态势感知为导向的设计流程和原则,对多数此类系统都有帮助。此外,针对无人系统有效操控界面设计挑战的研究提供了更具体的指导。

12.6.1　无人载具显示

研究发现,多台摄像机(至少 3 台)可有效帮助目标定位和识别(Ruddle 等,1999)。Calhoun 等(2007)还采用了画中画的概念,即在提供给无人机操控人员的显示器上,无人机摄像头的视频图像被嵌入计算机生成的合成图像中。他们发现,这种显示方式大大提高了操控人员的态势感知,并将视觉搜索时间缩短了约一半。通过这种方式,他们能够弥补低带宽导致的视频传输图像缺陷。

此外,Pazuchanics(2006)发现,将无人车摄像头的视野扩大到 60°,并提供一个略微落后于无人车的摄像头视角,能显著提高操控人员在导航任务中的表现。采用更高的空间分辨率和/或更高的帧更新率也能显著提高目标识别能力,其中摄像头视野的更高空间分辨率最为有效(Chadwick 和 Pazuchanics,2007)。Redden 和 Elliott(2010)报告了一些研究,其中探讨了无人载具操控人员在使用手持显示器时所需的显示尺寸。他们发现,在涉及驾驶或目标检测等方面的任务中,将显示尺寸缩小至 10～3.5 英寸之间(这是手机或个人数字助理(PDA)的典型尺寸)不会带来负面影响。

无人载具操控中存在许多与视觉过载相关的问题,尤其是对于需要进行大量多任务处理的系统。Dixon 等(2003)发现,在这种多任务背景下,通过添加听觉告警提示可以显著改善对系统故障的监控。其他类型的多模态显示也能够提高性能,包括在无人载具控制中使用震动触觉反馈(Calhoun 等,2004、2005;Haas 和 vanErp,2010)。

很多研究还分析了针对无人载具操控的特定显示符号的改进。Draper 等(2000)在摄像机显示屏上叠加了符号。他们发现,相比于未经修改的摄像机显示屏或包括叠加基准方向的显示屏,采用一个显示具有距离和方位线的目标示意图,将更有利于辅助目标定位。Chappell 和 Dunlap(2006)以及 Chappell(2007)采用了面向态势感知的设计,提出了一个非常先进的无人机界面设计概念,可通过点选式命令界面进行无人机定位和导航,并利用多个摄像头视图来增强态势感知。

12.6.2　无人载具控制

在许多情况下,当摄像头提供给操控人员的视觉信息偏离操控人员和控制器运动轴的方向轴线时,也会影响远程操控任务的执行。例如,Smith(1986)和Stuant等(1991)发现,使用视觉反转或图像倒置的摄像机视图执行任务的时间,要比视点对齐的正常摄像机视图长2~3倍。

以下两种情况可能导致摄像机与控制器视角的不一致:①通过摄像头观察任务时,摄像头与操作人员的视角不一致(如机器人旋转而操作人员在原地不动或者摄像机旋转而机器人控制器轴固定不动);②载具围绕操控人员旋转,但操控人员可以转动头部和/或躯干来改变观察视角(如无人机在操控人员执行外中心远程操控时四处飞行)。Macedo等(1998)发现,在第①种情况下,通过自动补偿来纠正视觉控制不一致,可以显著改善性能。而在第②种情况下,操作人员能够通过转动头部在内部补偿这些不一致问题,并且在没有自动补偿的情况下表现更好。

其他研究表明,与单纯的手动输入相比,增加语音输入控制可以显著提高无人载具操控效率(Draper等,2003)。这是由于语音输入控制的免提优势,以及使用语音控制可以减少操控步骤。Folds等(1995)也发现,为相机的倾斜、旋转和缩放设置,提供预设坐标可以显著缩短操控时间,而且比需要纯手动更改每个参数的操控方法更加高效。

12.6.3 多无人载具控制

需要解决的一个重要问题是,由于需要对多台无人载具进行视觉监控,会导致明显的性能下降。对于操作人员来说,需要协调来自多个无人载具不同视角的视图,以达到一致性(McDermot等,2009)。Chadwick等(2004)发现,操作人员更倾向于在任务和载具之间进行切换,而不是尝试支持各载具同时执行任务。他们还尝试在执行任务时使用多台无人载具相互配合(如提供其他无人载具的视觉视图)。Dixon等(2003)发现,通过添加系统故障的听觉告警和对载具的路径控制进行自动化,可以大大补偿因监控多台载具而造成的性能下降。

12.6.4 支持团队协调与合作

在对一项搜救任务中有效控制一架无人机所需的人员数量进行研究时,Murphy和Burke(2010)证明每台无人机至少需要两名人员才能保持良好的性能。至于如何安排和分配小组来控制参与共同行动的多辆无人载具,尚未进行广泛研究。Riley和Endsley(2005)概述了在一项雷场清理任务中需要考虑的各种团队角色。

(1)车辆操控人员。车辆操控人员的任务是驾驶车辆并确保系统功能。环境会带来许多危险。无人机或无人车操控人员始终关注如何避开障碍物和碰撞,以及如何避开无人车无法穿越或无法轻松回收的地形。操控人员还必须感知和融合来自状态指示器的信息以掌握系统的整体运行状况。

(2)有效载荷专家。有效载荷专家的任务是确定安全(或危险)路线并监控搜索任务的进度。在搜索任务中监测和识别目标非常费力。载荷专家们经常看到颗粒状、“苏打吸管视角”的外部环境图像,这些图像的视角对人类来说并不自然(如在机器人“眼睛”的高度)。在这种视角下,物体检测和识别是一项视觉要求极高的任务,很难判断物体的大小和估计物体之间的距离。

(3)任务控制员。任务控制员的工作是评估任务完成度。这涉及对人机团队覆盖区域的定期评估以及决定队伍前进/后退所面临的风险程度。维持对各种车辆、操控人员和任务完成总体情况的全局态势感知是一项挑战。任务控制员必须针对任务的多个组成部分,和场景中的多个角色扮演者形成态势感知。

如何在这种情况下为多个团队成员的行动提供最佳支持,仍然是一个有待研究的问题。图 12.5 和图 12.6 展示了两种分配示例。图 12.5 展示了一种多对一的分配方式,即为每个载具分配一名操控人员和一名有效载荷专家,由任务控制员负责协调。图 12.6 呈现了一种一对多的分配方式,即一名操控人员和一名有效载荷专家负责多台无人载具。虽然这种方式为操控人员提供了融合来自多台载具的信息和减轻工作负荷的机会,但证据表明,试图由一个人完成有效载荷员和操控人员的任务可能会导致过多的工作负荷(Murphy,2004)。

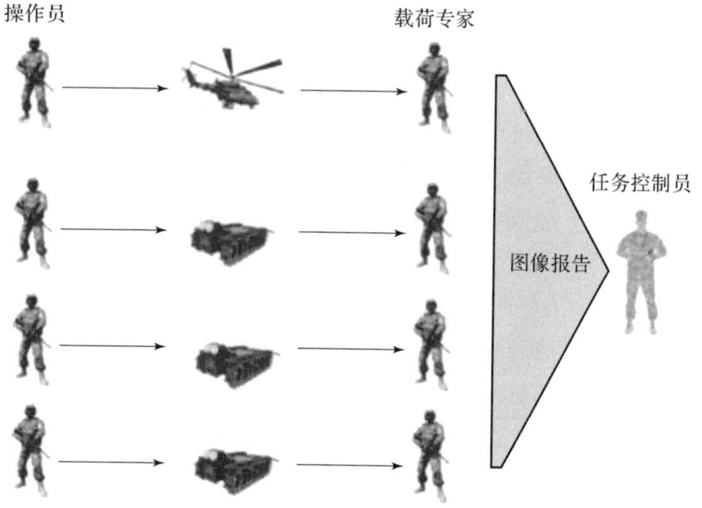

图 12.5 多对一功能分配

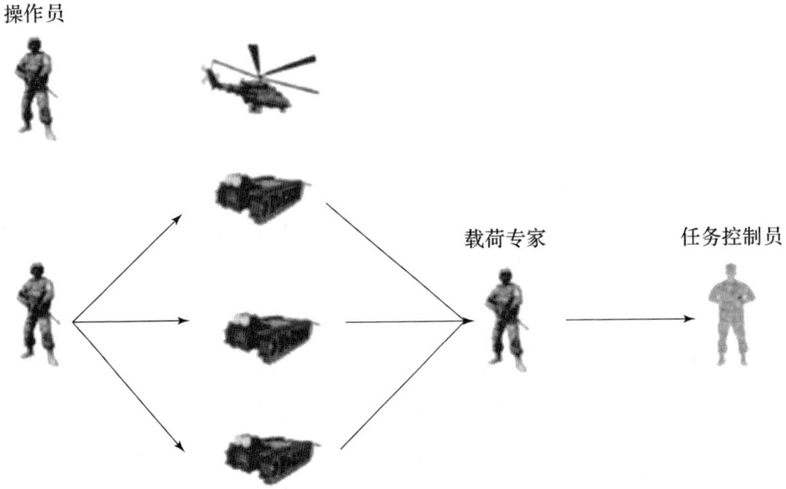

图12.6 一对多功能分配

Riley等(2008)发现,当两个团队成员需要协调同一个载具的任务时,团队整体表现不佳,这表明任务分配方案需要更仔细地考虑与此类团队合作相关的额外因素。当无人载具由需要不同载具信息或摄像视图的团队成员(如远程决策者)操控时,为这些视图或图像提供空间定向和定位辅助也很重要(McDermott等,2009)。在这些情况下,共享的地图视图和图像非常有用。McDermott等(2005)还发现,当无人载具团队在一起工作时,他们的表现最佳。

12.7 小结

设计操作界面以支持无人载具的控制仍然是一个活跃的研究领域。这些系统遇到的许多问题都源于忽略了常见的人因设计因素,导致设计出糟糕的界面(Cooke等,2006)。此外,需要控制的情况和系统的"远程性"给态势感知带来了巨大的挑战。通过以态势感知为导向的设计,创建以集成方式提供所需信息的系统非常有用。例如,Chappell和Dunlap(2006)展示了以态势感知为导向的设计流程在无人机控制界面开发中的应用。此外,Chappell(2007)还展示了一个非常先进的无人机界面,该界面通过一个简单的点选式命令界面,利用嵌入了关键态势感知信息的多个互补相机视图,实现系统定位和导航。此外,与实现自动化(第10章)和支持多人团队操作(第11章)相关的设计建议对这些系统的设计尤为重要。

第 13 章 面向态势感知的训练

13.1 态势感知训练需求

在许多领域,寻找增强态势感知的训练方法已成为一个关键目标。虽然增强态势感知的首要和最佳方法在于进行有效的系统设计,以易于快速理解的方式传达正确的信息,但在某些领域,这种操作的机会十分有限。例如,士兵或警察必须直接从环境线索中获得大部分态势感知信息。虽然可以向他们提供一些显示设备来传递已知的信息,但他们也高度依赖于自己在实际操作环境中现场收集信息的能力。同样,医生也会通过测试、访谈和对各种身体状况进行检查,直接从患者那里收集许多线索。虽然这些专业人士可以通过设计更好的信息显示器来增强态势感知,但他们的态势感知也高度依赖于收集和理解世界上信息的能力。

在许多其他领域,以态势感知为中心的训练也将大有裨益。在大多数复杂的系统中,如航空或电力系统操作,训练的重点是解释系统如何工作或教授操作程序。至于如何有效地收集信息并对其进行理解,从而以有效的方式形成态势感知,操作人员几乎很少接受相关的训练。他们只能靠自己的设备来找出哪些信息是最重要的,它们的含义是什么,并经常制定有效的信息收集或搜索策略,这导致了在使用态势感知系统时存在显著个体差异。

在一项关于经验丰富的战斗机飞行员态势感知水平的研究中,最好的飞行员的态势感知得分是最差飞行员的 10 倍(Endsley 和 Bolstad,1994)。显然,与其他飞行员相比,一些飞行员更能从相同的系统信息中生成高水平的态势感知。这一部分是由于个体认知能力的差异,也有一部分是由于一些人可以学会而另一些人不能,但这些技能和技巧其实是可以通过训练获得的。在本章中,考察了那些能够发挥高水平态势感知的人和那些在使用态势感知时焦头烂额的人之间关键差异,并根据这些差异背后的认知因素提出了有效的态势感知训练策略。

13.2 初学者的挑战

在面对大量信息传输和系统复杂性时,特定领域的专业知识在人们形成和维持态势感知方面具有重要作用(Endsley,1995c),这可以用图13.1很好地解释。

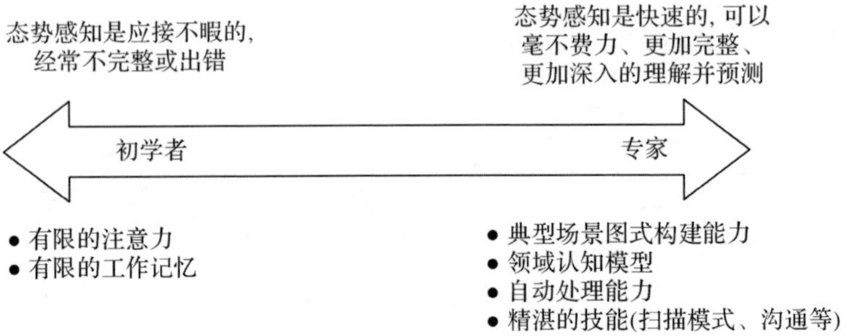

图13.1 领域新手和专家态势感知的影响因素

(《专业知识和情境意识》,K. A. Ericsson,N. Charness,P. J. Feltovich,和R. R. Hoffman(编辑),《剑桥专业知识和专家表现手册》,P633-651,剑桥大学出版社,纽约,2006)

对某一特定领域的系统和情况完全陌生的人(如一名新飞行员或空管员或一名刚进入战区的士兵)在试图收集信息、理解其含义和制定正确的应对措施方面,面临相当大的负担。有限的注意力和有限的工作记忆,会严重阻碍他们在这方面所做的努力。由于缺乏其他机制,他们将不得不仔细考虑每一段数据,并尝试在脑海中将其与其他数据一起处理。阅读每一份报告或收听无线电通信并理解这些数据,会带来巨大的负担。正确理解所感知信息的含义也是问题,因为他们没有理解这些信息的经验基础。因此,在这些动态环境中,他们在接收和处理作为良好态势感知基础的信息时,会远远落后于需求曲线。

他们的认知过程因效率低下而进一步受到影响。他们不知道什么时候、哪些信息才是真正最重要的。信息搜集模式往往是零星的和非最佳的。他们可能会忽略某些关键信息,或对其他信息进行不必要的过度采样。这不仅仅是需要学习一套信息获取方法的问题。由于不理解他们正在操控的战场上的实体或空中的飞机之间的潜在关系,他们就不知道在收到一些信息后要进一步寻找哪些信息。因此,典型的初学者形成态势感知的过程中,很快就会超负荷、低效率并且容易出错。其结果是,决策的准确性和时效性都受到了严重影响。例如,对于新司机或系统操作人员,或者在不熟悉的机场降落的飞行员来说,这种情况经常会发生。幸运的是,通过特定领域专业知识发展出的认知模型和模式,以及其他与态势感知相关的技能,可以显著减少这些问题(图 13.2)。

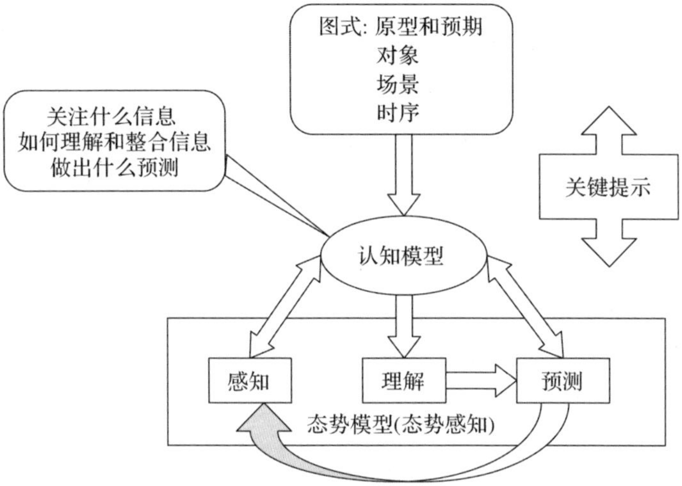

图 13.2　认知模型和图式显著促进了态势感知生成

13.3　认知模型——专业技能的关键机制

随着在特定领域的经验不断积累,人们开发出了许多机制,帮助初学者克服面临的重大障碍。第一个机制是对所操作的系统及操作领域形成认知模型。

例如,飞行员不仅学习了如何操作飞机的诸多子系统,以及建立了对物理环境中空气动力学性能的认知模型,而且还建立了包括空中交通管制程序、与空管员和其他飞行员互动的预期行为相关的认知模型。

认知模型被简明地定义为“人类描述系统目的和结构、理解系统功能和观察到的系统状态以及预测未来状态等机制”(Rouse 和 Morris,1985)。它们通常用于描述一个人对某个物理系统的心理表征(如发动机或计算机如何工作),也可以用于描述其他类型的系统(如机场的飞行程序是如何运行的、组织的内部流程是如何工作的)。认知模型是关于这些系统的长期知识储备的具体表达,当需要时,可以调用这些知识来指导问题解决及与相关系统的交互。认知模型在形成态势感知的过程中非常有用(Endsley,1988、1995b),具有以下几个优势。

(1)了解环境的哪些方面是相关的,以及哪些关键线索具有重要意义(如一片平整的草地或发动机的“嗡嗡”声)。在感知过程中,这种知识对于引导注意力接收信息并进行分类至关重要,从而使认知过程在面对大量可能需要处理的信息时更加高效。

(2)整合各种元素以理解其意义的一种手段(二级态势感知)。如果没有认知模型,理解感知到的系统信息的意义通常是非常困难的。态势感知中的认知模型设计是一种以用户为中心的设计方法,它根据个人的目标(单独或共同)理解感知信息,为形成二级态势感知提供基础。

(3)基于对当前环境状态及其变化趋势的了解,预测未来环境状态的机制(三级态势感知)。同样,如果没有认知模型,对未来系统状态的预测也是非常困难的。例如,准确地预测敌人在战斗中可能会做什么,不仅需要一个非常详细的战场(地形特征、天气、障碍)认知模型,而且需要一个非常详细的敌人认知模型(目标、能力、原则、文化、战术、技术和程序)。

13.4 典型场景图式或模式

随着时间的推移,人们会遇到许多场景,并由此在记忆中形成典型场景或图式的认知库。图式可以被认为是认知模型的原型状态(即由每个相关元素的状态组成的模式)。通过当前场景和图式之间的模式匹配,人们可以立即识别出已知的场景类别,“哦,这和上个月发生的事一样”。这些典型的场景可以通过直接经验,或通过规范的培训,或通过在许多职业中普遍存在的案例研究和讲故事来习得,“这就像亚速尔群岛空难中机组人员的遭遇一样。”图式的一个关键特征是,新的情况不需要与以前遇到的情况完全相同才能实现匹配,而是只需要几个关键线索就可以匹配或近似匹配。

与已知图式的模式匹配为态势感知和决策提供了捷径。与处理数据来确定二级或三级态势感知(需要工作记忆或练习认知模型)相比,这些信息已经是图式的一部分,只需回忆即可。Klein 称之为认知驱动决策(Klein 等,1986)。在记忆中存储大量图式,并识别图式匹配的关键线索,这一机制是实现良好态势感知的关键。此外,有些人似乎比其他人更擅长模式匹配,而且这一属性已被证明与态势感知相关(Endsley 和 Bolstad,1994)。

典型场景中的动作序列集合已构成了一些图式。因此,在一些场景中人员可基于已有图式毫不费力从工作记忆中选择替代行为。这些机制允许飞行员或发电厂操作人员根据同一类已知的场景,结合他们的态势感知执行预定的行动(如遵循程序、原则或交战规则),对于当前的场景甚至不需要与以前图式情况完全相同,只要能够对相关关键线索进行匹配,就可以根据模型作出的预测和选择的行动,来识别和理解这种场景。因为人类有良好的模式匹配能力,这个过程几乎是瞬间完成的,产生的工作记忆负荷要低得多,即使在非常苛刻的场景下,也能实现高水平的态势感知。

13.5　态势感知关键技能

除了认知模型和图式这些关键知识结构外,专家还倾向于培养在实际环境中获取和处理信息所必备的高级技能。飞行员要学会与空管员沟通的同时观察飞机的仪器,以确保能实时掌握实际情况。空管员要学习如何根据该责任区的交通模式,有效观察雷达屏显。军官要学习如何通过无线电收集和传达关键信息,如何选择性听取与自己相关的信息,以及在哪里部署中转站进行信息收发,以确保关键信息被优先收集和传递。形成态势感知的大部分工作并不只是被动地等待信息的提供,而是一个主动获取的过程。例如,飞行员可以获得的信息取决于他们如何设置和操作雷达(搜索模式、重点区域、模式),将无线电调到什么频率以及何时向他人请求信息。因此,他们的行动决定了他们将获得什么信息。所有这些都是学习技能的例子,每个领域都有其特定的技能,这些技能会随着专业知识的提高而增加,并有助于实现更专业、更高效的态势感知。

13.6　初学者态势感知常见问题

以军事领域为例,Strater 等(2001)对 43 名负责培训新排长的教官进行了调查,以了解这些新军官在态势感知方面存在的问题。表 13.1 显示了超过 25%的受访者都遇到过的常见问题,如信息交互问题是导致新排长的态势感知水平不佳的主要问题,这些问题包括从不主动请求相关情报和不传达关键信息等。此外,在收集关于敌军和我军战备状态的信息方面也存在重大问题。

表13.1 新任排长存在的态势感知问题

一级态势感知:未能正确收集/检测情境下的关键信息	
由于注意狭窄而无法检测到信息	27%
未使用标准报告程序	30%
未执行标准操作程序	28%
由于以下原因,情报信息不佳:	
未请求相关情报	31%
没有战术性地运用班组来收集所需的信息	30%
未确定情报信息的可靠性/及时性	26%
以下原因导致信息交互不畅:	
未向班长请求信息	30%
未向指挥员请求信息	30%
未向指挥员报告关键信息	35%
未向班长传达关键信息	30%
未向其他排长传达关键信息	44%
未监控单位工作网络	28%
未向班长传达全局态势/指挥官的意图	28%
不确定己方的战备状态:	
经验和训练	26%
直接/非直接火力支援的时间/位置	30%
不确定敌方的备战状态:	
伤亡严重程度和人数	37%
体力状态	30%
精神状态	31%
部队当前位置和动态	28%
可获得的武器类型、特点和数量	33%

续表

一级态势感知:未能正确收集/检测情境下的关键信息	
直接/非直接火力支援的位置	44%
弹药和供给情况	33%
可获增援情况	37%
重武器位置	40%
过去的行动和战术	26%
当前和未来天气因素影响	26%
二级态势感知:无法理解态势(尽管已检测到基本信息)	
没有将零碎信息组合在一起形成整体态势	29%
没有说明替代/补充计划/行动方案	32%
没有形成对下列情况的理解:	
任务优先级	33%
士兵负重和行军距离造成的部队疲劳	33%
士兵定位以减小误伤风险	25%
敌军的优势和弱点	29%
可能对敌军有战略优势的地区	27%
敌军对友军行动的预期	34%
三级态势感知:无法预测未来态势(尽管已经理解当前态势)	
缺少应急预案	39%
未能规划以下事项:	
弹药和补给使用率	36%
根据现有信息,敌军的可能行动方案	33%
敌军重武器附近的兵力部署情况	32%
未能有效执行必要任务:	
任务规划不当	27%
对意外/计划外事件应对不当	36%

续表

三级态势感知:无法预测未来态势(尽管已经理解当前态势)	
时间管理不当	45%
任务优先次序不当	28%
资料来源:Strater,L. D. 等,《步兵态势意识训练要求分析》, P 01 - 15,态势感知技术,Marietta,GA,2001	

教官还指出了新排长在理解方面的问题,包括不能将零散的信息组合成一幅连贯的画面、不能明确备用行动方案(COA)以及不理解任务的优先次序、负重和行军对疲劳程度的影响及士兵的定位以尽量减少误伤。教官认为,不了解敌人的强项和弱点、敌人可能具有战略意义的地区以及敌人对友军行动的预期,是新排长形成态势感知的主要问题所在。

对于三级态势感知,新排长存在的一个问题是缺乏预先计划,就像他们不能预测弹药和补给品的使用率一样。此外,新排长在预测敌方部队行动方面也存在问题,因为他们很难预测敌方可能的主要作战行动,也很难预测敌方在重武器方面的部署。

在军事环境中,收集信息的能力较差是一个严重问题,因为很少有信息会自己出现。研究发现,新排长往往不会传递关键信息,因为他们自认为知道发生了什么,或是认为这些信息不需要传递。此外,由于没有良好的认知模型或图式,新排长们深受其害。他们会很快地被信息淹没,迟迟不知道哪些信息是重要的,也不知道到哪里去寻找重要的后续信息。由于没有这些图式,他们在整合信息以理解其重要性以及进行预测和预先规划方面的能力也很差。这些发现与其他领域的人所遇到的态势感知问题类型非常相似(Endsley,2006),指出了态势感知训练需要解决的问题。

其他研究主要集中在航空领域的态势感知。Orasanu 和 Fischer(1997)研究了商业机组人员,发现优秀的飞行员会更多地关注天气恶化的信号,并主动寻找天气的变化信息,使他们能够提前规划以避开恶劣天气。他们对系统故障造成的限制更加敏感,并能根据这些限制评估其他替代方案。表现较好的飞行员会收集更多的信息,以便做出更好的决定,而表现较差的机组则会直接评估各种方案。研究发现,可用时间、风险水平和问题定义以及预先计划和任务管理都是情况评估的关键环节。

在其他研究中发现,表现较差的飞行员会对线索做出不恰当的理解,既低估了与问题相关的风险，又高估了自己处理危险情况的能力（Orasanu 等，1993；Wiggens 等，1995）。Endsley 和 Bolstad（1994）发现，具有较好态势感知能力的军事飞行员在注意力分配、模式匹配、空间能力和速度感知方面表现得更好。O'Hare（1997）还有证据表明，精英飞行员（定义为在滑翔比赛中一直表现优异者）在一项旨在评估态势感知的注意力分配的任务中表现更佳。Gugerty 和 Tirre（1997）发现，态势感知水平越高的人在工作记忆、视觉处理、时间处理和分时能力方面的表现越好。

在一项研究中，将经验较少的通用航空公司（GA）飞行员与经验较丰富的飞行员和航线检查员（他们被认为是最优秀的商业飞行员之一）进行了比较，发现了两个关键的差异（Prince 和 Salas，1998）。首先，各组飞行前的准备工作有所增加，经验较丰富的飞行员更注重飞行前的具体计划和准备工作，并尽可能多地收集有关飞行条件和飞行要素的信息。其次，专业水平较高的飞行员更注重对信息进行理解和预测。通用航空公司飞行员往往是信息被动接受者，更关注直接环境中的信息（一级态势感知）。专线飞行员更多地关注理解水平（二级态势感知），并发挥他们在寻找信息方面的积极作用。航线检查飞行员比其他组更倾向积极主动地专注于三级态势感知，他们在这一过程中处理了大量细节和各因素之间的复杂关系。

Endsley 等（2000）对低飞行时长的通用航空公司飞行员的态势感知问题进行了更深入的分析。他们发现，经验最少的群体，即那些正在考私人飞行执照的飞行员，在态势感知方面问题更多，而经验较丰富的群体遇到的问题更少。总体而言，在处理比较困难的问题时，缺乏经验的通用航空公司飞行员的态势感知水平更低。

（1）分心和高工作量。许多态势感知问题可能与管理任务分心和任务饱和有关。这可能反映出由于为学会高水平的自动化处理方法而导致的高工作量，以及多任务处理或任务管理策略发展不足方面的问题。

（2）警惕性和监测不足。缺乏经验的飞行员大约有一半是因为任务过载而导致态势感知问题，但在许多情况下，也出现了由于飞行员警惕性和信息监测不足导致态势感知问题。这反映了使用者浏览方式、注意力资源有限以及对信息优先级的判断不准等问题。

（3）认知模型不够完善。飞行员在理解感知信息和预测未来动态方面的许多错误可能与认知模型发展不完善有关。飞行员在新的地域进行新的操作时会面临很多问题，包括识别地标并将其与地图相匹配，以及理解在陌生空域飞行、着陆和起飞的程序。此外，他们在理解许多环境因素对飞机动力学/行为的影响方面也存在很大困难。缺乏经验的飞行员在判断不同机型相对运动和变化率方面存在问题。

(4)过度依赖认知模型。当处于新的情景时,采用习惯模式(学习过的认知模型)也是这一群体的问题。他们不了解所学模式的局限性,也不知道如何将这些模式恰当地扩展到新的情境中。

在进一步的研究中,Endsley 等(2000)对缺乏经验和有经验的通用航空公司飞行员进行了具有挑战性的模拟飞行场景测试。总体来说,有经验的组表现优于没有经验的组,但仔细研究后发现,两组的内部表现并不一致。正如预期的那样,经验丰富、态势感知水平高的飞行员在各个级别的表现都明显优于其他组。然而,在新手组和经验丰富组中得分最高的飞行员并不一定是飞行时间最多的飞行员。3 名态势感知水平中等的新手飞行员中,两人是飞行时间相当短的飞行员(55 飞行小时和 80 飞行小时)。在新手组被评为态势感知水平较低的 7 人中,有两名经验较为丰富的通用航空公司飞行员(180 飞行小时和 300 飞行小时),而 3 名态势感知水平中等的新手飞行员中,有两名是飞行时间较短的飞行员(55 飞行小时和 80 飞行小时)。在经验丰富的组中,虽然所有飞行时间较长的飞行员(超过 1000 飞行小时)都被评为高态势感知水平,但有两名飞行时间只有 450 飞行小时的飞行员也被评为高态势感知水平。4 名经验丰富的飞行员被评为中等态势感知水平,其中一人的飞行经验高达 730 飞行小时。研究数据表明,单独的飞行时长并不能显著预测态势感知水平。

那些被评为具有高水平态势感知(新手和有经验两类)的飞行员,其飞机操纵、心理运动技能、驾驶舱任务管理、驾驶舱任务优先级以及空中交通管制协调和沟通方面的评分,都比被评为具有低水平态势感知的飞行员高得多。在所有飞行员中,91.7%的态势感知评分差异可以用飞行员在飞机操纵/心理运动技能以及空中交通管制协调和沟通能力方面的差异来解释。

飞机操纵和空管通信通常被认为体力或脑力工作任务,而不是态势感知认知结构中的任务。这一发现与之前的研究结果一致,不过这些研究发现,心理运动技能与态势感知之间存在关系,这可能是由于注意力有限方面的问题(Endsley 和 Bolstad,1994;O'Hare,1997)。在这些任务中形成“肌肉记忆”有助于释放态势感知所需的注意力资源。新手飞行员的基本飞行技能存在严重问题,导致他们很快就陷入超负荷工作状态。对许多飞行员来说,跟上空管通信也是一项挑战,他们不得不多次重复请求空管许可,这耗费了他们的注意力资源。但是,对于经验丰富的飞行员来说,这些问题就不那么严重了。

因此,尽管人们很容易将与任务执行相关的身体技能养成与认知技能养成(如态势感知)分开考虑,但这些研究表明,将所需的体能技能发展到形成一定程度的“肌肉记忆”,以减轻对注意力的需求,可能是实现高水平态势感知的一个重要先决条件。只要一个人必须要集中精力来完成所涉及的体力任务,他就不可能实现高水平的态势感知。

具有良好的飞机操纵技能和良好的任务优先级经验的飞行员,经常也具有较高水平的态势感知。他们的表现并不完美,但这个群体似乎更能察觉自己的错误并纠正。这些飞行员能够在复杂和多任务环境中更好地管理注意力和资源,从而提高他们的态势感知。通过广泛观察可知,经验丰富且具备高水平态势感知的飞行员,首要注重于飞行,他们只会在控制住飞行后,才开始回应空中交通管制或处理设备故障。而那些经验丰富但只有中等水平态势感知的飞行员不仅难以控制飞机,任务优先级管理能力也较差。这表明态势感知水平与飞行员的任务管理能力和飞机控制能力密切相关,具备高水平态势感知的飞行员能够更好地处理复杂情况并做出适当的决策。因此,除了身体技能(如飞机操纵)之外,与任务管理和优先级相关的认知技能也对态势感知水平有重要影响。由于许多需要态势感知的环境涉及在竞争目标、需求和任务之间进行多任务处理,因此这是一项重要技能(Endsley 和 Bolstad,1994)。这表明,要提高态势感知使用水平,不仅需要具备良好的物理技能,还需要具备良好的认知和任务管理技能。这些技能可以帮助飞行员在复杂的飞行环境中更好地管理注意力和资源,从而提高他们的态势感知使用水平。与多任务处理、规划和优先级设定相关的技能组合对于态势感知来说非常重要。这些技能是通过在特定领域高水平专业训练形成的。随着飞行员在飞行领域的经验和知识的增加,他们能够更好地理解和处理复杂的飞行任务,制定适当的计划和优先级,并在执行任务时有效地管理他们的注意力资源。因此,培训飞行员在这些方面的技能对于提高他们的态势感知使用水平至关重要。

总地来说,这些研究显示缺乏经验的飞行员所面临的大负荷工作问题,导致他们的态势感知使用水平较低。基本的飞行控制和空中交通管制通信使他们迅速超负荷,几乎没有注意力可用于维持高水平态势感知。注意力被占用使这个问题更加严重。在有经验的通用航空飞行员中,任务优先级和任务管理技能也是具有较好态势感知使用水平飞行员的重要特点。这使他们有更多的资源来提前思考和计划飞行应对措施。因此,对于飞行员培训来说,注重培养飞行员的任务管理和优先级分析技能,以及提高他们的注意力和资源管理能力,对于提高他们的态势感知使用水平非常重要。

综上所述,已经确定了多个提高态势感知的途径(Endsley 和 Robertson,2000b),具体如下。

(1)任务管理。应对中断、任务相关干扰、非任务相关干扰和整体工作负荷的挑战,这些对态势感知使用构成重大威胁。

(2)理解力训练(二级态势感知)。帮助人们正确理解信息,以评估任务和事件的重要性或严重性,包括风险水平、任务影响、事件对计划的后果、时间安排以及在给定领域中的其他相关因素。

(3)预测(三级态势感知)和预先计划。由于擅长态势感知使用的人会花费大量时间预测未来可能的状态并制订预先计划,因此这项技能在许多不同领域至关重要。

(4)信息查找和自我检查。具有良好态势感知使用水平的人会积极寻找相关信息,并擅长使用更多信息或与他人一起进行自我评估。

(5)基本和高级认知技能。新手往往缺乏基本的心理和沟通技能,需要提升这些技能来提升态势感知使用水平。同时,还需要提高在多个任务或信息集之间注意力分配的认知技能。

(6)团队态势感知技能培训。其包括团队内部和团队之间的信息共享,开发团队之间的共享认知模型以及有效的沟通技巧。

13.7 提高态势感知能力的训练方法

有许多训练方法可以提高人员的认知技能,帮助他们建立高水平态势感知的认知结构。这些培训方法有选择地针对特定领域特定需要的技能和结构。它们并非是“一刀切”的解决方案,而是一套综合工具,可以针对该领域受训人员的需求,以及组织的目标和实际操作情况进行定制。

13.7.1 课堂与练习的训练方法

态势感知训练的方法侧重于对个人或团队进行态势感知相关知识及其潜在风险的培训。许多大型航空公司近期推出了关于态势感知的短期培训课程,其主要目的是让飞行员了解态势感知以及可能影响态势感知的一些因素。其中一个项目侧重于提高机组人员的沟通和协调能力,并采用机组资源管理原则来提高飞行员的态势感知(Prince 和 Salas,2000)。

英国航空公司开发了为期两天的态势感知培训项目(Robinson,2000)。该项目基于 Helmreich 等(1996)和 Reason(1997)的研究,将 3 个层次上的态势感知和错误管理策略(在避免、捕获和缓解方面)相结合。该项目首先进行以实际操作策略为重点的课堂培训,而后开展模拟训练。接受过培训的飞行员明显具有更好的团队技能,并且三级态势感知的操作表现显著提高(与一级或二级态势感知相比)。

在此基础上,欧盟制订了态势感知集成增强安全(ESSAI)计划,以改善航空公司飞行员的态势感知水平和威胁管理水平。该计划在欧洲两家主要航空公司实施后,99% 的飞行员表示培训非常有用。大多数飞行员在训练 3 个月后反馈称,他们在日常操作中经常用到训练所学技能(Hormann 等,2004)。

Endsley 和 Robertson(2000a、2000b)针对分布式航空维修团队态势感知方面存在的问题,提出了一个改进方案。他们针对这个领域中存在的 5 个关键问题,提出了相应的解决措施,以提高团队的态势感知水平。

(1)在航空维修中,不同的团队或组织之间可能存在认知模型和理解上的差异。

(2)因个人没有传递特定决策所需的信息(基本原理和支持情况信息)产生的问题,这导致了决策是次优而不是最优,因为良好的解决方案往往需要跨多个团队汇聚信息,而缺乏有效的信息共享和沟通会阻碍这一过程。

(3)系统缺乏有效的反馈,即既定决策结果的信息无法反馈给发起行动的团队,因此他们无法形成准确的认知模型。

(4)需要举行标准化的交接班会议,以建立共同的目标和对形势的共同理解。

(5)降低个体态势感知水平的因素主要包括任务相关和其他干扰、噪声和不良照明的负面影响、警惕性以及记忆力问题。

他们创建了一个团队态势感知训练课程,通过对维护飞机的不同分区的人员进行培训,重点帮助减少这些不同团队之间可能出现的差距和沟通不畅。他们在一家大型航空公司开设了该课程,鼓励大家参与问题解决、小组讨论和回答开放式问题,从而促进信息的获取和处理。该课程的参与者中,超过 89% 的人认为它非常有用,后续的跟踪调查也显示,课程参与者的工作表现方面作出了预期的改变。

在另一个完全不同的领域,McKenna 和 Crick(1991、1994)发现,通过训练课程可以提高驾驶员的危险意识(三级态势感知)。该训练课程向驾驶员展示驾驶场景的视频片段,并鼓励他们有预测性地观察前方的道路。视频会在不同的时间暂停,期间要求驾驶员预测接下来可能会发生的情况。他们发现,通过要求驾驶员预测接下来会发生什么,可以显著提高参与者的危险意识,这与现实世界中避免事故的能力密切相关。

总地来说,人们已经开发了许多项目,通过课堂教学与个人或团队练习相结合来开展态势感知训练。大部分报告显示,参与者在提高所需知识和技能水平方面取得了良好成果,并且参与者认为这些项目能够有效提高他们的态势感知水平。

此外,一些项目试图通过关注态势感知所需的基础知识和技能来进行训练。这些方法采用了基于计算机的训练项目,使受训者能够以可控的、系统的和有效的方式掌握态势感知的相关认知机制。

13.7.2 通用航空态势感知训练器

为了解决通用航空公司(GA)飞行员态势感知水平低的问题,Bolstad 等(2002a、2002b)开发了态势感知训练器。该训练器包括许多基于计算机的不同培训模块,这些模块主要针对无经验飞行员所欠缺的基本技能以及相关元认知技能。

(1)检查表完成。教练飞行员认为,未能完成检查表是不同经验水平的飞行员都会遇到的问题,这对于建立态势感知非常重要。该模块提供成功完成检查表的指南以及处理导致检查表未完成常见问题的方法。

(2)空中交通管制通信。由于许多低态势感知水平的飞行员难以顺畅地与空管员通信,因此本模块帮助飞行员培养快速理解标准空中交通管制通信的技能,包括通信的措辞、语法和速度。

(3)心理运动技能。该模块侧重于将心理运动追踪技能(飞行员通常称之为操纵杆技能)培养到高度自动化水平,以便为态势感知提供更多的认知资源。

(4)注意力共享技能。跨飞行环境的许多不同因素进行多任务处理的能力,对于态势感知至关重要。该模块旨在培养跨多任务注意力共享能力,包括仪表监控、飞行控制、空中交通管制通信和窗外查看。

(5)飞行前计划。通过良好的飞行前计划,飞行员可以了解他们将要进入的环境,并制定飞行细节,这可以大大减少飞行中信息处理和决策的认知需求。本模块旨在训练通用航空公司飞行员如何制订有效的飞行前计划,尽可能收集关于飞行条件和要素的信息,并对飞行任务进行规划和优先排序。

(6)应急计划。积极预测未来可能发生的事件并制订应急计划,是高水平态势感知飞行员的基本技能,这使他们能够更好地检测和理解事件,并对其做出反应。本模块训练通用航空公司飞行员提前预测和规划,提高三级态势感知能力,并制订有效的应急计划。

态势感知训练器在没有经验的通用航空公司飞行员中进行了测试,与对照组相比,训练器能够有效改善所需的技能。与没有接受训练的对照组相比,经过训练的飞行员在飞行测试中的表现更好。

13.7.3　交互式态势感知训练器

交互式态势感知训练器(ISAT)采用快速体验式学习来支持认知模型和图式的发展(Strater 等,2004)。正常的操作中,个体需经过数月或数年的过程逐渐积累经验,以建立所需的认知模型和图式。而交互式态势感知训练器通过多媒体计算机培训技术,让受训者在很短的时间内接触到多种情况,从而加速了这一自然过程。这种体验式学习是较为结构化的,以帮助受训者从他们接触的信息中获得最大的收益。

交互式态势感知训练器采用带有复杂操控决策机会的逼真训练场景(图 13.3)。其目标是提供更多的机会,让受训者接触各种各样的情况,支持基于情境的知识库(图式)的开发,以训练对典型情境中关键线索的识别能力,支持受训者的信息整合和决策,并促进对与不同事件、行为和决策选项相关的后果、时间、风险和能力的重要性的理解。通过这种方法,受训者将在环境中学习如何态势感知、如何从数据中实现更高级别的态势感知,并接受如何在典型情况下预测未来事件的技术培训。

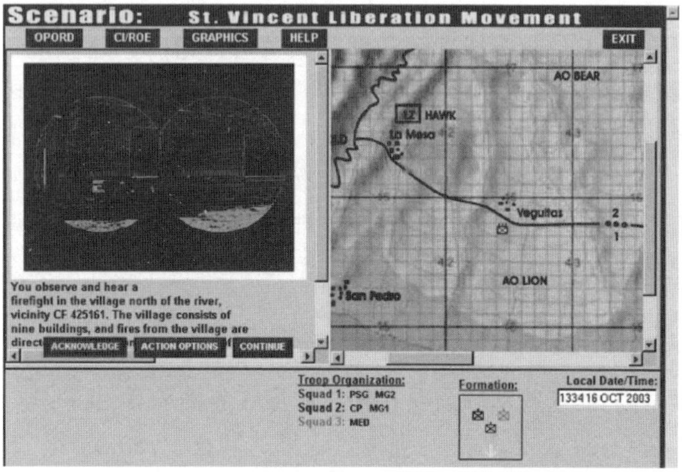

图 13.3　用于步兵操作的交互式态势感知训练器

(Strater,L. D. 等,基于 PC 的工具:提高步兵的态势感知能力,《人因和人体工程学学会年会论文集》,P668－672,人因和人体工程学学会,加利福尼亚州圣莫尼卡,2004)

交互式态势感知训练器采用“what”(是什么)、“so what”(意味着什么)和“now what”(现在该怎么办)的描述模型来介绍态势感知,该模型以易于受训者理解和回忆的格式映射到态势感知的3个级别上。通过这种方式,受训者将学习从以下方面考虑他们的态势感知需求:

(1)“what”,引导受训者思考他们拥有哪些信息,还需要哪些信息;

(2)“so what”,引导他们理解这些信息的含义和重要性,与他们的目标和意图有何关联;

(3)“now what”,引导他们预测未来可能发生的情况,以及他们应该做好哪些准备来应对这些情况。

虚拟训练教官(化身)通过引导受训者经历各种情况,帮助他们专注于关键的元认知技能,包括识别关键线索、评估信息的相关性(包括可用和缺失的信息)以及为可能的未来事件制订应急计划。交互式态势感知训练器帮助受训者学习如何分析情况,而不仅仅是分析内容,从而使他们能够快速识别典型情况并适应新情况,同时在实际操作中做出高质量的决策。当受训者做出决策时,虚拟训练教官会提示他们考虑自己知道什么、需要知道什么、如何最好地收集缺失的信息以及如何评估相互冲突的信息。

针对特定领域的交互式态势感知训练器是基于目标导向任务分析开发的,目标导向任务分析记录了与该领域关键决策相关的态势感知需求。该训练侧重于根据环境中可用的基本信息实现二级和三级态势感知,它促使受训者考虑各种数据在当前和未来的真正意义,引导他们思考评估任务影响、对计划的影响、事件时机以及其他与领域理解和预测相关的因素。它还侧重于训练受训者识别关键线索,这些线索通常标志着典型的情况类型,如发动机的主要指标。这种培训有助于建立将线索组合在一起,形成理解和预测所需的认知模型和图式。因此,它是基于经验的(即涉及现实的场景和示例),并允许受训者以多模态的方式形成对线索和事件的理解。交互式态势感知训练器还侧重于培训某些已知对态势感知重要的技能,如预测和应急计划以及信息和任务管理。

这种培训的一个主要优势是,它提供了一个集中的学习环境,为态势感知建立了关键基础,而这些基础需要在相应领域多年的积累,且该积累过程可能非常危险。在对交互式态势感知训练器效果的调查中,Strater等(2004)发现,接受过步兵版交互式态势感知训练器培训的军校学员在野外演习中表现更好,且比没有接受过培训的学员对自己的态势感知更有信心。

13.7.4 虚拟环境态势感知评估系统

反馈对于学习过程至关重要。为了提高态势感知水平,人们需要获得关于他们态势感知的反馈。例如,没有经验的士兵或飞行员可能意识不到威胁情况的严重性,因为他们过去只是靠运气经历类似的情况。不幸的是,这也导致了他们对自身态势感知水平的错误评估。在正常操作中,个人很难对自己的态势感知水平进行良好的评估。通过基于态势感知反馈的训练,可使受训者根据对其态势感知表现的评估,对关键行为和认知模型做出适当调整(Endsley,1989b)。虚拟环境态势感知评估系统方法包括使用评估受训者态势感知的3个方面的指标:①评估个人和团队行为的行为评级工具;②评估团队沟通的沟通评级工具;③允许直接评估个人和团队态势感知的态势感知问询工具(Kaber等,2005、2006;Riley等,2009)。虚拟环境态势感知评估系统专门设计用于与仿真模拟、基于游戏的训练和虚拟训练环境一起使用,也可以在现实的实地演习中使用。

1. 态势感知行为评级

虚拟环境态势感知评估系统,是一种用于评估和提高个人或团队在特定工作职能或角色中的态势感知的评级工具。教练根据构建与每个工作相关的态势感知的适当行为,对个人或团队进行评级。这对于经验较少的教练来说特别有帮助,它可以指出在态势感知中身体动作方面的问题,同时也有助于同经验丰富的教练保持训练效果的一致性。这些评级是随着时间的推移展开的,跟踪受训者在培训期间的态势感知水平的变化。虚拟环境态势感知评估系统的行为评级,可以针对每个团队成员和每个行为项目进行平均处理,为个人和特定的态势感知技能提供态势感知行为得分(图13.4)。

2. 态势感知沟通评级

在许多团队中,团队沟通对于形成态势感知至关重要。评级工具中提供了与态势感知相关的各种团队沟通方式。在使用此工具时,教练会听取团队成员的正常沟通,并将他们言语表达质量评为好或差,以评估其在态势感知沟通的能力。系统会跟踪整个场景中被评定为“好”和“差”的沟通行为。在训练结束时,评级者有机会审查态势感知沟通评级的摘要数据,以提供整体的团队沟通评级。评级量表包括描述性短语,为评分者提供1~5分的打分指导。这些描述帮助评分者评估整体的沟通质量,以实现对团队沟通的统一评级(图13.5)。

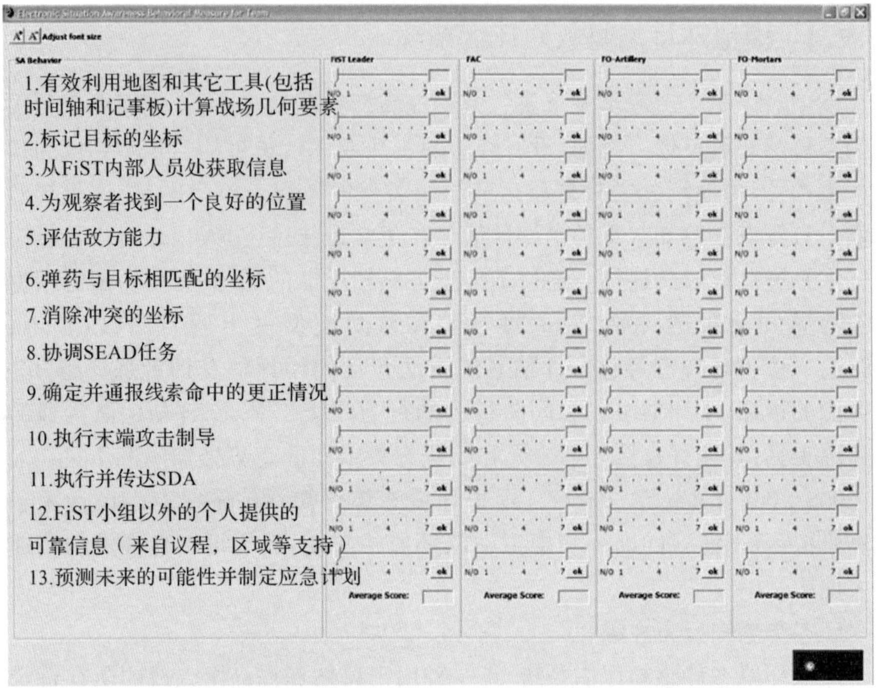

图 13.4　虚拟环境态势感知评估系统态势感知行为评级表格示例

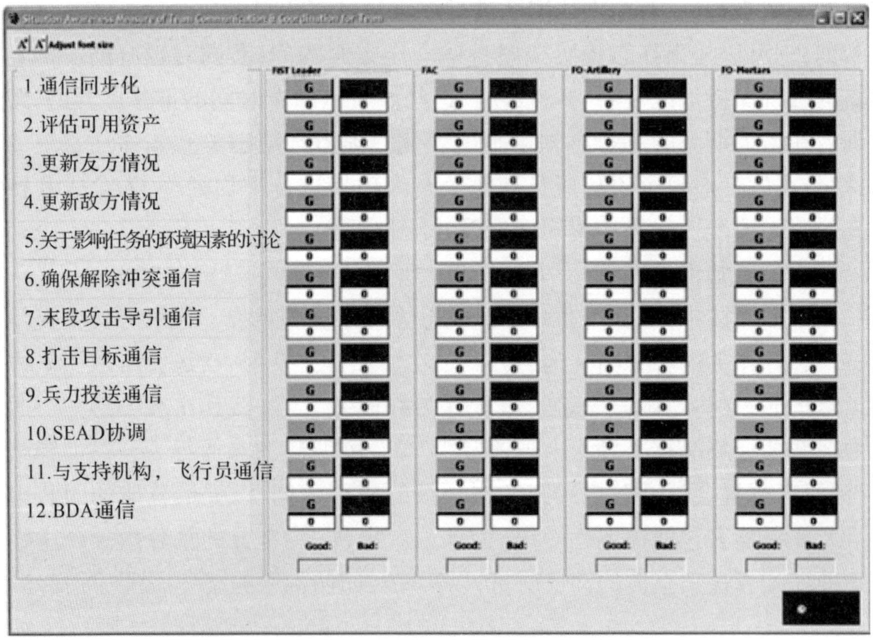

图 13.5　虚拟环境态势感知评估系统态势感知沟通评级量化表示例

3. 态势感知采样

通过对个人进行相关问询的直接客观评估,将其与当时实际发生的事情进行比较,并提供反馈,可以衡量个人的态势感知水平(他们对模拟或练习中发生事情的感知)。这类信息对于受训者了解自身在感知过程中可能存在的不足以及如何纠正它们非常有用。虚拟环境态势感知评估系统通过改进态势感知全局评估方法(SAGAT)(Endsley,1988、1995a)来实现这一目标。改进态势感知全局评估方法通过提供"受训者响应准确性的反馈"进行态势感知训练。例如,"你以为你在这里,实际上你在那里。你被敌人跟踪了,但你没有意识到。你没有注意到那条路上的土地被翻动了,这是简易爆炸装置(IED)埋设的关键线索。"

虚拟环境态势感知评估系统的态势感知采样工具,支持管理态势感知采样的人员在训练场景中实时选择和呈现采样,并记录对采样的响应。在该领域,虚拟环境态势感知评估系统访问的数据库中设有一个态势感知综合采样列表(为每个角色进行详细的目标导向任务分析)。系统会将受训者对每个采样点的回答评为正确或错误,同时系统管理员会如实记录受训者的回答情况。

为了解决团队中共享态势感知存在的问题,可以对所有团队成员的目标导向任务分析数据进行交叉分析,以突出共享目标和共享态势感知需求。在许多情况下,团队成员之间需要相似的信息元素来满足不同的需求。可以设计态势感知采样点,来确定团队成员是否对共享的态势感知信息有相同的理解。态势感知采样数据库可以识别出共享的态势感知采样点,并提示每个态势感知采样点与哪些团队成员相关联。由于一些信息需求与团队的所有成员都相关,可以向团队的任意成员设置旨在评估这些信息项知识的态势感知采样点。有些信息需求只适用于有限的团队成员,因此态势感知采样点只需向这些职位的成员设置,如图 13.6 所示。

4. 虚拟环境态势感知评估系统在事后评估的应用

态势感知训练通过在训练后立即反馈这 3 项评估的结果,以便受训人员了解他们能形成态势感知并用其实现预期目标的程度。这种反馈增强了事后评估(AAR)环节的实用性,因为它能提供定量和定性的结果,使协调员可以直接将其映射到对应场景事件。

在涉及虚拟环境态势感知评估系统的事后评估(AAR)中,可以呈现和讨论每个团队成员在训练场景中的态势感知准确性、相关的态势感知行为和态势感知沟通的数据信息以及这些因素如何影响团队的整体态势感知水平和表现,这

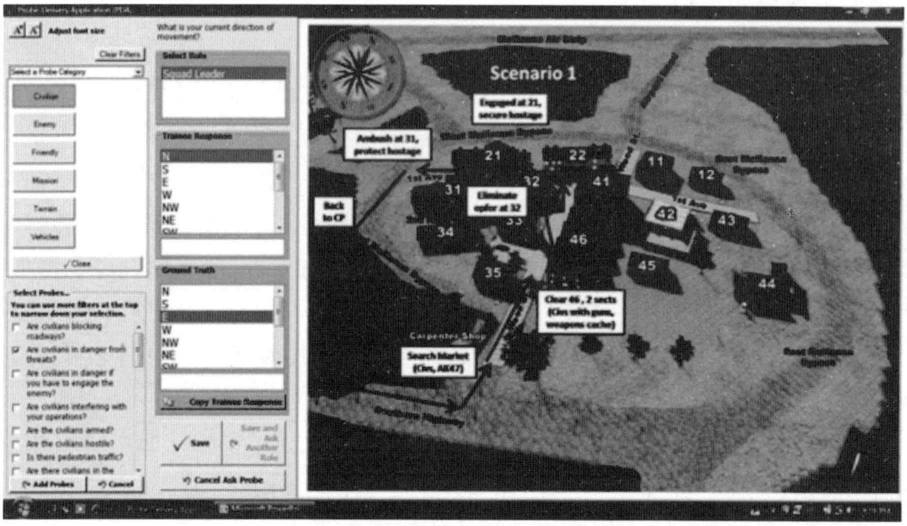

图 13.6　态势感知采样分发工具示例

为进行事后评估及为受训者提供可操作的反馈创建了详细的模板,以增强这些关键认知技能的学习体验,如图 13.7 和图 13.8 所示。

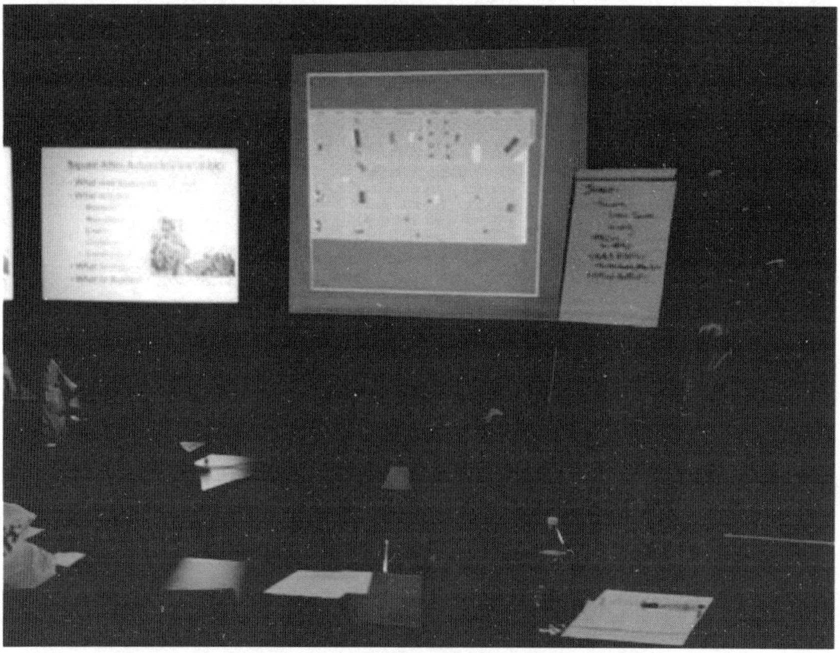

图 13.7　事后评估(AAR)对于提高基于模拟训练效果至关重要,因为它向参与者提供了关于态势感知、决策和行动的反馈

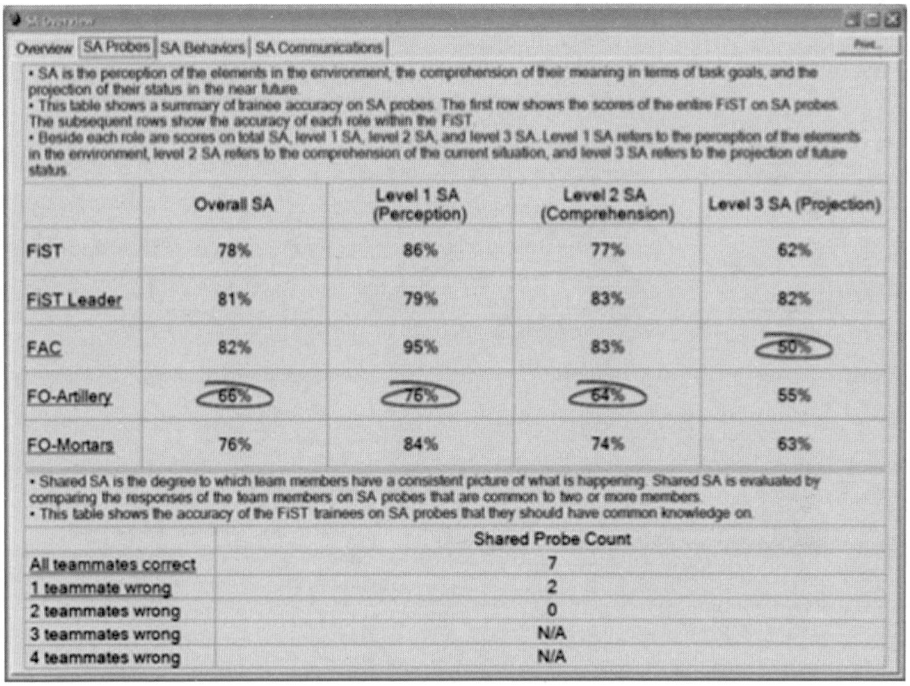

Overview | SA Probes | SA Behaviors | SA Communications | Print...

• SA is the perception of the elements in the environment, the comprehension of their meaning in terms of task goals, and the projection of their status in the near future.
• This table shows a summary of trainee accuracy on SA probes. The first row shows the scores of the entire FiST on SA probes. The subsequent rows show the accuracy of each role within the FiST.
• Beside each role are scores on total SA, level 1 SA, level 2 SA, and level 3 SA. Level 1 SA refers to the perception of the elements in the environment, level 2 SA refers to the comprehension of the current situation, and level 3 SA refers to the projection of future status.

	Overall SA	Level 1 SA (Perception)	Level 2 SA (Comprehension)	Level 3 SA (Projection)
FiST	78%	86%	77%	62%
FiST Leader	81%	79%	83%	82%
FAC	82%	95%	83%	50%
FO-Artillery	66%	76%	64%	55%
FO-Mortars	76%	84%	74%	63%

• Shared SA is the degree to which team members have a consistent picture of what is happening. Shared SA is evaluated by comparing the responses of the team members on SA probes that are common to two or more members.
• This table shows the accuracy of the FiST trainees on SA probes that they should have common knowledge on.

	Shared Probe Count
All teammates correct	7
1 teammate wrong	2
2 teammates wrong	0
3 teammates wrong	N/A
4 teammates wrong	N/A

(a) 团队成员态势感知采样点得分概述

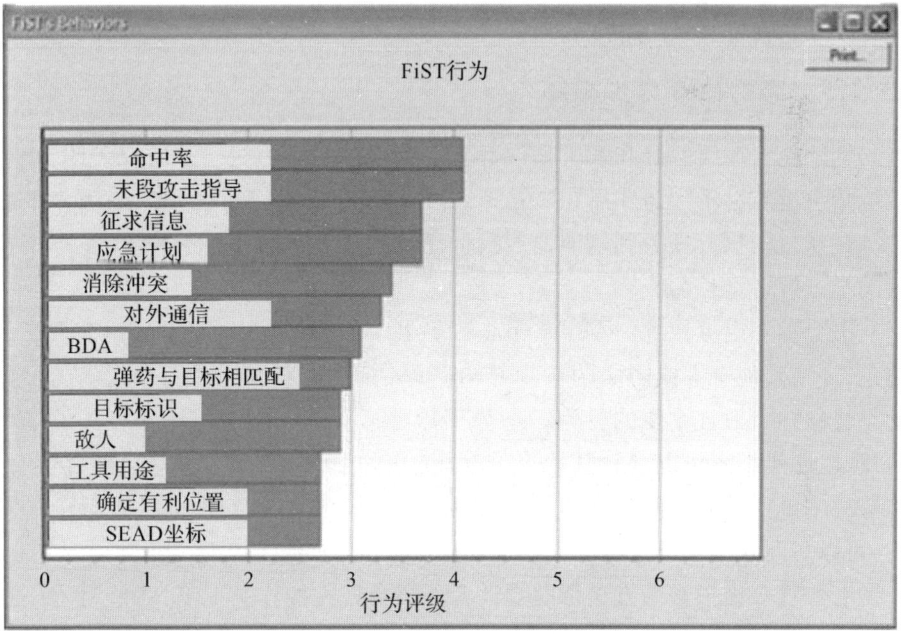

(b) 单个成员态势感知行为详细得分

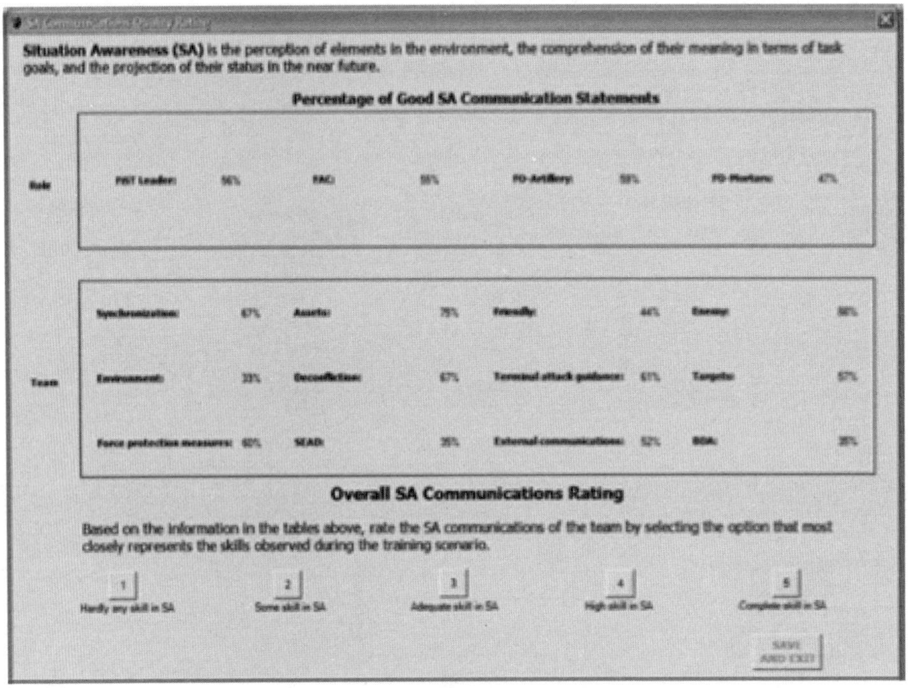

(c) 一名队员在态势感知沟通方面的详细方面

图 13.8 用于事后评估(AAR)的两个虚拟环境态势感知评估系统反馈示例

13.7.5 态势感知虚拟教练

训练他人对于教练和学生来说都是一个很好的学习机会。研究表明,担任教练角色也有助于促进学习(King 等,1998;Whitman 和 Fife,1988)。大多数新教练在从自己执行任务到培训他人执行任务的过渡过程中,都会经历一个指数级的学习效果增长曲线。

态势感知虚拟教练(SAVI)(Strater 等,2008)方法通过让受训者扮演教练的角色,评估其他个人或团队的行为并给出评估理由,来训练人们表现出与良好的态势感知一致且重要的行为。态势感知虚拟教练提供了与操作相关的场景短片,以便受训者可以观察其他人的表现,并评估短片中的人在执行对该领域态势感知重要的行为和沟通方面的表现。受训者通过批判性评估视频中的行为,可以更深入地了解这些因素如何支持实现高水平的态势感知。

态势感知虚拟教练方法帮助受训者理解在各种操作情况下,哪些行为是适当的,哪些是不适当的。通过观察和评估他人的表现,受训者可以逐渐完善他们对良好和不良态势感知行为和沟通方式的认知模型。态势感知虚拟教练方法还使受训者对主动态势评估如何促进相关操作场景中的态势感知产生更深入的理解。这种方法不会使受训者产生反感，因为他们是在评价他人，而不是批判自己的表现。态势感知虚拟教练方法利用了在同伴指导下或从受训者到教练的过渡过程中存在的学习指数效应，如图 13.9 所示。

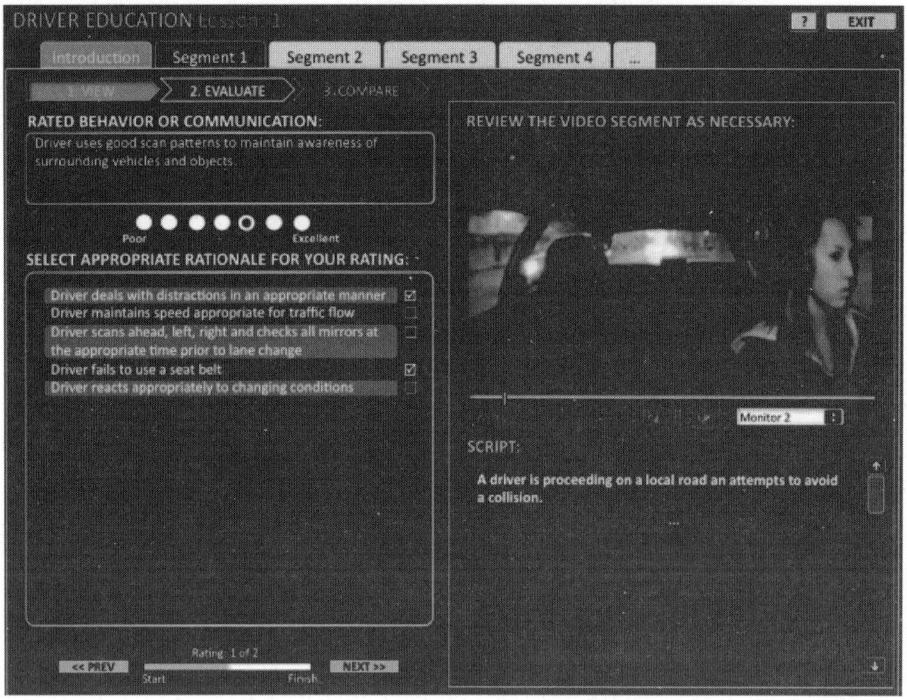

图 13.9　新驾驶员培训的态势感知虚拟教练示例

13.8　小结

大多数领域的典型训练主要集中在指导受训者操作一个系统以及与工作相关的规则或程序上。然而，这种训练忽略了良好的态势感知所依赖的关键认知技能和知识。因此，新手远远落后于该领域中更有经验的同行，因为他们无法快速评估环境中重要的信息，也无法理解这些信息对他们当前任务的重要性。新的训练技术的优势远不止是将相同的旧训练技术转移到新的平台上，真正的优势在于从简单的技能训练转向认知技能训练，这些认知技能可以让人们在实际情境中，利用他们的设备和技能来获得最佳表现。

本章给出了关于在态势感知相关任务中表现良好的关键因素,以及缺乏经验的人在实现所需的态势感知时所面临的不同困难。本章提供了一些训练方法,可以在很大程度上提高缺乏经验的人和有经验的人的态势感知水平。这些面向态势感知的训练计划的关键构建原则如下。

原则1:培养该领域内沟通和查找信息所需的基本技能,包括自我检查行为以及现有的心理运动技能(如车辆控制)。

原则2:提供任务管理和优先级方面的训练,包括如何处理任务中断、干扰和高工作负荷事件。

原则3:提供训练以帮助人们更好地了解如何在领域内实现更高层级的态势感知(理解和预测),包括需要评估和预测的事物类型。

原则4:提供态势感知常见错误类型、对态势感知产生负面影响的各种因素以及应对这些挑战的方法等方面的训练。

原则5:在关键任务区域和显示区域之间培养高度共享注意力能力(多任务处理)。

原则6:培养稳健预先计划(包括预期和意外事件),以及持续进行预测和应急计划所需的重要元认知技能。

原则7:提供训练,教授领域内良好的态势感知相关的关键行为和团队沟通技巧。

原则8:提供训练,重点是构建人们必须与之交互的相关系统或环境有关的稳健认知模型。

原则9:提供培训,以建立领域内大量的图式和识别关键线索的丰富知识库。

原则10:向人们提供关于其在相关操作场景中的态势感知的好坏程度的反馈,以及他们应该采取哪些行为来改善他们的态势感知水平。

原则11:通过交叉训练来培养团队的态势感知技能,帮助建立更好的认知模型,以了解其他团队的态势感知需求,以及他们如何使用信息。

原则12:通过训练团队如何交叉检查其态势感知水平、如何在面对不断变化的情况时协调和优先安排跨团队的任务和目标、如何在横向和纵向上跨越团队指挥链进行沟通和交流以及如何在轮班变化时进行沟通和交流,来培养团队的态势感知技能。

下篇:完成设计周期

第 14 章　态势感知设计概念评估

宽泛的设计准则会使人在设计实施过程中有着广泛的自由度。这里提出的态势感知设计原则也不例外。此外,随着新技术的不断发展,通过设计以改善态势感知和提高人们工作表现的应用研究,通常会明显滞后。这些因素导致设计解决方案往往具有不确定性。设计人员可能需要考虑许多不同的设计概念,进而分辨出哪些更好,哪些可能会导致实际使用中的问题。设计人员的脑海中可能仍然对某事的最佳做法存有疑问,他们可能会发现某些设计功能往往没有达到预期效果。因此,对系统设计特征的客观评估构成了态势感知设计的第三个主要组成部分。

在设计过程中需要尽早对设计进行评估,以识别可能对操作人员态势感知水平产生不利影响的未知问题,并考虑不同设计选项的相对优势。在设计的早期过程对设计原型进行评估,能在调整设计时尽可能降低开发成本和保持开发进度。为了有效地评估设计对态势感知的支持能力,必须采用适当的措施来评估操作人员与系统交互时的态势感知水平。在系统设计中,评估态势感知能力对于发挥其积极影响至关重要。

由于态势感知是一种内在的思维结构,制定适当的措施来对其进行充分评估和描述并非易事。态势感知的评估通常使用以下两种方式来推断:一是从其他更容易评估的构造中推断;二是尝试直接获取操作人员的态势感知评估。图 14.1展示了 4 种方法,即过程评估、直接评估、行为评估和绩效评估(Endsley 和 Garland,2000)。

如图 14.1 所示,这些评估方法要么试图直接评估态势感知水平,要么试图从可观察的过程、行为或绩效结果中推测态势感知水平。然而,这些推断并不准确。因为许多因素并不独立,这些因素与人们所采用的过程和由此产生的态势感知水平之间均有关联,并起到互相调节的作用(如他们所采用的策略以及他们解释信息的知识和能力),所以行为和结果之间并没有完备的映射关系。

同样,许多因素可以独立于态势感知,影响决策或任务执行的质量。因此,这些只是态势感知的间接指标,实际上可能无法全面反映态势感知的情况。

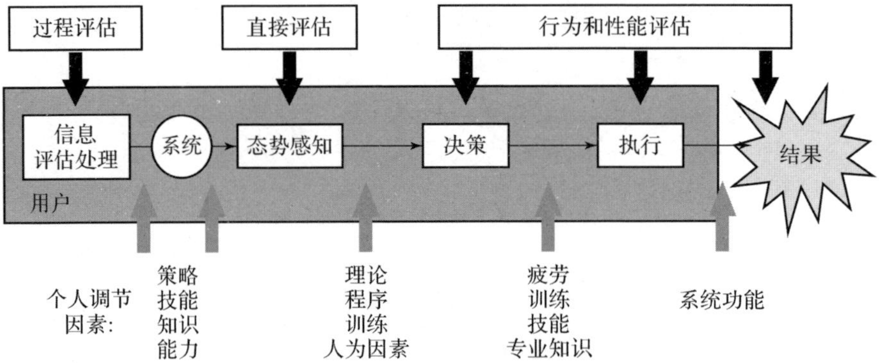

图 14.1 态势感知评估方法

(改编自 Endsley, M. R. 和 Garland, D. J. (编辑),
态势感知分析和测量, Lawrence Erlbaum, Mahwah, NJ, 2000)

一般来说,我们认为直接客观地评估态势感知是评估系统设计的最佳方式(除了评估工作量和人与系统的性能)。我们还将考察不同态势感知评估方法的优、缺点,在不同目标和情况下,采取不同的方法进行评估。然后探讨一个案例研究,说明如何应用这些不同的评估方法,以及可能期望从它们中获得的数据类型。

14.1 态势感知的间接评估

基于对非态势感知本身的评估来推断态势感知水平是间接评估。间接评估试图通过评估态势感知所涉及的认知过程,或通过评估操作人员与系统交互的相关效果,来推断一个人具有何种程度的态势感知水平。过程评估以及行为和效果评估有时用于推断态势感知的评估结果。

14.1.1 过程评估

态势感知是由许多认知过程(参见第 2 章)衍生的知识状态。评估态势感知的一种方法是评估这些过程,然后从这些过程推断人的态势感知水平。一般来说,这种方法的主要缺点在于,无法确定所推断出态势感知水平的完整性,以及它们反映整个态势感知过程的有限程度。表 14.1 介绍了该方法的优、缺点和实施问题。过程评估指标的常见例子包括言语表达、沟通分析和心理生理指标。

表 14.1　态势感知的间接评估:过程评估

优点	缺点	注意事项
言语表达		
• 为已使用或缺少的数据提供部分信息 • 提供态势感知策略和流程的信息 • 提供有关信息如何集成和使用的见解 • 确定需要更加系统地评估态势感知的概念	• 不能提供完整的表示或表述 • 响应缓慢	• 数据分析可能会有问题 • 噪声环境可能会干扰数据收集 • 提供给团队态势感知的可能只是部分评估
沟通分析		
• 无法直接获取的信息 • 言语处理 • 态势感知策略 • 行动反馈 • 沟通类型 • 操作人员之间的交互	• 不能提供完整的表示或表述 • 只提供信息集成和使用的部分内容	• 数据分析可能会有问题 • 噪声环境可能会干扰数据收集 • 沟通分析有助于评估团队态势感知流程
心理生理指标:眼动		
• 提供如何分配注意力的指标	• 不能确定目标是否被看到和处理 • 没有关于如何使用或组合信息的见解	• 设备难以在现场校准 • 数据分析可能会有问题 • 可能无法评估团队态势感知

1. 言语表达

言语表达是指操作人员在与系统交互时用言语描述他们的想法、策略和决策。为了收集言语表达信息,要求操作人员在执行任务时“大声思考”。这些信息将被记录下来,然后进行分析,以识别和分类与个体态势感知相关的信息。所收集信息的详尽程度因操作人员的语言技能而异,有些人比其他人更善于表达他们的想法。虽然通过言语表达可以深入地了解操作人员对任务的概念化方式,以及用于执行任务的认识过程,但由于分析的时间密集性和主观性,分析言语表达会很困难。作为衡量(或推断)态势感知水平的手段,只能说这些言语表达很少能代表他们对该情况的整体认知表征。言语表达通常只提供个体态势感知的不完整画面,即积极言语表达的那部分。个体在记忆中对情况了解的信息(或已忘记)在言语表达中并不明显。

2. 沟通分析

沟通分析侧重于参与任务的人员之间的言语交流(如团队成员之间或操作人员与试验合作者之间)。该方法会记录整个交流过程,然后对这些记录进行分析,仔细检查言语交流并对其进行分类。

这种方法在分析和识别团队策略和流程方面特别有用。例如,Orasanu 和 Fischer(1997)发现,表现更好的飞行员团队在事件发生初期就开始信息收集,从最坏情况而不是最好情况出发,推断了一系列可能的结果,并通过从可用资源中获取信息来监测不断变化的信息,以确定哪种结果最有可能出现。

然而,作为一种设计概念评估信息,这种方法在用于态势感知评估的适用性方面还不太明确。使用这种方法,必须从操作人员是否被动请求或主动提出的内容中推断出个人的态势感知水平。有些人可能知道很多,但不善于交际。这种局限性在非团队情况下尤为突出,因为操作人员不需要与其他团队成员沟通,在执行任务时可能很少说话。此外,尽管沟通分析可以提供一些指标来表征操作人员不易获得的信息,但它不能直接告知操作人员哪些信息正在处理,或如何整合和利用这些信息。与言语表达一样,对沟通的数据分析是繁琐和耗时的,需要对整个试验过程中的短语和陈述进行分类分析。

在测试场景中对沟通和自发的言语表述进行分析,可以深入了解不能从表象中收集的信息,并深入了解收集和解释数据的过程。然而,关于操作人员(在态势感知要求和全级别的范围内)保持态势感知水平的能力方面的信息是无法直接获得的,必须进行推断。

3. 心理生理指标

心理生理指标试图从身体反应(如眼球运动、脑电图或心电图数据)中推断认知过程。这些类型的测量通常用于评估其他心理结构,如心理工作负荷。然而,使用这些措施来评估态势感知是一种相当新的策略,目前还没有太多研究支持这种策略的适用性。心理生理学指标具有潜在的优势,因为它能在不干扰受训者的条件下,持续不断地提供信息,从而捕捉到受训者对计划外或未受控制的关键事件的反应。

例如，Stein(1992)和 Smolensky(1993)记录了空管员在雷达显示屏上处理飞机时的眼球运动。他们发现，在换班后眼球运动需要大约 5 分钟的时间才能稳定下来，在此期间，空管员的错误率往往高于正常水平。

不利的一面是，心理生理指标的使用是很麻烦的，因为它们需要专门的设备和训练以及大量时间和精力来管理和分析数据。目前，态势感知与大多数生理反应之间的关系尚不清楚；在得出这些指标能否反映态势感知或态势感知变化能力的结论之前，还需要进行更多的研究(Wilson,2000)。

总地来说，过程指标对于研究人们在复杂环境中如何实现态势感知和处理信息都非常有用。然而，作为一种设计评估信息，过程指标推断态势感知的能力非常有限。

14.1.2　基于行为和效果的评估

基于表现的评估可以定义为“通过观察受试者的行为，推断这些行为对系统性能的最终影响，评估受试者态势感知水平”(Pritchett 和 Hansman,2000)。这类评估的例子包括基于操作人员行为评估态势感知的技术(行为评估)和基于操作人员整体表现评估态势感知的技术(性能结果评估)。表 14.2 概述了这类评估的优点和缺点。

表 14.2　态势感知间接评估：行为和效果的评估

评估	优点	缺点	注意事项
行为评估：通用	• 通常不干扰受训者，客观、可视化的评估	• 假设在给定的态势感知水平下，受训者的行为是恰当的 • 行为指标有可能反映出来的是其他过程，如决策策略，而不是态势感知	• 需要实际操作场景 • 行为指标必须具体且与任务相关 • 需与态势感知的其他措施结合使用
行为评估：场景操作	• 能直接观察到影响评估正确性的过程	• 影响注意力 • 影响态势感知 • 在同时进行的工作符合或效果评估期间不宜使用这种方法 • 只能评估特定场景而不是全局态势感知	• 需使用真实场景 • 操作必须和任务相关 • 有利于团队态势感知评估 • 需与其他态势感知措施一起使用

续表

评估	优点	缺点	注意事项
性能结果评估	• 通常不干扰受训者、客观、可视化的评估	• 整体性能评估(例如,成功实现目标,在战斗中的阵亡人数)存在诊断性和敏感性问题 • 很难确定明确的任务效果指标	• 需与其他态势感知措施一起使用 • 需要实际操作场景 • 性能指标必须具体且与任务相关 • 应明确规定和利用子任务性能结果而不是全局性能结果

1. 行为评估

行为评估基于操作人员的行为推断其态势感知的水平。例如,如果一名军队指挥官决定在特定地点发起攻击,可以推断指挥官认为敌人将沿着特定的路径行进。根据这一推断,可以对军队指挥官的态势感知进行评估:指挥官认为自己已察觉到敌人的位置,并已对敌人的未来行动做出了预测。然而,这种推断的准确性很难证实;除了指挥官的态势感知水平外,各种因素都可能影响指挥官的战略决策。有时很难判断人们是因为态势感知水平而采取某种行为,还是因为缺乏技能或决策策略不当而采取某种行为。很多不公开行动的态势感知将是不可观察的,因此也是不可评估的。

作为替代方案,可以创造一些情境,在可接受的态势感知水平下,使操控人员以可预测的方式作出反应。这样,可以对预期行为进行评估,以推断态势感知。例如,一种方法通过分析操控人员对人为操纵显示信息(如删除或更改信息)的反应,来评估操控人员的态势感知水平(Sarter 和 Woods,1991)。例如,Busquets 等(1994)中断了一个飞行场景,并将飞行员的飞机置于新位置。他们测量了飞行员返回原飞行路径所需的时间。虽然这种方法可能有助于了解操控人员的认知过程(即他们关注的地方或他们的预期),但非自然事件的发生本身就可能会改变态势感知,因此具有侵入性。此外,这种方法只涉及了操控人员态势感知的部分方面(仅限于被操纵的信息)。

在另一种方法中,可以将不寻常(但现实)的事件纳入模拟,并分析个体对这些事件是否产生反应。这些事件必须意义明确,能够产生清晰、可衡量的响应。也就是说,这些事件必须在试验中得到控制,不能通过除良好态势感知以外的任何其他方式预测,并且需要操控人员采取可辨别的行动(Pritchett 和 Hansman,2000)。为了使这种方法有效,必须精心选择事件,并为其配备高度程序化的响应。例如,如果一架飞机下降到其指定高度以下(这是事件),空管员会立即与该飞机联系以纠正情况(这是可测试的响应)。

这里有几个使用这种方法的例子。Busquets 等(1994)测量了飞行员对闯入其指定跑道的其他飞机做出反应所需的时间。在另一项研究中,Jones 和 Endsley(2000b)测量了空管员纠正空中交通管理场景中的错误所需的时间。Hahn 和 Hansman(1992)测量了飞行员是否检测到了上传到其飞行管理系统中的错误飞行路径。在所有这些情况下,这些场景的设计都是为了使操作者在注意到场景中的关键事件时,能够产生清晰且可观察的响应。

通过在场景中插入这类事件,可以评估操作者对情况和显示这些具体方面的态势感知水平。可测试的响应方法最适合评估操作人员的态势感知在非标称(即非正常)或紧急情况下的有效性;涉及①不需要特殊响应的常规任务;②未经培训的操作人员可能无法预测地响应;③难以人为操纵的复杂任务和微妙线索;④操作人员太多以至无法在整个试验过程中可靠控制。这些情况都不太适合该方法(Pritchett 和 Hansman,2000)。

这一方法优势在于,这类行为评估是客观且易于收集和分析的。然而缺点是,即使最精心的场景创建,有时人们也会不按预期做出响应。然后,研究人员就会疑惑,是他们的态势感知能力差,还是他们只是单纯选择以不同于预期的方式做出响应(或不做出响应)(Farley 等,2000;Jones 和 Endsley,2000b)。还应注意的是,当操作人员参与多个场景时,必须非常谨慎以防止他们预测这些不寻常的事件。例如,在着陆时经历一次跑道入侵后,飞行员将准备好应对所有进一步的此类异常(在现实生活中极为罕见),这会改变他们对所有未来试验的态势感知。

2. 效果评估

效果评估根据操作人员完成给定任务的能力与预定标准相比,或者场景结果的好坏(如成功任务的数量)来推断态势感知水平。尽管这些指标是客观的,并且具有很高的表观有效性,但它们在与态势感知的关系上存在循环性,对许多态势感知差异不够敏感,并且在收集所有所需度量方面存在局限性。

这种方法假设良好的态势感知与良好的效能之间存在直接关系。然而,这种联系并不是确定性的,而是概率性的——拥有良好的态势感知会增加获得良好效能的概率,但并不能够保证。态势感知是良好效能的必要条件,但不是充分条件。一个人可能具有良好的态势感知水平,但缺乏解决问题所需的知识、技能和/或训练。因此,就算态势感知水平很高,但表现可能仍然很差。例如,一名战斗机飞行员可能会得到一个新的显示屏,该显示屏能提供高水平的态势感知,显示敌方飞机的位置。但是,除非他具备良好的战术技能来实现这种态势感知,并且成功利用武器系统,否则效能指标不太可能呈现与该态势感知相关的任何改善。

相反,有时候一个态势感知水平较差的人仍可能在许多效果指标上表现良好,即使这仅仅是出于偶然。例如,同样一名态势感知水平较差的飞行员可能偶然发现了敌方飞机并将其击落。在其他情况下,提供给操作人员的设计可能很糟糕,该设计所提供的态势感知也很差,但操作人员的机智和创造力仍然有可能使他们实现良好表现。在仅评估效能时,这些混淆因素是无法区分的。

在关于态势感知测量方法的研究中,Vidulich(2000)发现效果测量在态势感知研究中经常被使用(占94%)。这种方法对显示操作的敏感性达到70%。由于效能与态势感知之间的循环性质,这种方法可能无法准确评估态势感知。

此外,Wickens(2000)指出,人们从效果测量结果评估态势感知的能力在很大程度上取决于构建的场景类型和性能指标类型。例如,他发现,根据研究电子飞行路径显示器所推断的态势感知,在常规性能(如对路径的遵守程度)或非常规性能(如在紧急情况下找到备用机场的能力)的评估上,存在很大的差异。因此,创建场景的范围和广度以及评估性能方面,对于确保从性能测量方法中获得有效结果至关重要。由于操作人员数量、时间和经济因素的限制,进行足够数量的试验来覆盖所有可能的场景通常是不切实际的。因此,在适当环境条件下,收集能够指出实际操作中可能出现效果问题的态势感知直接指标是更为理想的做法。

14.2 态势感知直接评估

直接评估态势感知的方法试图直接评估一个人的态势感知水平,目前已有主观和客观两种评估方法。

14.2.1　主观评估方法

主观评估是通过让操作人员或专家观察者评估指定时间段内操作人员态势感知水平来进行的。这个评估结果随后用于比较不同时间点或不同系统中态势感知水平。主观评估可以非常简单,如要求操作人员或观察者在一个从 1(低)到 5(高)的范围内评估操作人员的态势感知水平;也可以非常复杂,如要求操作人员完成多个量表,评估影响态势感知的各个方面。主观评估技术的优、缺点在表 14.3 中进行了总结。

表 14.3　态势感知的直接评估:主观评估

评估	优点	缺点	注意事项
自我评价	• 评估自己的态势感知水平	• 操作者无法知道他们不知道的信息,从而不能准确评估自己的态势感知水平 • 容易受到性能的自我评估影响	• 即使在仿真期间或结束后的不受控的场景中,也能够很容易地收集评估数据
态势感知评级技术	• 评估通用结构 • 应用广泛 • 与性能指标和工作负荷指标相关	• 量表中的工作负荷要素会与态势感知混淆 • 与客观评估不相关 • 单个态势感知要素的有限评估能力	• 易于在实验室或现场环境中实施 • 需要与其他态势感知评估方法一起使用 • 有利于团队态势感知评估
态势感知主观工作负荷支配技术	• 良好的灵敏度和评估可靠性 • 与直觉较为一致 • 为不同的设计特征提供态势感知评级	• 可能反映的是主观偏向而非真正的态势感知评级 • 对于更广泛的态势感知结构评估,存在局限性	• 易于在实验室或现场环境中实施 • 需要与其他态势感知评估方法一起使用 • 用于比较设计特征或概念

续表

评估	优点	缺点	注意事项
专家打分(如态势感知评估量表)	• 专家比仿真或演习参与者具有更完整的知识结构	• 即使是专家也无法全面掌握操作者对情况的看法 • 与专家的能力和经验相关性大 • 对于团队,需要多名专家	• 需要可观察的行为来确定评分 • 需要多个专家多次评分 • 场景必须能够展现操作行为 • 专家不能干扰任务 • 现场可使用联合专家组 • 同行评分可能存在问题

主观评估具有成本低、非侵入性、易于管理、分析简单以及可在实际环境中使用而不会过度干扰效能的优点。然而,主观评估也存在一些严重阻碍其准确评估态势感知水平的缺点。

(1)首先,操作人员会报告他们认为自己的态势感知水平,但他们可能意识不到自己态势感知中的不准确之处,或者存在他们不知道的信息。例如,Fracker 和 Vidulich(1991)发现,在比较几种旨在促进空间定位的驾驶舱的显示时,主观上态势感知评分最高的显示也导致了最大的姿态倒转误判的百分比(即飞行员认为自己处于直立状态,而实际上他们是倒立的)。Endsley 和 Selcon(1997)发现,支持这一发现的是,主观态势感知评估与客观态势感知评估之间的相关性为零。因此,为了真正了解自我报告的态势感知水平与实际态势感知水平之间的差异,应始终将主观评估与性能数据或直接态势感知测量相结合进行评价。这样可以更准确地评估操作人员的态势感知水平,并确定是否存在需要改进的地方。同时,这也强调了在使用主观评估时需要注意其局限性,并结合其他类型的评估提高评估的准确性和可靠性。

(2)其次,操作人员对自己态势感知水平的评估可能会受到他们表现结果的影响。如果模拟场景的结果是正面的,操作人员可能会将自己的态势感知评估为良好,而不考虑是否是因为良好的态势感知、运气还是其他因素影响了表现。同样,如果试验结果不太理想,操作人员可能会倾向于报告自己的态势感知较差,而不考虑为什么会出现错误(如态势感知较差、技能/知识不足、行动选择不当)。Endsley 和 Selcon(1997)发现,主观态势感知与主观性能评估之间的相关系数为0.76。

(3)最后,自我评估态势感知是指假设个体能够准确地判断并根据经验报告自己的感受、想法和事实。然而,在判断中可能会存在错误,这可能导致自我评估的准确性受到质疑。此外,个体可能会受到自我偏见、情绪状态或其他因素的影响,导致他们对自己的态势感知做出不准确的评估。因此,在依赖自我评估态势感知时,需要谨慎考虑这些因素可能对评估结果的影响。

尽管存在这些局限性,但当适当设计和应用主观指标时,它们可以为态势感知提供有价值的信息。具体来说,主观评估可以表明操作人员对自己态势感知的信心水平(Endsley 和 Selcon,1997),这可以直接影响他们的决策和行动选择(参见第7章)。主观评估的例子包括态势感知评级技术(SART)、态势感知主观工作负荷支配(SWORD)技术和态势感知评估量表(SARS)。

1. 态势感知评级技术

态势感知评级技术是其中最知名且经过最彻底测试的主观评估方法之一。研究发现,态势感知评级技术对任务难度和操作人员经验非常敏感(Selcon 等,1991),具有一定的稳健性(Taylor,1990;Taylor 和 Selcon,1991),并且对设计变化敏感(Selcon 和 Taylor,1990)。态势感知评级技术假设操作人员"在做出决策时会使用一些对态势的理解,这种理解是意识可以察觉的,并且可以较为容易地明确和量化"(Taylor,1990)。

这个指标将10个通用构念(这些构念是机组人员通过知识提取技术得出的)融合在一起,并划分为3个方面:①注意力需求,包括情境的不稳定性、情境的变异性和情境的复杂性等构念;②注意力供应,包括唤起、剩余心理容量、注意力集中和注意力分配等构念;③理解,包括信息数量、信息质量和熟悉度等构念(Taylor,1990)。虽然态势感知评级技术是在航空领域的背景下创建的,但这些构念领域是独立的,因此允许在其他类似领域中使用该量表。

三维态势感知评级技术量表的评分可以通过算法:态势感知(calc) = 理解(understanding) - (需求(demand) - 供给(supply)),得出一个整体的态势感知得分。然而,这个公式是根据这些维度在理论上应如何相互作用而得出的,而不是基于统计或经验评估。因此,态势感知(calc)具有一定的随意性,不应过分强调或作为设计要求来指定;相反,它提供了一个总体得分,可以在比较系统设计和评估时提供有用的信息(Selcon 等,1992)。

态势感知评级技术的一个有争议的方面是其包含了与工作负荷普遍相关

的构念(如注意力资源的供应和需求)。从某种角度来看,工作负荷被视为态势感知的组成部分,因此应该包括在内(Selcon 等,1991;Taylor,1990)。而另一个观点则认为,在态势感知量表中包含工作负荷的元素会混淆评估标准(即无法确定减量是由于工作负荷问题还是态势感知问题)(Endsley,1996b)。由于态势感知评级技术认为较高的工作负荷水平总是对态势感知不利,因此它可能不适用于工作负荷过低会对态势感知造成问题的情况(如长途飞行或警戒情况)。此外,除了过载情况外,还发现态势感知和工作负荷是相互独立的(Endsley,1993a)。Vidulich(2000)发现,在研究的主观态势感知指标中,态势感知评级技术的敏感性最佳。当与态势感知的客观评估和性能评估结合使用,并被谨慎解读时,态势感知评级技术可以用于补充其他数据收集工作。

2. 态势感知——主观工作负荷支配技术(SA-SWORD)

另一个用于主观评估态势感知的量表来自一种主观工作负荷评估工具,即主观工作负荷支配技术(SWORD)。态势感知主观工作负荷支配技术试图创建一个标准化的主观态势感知评估指标(Vidulich 和 Hughes,1991)。它使用与主观工作负荷支配技术相同的数据收集和分析程序(Vidulich,1989),只是改变了完成量表的说明。操作人员对系统进行比较评估,按9分制对所选系统进行排序。量表的每个级别代表个人对每个系统提供的态势感知的信任程度。初步证据表明,SA-SWORD 有望成为敏感且可靠的态势感知评估标准(Vidulich 和 Hughes,1991)。然而,在得出关于其准确评估态势感知有效性的结论之前,需要进一步评估该指标。

3. 态势感知评估量表

态势感知评估量表是另一种态势感知主观评估方法(Bell 和 Waag,1995;Waag 和 Houck,1994)。该指标旨在评估战斗空域中的态势感知。量表由8个类别组成,包括31个对任务成功至关重要的行为要素。操作人员通过以6分制对31个元素进行评分来完成态势感知评估量表。飞行员用态势感知评估量表来评估自己和本单位其他成员的表现。

该量表在评估系统所提供的态势感知方面的实用性受到若干方面的限制,具体如下:

(1)它更多地将态势感知视为一种天生能力,而不是可以识别的、可变的认知状态;

(2)它评估的是个体的能力,而不是系统所支持的态势感知;

(3)它将决策技能、飞行技能、表现以及对个人性格特质的主观印象作为量表的一部分(Endsley,1996b);

(4)它与特定的飞机类型和任务紧密相关,因此难以推广到其他领域。

然而,已经有文献提供了基于这种方法为其他领域创建类似指标的指导准则(Bell 和 Lyon,2000),这意味着,尽管存在这些限制,但人们仍然可以根据这些指导准则来开发适用于其他领域的相似评估工具。这样的工具需要考虑目标领域的特定需求和特点,以确保评估的有效性和准确性。

需要注意的是,知识渊博、经验丰富的评判专家的主观评分(他们在理论上更了解实际发生的情况,但对特定个体的想法了解较少)可能会与自评产生截然不同的结果。例如,在一项有关显示概念的研究中,经验丰富的专家对态势感知的评分与空管员对自己态势感知的评分之间只有中等程度的相关性(Endsley 等,1999a)。Bell 和 Lyon(2000)报告称,个人通过态势感知评估量表对自己的评分与同行和上司的评分之间的相关性相当低(小于 0.50)。这两种不同的主观态势感知评估方法关注的方向可能是不同的。

14.2.2 客观评估方法

客观评估旨在通过将操作人员报告的态势感知,与现实情况进行直接比较来评估态势感知。这种比较通常是通过向操作人员问询态势的各个方面,然后将他们的回答与现实情况进行比较来评估回答的准确性。在收集态势感知的客观度量方面存在几个挑战。首先,必须确定问询的适当时间。例如,仅在活动结束时进行问询,才能提供操作人员在该时刻的态势感知的有效情况;对问询的响应以及性能结果,将影响操控人员对前期场景的认知(与主观评估类似)。相反,与任务执行同时进行的问询会引发其他问题,如问询可能对性能、工作负荷、注意力和态势感知等产生潜在的负面影响。

第二个挑战在于确定应该问哪些合适的问题,以便真实反映参与者对于所关注任务的态势感知水平。例如,询问飞行员头等舱中有多少男性乘客和多少女性乘客,并不会提供有关飞行员在驾驶飞机时态势感知水平的有用信息。

第三个挑战在于设计问询,以便它们不仅针对良好态势感知所必需的元素,而且以不会改变个体态势感知的方式来进行。例如,如果询问空管员“正在进入该区域的飞机的高度是多少”,那么空管员的注意力就会被吸引到该飞机上。如果空管员知道该飞机的存在,那么这没有问题。但如果不知道,那么操作人员就会人为地注意到飞机的存在,从而改变空管员的态势感知。

第四个挑战在于需要创建涵盖所有态势感知相关主题的问题集。当使用有限的问题集时,参与者将能够识别出试验者最感兴趣的元素,并专注于这些元素,以便能够正确地回答问询。因此,任务执行期间态势感知的真实性将被改变,无法进行检查。

测量技术解决这些挑战水平,为评估该工具的实用性提供了基准。表14.4列出了客观态势感知评估的总体优、缺点。态势感知全局评估方法(SAGAT)和在线问询是应对上述诸多问题的两种客观性方法。

表14.4 态势感知直接评估方法:客观评估

评估	优点	缺点	注意事项
测试后问询	• 侵入性小 • 响应时间充足 • 不会打乱任务节奏	• 记忆不可靠 • 早期的错误感知可能被遗忘 • 仅在测试结束时获取态势感知	• 需要对态势感知需求进行详细分析 • 采用与任务相关的问题 • 易于数据采集 • 测试完成后立即实施 • 有助于评估团队态势感知
态势感知全局评估技术	• 评估全局态势感知 • 避免反复回顾 • 最大限度减少态势感知偏差 • 良好的心理测量特性 • 可在现实、动态环境下执行 • 允许评估团队内部共享态势感知	• 场景中需要暂停 • 可能会对实时场景的速度和流程产生影响	• 需要对态势感知要求进行详细分析 • 使用与任务相关的问询 • 对团队需要多种数据收集 • 暂停时间会持续2~3分钟 • 暂停必须是可预期的 • 暂停在现场操作中可能会出现问题

续表

评估	优点	缺点	注意事项
在线探查（如实时问询）	• 克服测试后问询的记忆问题 • 问询可以嵌入任务中	• 可能会影响当前任务效能 • 可能因转移注意力改变态势感知结果 • 可能会增加工作负荷 • 只能对有限的态势感知评估需求有效	• 需要对态势感知需求进行详细分析 • 与任务相关的问询可以作为常规事件的一部分进行 • 数据采集会造成噪声干扰 • 评估团队态势感知的效果有限 • 必须进行大量问询才能达到所需的灵敏度

1. 态势感知全局评估方法

在这些客观评估方法中，态势感知全局评估方法（SAGAT）是被广泛测试和验证的一套指标体系（Endsley，1988、1995b）。态势感知全局评估方法已被证实在多个领域都是有效的，包括航空（Endsley，1990a、1990b，1995b）、空中交通管制（Endsley 等，2000）、发电厂运营（Hogg 等，1993）、远程操作（Riley 和 amp；Kaber，2001；Riley 等，2004）、驾驶（Bolstad，2001）和军事行动（Matthews 等，2000）等。

应用态势感知全局评估方法，需要开展包含显示或设计概念的"人在回路"的模拟练习。在随机选择的间隔时间内，模拟活动会暂时停止，显示屏会变为空白，并对参与者进行一系列问询。尽管可以通过纸笔方式进行管理，但通常，态势感知全局评估方法的问题会通过计算机进行管理，这有助于数据的管理和评分，通过模拟计算机和行业专家收集的数据，结合该场景当时实际发生的情况，对参与者的回答是否正确给出评分。

在参与者完成答题后，模拟场景通常会精确地从暂停的位置再次开始。尽管有人对这种技术的侵入性表示担忧（Pew，1995），但大量证据表明，这些暂停不会干扰操作人员的工作表现（Endsley，1995a、2000a）。一旦参与者完成了答题，他们通常可以很容易地从回答态势感知全局评估方法的问题切换回工作场景。态势感知全局评估方法还被证明具有预测效度，态势感知水平较高的飞行员在态势感知全局评估方法测量中更有可能获得良好的结果，而那些态势感知水平较低的飞行员则不太可能获得良好的结果(Endsley,1990b)。一项研究发现,参与两组模拟试验的个人的态势感知全局评估方法得分具有很高的可靠性,从而证明了评估的可靠性(Endsley 和 Bolstad,1994)。

为了确保态势感知全局评估方法的成功,重要的是:①暂停的时间点对参与者来说是不可预测的(尽管他们可能对提出的问题类型有经验);②问题必须反映操作人员所需的各种态势感知需求。

态势感知全局评估方法通过询问操作者关注领域相关的重要态势感知需求的有关问题,来评估参与者的态势感知水平(有关态势感知要求的详细划分可参见第 5 章)。这些问题旨在涵盖态势感知的所有层次(即感知、理解和预测问题)。理想情况下,一个问题可能涵盖多个态势感知需求,以最小化问题集最大化收集数据。此外,问题的措辞旨在与领域的术语和操作者处理信息的方式保持一致。针对空管员开发的态势感知全局评估方法问题的示例如表 14.5 所列。

表 14.5　航空管制的态势感知全局评估方法问题集

<table>
<tr><th>序号</th><th colspan="2">问题</th></tr>
<tr><td>1</td><td colspan="2">输入所有飞机的位置(在提供的分区地图上)
跟踪控制中的飞机
分区中其他飞机
2 分钟内进入跟踪控制的飞机</td></tr>
<tr><td>2</td><td colspan="2">输入飞机呼号(对于问询 1 中突出显示的飞机)</td></tr>
<tr><td>3</td><td colspan="2">输入飞机高度(对于问询 1 中突出显示的飞机)</td></tr>
<tr><td>4</td><td colspan="2">输入飞机地面速度(对于问询 1 中突出显示的飞机)</td></tr>
<tr><td>5</td><td colspan="2">输入飞机航向(对于问询 1 中突出显示的飞机)</td></tr>
<tr><td>6</td><td colspan="2">输入飞机的下一个分区(对于问询 1 中突出显示的飞机)</td></tr>
<tr><td rowspan="2">7</td><td colspan="2">在每列中输入飞机的当前变化方向(对于在问询 1 中输入的飞机中高亮显示的飞机)</td></tr>
<tr><td>高度变化
• 爬升
• 降落
• 水平</td><td>变化
• 右转
• 左转
• 直线</td></tr>
</table>

续表

序号	问题
8	输入飞机类型(对于问询 1 中突出显示的飞机)
9	在此分区中输入飞机的活动(对于问询 1 中突出显示的飞机) 在途中、进入机场、离开机场
10	如果飞机停留在当前(指定)航线上,哪组飞机已经失跟或即将失跟
11	哪些飞机已获得尚未完成的任务(许可)
12	飞机是否正确接收任务
13	哪些飞机目前正常执行他们的任务
14	哪架飞机必须在接下来的 2 分钟内移交给另一个分区/站
15	输入正在经历影响运行的故障或紧急情况的飞机
16	输入没有通信的飞机
17	请输入沿着当前(指定)航线,即将违反特殊空域划分标准的飞机
18	当前天气会对哪架飞机产生影响,或者在未来 5 分钟内会对其当前航线产生影响
19	哪架飞机需要新的净空才能满足着陆要求
20	输入沿当前航线,所有将在未来 2 分钟内将违反最低高度要求的飞机
21	输入不符合飞行计划的飞机
22	输入特定飞机及其跑道
资料来源:Endsley,M. R. 和 Kiris,E. O. ,态势感知全局评估方法(SAGAT)TRACON 空中交通管制版本用户指南,德克萨斯理工大学,德克萨斯州拉伯克,1995b	

在开发出一系列涵盖操作人员全部态势感知需求的问题之后,必须决定如何管理这些问题。通常,在每个暂停点,问题会以随机顺序给出。在每个暂停点管理所有问题通常是可取的,但如果问题集非常大,则并不总是可行。以前的研究表明,暂停时间可以长达 5 分钟,而不会导致参与者的记忆衰退(Endsley,1995a)。时间限制、任务阶段和测试平台的限制,也可能影响态势感知全局评估方法的问题管理。

当存在时间限制时(即所需的暂停时间比能够容纳的问题范围更短),可以通过两种方式定制态势感知全局评估方法来克服这一限制。第一种是允许参与者仅在指定的时间段内(如2分钟)继续回答问题。因此,在每个暂停点都会管理一个随机子集。使用这种方法时,可能存在某些每次都必须询问的问题;在这种情况下,可以定制态势感知全局评估方法,以首先询问这些问题,然后继续进行其余问题的询问。

第二种定制态势感知全局评估方法是在每个暂停点仅询问特定的问题子集。由于注意力偏见是一个需要关注的问题,因此应该仔细选择问题集,以确保子集不致过于狭窄。当态势感知全局评估方法问题得到适当的设计和管理时,不会发生操作人员注意力的偏差(Endsley,1995a)。通常,当特定子集与正在测试的概念相关且适合模拟时,将问题限制在特定子集是有意义的。

通常有几个因素用于将问题集限制为对态势感知最重要的问题,即任务阶段和测试平台限制等。在某些情况下,任务阶段可能是问题管理的一个关键因素。如果任务有明确的阶段,并且每个阶段的信息需求不同,那么可能不希望管理态势感知全局评估方法的整个问题集。例如,处于飞行降落阶段的飞行员可能不会关注仅与起飞操作相关的信息。在这种情况下,可以定制态势感知全局评估方法,以仅呈现与当前任务阶段相关的信息。

其次,测试平台的限制,可能需要对态势感知全局评估方法问题列表进行定制。例如,在模拟环境无法显示天气状况的情况下,即使天气信息与态势感知全局评估方法需求正相关,询问有关天气的问题也是在浪费时间。

态势感知全局评估方法的设计,旨在避免向操作人员提示他们可能知道或不知道的信息。例如,在航空领域,这是通过首先向飞行员展示该地区的地图(包括适当的边界和参考)来实现的,飞行员在该地图上标出他们知道的其他飞机。然后,后续问题将参考飞行员最初在这张地图上标出的飞机。因此,不会特别要求飞行员回答关于“你后面的飞机”这样的问题,这会在飞行员之前没有意识到的情况下,影响他们在后续试验中的态势感知。利用计算机程序能够很方便地开展这类提问。在没有计算机程序可用的情况下,态势感知全局评估方法是通过笔和纸采集的,问题的设计应该覆盖所有可能关注的事件,并且应该在每个暂停点提出所有问题,要认识到并非所有问题都是相关的。

为最大限度地提高态势感知全局评估方法数据采集工作的有效性(Endsley,2000a)制定以下指导原则。

(1)态势感知全局评估方法的暂停时机应该随机确定,而不应仅在高活动频率期间进行,这样可以确保对每个正在评估的点都进行公平和无偏见的态势感知评估。

(2)如果有多人参与研究(如一个团队或竞争队伍),则所有参与者的态势感知全局评估方法暂停起止时间应该同步,这样可以确保不会给某些参与者带来不公平。

(3)态势感知全局评估方法,不应在研究开始后的前3~5分钟内进行暂停,以便让参与者有足够的时间来理解情境中正在发生的事情。

(4)态势感知全局评估方法的暂停之间应至少间隔1分钟,以确保在操作人员暂停后参与者能够重新获得态势感知。

(5)在单一场景中,可以包含多个态势感知全局评估方法暂停点,尽管包含过多的暂停点可能会产生相反效果(并且可能对参与者造成干扰);但在15分钟内使用3个暂停不会产生任何不利影响(Endsley,1995a)。

(6)为了获得有效分析所需的数据点数量,每种试验条件下(如正在评估的设计概念)都应该进行30~60次问询(跨领域和领域内试验设计中的试验)。

(7)其他关注的指标(如其他的态势感知指标、性能指标或工作负荷指标)与态势感知全局评估方法纳入统一测试中。

态势感知全局评估方法在设计评估中是一种特别有用的工具,因为它提供了诊断信息,说明了所评估的系统在多大程度上支持操作人员的各种态势感知需求。例如,如果发现某些问题经常被错误回答,设计人员就可以洞察到操作人员的态势感知需求未得到满足的方面。因此,设计人员就有了具体的指导,知道如何改进界面设计,以便更好地支持操作人员的态势感知。

态势感知全局评估方法的主要局限性在于,它最适合用于模拟环境和可以暂停活动以进行问询管理的场景,这在某些现实环境或现场测试中可能很难做到。此外,为新领域开发适当的问询需要时间和努力来界定态势感知需求,并且需要能够停止和重新开始的模拟访问。关于态势感知全局评估方法的更多信息,可参阅文献(Endsley,1995a、2000a)。

Endsley等(1997a)的研究给出了一个使用态势感知全局评估方法评估新系统概念效果的例子。在这个例子中,研究了一种全新的、在飞行员和空管员之间分配角色和职责的形式。这种被称为自由飞行的概念最初是为了纳入国家空域运行中的重大变化而开发的。它可以包括:飞机直接飞往目的地,而不是沿着预先规定的固定航线飞行;以及飞行员有权在空管员的许可下,甚至可能完全自主地偏离固定航线(RTCA,1995)。由于人们认为这种变化可能对空管员在这些条件下监控飞机的能力产生显著影响,因此进行了一项研究来验证这种可能性(Endsley 等,1997a、1997b)。

研究结果表明,在实施自由飞行后,空管员在检测和干预飞机错误检出方面的表现呈现出变差的趋势,同时主观评估也显示其工作表现下降。然而,在空管员模拟测试中发现,飞机错误检出方面的表现并不会出现明显下降。对态势感知全局评估方法结果的分析提供了更多关于空管员在跟踪情况方面遇到问题的诊断细节,并证实了自由飞行条件下存在与空管员检测问题相关的检出损失风险,这取决于管制员在自由飞行条件下检测问题的能力。

如图 14.2 所示,在自由飞行条件下,空管员在模拟场景中感知到的飞机数量明显较少。其他研究也发现,在高工作负荷下,空管员关注的飞机数量减少(Endsley 和 Rodgers,1998)。除了一级态势感知的降低外,空管员对交通状况中发生情况的理解水平(二级态势感知)也明显降低,具体表现在他们对哪些飞机将受到天气影响的态势感知降低以及对那些处于过渡状态的飞机的认知降低。他们不太了解哪些飞机尚未得到许可,对于得到许可的飞机,他们也不太清楚许可是否被正确接收以及飞机是否正常飞行。在自由飞行条件下,空管员的三级态势感知水平也较低。他们关于飞机将前往何处(下一个分区)的判断能力在自由飞行条件下显著降低。

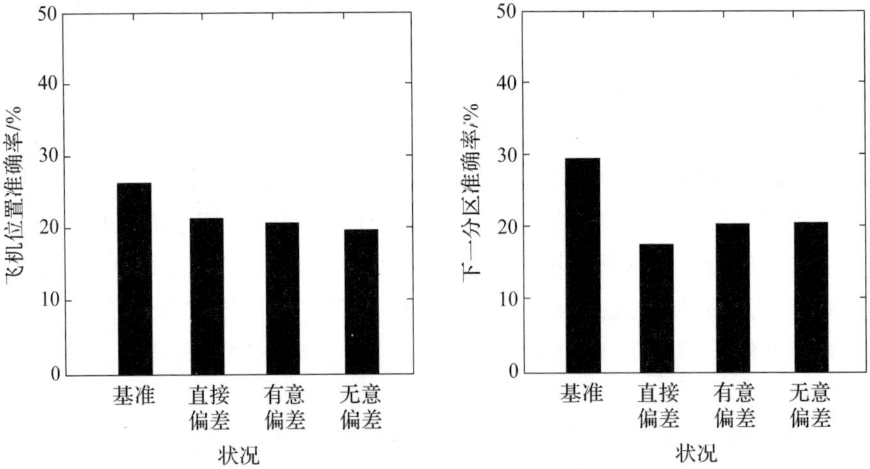

图 14.2　态势感知全局评估方法结果示例

(Endsley,M. R. 等,《自由飞行中的空管员位置意识》,
《人为因素和人类工效学学会第 41 届年会论文集》,第 4－8 页,
人为因素和人体工效学学会,加利福尼亚州圣莫尼卡,1997b)

这些发现有助于确定人们对这一新的、截然不同的航空概念的担忧是否合理,或者它们是否仅仅代表了对变革的抵触。态势感知全局评估方法结果表

明,新概念确实给空管员的态势感知带来了问题,这些问题会妨碍他们有效地作为监控员为后备飞行员提供飞行间隔辅助。此外,态势感知全局评估方法结果还显示了这些问题是如何表现的,这些信息在诊断上非常有用,因为它可以确定操作人员可能需要什么样的辅助工具来帮助他们克服这些缺陷。

例如,这里给出了一种显示装置,用于提供有关处于过渡状态的飞机飞行路径的增强信息,以此作为观察到的较低态势感知水平(Endsley 等,1999b)的补偿方法。这种丰富的数据源不仅仅是对正在评估的概念提供肯定或否定的输入,而且在开发迭代设计修改和做出权衡决策方面非常有用。

2. 在线探查

评估态势感知的另一种客观方法是在参与者进行活动的同时询问参与者。例如,态势即时评估方法(SPAM)(Durso 等,1998)在活动进行期间以及显示完全可见的情况下,向操作人员提出问题。对问题的响应时间被认为是操作人员态势感知水平的度量。理论上,具有良好态势感知水平的参与者会回答得更快,因为他们知道在哪里可以找到环境中的特定信息,从而可以更快地回答问题。Durso 等发现该指标具有一定的敏感性。

基于态势感知全局评估方法(Endsley 等,2000;Jones 和 Endsley,2000a)派生出来的方法,人们开展了在线探查的有效性的研究。该指标利用被称为实时探查的问询,其设计思路与态势感知全局评估方法问询类似(即基于通过目标导向任务分析明确的态势感知需求),但在人们执行任务时会直接用言语对其进行提问。由于问询是与任务同时进行的,因此显示器仍然保持在参与者的视线范围内。

与态势实时评估方法的指标类似,该方法会记录参与者对实时提问的反应时间和准确性,并用于评估参与者的态势感知水平。这种指标可以在无法使用态势感知全局评估方法的情况下(如活动无法暂停)提供态势感知全局评估方法的替代方法。然而,由于问题是逐个提出的,因此在实时问询试验中提供的问题数量会比态势感知全局评估方法少,这就需要在试验设计中包含更多的数据采集点和试验次数。

对于这项技术的初步研究发现,该测量方法与态势感知全局评估方法之间的相关性较弱,这表明该技术作为评估态势感知的一种方法具有一定的潜力。为了增强该测量方法的有效性,对每个问询或探查进行充分抽样是很重要的(Jones 和 Endsley,2000a)。然而,初步的证据还表明,实时探查与工作负荷之间的相关性也较弱,这引发了人们对实时探查可能同时反映工作负荷和态势感知的担忧。在利用实时探查时,应考虑到这种可能的关系,直到有进一步证据证实或否定这种关系。在接受该评估方法作为有效和可靠的态势感知指标之前,仍需要进行更多的测试。

14.3 评估团队态势感知

随着对团队态势感知(参见第11章)理解的重视程度不断提高,需要研究评估指标来对其进行评估。尽管目前一些研究者正在努力研究团队交互和团队态势感知,但这些方法并不一定容易转化为系统评估的方法,如Childs等(2000)描述了一种通过错误分类来评估团队态势感知的方法。Prince和Salas(2000)讨论了团队态势感知和机组资源管理,以及这些结构如何为训练提供见解。Cook等(2000)概述了旨在评估和理解团队认知内容的工作。

为了了解特定系统设计为团队提供的态势感知,需要运用指标和分析技术来量化团队的态势感知以及团队成员之间的共享态势感知。团队态势感知是指每个团队成员完成工作所需的态势感知程度,可以通过在模拟期间评估每个团队成员的态势感知来确定。共享态势感知则是指团队成员对共享态势感知需求情况所持有的一致理解程度,可以通过直接比较他们对这些情况的认知来确定(图14.3)。

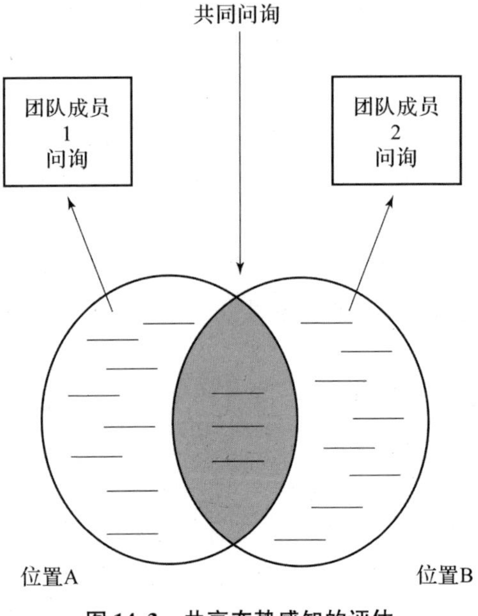

图14.3 共享态势感知的评估

满足团队态势感知评估需求的一种方法涉及利用态势感知全局评估方法，并将分析技术扩展到多个团队成员。按照14.2.2节中所述的指导原则，可以在测试场景中向多个团队成员实施态势感知全局评估方法。团队成员必须独立完成测试任务，不允许相互协助或共享信息。基于对每个职位的态势感知需求分析，每个团队成员所回答的问题集是根据其态势感知需求量身定制的。例如，飞行员会收到一套问题，而空管员会收到另一套问题。在非常相似职位上并肩工作的两名团队成员（如雷达空管员和计划空管员）会收到非常相似的问题集。而工作职责相差很大的团队成员（如飞行员和空管员）则会收到完全不同的问题集。团队态势感知可以通过评估每个团队成员的态势感知来确定任何可能削弱团队效能的薄弱环节或态势感知问题。

共享态势感知可以通过比较团队成员对态势感知全局评估方法问询的响应来进行考察，问询的问题是他们的共同问题（由他们态势感知需求的重叠程度确定）。一项针对两人团队的共享态势感知的初步研究，在分析团队对态势感知全局评估方法问询的响应时确定了5类响应（Jones和Endsley，2002b），如图14.4所示。共享态势感知的潜在类别包括以下几个。

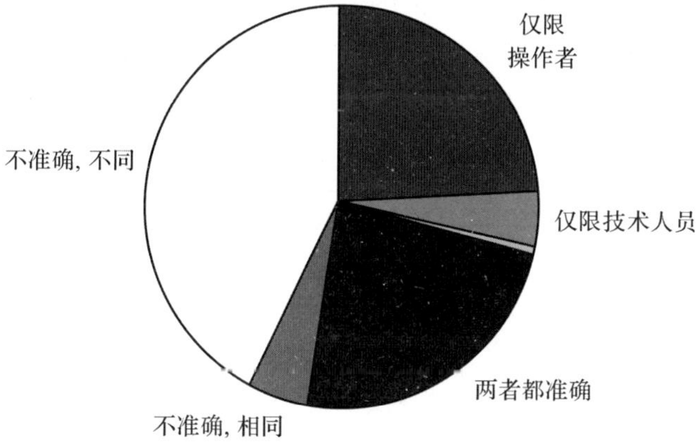

图14.4 空中作战中心的共享态势感知（以每类事件的百分比计）

（1）两名团队成员都回答正确。此类别代表准确的共享态势感知，是理想状态。

（2）团队成员A回答正确，但团队成员B回答错误。这属于非共享态势感知。除非团队具备有效的协作流程来揭示这种不一致性，否则这种情况可能导致错误。

（3）团队成员B回答正确，但团队成员A回答错误。除非团队具备有效的协作流程来揭示这种不一致性，否则这种情况可能导致错误。

(4)两名团队成员都没有回答正确,而且他们的错误答案各不相同。在这种情况下,团队成员具有不同的态势感知且都不正确,这种情况也是不理想的。虽然有效的团队协作流程可能有助于揭示这种差异,但也有可能团队会接受其中一个错误的解释。

(5)两名团队成员都没有正确回答,而且他们的错误答案本质上相同。这种情况代表不准确的共享态势感知。这是最坏的情况,因为团队成员正在互相强化错误的态势感知,并且发现错误的可能性更小。

分析这些类别的共享态势感知,可以为设计(对团队共享态势感知所需的高效执行能力生成)的影响提供有价值的见解(图14.4)。它不仅可以用来确定系统设计不支持哪些数据共享,还可以用来识别理解和预测方面的差异,这些差异可能导致团队在态势感知方面产生更大差异,从而影响其效能。

14.4 评估案例

下面的示例说明了如何将本章中描述的一些评估方法纳入系统评估中,以及这些评估结果如何为设计者提供有关设计优、缺点的反馈。这仅用于示例说明,一般不会在同一项研究中运用所有评估方法,方法汇总如表14.6所列。

表14.6 评估案例的指标汇总

方式	指标	何时采集	采集方法
间接	沟通分析	持续	录音以备日后存档
	生理心理指标	持续	特殊生理设备
	可测试响应	离散的,预先编程的事件,经过精心选择和编写脚本以确保受限的响应	试验者记录参与者对微妙提示的反应;模拟器记录系统动作
	性能结果	取决于任务。通常,一些性能指标是在执行任务期间收集的,而另一些则是最终输出的结果	模拟收集的数据 行业专家评级

续表

方式	指标	何时采集	采集方法
直接	态势感知评级技术	测试完成后	铅笔和纸、计算机
	态势感知全局评估技术	在预定的测试暂停期间	铅笔和纸、计算机
	实时问询	与测试同步进行	试验者组织言语并写出答案 (行业专家应记录正确答案)

14.4.1　测试样例和测试描述

场景:一种新型飞机导航显示器已经设计完成并制造出了原型。设计人员严格遵循了所有相关设计指南,以实现高水平的态势感知和效能。现在,设计人员希望测试该显示器,以确保不会出现由于设计导致的未知负面交互或后果。此外,设计人员还希望将新设计所支持的态势感知水平与当前的水平进行比较。为此,设计人员选择了一系列态势感知评估方法,以便在评估过程中使用。

任务:8 名飞行员分别被要求在模拟器中从 A 点飞到 B 点。一名扮演副驾驶的测试成员也将参与这项研究,与每名飞行员一同飞行。在飞行过程中,飞行员将收到一次改航指令。过程和改航的设计是为了让飞行员必须与导航显示器进行交互。每名飞行员将参与两个 45 分钟的场景(每个场景使用不同的导航显示器)。

训练:在飞行员与系统交互的试验场景之前,会为他们提供关于导航显示器的训练(即:他们会用新显示器进行本场景下的模拟飞行训练;然后他们会用另一个旧的显示器进行同一场景下的模拟训练)。他们将接受训练,直至达到规定使用水平。

预先说明:在试验开始前,参与者会被告知如何完成态势感知全局评估方法问询、如何回答实时提问以及如何填写态势感知全局评估方法量表。此外,还会对心理生理设备的使用进行详细说明,并告知参与者他们的整体表现将被进一步分析。对于将采集的其他态势感知评估指标(如沟通分析和可测试响应)不会给出任何提示,因为这些评估指标是本研究隐含的。

14.4.2 态势感知评估的实现与分析

(1)沟通分析。整个会话将被录音,随后转录以进行分析。分析人员必须通读转录内容,并确定其中请求和传输信息。然后,分析人员必须将信息归类到有意义的类别中,以便对参与者的态势感知状态进行定性推断。随后,将比较两种显示器的沟通模式,以及与试验过程中采集的其他方法指标进行比较。结果将告诉设计人员,飞行员在使用新导航显示器时沟通是增加还是减少,以及这些沟通模式如何变化,如沟通请求的频率与讨论导航选项的频率。

(2)心理生理指标。通过使用位于眼睛顶部和底部的一次性电极获得眼动追踪数据。在每个测试场景开始之前,电极会连接到参与者。这些设备在整个场景中保持固定位置,并持续采集和存储数据,以便后续检索和分析。尽管计算机技术的进步使数据的采集、存储和检索变得更加容易,但仍然需要具备专业知识的专业人员来解读这些数据。标记飞行员注视位置的数据会叠加在屏幕上。研究人员必须创建一个时间日志,记录飞行员注视每个显示器或显示功能的时间。然后,将这些措施获得的数据与场景中发生的事件(由试验者记录或由模拟捕获)进行比较,以寻找与眼动追踪数据和模拟中的事件相关的模式。随后,将对在两个场景中采集的眼动凝视测量数据与研究中收集的其他指标数据进行比较,以识别相关模式。结果将为设计人员提供飞行员注视每个显示功能的时间以及获取信息的顺序。这些数据可以与特定的事件相关联,以提供有关新显示器与原显示器相比信息获取时间和模式的差异。

(3)可测试响应。可测试响应必须仔细编写到场景中。例如,自动驾驶仪未能按照规定的航线飞行(如在应该转弯时没有转弯)。如果飞行员注意到了这个错误,他应该立即采取行动来纠正航线方向(这是可测试的响应)。即使脚本编写得很严格,操作人员的行动也可能阻止事件发生。操作人员对这些事件的反应(或没有反应)以及他们做出反应的时间,要么由试验者记录,要么由模拟器记录。将对这两个系统中采集的数据进行分析,以确定结果是否因显示设计而异。比较飞行员在使用新导航显示器和不使用时,对自动驾驶仪故障做出响应所需的时间。可以推断出,更快的响应时间与更高的态势感知水平相对应。

(4)效能结果。效能结果的衡量标准因任务和领域而异。在此场景中,效能评估指标结果包括“是否遵守了所有空管员指令?”“飞行安全在任何时候是否受到威胁?”以及“飞行员在与导航系统交互时犯了多少错误?”等问题。这些指标数据将在整个研究过程中进行采集,并在每次试验结束时进行分析。效能评估指标是对其他态势感知衡量标准的重要补充。将对两种导航系统设计的效能结果进行统计分析,结果将显示飞行员在使用新显示器时,对这些评估指标的表现是否更好。

(5)态势感知评级技术。态势感知评级技术通常在场景结束后进行,可以通过纸笔或计算机程序进行。参与者通过在量表的适当位置画线,为 3 个或 10 个维度(取决于量表的版本)中的每一个进行评级(图 14.5)。线条标记被转换为百分比,以获得每个维度的态势感知评级技术分数。然后,这些可以组合起来形成整体的态势感知评级。将这些指标(即 3 个维度和总体得分)进行统计比较,从而提供主观评估,以确定飞行员是否认为在使用新的导航显示器时态势感知更好。

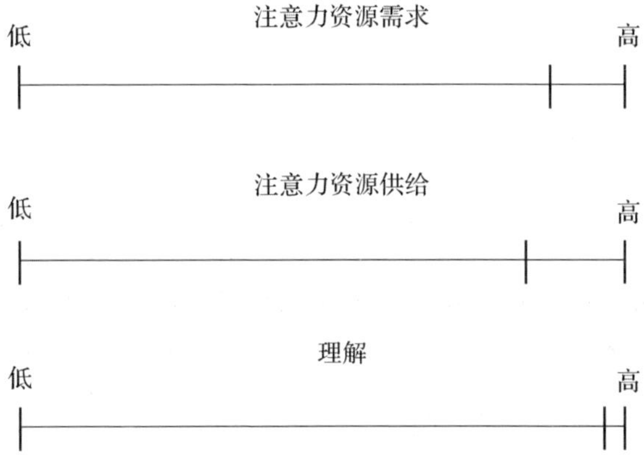

图 14.5　3 - D SART

(选自 Taylor,R. M.,态势感知评级技术(SART):机组人员系统设计工具的开发,航空航天作战中的态势感知(AGARD - CP - 478),P3/1 - 3/17,NATO　AGARD,法国南塞纳讷伊,1990)

(6)态势感知全局评估方法①。在每个试验中,将随机选择既定时间进行 4 个各持续 2 分钟的态势感知全局评估方法测试。通过为商业航空进行的以目标为导向的任务分析(参见附录),可以得到态势感知全局评估方法的问题。表 14.7显示了这些问题的一个子集。向参与者提出的第一个问题是:“您目前的飞行阶段是什么?”然后,在每个测试点将通过计算机程序完整显示适用于该

① 原文为 SART(态势感知评级技术),译者认为有误,应为 SAGAT(态势感知全局评估技术)。

飞行阶段的问题,图14.6展示了其中一个问题集。

表14.7 商用飞机的态势感知全局评估方法问询示例

序号	示例
问询0	飞行阶段
问询1	当前燃油与计划燃油
问询2	当前高度与计划高度
问询3	当前速度与计划速度
问询4	当前航向与计划航向
问询5	放飞合规性
问询6	交通冲突
问询7	交通位置
问询8	交通冲突类型
问询9	特殊用途空域
问询10	危险天气

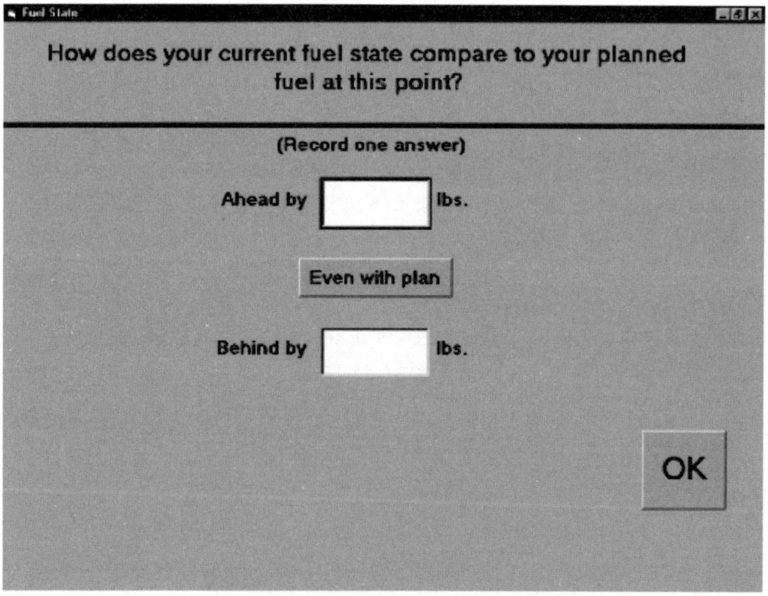

图14.6 态势感知全局评估方法问询的计算机演示示例

参与者对问题的回答,会根据操作相关容差范围,与模拟器和专家采集的正确答案相比较,来判断是正确还是错误。然后,将使用新导航显示器时每个问题的正确回答率,与不使用新导航显示器时的正确回答率进行比较。

这种分析为设计人员提供了具体的指导,帮助他们了解特定设计在哪些方面成功地支持了态势感知,以及可能出现哪些未预料到的问题。分析结果将显示,飞行员在使用新的导航显示器时,是否更加清楚地意识到自己是否符合指定的高度、航向和空速。此外,分析结果还将显示新的显示器是否以某种未预料到的方式影响了态势感知。例如,由于显示器上并未显示相关信息,导致飞行员难以清晰把握自己与地形和特殊用途空域的距离,进而也可能导致他们对其他包含这些信息的信息源的关注度降低。

14.5 小结

针对特定设计评估的评估指标选择,在很大程度上取决于评估的目标(如对特定设计功能的诊断评估与参与者在使用系统时对其态势感知的信心之间的比较)、可用于测试工具的特征(如模拟器或现场测试)以及执行或分析研究人员的专业知识(如心理生理评估指标需要特定的分析培训)。

应用合理的测试指标和程序是良好设计的基础。以态势感知为导向的设计,特别融入了客观态势感知评估,以确保在设计过程中获得预期的结果。评估结果随后用于完善设计理念。评估方法,对于确定给定设计理念是否比其他设计更好、或更差地支持态势感知,以及确定其在哪些方面可能更好或更差,均至关重要。许多设计理念可能以某些方式支持态势感知,但同时又以其他方式削弱态势感知。例如,这里讨论的导航显示器可能使水平信息的感知更好,但使垂直信息的感知更差。如果发现设计的某些方面存在问题,可以重新设计。因此,在这个例子中,经过改进的导航显示器可能结合了垂直情况显示(显示预计的高度变化)和水平(从上到下)情况显示。可以添加有关当地地形的信息,以补偿在使用电子飞行显示器时对纸质地图的忽视。然后,将重新测试改进后的设计理念,用以重新评估设计是否成功。通过这种方式,以态势感知为导向的设计为设计人员提供了具体的专门信息,用于构建支持高水平态势感知的系统概念。

第 15 章 面向复杂系统的态势感知设计应用

由于技术的进步,操作人员可以获取大量数据。可惜的是,技术提供数据的能力超过了人类有效处理信息的能力。受到人类分类和理解数据能力的限制,尤其是在动态系统中数据快速变化时,人类处理信息能力的差距在可用数据和所需数据之间将形成巨大的信息鸿沟。同时,技术的进步为系统设计人员提供了数据呈现的无数可能。然而,充分利用技术所提供的所有数据往往很困难。如此多选项的存在最终可能会使系统设计人员的工作变得更加困难。在大量的数据中,哪些是操作人员需要的信息?如何以最佳方式向操作人员呈现这些信息以实现性能的最大化和阻碍的最小化?信息应该如何组织?应该强调什么?

大多数这类问题都可以通过系统设计来解决,以最大化人员感知所需信息、理解信息含义,并利用信息预测系统未来状态的能力,换句话说,通过系统设计来支持操作人员实现和保持高水平的态势感知。这种方法的关键是在设计过程的开始阶段考虑操作人员的态势感知需求。它为基于信息内容的系统设计提供了基础,而不仅仅是外观特征(如颜色、符号类型和字体大小)。支持态势感知的设计指南(基于人们如何获得、保持和在某些情况下会失去态势感知的模型)与这一基础息息相关,并为将态势感知需求转化为高效态势感知系统提供了基础。最后,与客观态势感知评估相结合的迭代快速原型设计,在实现识别设计中的意外交互以及确保可用性、态势感知、效能和操作人员接受度等目标方面发挥着关键作用。

面向态势感知的设计过程(图 15.1)是一个简单的三阶段进程,用于在系统设计过程中解决态势感知问题。它补充了人因分析技术、设计指南和评估方法,为系统操作中的性能认知基础提供了关键联系,即旨在使该环境与操作人员目标保持一致的态势持续显示,进而推动决策制定和行动。这种方法的目标与其说是组件级别的系统设计,不如说是整体集成层面的系统设计。其目标是确保向操作人员展示的动态信息与他们态势感知所需的信息相匹配,并与大脑处理该信息的方式相匹配,以便在复杂系统中持续实现态势感知。

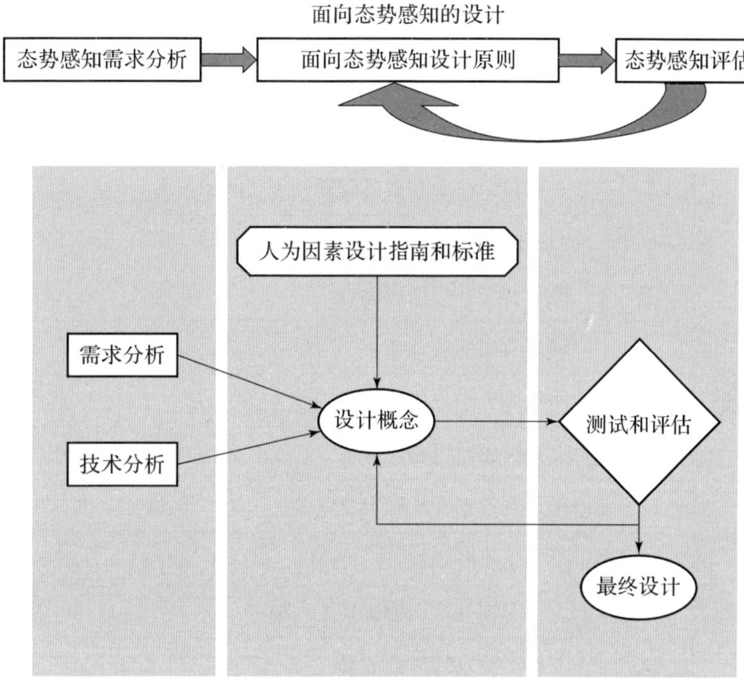

图 15.1 面向态势感知的设计是整个系统设计过程的一部分

本书中提出了 50 条设计原则,以帮助系统设计人员创建能够有效支持操作人员态势感知的界面。这些设计原则总结在表 15.1 中。它们是基于目前已知的人类态势感知机制、优点和缺点的最佳成果提出的。基本设计原则来源于态势感知的理论模型以及对态势感知和重要系统特征影响的广泛研究。面向态势感知的设计原则还涵盖了当今复杂系统中影响态势感知的广泛问题,包括信息的确定性或置信度水平、系统复杂性、告警、自动化和多操作人员操作。虽然这份清单绝非结论性的(需要就影响复杂系统中态势感知的许多方面进行更多专题研究),但它确实为设计以操作人员态势感知为目标的系统提供了一种基本方法。

这些原则可以应用于不同领域的各类系统中,其中实现和保持态势感知具有挑战性。

表15.1 面向态势感知的设计原则综述

原则	序号	态势感知设计原则	页码
基本原则	1	围绕目标组织信息	77
	2	直接呈现二级态势感知信息——支持理解	77
	3	为三级态势感知提供支持	79
	4	支持全局态势感知	80
	5	支持目标驱动和数据驱动处理之间的权衡	81
	6	凸显图式激活的关键提示	81
	7	充分利用并行处理能力	81
	8	谨慎使用信息过滤	82
不确定性表示的设计原则	9	明确标识缺失的信息	138
	10	支持传感器可靠性评估	140
	11	用显著数据标识确定性	141
	12	展示信息时效性	143
	13	支持对综合数据的置信度评估	143
	14	支持不确定性管理活动	145
管控复杂性的设计原则	15	拒绝特征蠕变——逆流而行	157
	16	通过优先级和灵活性防止功能泛滥	157
	17	确保模式和功能之间的逻辑一致性	157
	18	最小化逻辑分支	158
	19	将系统功能与用户的目标和认知模型相匹配	158
	20	提供系统的透明度与可观察性	159
	21	围绕二级和三级态势感知需求和目标进行信息分组	159
	22	降低显示密度,同时确保连贯性	159
	23	提供跨屏跨系统的一致性和标准化控制	160
	24	最小化任务复杂性	160

续表

原则	序号	态势感知设计原则	页码
告警系统设计原则	25	不要让人们依赖告警——提供预测支持	176
	26	支持告警确认活动	178
	27	告警表述要清晰	178
	28	严控虚警	178
	29	适当平衡虚警和漏警	179
	30	多模一致告警	179
	31	减少告警干扰	180
	32	支持多告警评估和诊断	181
	33	支持告警状态下快速形成全局态势感知	181
自动化系统设计原则	34	非必要不自动化	200
	35	使用自动化来协助执行常规操作,而不是更高层次的认知任务	201
	36	提供态势感知支持而不是决策	201
	37	保持人在环内	202
	38	避免自动化模式过多	202
	39	凸显系统模式和状态	203
	40	加强自动化一致性	203
	41	避免任务提前排队	203
	42	避免使用信息提示	204
	43	使用促进人机共生的决策支持方法	204
	44	提供自动化系统透明度	204
支持团队运作的设计原则	45	建立支持团队运作的共同视图	226
	46	避免共享显示过多	227
	47	提供灵活性以支持跨职能共享态势感知	228
	48	支持跨团队传递不同的理解和预测	229
	49	限制显示技术的非标准化	229
	50	通过公开要素和状态,支持跨职位态势感知的传递	230

续表

原则	序号	态势感知设计原则	页码
态势感知训练原则	1	培养该领域内沟通和查找信息所需的基本技能	271
	2	提供任务管理和优先级方面的训练	271
	3	提供训练以帮助人们更好地了解如何在领域内实现更高层级的态势感知(理解和预测)	271
	4	提供态势感知常见错误类型、对态势感知产生负面影响的各种因素以及应对这些挑战的方法等方面的训练	271
	5	在关键任务区域和显示区域之间培养高度共享注意力能力(多任务处理)	271
	6	培养稳健预先计划(包括预期和意外事件),以及持续进行预测和应急计划所需的重要元认知技能	271
	7	提供训练,教授领域内良好的态势感知相关的关键行为和团队沟通技巧	271
	8	提供训练,重点是构建人们必须与之交互的相关系统或环境有关的稳健认知模型	271
	9	提供训练,以建立领域内大量的图式和识别关键线索的丰富知识库	271
	10	向人们提供关于其在相关操作场景中的态势感知的好坏程度的反馈,以及他们应该采取哪些行为来改善他们的态势感知水平	271
	11	通过交叉训练来培养团队的态势感知技能,帮助建立更好的认知模型,以了解其他团队的态势感知需求,以及他们如何使用信息	271
	12	通过训练团队如何交叉检查其态势感知水平、如何在面对不断变化的情况时协调和优先安排跨团队的任务和目标、如何在横向和纵向上跨团队指挥链进行沟通和交流以及如何在轮班变化时进行沟通和交流,来培养团队的态势感知技能	271

15.1 克服态势感知中的问题

能为操作人员提供高水平态势感知的系统设计才能称之为有效设计。为实现这一理想状态要尽可能避开降低态势感知的陷阱。这些问题包括第 3 章中讨论的态势感知面临的挑战：

(1)注意力隧道效应；

(2)必需记忆困境；

(3)工作负荷、焦虑、疲劳和其他压力源(WAFOS)；

(4)数据过载；

(5)凸显错配；

(6)复杂性蠕变；

(7)认知模型错误；

(8)环外综合症。

这 50 条以态势感知为导向的设计原则中,有许多都是直接针对如何应对这些态势感知的挑战而制定的。

15.1.1 注意力隧道效应

当存在某些情况导致人们停止关注环境中其他相关方面,而只关注环境的特定子集时,态势感知就会受到影响。随着注意力的收窄,环境的某些方面会吸引人们的注意力,并几乎完全将他们的注意力引向特定的信息。在某些情况下,人们会意识到他们的注意力集中在信息的一个子集上,他们认为这些信息是最重要的,因此值得集中注意力。在其他时候,操作人员只是全神贯注于情况的某一方面,忘记了监控其他信息。无论哪种情况,注意力的收窄都会对态势感知产生负面影响,因为操作人员对其他未被关注情况的认知很快就会过时,进而导致认知不准确。他们无法获取到提示自己改变关注优先级的新信息。

许多以态势感知为导向的设计原则应尽量减少操作人员陷入注意力隧道效应的可能性。例如,设计一个支持全局态势感知(原则 4)的系统,将有助于操作人员全面理解目标范围和态势感知需求中所发生的事情,并有助于降低环境中某一方面信息过度主导的可能性。这样,当新的信息出现,需要操作人员调整优先级时,他们更不容易错过这些信息。

进一步来说,突出图式激活的关键提示(原则6)会有利于系统设计鼓励操作人员注意到需要重新定向目标优先级的关键触发因素,并有助于防止操作人员过度沉浸于信息的一个子集中。利用并行处理能力(原则7)也有助于避免注意力隧道效应,因为来自不同模态的信息可以更容易地实现时间共享。支持目标驱动和数据驱动处理之间的权衡(原则5)有助于确保处理过程不会陷入情境的任何一个方面。

相反,限制操作人员所能接触到的信息的设计特性可能会对态势感知产生负面影响,因为它会掩盖那些本应提示操作人员需要关注其他信息的信号。谨慎使用信息过滤(原则8),有助于确保操作人员不会被剥夺相关信息,而是能够轻松访问到确定目标优先级和保持主动性所需的所有信息。

传统上依赖告警将人们从由注意狭窄引起的态势感知局限中唤醒,第9章中讨论了这种方法的一些局限性。原则25到原则33提供了考虑告警对态势感知整体影响的指导方针。除非谨慎使用告警,并且符合人们处理告警时所采用的认知过程,否则它们将无法完全成功地克服这种态势感知问题。

15.1.2 必需记忆困境

工作记忆提供了一个存储库,将当前情境中的不同信息片段汇集在一起,并处理成一幅正在发生的事情的画面。在许多环境中,这些画面很容易超载,降低了人们保持高水平态势感知的能力。因此,设计系统以最小化工作记忆的负荷对于支持态势感知非常重要。

以态势感知为导向的设计方法通过两种方式克服这个问题。首先,态势感知需求分析确保在设计过程早期就识别出所需的信息。基于这种分析,可以提出直接提供所需信息的系统设计,而不是依赖人类记忆来处理或保持所需的信息。

其次,设计原则有助于通过系统设计实现最小化记忆负荷的目标。例如,当信息围绕目标进行组织时(原则1),对工作记忆的需求就会减少,因为操作人员不必为了解决任何给定的目标或子目标,而去记住并处理来自各种系统组件或多个显示器的信息。在当今许多系统的工作记忆里,通常将一级态势感知的信息需求整合到二级态势感知的理解所需的形式中去。直接呈现二级态势感知信息以支持理解(原则2),可以极大地减少操作人员必须进行的脑力活动,并为其他需求释放工作记忆容量。通过支持系统设计中的三级态势感知预测(原则3),可以实现类似益处,从而在总体上最小化对工作记忆的需求。

其他旨在降低复杂性的原则(原则 15 至原则 24)以及确保某些信息需求得到直接显示的原则,如设计使信息置信度明确显示(原则 9 至原则 14),也将有助于确保工作记忆负荷保持在最低水平。

15.1.3 工作负荷、焦虑、疲劳和其他压力源

一个人的态势感知能力,可能会受到精神压力源(如高工作负荷、时间压力)和物理压力源(如高温、噪声、寒冷)的负面影响。由于压力源往往无法避免或消除,因此设计系统以支持操作人员由于压力导致的心理承受能力降低是必需的。

压力源可以对实现和维持态势感知所需的认知过程产生多种影响。例如,当暴露于压力源时,人们收集信息的效率往往会降低——他们可能不太注意外界信息,检索信息时变得更加混乱,并且可能更容易陷入注意力隧道中。在压力条件下,避免注意力隧道效应的设计原则应该更加有效。支持高效信息收集模式的设计特性,也有助于减少与这些压力源相关的态势感知水平下降。根据二级和三级态势感知需求和目标对信息进行分组,以便操作人员可以轻松获取所需信息(原则 1 和原则 21);使告警明确,从而减少操作人员解除告警所需的时间(原则 27);充分利用并行处理优势,即通过跨模态分发信息而不是过载特定模态(原则 7),并使用冗余提示(原则 30);以及支持主动行为而不是反应行为(原则 25),都是最小化不可避免压力源造成负面影响的有效策略。由于人们在压力下从长期记忆中执行良好学习行为的能力,比他们生成新解决方案的能力更好,因此支持图式激活的技术(原则 6)在压力下也会有效。

15.1.4 数据过载

数据过载是技术进步带来的副产品。可以想象,呈现给操作人员的数据量可能是惊人的。许多系统的技术容量远远超过了人类处理数据的能力。以态势感知为导向的设计为设计者提供了一种机制,使他们能够密切关注操作人员的实际信息需求,并根据这些需求精心定制系统设计,从而开发以用户为中心的系统,而不是以技术为中心的系统。

例如,通过围绕目标(原则 1)以及二级和三级态势感知需求(原则 21)组织信息,设计者可以进行双重检查,以确保所呈现的信息确实是操作人员所需的信息。此外,许多系统中的数据过载并不是由于数据过多造成的,而是由于数据组织混乱或与认知处理所需组织的不匹配。这些原则与态势感知需求分析相结合,提供了直接减少以技术为中心引起的数据过载所需的组织原则。

有时,即使将数据量减少到所需程度,也无法避免操作人员被可用信息淹没。在这方面,数据过载问题类似于工作负荷问题,可能会对态势感知产生负面影响。通过降低显示密度和创建连贯性(原则22)的方法,可以最大限度减少操作人员筛选数据以查找所需信息的需要,从而为其提供帮助。在某些情况下,直接呈现更高级别的态势感知需求(原则2和原则3),也可以最小化需要呈现的低级别数据量。

15.1.5 凸显错配

凸显指的是某种特定形式的信息呈现能够抓住一个人注意力的能力,而这种能力与该人之前所从事的任务或目标的重要性无关。凸显在很大程度上是由信息的物理特性决定的,如闪烁的灯光、蜂鸣器和告警器,这些往往都具有很高的显著性。当这些属性被不恰当地或过度地应用时,操作人员的注意力可能会被他们从应该关注的事物上吸引走,从而对态势感知产生负面影响。

凸显信息的应用方式,应避免不必要地分散操作人员对高优先级目标和信息的注意力。例如,当一个反复出现的虚警,通过发出响亮的声音或要求确认告警来吸引操作人员的注意力时,操作人员处理虚警可能会中断其他相关的正在进行的任务和信息处理。因此,虚警不仅无法实现其预期目标,而且还可能产生不良影响;它们会显著降低操作人员的态势感知。

通过将感知显著的特征限制在精心选择的信息呈现需求上,可以最小化对信息获取的干扰,这对态势感知非常重要(原则6)。以最小化虚警(原则28)设计系统也有助于减少与错配凸显相关的问题,因为任何发生的高度显著的告警,都将以适当的方式引导操作人员的注意力。最小化告警的干扰性,可以最大程度降低这些显著告警干扰态势感知的可能性(原则31)。

我们还使用更高级别的凸显来表示更高级别信息的准确性和时效性(原则11),以支持对显示信息的置信度进行评估。信息凸显还用于通过提示操作人员关注环境的某些方面(原则5),来支持操作人员在目标驱动和数据驱动的处理之间进行适当转换,并支持操作人员明确标识缺失信息的需求(原则9)。因此,这些设计原则致力于以支持信息处理需求的方式运用凸显,同时谨慎地消除其在不恰当时机或无关紧要方面的使用。

15.1.6 复杂性蠕变

复杂性蠕变是由于系统中例行或定期添加新特性而产生的。这些添加可能是由于需要增加功能以支持特定任务,或者由于功能所带来的附加内容。然而,如果不仔细考虑新功能的积极和消极影响就草率采用,可能会对态势感知产生各种负面影响。功能泛滥会显著增加用户必须处理事务的复杂性,加重工作记忆的负担,使用户难以建立态势感知所需的认知模型。

精心的设计可以确保提供所需的系统功能,同时不会破坏态势感知。以态势感知为导向的设计仔细评估潜在功能,以比较它们为用户带来的实际收益与成本。每个功能都通过快速原型设计进行检查和测试,以确保该功能确实是必要的(原则15)。现有功能被优先排序和组织,以最小化不常用功能对系统复杂性的影响(原则16)。此外,它还确保系统在不同模式或功能之间的逻辑运行是一致的,从而最大限度减少创建认知模型(关于每个模式下系统如何运行的认知)的难度(原则17)。同样,通过减少与系统相关的条件操作(逻辑分支)(原则18),使认知模型更容易形成,并通过设计直接降低任务复杂性的系统(如必须按顺序执行多少步骤才能获得所需结果)(原则24),从而将复杂性降至最低。

自动化导致了一个特殊问题,即显著增加了其所在系统的复杂性。操作人员必须与自动化进行交互或监督自动化,这在开发具有各种程度复杂性的自动化系统、以处理不同条件时面临着相当大的挑战。通过仅在绝对必要时使用自动化(原则34)、避免自动化模式的扩散和最小化操作人员必须记住的规则集(原则38)、加强执行自动化一致性(原则40)和提供自动化透明度(原则44),以态势感知为导向的设计寻求直接限制这种复杂性。

15.1.7 认知模型错误

建立关于系统如何运行的准确认知模型的能力对于态势感知至关重要。如果没有这个框架模型,正确收集和处理信息以形成准确的二级和三级态势感知即使可能,也将非常困难。糟糕的认知模型,或由于选择了错误的认知模型而与系统功能的期望不匹配,可能会对态势感知造成毁灭性的影响。

有效的系统设计可以极大地帮助操作人员构建这些认知模型。将系统功能与用户的目标和既定的认知模型相匹配(原则19);在不同显示和系统上的控件之间提供一致性和标准化(原则23);以及确保自动化在不同模式下的一致性表现,以便操作人员可以预见自动化在不同模式下以类似方式运行(原则40),这些都是减少认知模型失配问题及其可能产生危害的有效策略。此外,诸如提供系统和自动化的透明度和可观察性(原则20和原则44),以及凸显系统模式和状态(原则39)等策略,通过让操作人员掌握系统如何执行任务及其当前模式,可有效促进准确认知模型的选择。尽量减少不适当认知模型的开发以及认知模型与系统功能的不正确匹配,将直接有助于提升更高级别的态势感知。

15.1.8 环外综合症

环外综合症对于态势感知而言是一个日益严重的问题,因为自动化已成为许多系统的支柱。当操作人员对自动化状态及其所控制的系统参数的认知水平降低时,就会出现这个问题。许多因素都可能导致这个问题,包括警惕性、自满、监控不足、被动处理以及系统反馈不足,这些都使操作人员无法获得所需的信息。

谨慎采取以态势感知为导向的设计原则可以有效应对这一重大问题。例如,应该考虑是否要实现完全自动化(原则34)。如果不使用自动化,就可以完全避免环外综合症。

认识到许多系统将继续采用一些自动化技术后,许多设计原则也寻求以弱化环外综合症影响的方式使用自动化。由于人是系统中最有价值和最灵活的部分,并且能够运用自动化系统无法涉及的知识,以态势感知为导向的设计寻求在自动化和操作人员之间保持比传统方法更好的协同作用。应该利用自动化来支持操作人员,而不是通过技术实现自动化到极致,并将剩余的任务分配给操作人员。

根据这些思路,有几个原则是针对如何最好地设计自动化的:自动化应该协助操作人员执行常规任务,而不是试图执行更高级别的认知任务(原则35);自动化应该支持态势感知,而不是提供决策(原则36和原则43);自动化应该让操作人员掌握控制权并保持在工作回路内(原则37)。这些方法都可以减少甚至消除脱离回路问题。

帮助操作人员充分理解自动化正在做什么、它是如何做的以及它接下来将做什么,可以进一步减少脱离回路的性能问题(原则44)。应避免使用那些会加剧脱离回路问题的自动化功能,如提前排队(原则41)和传统的决策支持系统(原则36)。

即使系统设计得再好,人也可能脱离回路,因此以态势感知为导向的设计建议,在系统设计时,应能在操作人员丧失态势感知的情况下,使其能够迅速跟上节奏。支持快速建立态势感知的功能主要包括支持全局态势感知(原则4)、避免信息过滤方案(原则8)、提供足够的反馈以支持在告警状态下快速生成系统全局态势感知(原则33),以及支持对多个告警的评估和诊断(原则32)。随着自动化在系统内的普及,弱化环外综合症至关重要。

这些原则以及本书中描述的其他原则,为设计复杂的系统提供了指导,以支持操作人员使用的情况评估过程,并避免在此过程中已知的陷阱。

15.2　面向态势感知的设计协同

支持态势感知的设计是一套综合方法,而不是实现令人满意设计必须满足的一套规则。正如系统的任何方面都不会孤立运行一样,以态势感知为导向的设计原则也并非孤立。许多设计原则以不止一种方式支持态势感知。

例如,避免自动化模式的泛滥(原则 38)不仅可以降低任务复杂性以最大限度减小复杂性蠕变,还可以通过帮助操作人员跟上系统的运行,支持选择适当的认知模型并弱化环外综合症。适当使用重点凸显可以:①支持操作人员了解当前系统的状态和模式(原则 39),从而减少脱离环路问题,并鼓励选择适当的认知模型;②通过将操作人员的注意力吸引到需要立即关注的特定信息上,协助操作人员在目标驱动和数据驱动的处理之间转换(原则 5);③支持操作人员理解信息的确定性(原则 11),从而减少认知工作量和记忆需求。

然而,这些设计原则有时似乎也会相互矛盾。在这种情况下,设计者必须决定哪个设计原则应该优先,然后选择适当的措施来评估设计(第 12 章)。了解以态势感知为导向的设计原则如何支持态势感知,使设计者能够做出设计决策,使操作人员能够实现并保持高水平的态势感知,从而最大限度地提高用户 - 系统性能。

15.3　系统评估

以态势感知为导向的设计原则的应用为系统设计提供了坚实的基础。然而,这些原则就像许多设计一样,提供了一个不完整的方案。决定如何最好地实现这些设计原则有时是不确定的,必须就如何向操作人员呈现信息做出决定。因此,用于试验测试显示概念的快速原型和仿真构成了人机界面设计的重要支柱。这种测试还可以带来额外的好处,因为在设计周期的早期就可以发现和处理设计功能之间的意外交互以及对操作人员产生的意外影响。

作为以态势感知为导向的设计的一个关键组成部分,提供了一种评估设计赋予操作人员态势感知的方法。已经描述了间接(过程评估和效能评估)和直接(主观评估和客观评估)两种评估方法。通常,可用于评估设计的资源是有限的,必须在考虑资金和时间限制的情况下选择态势感知的评估指标。通过仔细选择可用指标的一个子集来评估设计,可以获得高回报。

应对系统设计概念进行详细评估,评估时应选用具有代表性的用户,并选用系统中有代表性的场景来如实反应操作人员所面临的挑战。除了在系统概念运行良好的情况下评估态势感知外,这些场景还应在出现问题时评估态势感知;现实的系统评估应包括自动化故障、信息缺失和过载情况,以确定系统设计中的缺陷,以及操作人员在哪些方面需要额外支持才能正常工作。

虽然系统评估工作几乎总是需要包括效能评估,但是通过将态势感知的直接指标作为评估过程的一部分,可以在敏感性和诊断性方面获得显著优势。由于不可能在所有可能的条件下进行测试,因此包含态势感知评估的额外受益对于检测系统问题具有重要意义。态势感知全局评估方法的数据提供了有关设计特定功能的详细诊断信息,并可以突出显示在不同条件下(如不同的工作负荷水平或场景事件)设计支持态势感知的效果差异。

当从设计过程一开始就采用以态势感知为导向的设计方法时,采用态势感知全局评估方法是一个简单的提议,因为态势感知需求分析将在设计过程开始之前完成,而同样的需求分析为开发态势感知全局评估方法问询提供了基础。因此,态势感知全局评估方法可以提供信息,包括哪些方面的意外交互会影响操作人员的态势感知(正面或负面),在不同条件下态势感知的评估情况以及确定不同设计概念的优点和缺点。最重要的是,这些信息可用于修改设计,以纠正缺陷并实现设计目标。迭代设计和测试构成了以态势感知为导向的设计的核心原则。

15.4 发展趋势

以态势感知为导向的设计,为设计支持态势感知的系统提供了一个通用过程。基于支持动态系统中决策制定的关键驱动因素,这种设计方法提供了一种克服以技术为中心的设计问题,并创建以用户为中心的系统的方法。这里包含的设计原则为实现创建支持态势感知的系统的目标提供了一个良好的开端。毫无疑问,它们并不完整。随着对态势感知以及在不同系统领域中影响态势感知的因素进行更多的研究,将为增强这些设计原则奠定基础,为系统特性创建更多层次的细节,这些细节将在不同的操作环境和新的技术进步中增强或削弱态势感知。

未来的关键在于进行研究,以确定哪些技术和界面设计方法能够在日益严峻的挑战下成功提供更高水平的态势感知。系统设计人员需要将坚实的经验测试和态势感知的客观评估相结合,将这项研究转化为可用的成果。

未来也在于将这种方法应用于各种系统计划中正在进行的系统设计工作。汽车领域正在开发许多新技术,这些技术有望完全颠覆传统驾驶任务。随着计算机和网络技术改变了指挥和控制的性质以及士兵、水手和飞行员执行任务的方式,军事行动也正在发生重大变化。他们将面临前所未有的数据集和技术,这些数据集和技术既可以改变战争,也可以改变和平。空中交通管制、电厂运营、太空任务等,没有一个领域能够免受技术变革的影响,而这些变革既带来了潜在的利益,也带来了潜在的危险。要想成功利用这些新的进步,比以往任何时候都更加依赖于确保它们所提供的信息以及它们的运作方式,与人类操作人员的认知能力和需求相契合。以态势感知为导向的设计为实现这一目标提供了蓝图。

附录：针对商业航空公司飞行员的目标导向任务分析①

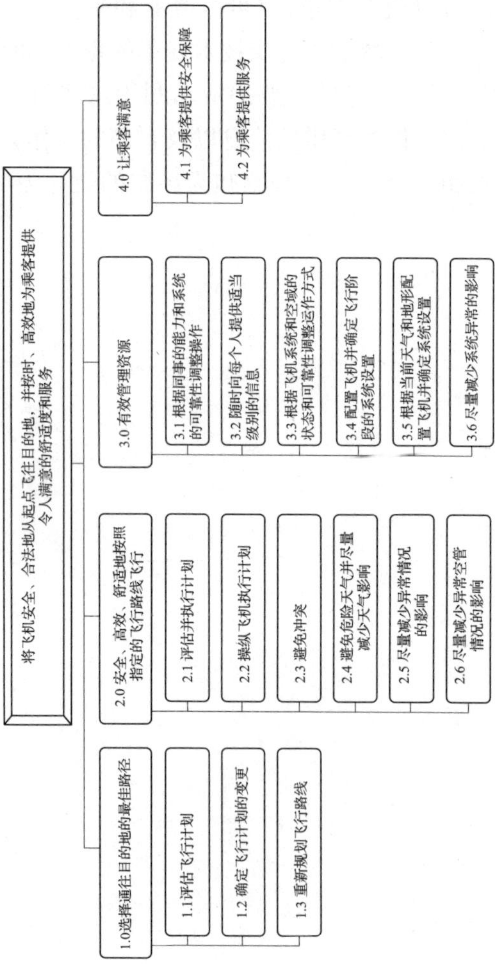

① 摘自 Endsley, M. R. 等,《商业航空公司飞行员态势感知信息要求》(ICAT - 98 - 1),麻省理工学院国际航空运输中心,马萨诸塞州剑桥,1998 年。

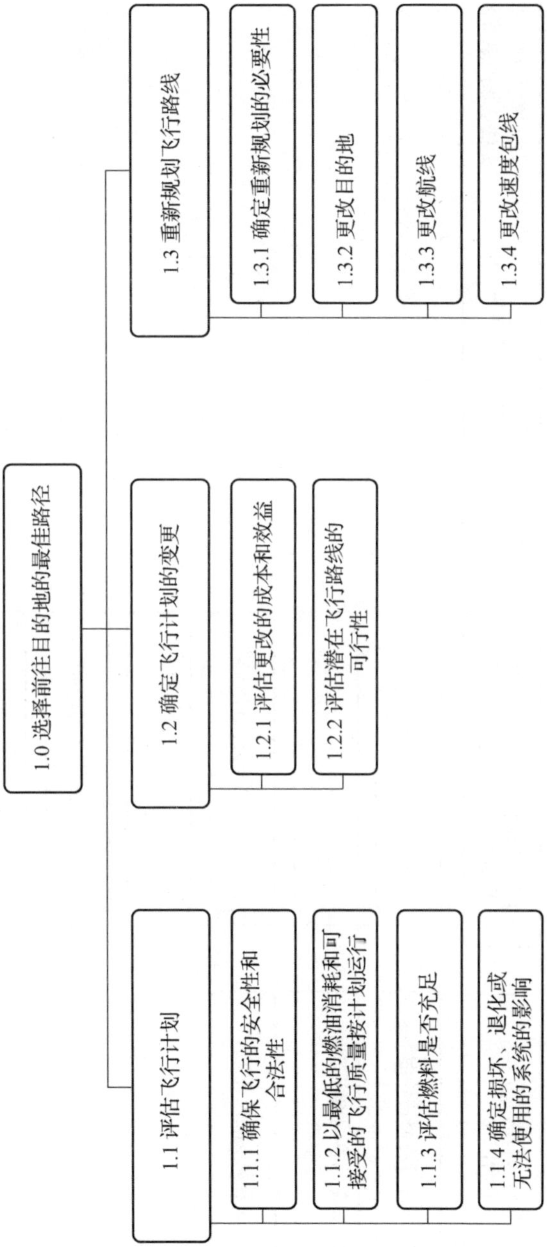
1.0 选择前往目的地的最佳路径
1.1 评估飞行计划
1.1.1 确保飞行的安全性和合法性
1.1.2 以最低的燃油消耗和可接受的飞行质量按计划运行
1.1.3 评估燃料是否充足
1.1.4 确定损坏、退化或无法使用的系统的影响
1.2 确定飞行计划的变更
1.2.1 评估更改的成本和效益
1.2.2 评估潜在飞行路线的可行性
1.3 重新规划飞行路线
1.3.1 确定重新规划的必要性
1.3.2 更改目的地
1.3.3 更改航线
1.3.4 更改速度包线

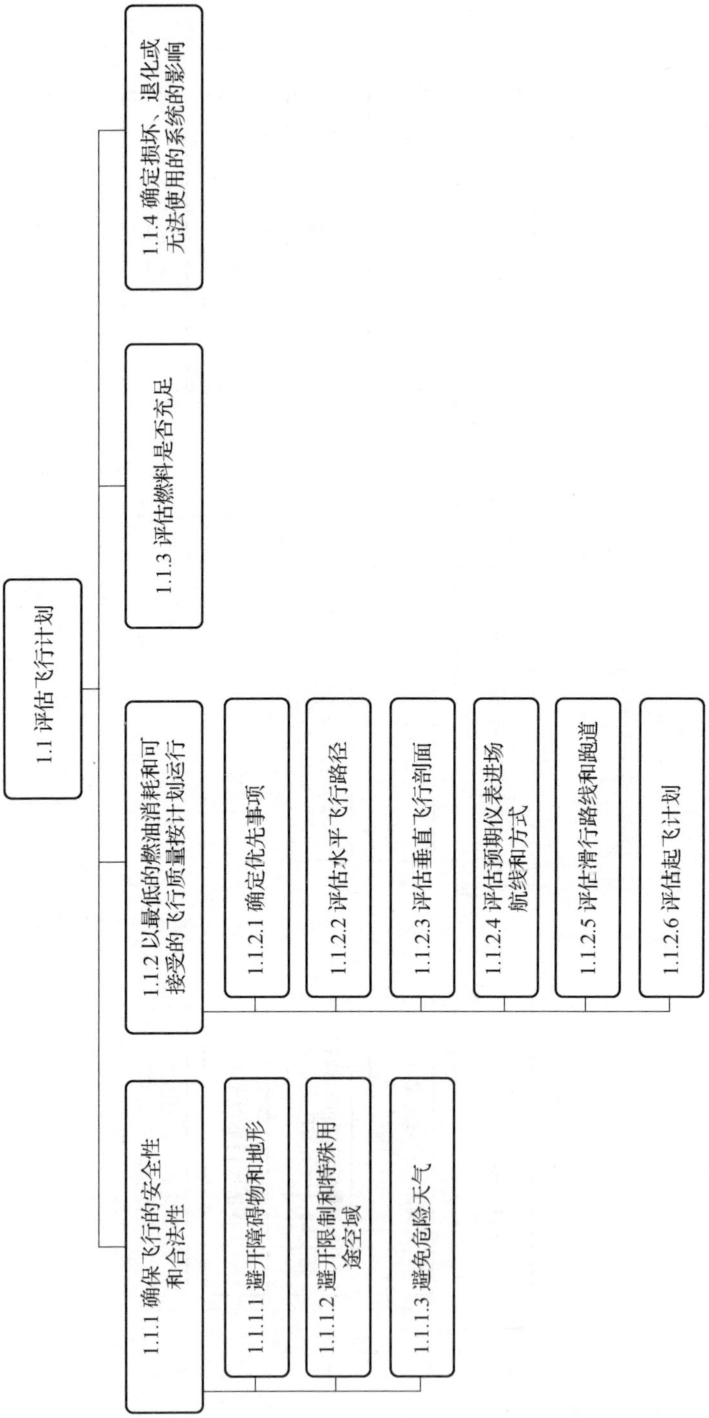
1.1 评估飞行计划
1.1.1 确保飞行的安全性和合法性
1.1.1.1 避开障碍物和地形
1.1.1.2 避开限制和特殊用途空域
1.1.1.3 避免危险天气
1.1.2 以最低的燃油消耗和可接受的飞行质量按计划运行
1.1.2.1 确定优先事项
1.1.2.2 评估水平飞行路径
1.1.2.3 评估垂直飞行剖面
1.1.2.4 评估预期仪表进场航线和方式
1.1.2.5 评估滑行路线和跑道
1.1.2.6 评估起飞计划
1.1.3 评估燃料是否充足
1.1.4 确定损坏、退化或无法使用的系统的影响

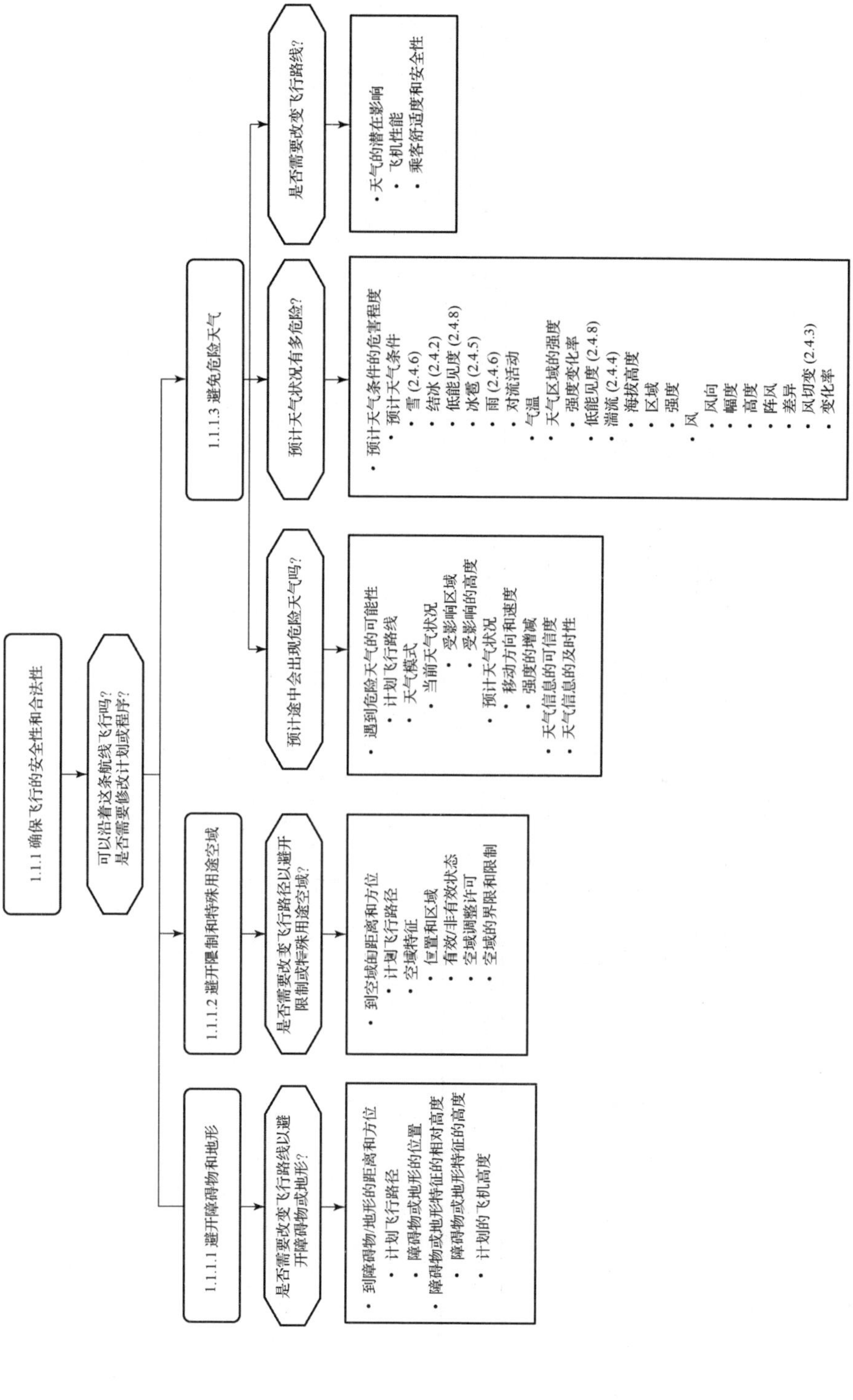
1.1.1 确保飞行的安全性和合法性
可以沿着这条航线飞行吗？
是否需要修改计划或程序？
1.1.1.1 避开障碍物和地形
是否需要改变飞行路线以避开障碍物或地形？
• 到障碍物/地形的距离和方位
• 计划飞行路径
• 障碍物或地形的位置
• 障碍物或地形特征的相对高度
• 障碍物或地形特征的高度
• 计划的飞机高度
1.1.1.2 避开限制和特殊用途空域
是否需要改变飞行路径以避开限制或特殊用途空域？
• 到空域的距离和方位
• 计划飞行路径
• 空域特征
• 位置和区域
• 有效/非有效状态
• 空域调整许可
• 空域的界限和限制
1.1.1.3 避免危险天气
预计途中会出现危险天气吗？
• 遇到危险天气的可能性
• 计划飞行路线
• 天气模式
• 当前天气状况
• 受影响区域
• 受影响的高度
• 预计天气状况
• 移动方向和速度
• 强度的增减
• 天气信息的可信度
• 天气信息的及时性
预计天气状况有多危险？
• 预计天气条件的危害程度
• 预计天气条件
• 雪 (2.4.6)
• 结冰 (2.4.2)
• 低能见度 (2.4.8)
• 冰雹 (2.4.5)
• 雨 (2.4.6)
• 对流活动
• 气温
• 天气区域的强度
• 强度变化率
• 低能见度 (2.4.8)
• 湍流 (2.4.4)
• 海拔高度
• 区域
• 强度
• 风
• 风向
• 幅度
• 高度
• 阵风
• 差异
• 风切变 (2.4.3)
• 变化率
是否需要改变飞行路线？
• 天气的潜在影响
• 飞机性能
• 乘客舒适度和安全性

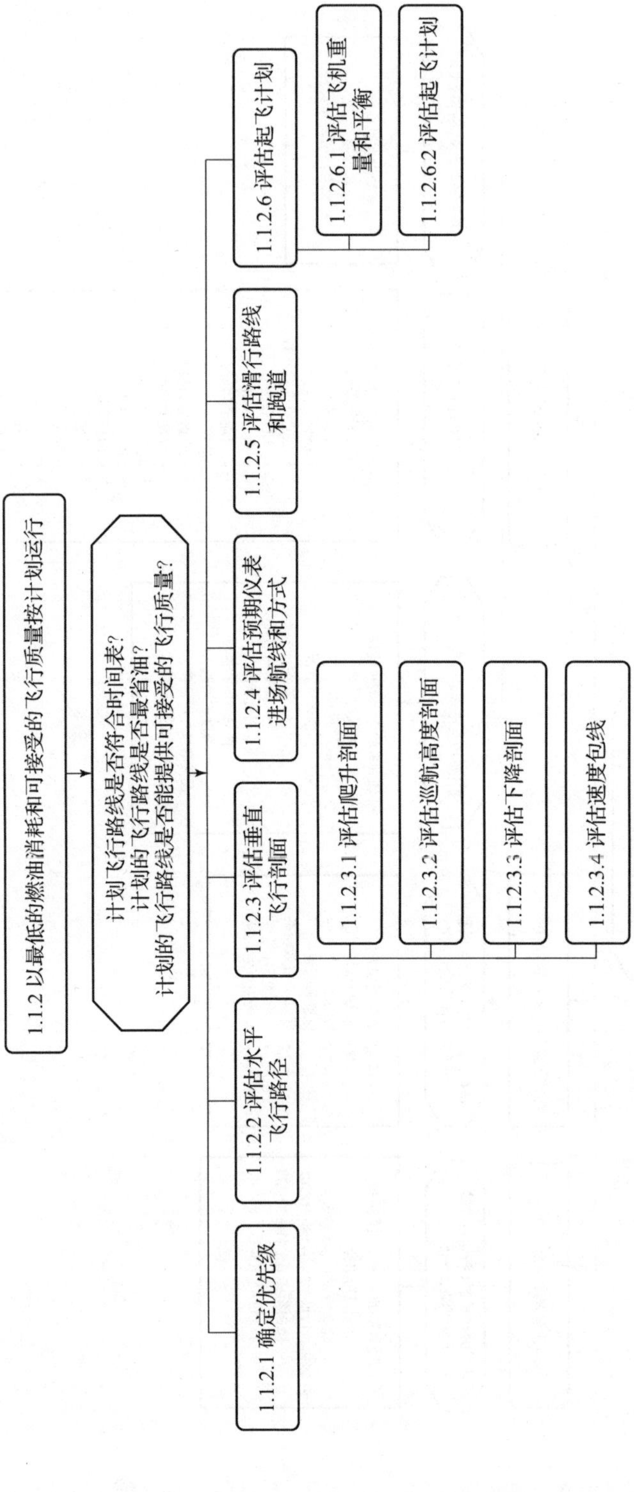
1.1.2 以最低的燃油消耗和可接受的飞行质量按计划运行
计划飞行路线是否符合时间表?
计划的飞行路线是否最省油?
计划的飞行路线是否能提供可接受的飞行质量?
1.1.2.1 确定优先级
1.1.2.2 评估水平飞行路径
1.1.2.3 评估垂直飞行剖面
1.1.2.3.1 评估爬升剖面
1.1.2.3.2 评估巡航高度剖面
1.1.2.3.3 评估下降剖面
1.1.2.3.4 评估速度包线
1.1.2.4 评估预期仪表进场航线和方式
1.1.2.5 评估滑行路线和跑道
1.1.2.6 评估起飞计划
1.1.2.6.1 评估飞机重量和平衡
1.1.2.6.2 评估起飞计划

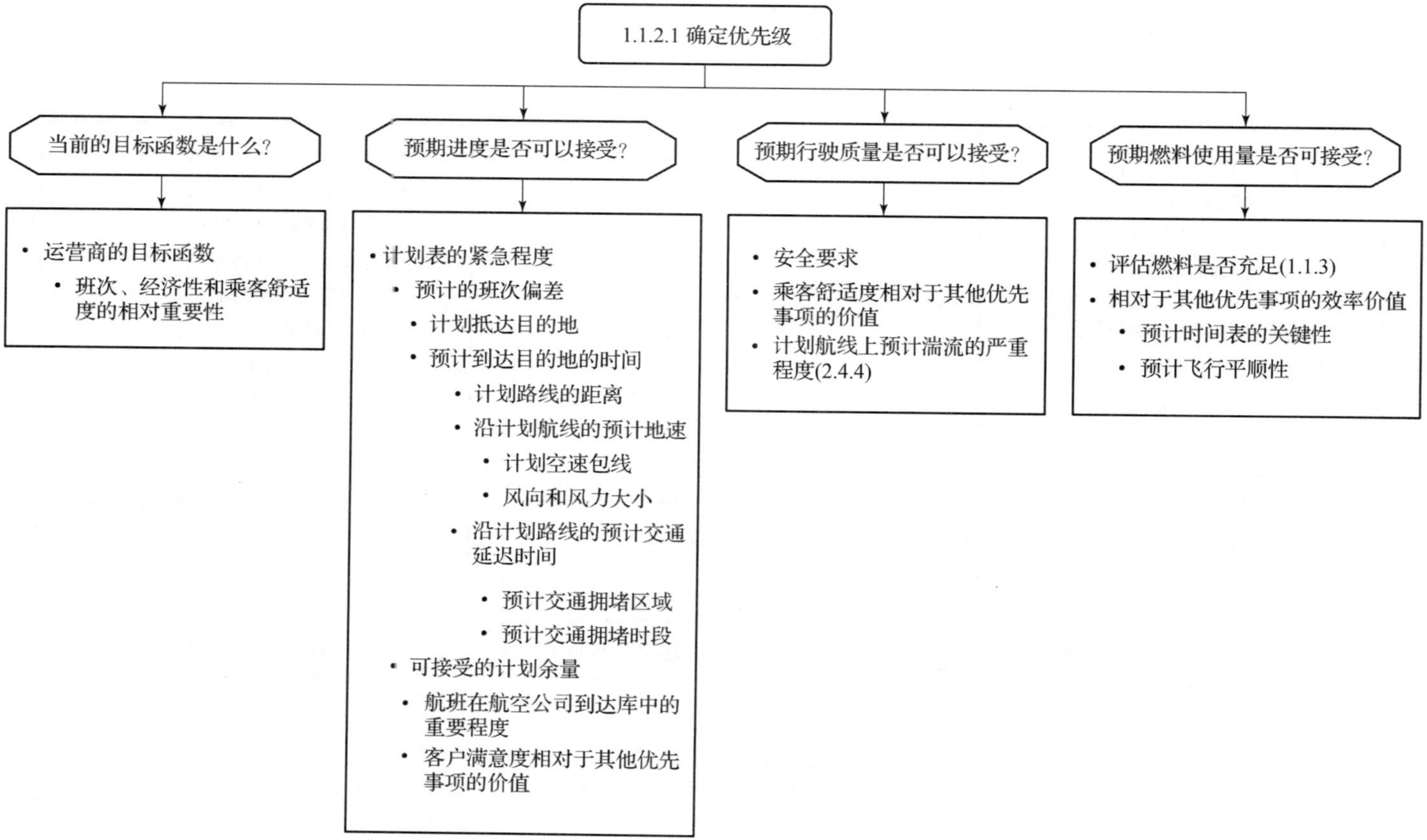
1.1.2.1 确定优先级
当前的目标函数是什么?
• 运营商的目标函数
• 班次、经济性和乘客舒适度的相对重要性
预期进度是否可以接受?
• 计划表的紧急程度
• 预计的班次偏差
• 计划抵达目的地
• 预计到达目的地的时间
• 计划路线的距离
• 沿计划航线的预计地速
• 计划空速包线
• 风向和风力大小
• 沿计划路线的预计交通延迟时间
• 预计交通拥堵区域
• 预计交通拥堵时段
• 可接受的计划余量
• 航班在航空公司到达库中的重要程度
• 客户满意度相对于其他优先事项的价值
预期行驶质量是否可以接受?
• 安全要求
• 乘客舒适度相对于其他优先事项的价值
• 计划航线上预计湍流的严重程度(2.4.4)
预期燃料使用量是否可接受?
• 评估燃料是否充足(1.1.3)
• 相对于其他优先事项的效率价值
• 预计时间表的关键性
• 预计飞行平顺性

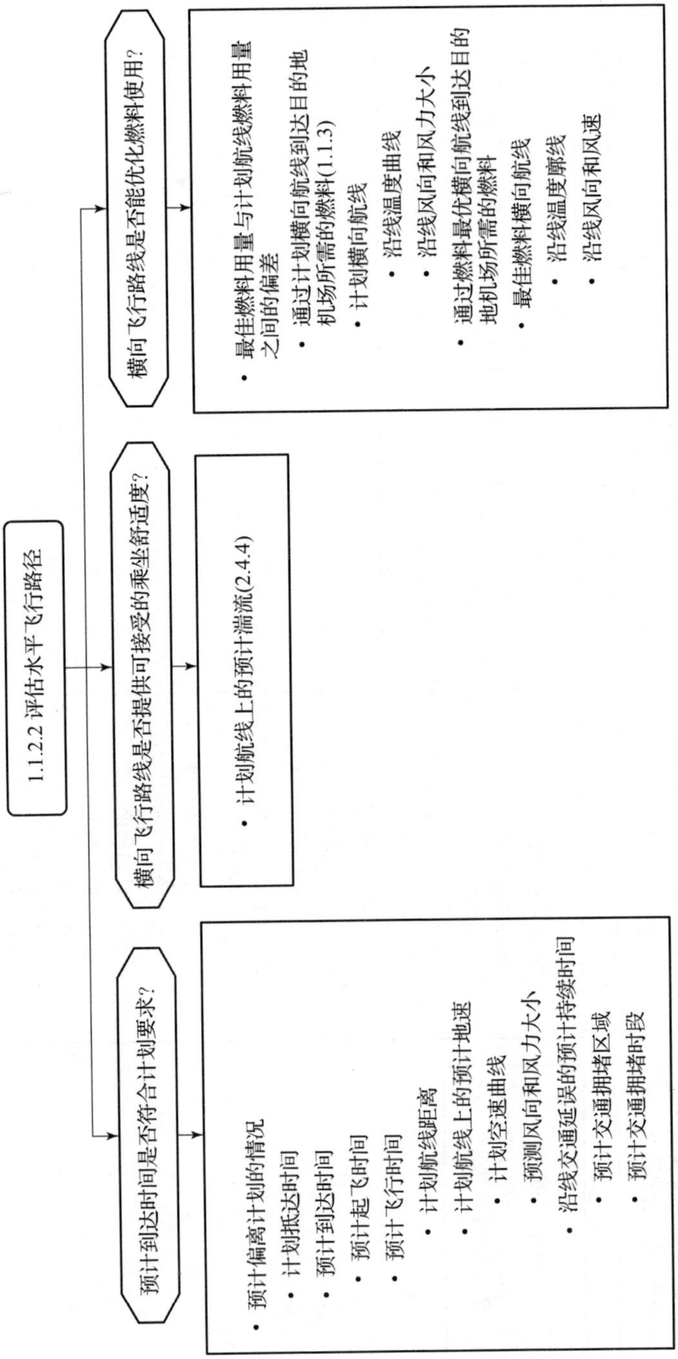
1.1.2.2 评估水平飞行路径
预计到达时间是否符合计划要求？
• 预计偏离计划的情况
• 计划抵达时间
• 预计到达时间
• 预计起飞时间
• 预计飞行时间
• 计划航线距离
• 计划航线上的预计地速
• 计划空速曲线
• 预测风向和风力大小
• 沿线交通延误的预计持续时间
• 预计交通拥堵区域
• 预计交通拥堵时段
横向飞行路线是否提供可接受的乘坐舒适度？
• 计划航线上的预计湍流(2.4.4)
横向飞行路线是否能优化燃料使用？
• 最佳燃料用量与计划航线燃料用量之间的偏差
• 通过计划横向航线到达目的地机场所需的燃料(1.1.3)
• 计划横向航线
• 沿线温度曲线
• 沿线风向和风力大小
• 通过燃料最优横向航线到达目的地机场所需的燃料
• 最佳燃料横向航线
• 沿线温度廓线
• 沿线风向和风速

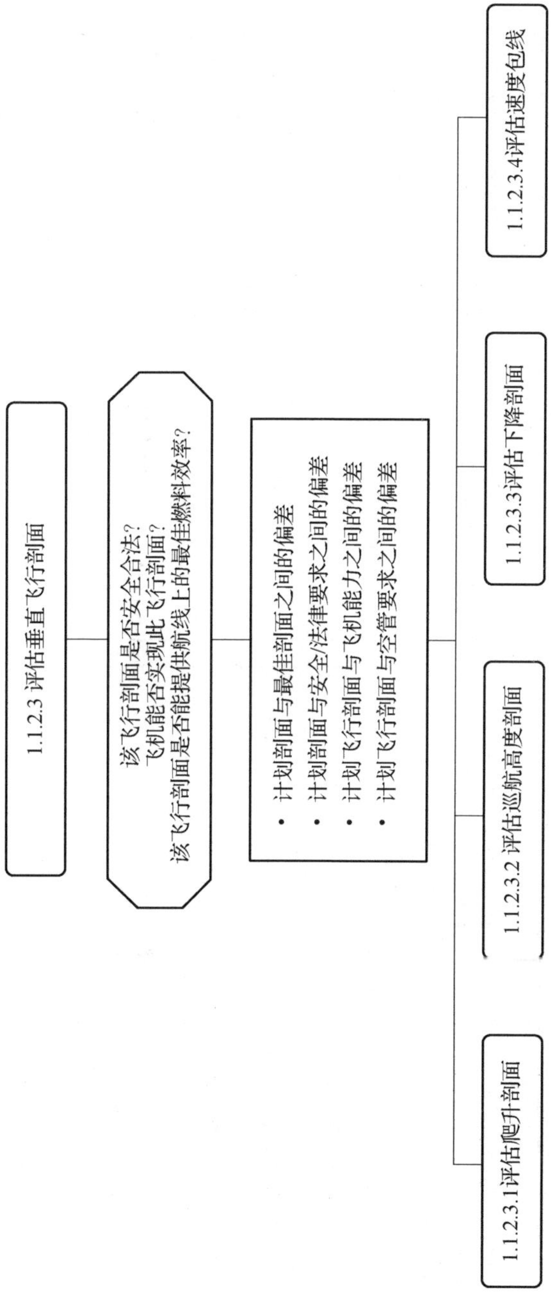
1.1.2.3 评估垂直飞行剖面
该飞行剖面是否安全合法？
飞机能否实现此飞行剖面？
该飞行剖面是否能提供航线上的最佳燃料效率？
• 计划剖面与最佳剖面之间的偏差
• 计划剖面与安全/法律要求之间的偏差
• 计划飞行剖面与飞机能力之间的偏差
• 计划飞行剖面与空管要求之间的偏差
1.1.2.3.1评估爬升剖面
1.1.2.3.2 评估巡航高度剖面
1.1.2.3.3评估下降剖面
1.1.2.3.4评估速度包线

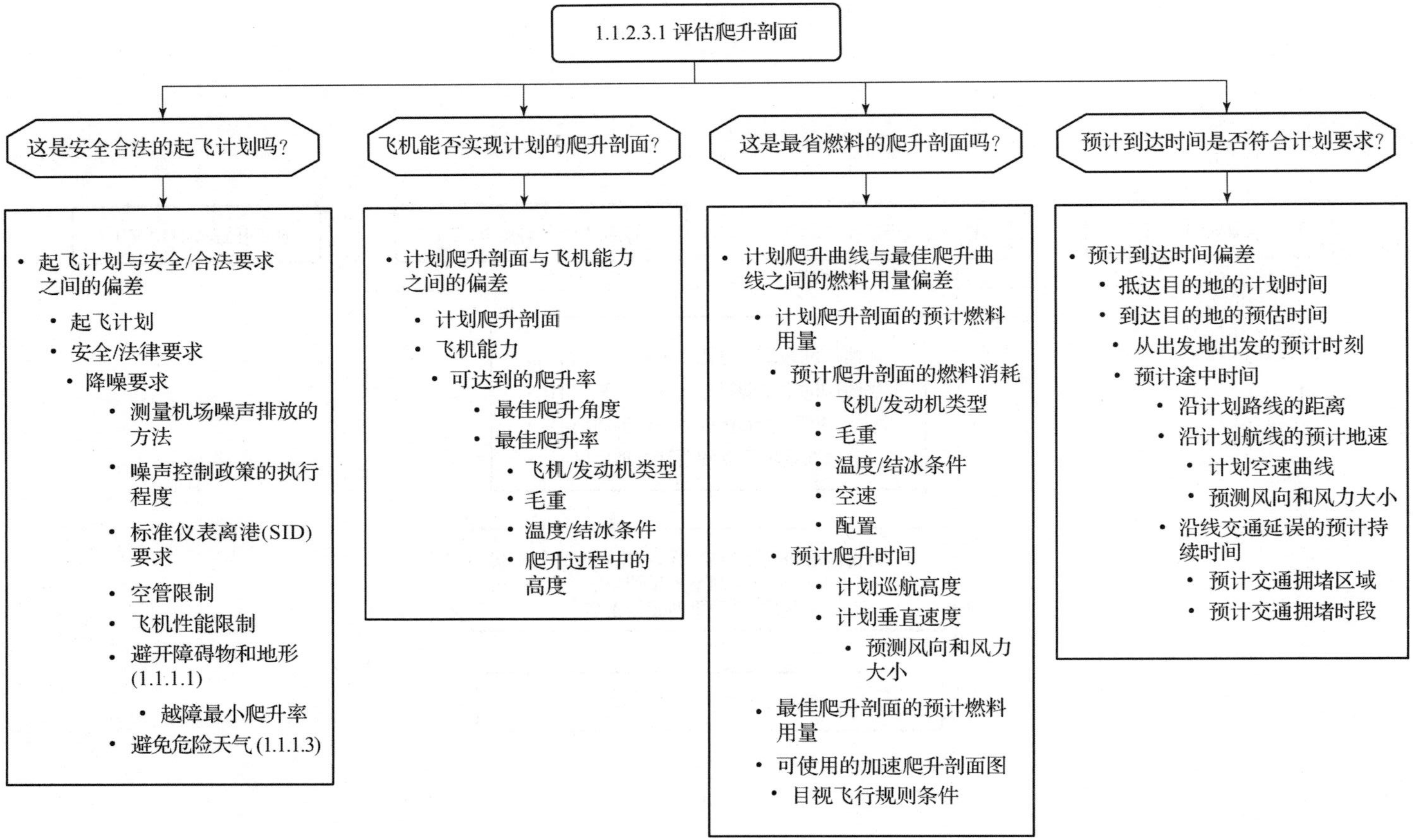
1.1.2.3.1 评估爬升剖面
这是安全合法的起飞计划吗?
· 起飞计划与安全/合法要求之间的偏差
· 起飞计划
· 安全/法律要求
· 降噪要求
· 测量机场噪声排放的方法
· 噪声控制政策的执行程度
· 标准仪表离港(SID)要求
· 空管限制
· 飞机性能限制
· 避开障碍物和地形(1.1.1.1)
· 越障最小爬升率
· 避免危险天气(1.1.1.3)
飞机能否实现计划的爬升剖面?
· 计划爬升剖面与飞机能力之间的偏差
· 计划爬升剖面
· 飞机能力
· 可达到的爬升率
· 最佳爬升角度
· 最佳爬升率
· 飞机/发动机类型
· 毛重
· 温度/结冰条件
· 爬升过程中的高度
这是最省燃料的爬升剖面吗?
· 计划爬升曲线与最佳爬升曲线之间的燃料用量偏差
· 计划爬升剖面的预计燃料用量
· 预计爬升剖面的燃料消耗
· 飞机/发动机类型
· 毛重
· 温度/结冰条件
· 空速
· 配置
· 预计爬升时间
· 计划巡航高度
· 计划垂直速度
· 预测风向和风力大小
· 最佳爬升剖面的预计燃料用量
· 可使用的加速爬升剖面图
· 目视飞行规则条件
预计到达时间是否符合计划要求?
· 预计到达时间偏差
· 抵达目的地的计划时间
· 到达目的地的预估时间
· 从出发地出发的预计时刻
· 预计途中时间
· 沿计划路线的距离
· 沿计划航线的预计地速
· 计划空速曲线
· 预测风向和风力大小
· 沿线交通延误的预计持续时间
· 预计交通拥堵区域
· 预计交通拥堵时段

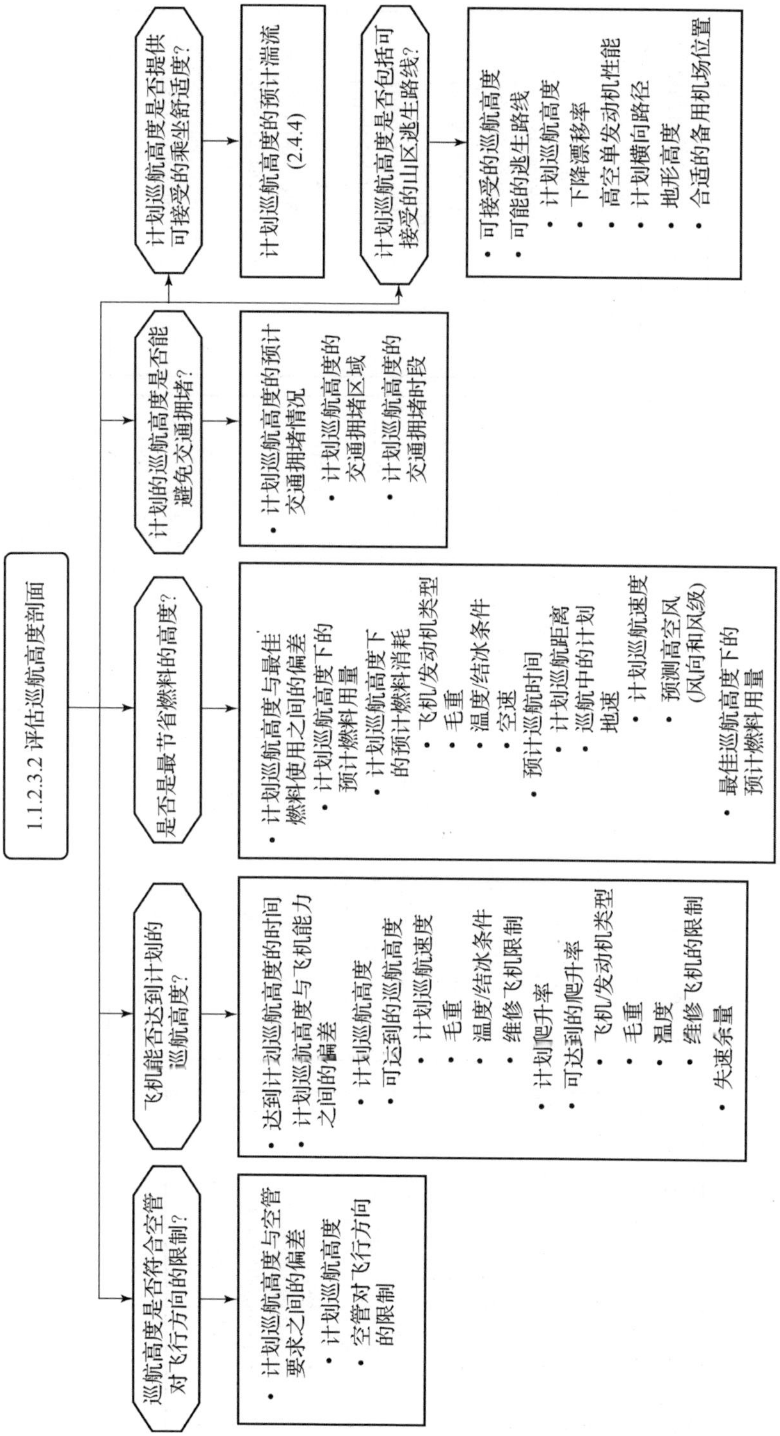
1.1.2.3.2 评估巡航高度剖面
巡航高度是否符合空管对飞行方向的限制？
计划巡航高度与空管要求之间的偏差
计划巡航高度
空管对飞行方向的限制
飞机能否达到计划的巡航高度？
达到计划巡航高度的时间
计划巡航高度与飞机能力之间的偏差
计划巡航高度
可达到的巡航高度
计划巡航速度
毛重
温度/结冰条件
维修飞机限制
计划爬升率
可达到的爬升率
飞机/发动机类型
毛重
温度
维修飞机的限制
失速余量
是否是最节省燃料的高度？
计划巡航高度与最佳燃料使用之间的偏差
计划巡航高度下的预计燃料用量
计划巡航高度下的预计燃料消耗
飞机/发动机类型
毛重
温度/结冰条件
空速
预计巡航时间
计划巡航距离
巡航中的计划地速
计划巡航速度
预测高空风（风向和风级）
最佳巡航高度下的预计燃料用量
计划的巡航高度是否能避免交通拥堵？
计划巡航高度的预计交通拥堵情况
计划巡航高度的交通拥堵区域
计划巡航高度的交通拥堵时段
计划巡航高度是否提供可接受的乘坐舒适度？
计划巡航高度的预计湍流（2.4.4）
计划巡航高度是否包括可接受的山区逃生路线？
可接受的巡航高度
可能的逃生路线
计划巡航高度
下降漂移率
高空单发动机性能
计划横向路径
地形高度
合适的备用机场位置

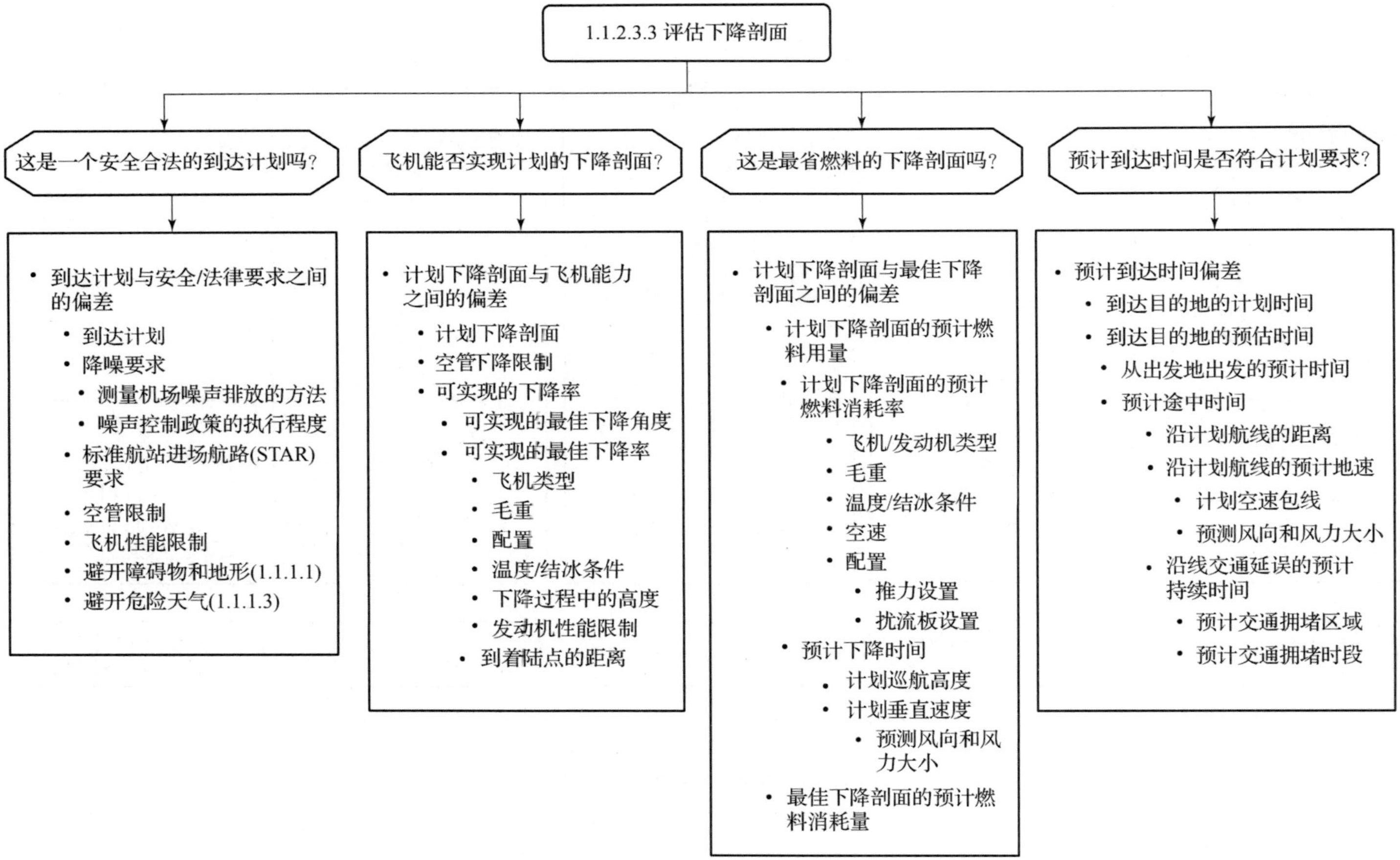
1.1.2.3.3 评估下降剖面
这是一个安全合法的到达计划吗?
飞机能否实现计划的下降剖面?
这是最省燃料的下降剖面吗?
预计到达时间是否符合计划要求?
• 到达计划与安全/法律要求之间的偏差
• 到达计划
• 降噪要求
• 测量机场噪声排放的方法
• 噪声控制政策的执行程度
• 标准航站进场航路(STAR)要求
• 空管限制
• 飞机性能限制
• 避开障碍物和地形(1.1.1.1)
• 避开危险天气(1.1.1.3)
• 计划下降剖面与飞机能力之间的偏差
• 计划下降剖面
• 空管下降限制
• 可实现的下降率
• 可实现的最佳下降角度
• 可实现的最佳下降率
• 飞机类型
• 毛重
• 配置
• 温度/结冰条件
• 下降过程中的高度
• 发动机性能限制
• 到着陆点的距离
• 计划下降剖面与最佳下降剖面之间的偏差
• 计划下降剖面的预计燃料用量
• 计划下降剖面的预计燃料消耗率
• 飞机/发动机类型
• 毛重
• 温度/结冰条件
• 空速
• 配置
• 推力设置
• 扰流板设置
• 预计下降时间
• 计划巡航高度
• 计划垂直速度
• 预测风向和风力大小
• 最佳下降剖面的预计燃料消耗量
• 预计到达时间偏差
• 到达目的地的计划时间
• 到达目的地的预估时间
• 从出发地出发的预计时间
• 预计途中时间
• 沿计划航线的距离
• 沿计划航线的预计地速
• 计划空速包线
• 预测风向和风力大小
• 沿线交通延误的预计持续时间
• 预计交通拥堵区域
• 预计交通拥堵时段

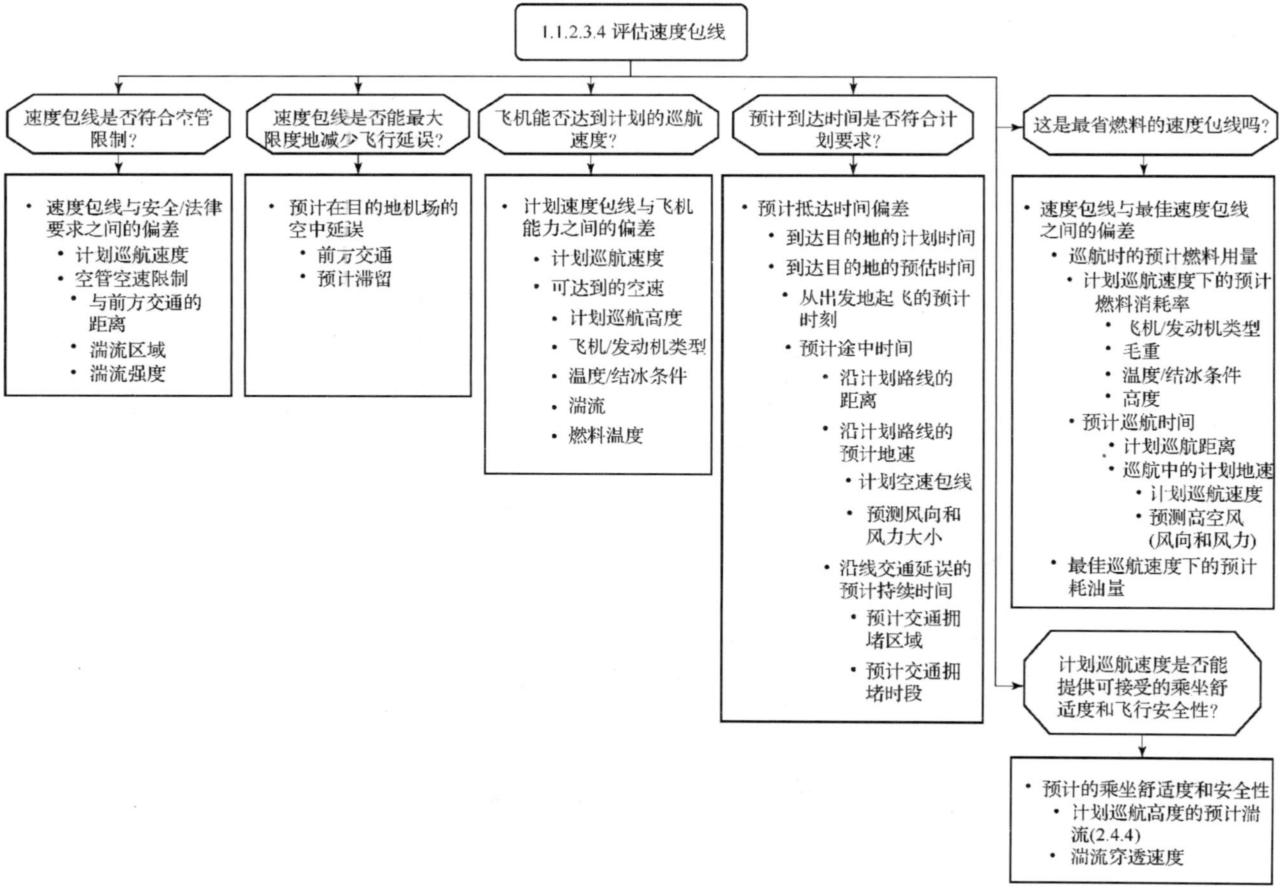
1.1.2.3.4 评估速度包线
速度包线是否符合空管限制?
• 速度包线与安全/法律要求之间的偏差
• 计划巡航速度
• 空管空速限制
• 与前方交通的距离
• 湍流区域
• 湍流强度
速度包线是否能最大限度地减少飞行延误?
• 预计在目的地机场的空中延误
• 前方交通
• 预计滞留
飞机能否达到计划的巡航速度?
• 计划速度包线与飞机能力之间的偏差
• 计划巡航速度
• 可达到的空速
• 计划巡航高度
• 飞机/发动机类型
• 温度/结冰条件
• 湍流
• 燃料温度
预计到达时间是否符合计划要求?
• 预计抵达时间偏差
• 到达目的地的计划时间
• 到达目的地的预估时间
• 从出发地起飞的预计时刻
• 预计途中时间
• 沿计划路线的距离
• 沿计划路线的预计地速
• 计划空速包线
• 预测风向和风力大小
• 沿线交通延误的预计持续时间
• 预计交通拥堵区域
• 预计交通拥堵时段
这是最省燃料的速度包线吗?
• 速度包线与最佳速度包线之间的偏差
• 巡航时的预计燃料用量
• 计划巡航速度下的预计燃料消耗率
• 飞机/发动机类型
• 毛重
• 温度/结冰条件
• 高度
• 预计巡航时间
• 计划巡航距离
• 巡航中的计划地速
• 计划巡航速度
• 预测高空风(风向和风力)
• 最佳巡航速度下的预计耗油量
计划巡航速度是否能提供可接受的乘坐舒适度和飞行安全性?
• 预计的乘坐舒适度和安全性
• 计划巡航高度的预计湍流(2.4.4)
• 湍流穿透速度

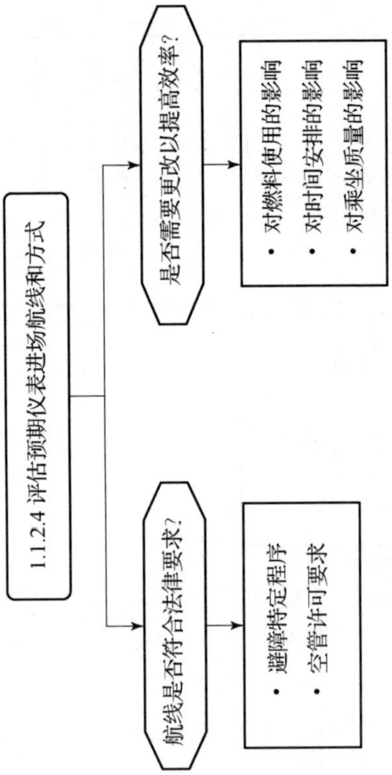
1.1.2.4 评估预期仪表进场航线和方式
航线是否符合法律要求?
• 避障特定程序
• 空管许可要求
是否需要更改以提高效率?
• 对燃料使用的影响
• 对时间安排的影响
• 对乘坐质量的影响

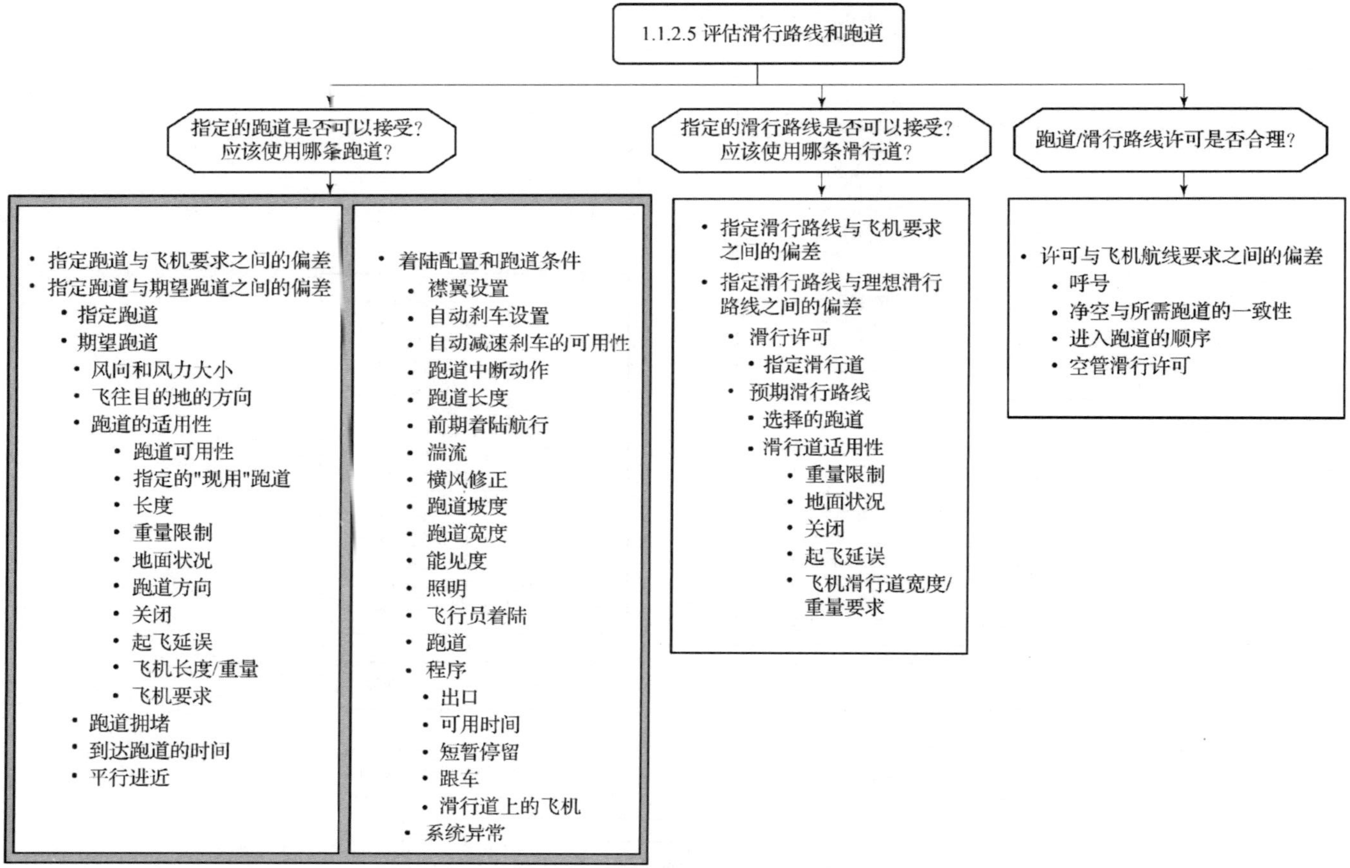
1.1.2.5 评估滑行路线和跑道
指定的跑道是否可以接受？应该使用哪条跑道？
指定的滑行路线是否可以接受？应该使用哪条滑行道？
跑道/滑行路线许可是否合理？
• 指定跑道与飞机要求之间的偏差
• 指定跑道与期望跑道之间的偏差
• 指定跑道
• 期望跑道
• 风向和风力大小
• 飞往目的地的方向
• 跑道的适用性
• 跑道可用性
• 指定的"现用"跑道
• 长度
• 重量限制
• 地面状况
• 跑道方向
• 关闭
• 起飞延误
• 飞机长度/重量
• 飞机要求
• 跑道拥堵
• 到达跑道的时间
• 平行进近
• 着陆配置和跑道条件
• 襟翼设置
• 自动刹车设置
• 自动减速刹车的可用性
• 跑道中断动作
• 跑道长度
• 前期着陆航行
• 湍流
• 横风修正
• 跑道坡度
• 跑道宽度
• 能见度
• 照明
• 飞行员着陆
• 跑道
• 程序
• 出口
• 可用时间
• 短暂停留
• 跟车
• 滑行道上的飞机
• 系统异常
• 指定滑行路线与飞机要求之间的偏差
• 指定滑行路线与理想滑行路线之间的偏差
• 滑行许可
• 指定滑行道
• 预期滑行路线
• 选择的跑道
• 滑行道适用性
• 重量限制
• 地面状况
• 关闭
• 起飞延误
• 飞机滑行道宽度/重量要求
• 许可与飞机航线要求之间的偏差
• 呼号
• 净空与所需跑道的一致性
• 进入跑道的顺序
• 空管滑行许可

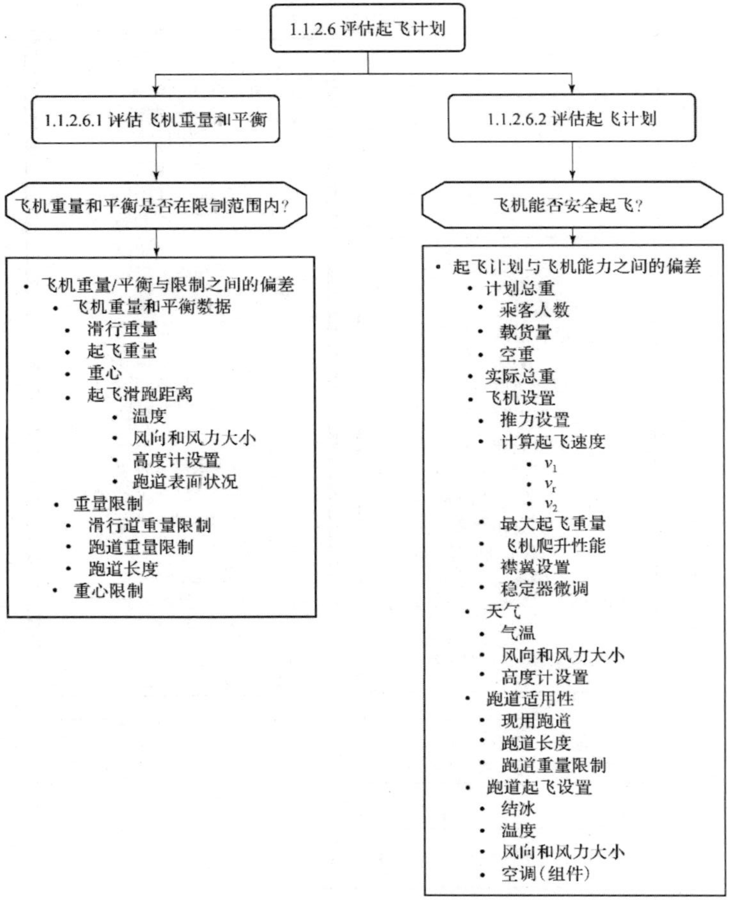
1.1.2.6 评估起飞计划
1.1.2.6.1 评估飞机重量和平衡
飞机重量和平衡是否在限制范围内?
• 飞机重量/平衡与限制之间的偏差
• 飞机重量和平衡数据
• 滑行重量
• 起飞重量
• 重心
• 起飞滑跑距离
• 温度
• 风向和风力大小
• 高度计设置
• 跑道表面状况
• 重量限制
• 滑行道重量限制
• 跑道重量限制
• 跑道长度
• 重心限制
1.1.2.6.2 评估起飞计划
飞机能否安全起飞?
• 起飞计划与飞机能力之间的偏差
• 计划总重
• 乘客人数
• 载货量
• 空重
• 实际总重
• 飞机设置
• 推力设置
• 计算起飞速度
• v_1
• v_r
• v_2
• 最大起飞重量
• 飞机爬升性能
• 襟翼设置
• 稳定器微调
• 天气
• 气温
• 风向和风力大小
• 高度计设置
• 跑道适用性
• 现用跑道
• 跑道长度
• 跑道重量限制
• 跑道起飞设置
• 结冰
• 温度
• 风向和风力大小
• 空调(组件)

1.1.3 评估燃料是否充足

↓

燃料是否足以在有储备的情况下到达目的地？是否需要更多燃料？

↓

- 当前燃料负荷与燃料需求（含储备）之间的偏差
  - 当前燃料量
  - 期望的燃料储备量
  - 燃料需求
    - 到目的地机场所需的燃料量
      - 通过计划航线到目的地机场的距离
      - 飞机发动机燃料消耗率
        - 计划高度曲线
        - 计划空速曲线
        - 配置
          - 推力设置
          - 襟翼设置
          - 飞机和发动机类型
        - 温度/结冰
        - 毛重
      - 起飞性能要求
        - 推力要求
          - 所需爬升率
          - 降噪程序

- 预计地面延误
  - 预计等待起飞时间
    - 现用跑道
    - 地面交通延误
    - 等待除冰时间
- 预计飞行中的延误和状况
  - 预计途中交通负荷
  - 预计目的地机场的拥堵情况
  - 预计途中天气延误
    - 风暴单元
      - 地点
      - 强度
    - 高空风预报
      - 方向
      - 强度
- 法定最低燃料要求
  - 燃料储备要求
  - 到达燃料要求

1.1.4 确定损坏、退化或无法使用的系统的影响

↓

需要对飞行航线、运行参数或程序进行哪些修改？

↓

- 降级/中断对预期飞行路线、运行参数和程序的影响
  - 受影响的系统
  - 降级的严重程度
  - 相关处罚、限制和/或不正常运行

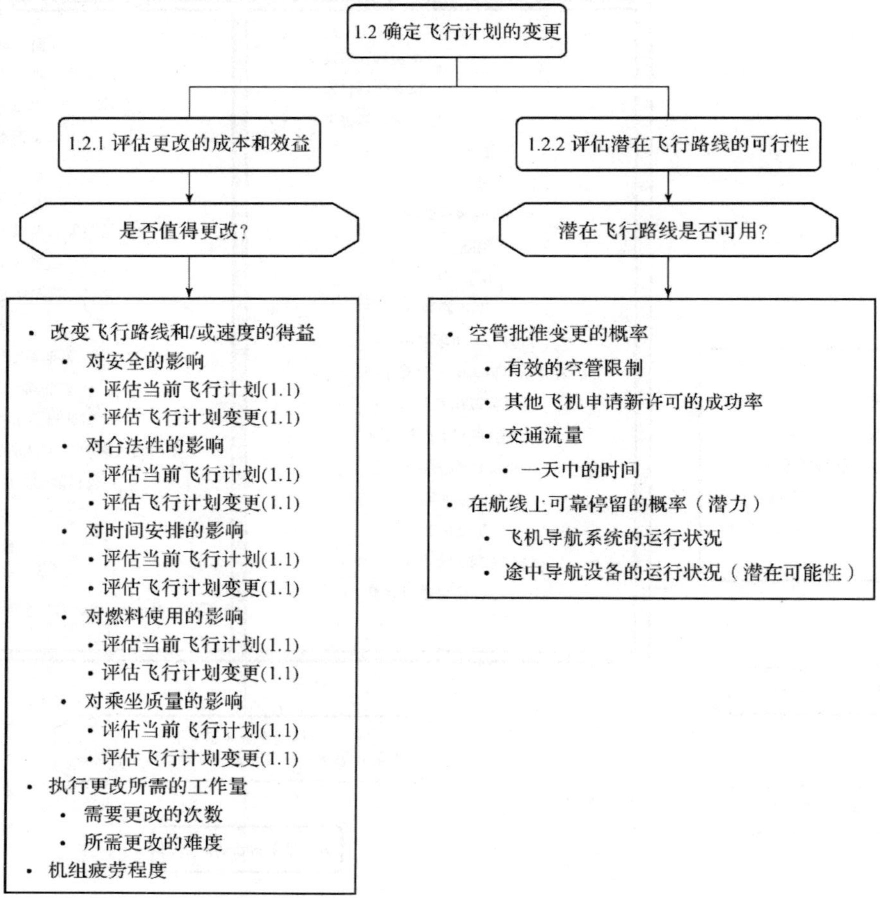
1.2 确定飞行计划的变更
1.2.1 评估更改的成本和效益
是否值得更改?
• 改变飞行路线和/或速度的得益
• 对安全的影响
• 评估当前飞行计划(1.1)
• 评估飞行计划变更(1.1)
• 对合法性的影响
• 评估当前飞行计划(1.1)
• 评估飞行计划变更(1.1)
• 对时间安排的影响
• 评估当前飞行计划(1.1)
• 评估飞行计划变更(1.1)
• 对燃料使用的影响
• 评估当前飞行计划(1.1)
• 评估飞行计划变更(1.1)
• 对乘坐质量的影响
• 评估当前飞行计划(1.1)
• 评估飞行计划变更(1.1)
• 执行更改所需的工作量
• 需要更改的次数
• 所需更改的难度
• 机组疲劳程度
1.2.2 评估潜在飞行路线的可行性
潜在飞行路线是否可用?
• 空管批准变更的概率
• 有效的空管限制
• 其他飞机申请新许可的成功率
• 交通流量
• 一天中的时间
• 在航线上可靠停留的概率（潜力）
• 飞机导航系统的运行状况
• 途中导航设备的运行状况（潜在可能性）

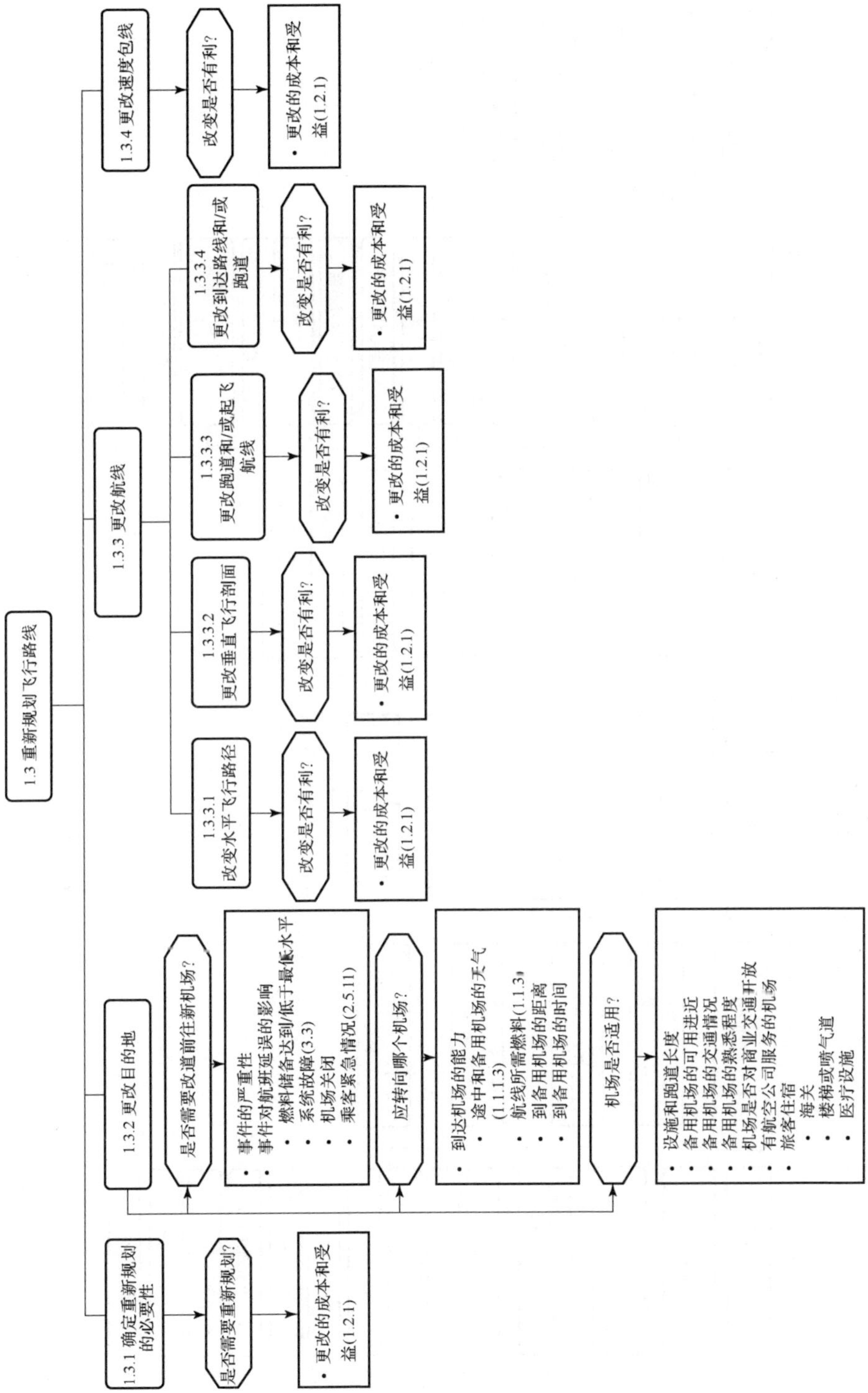

1.3 重新规划飞行路线
1.3.1 确定重新规划的必要性
是否需要重新规划?
• 更改的成本和受益(1.2.1)
1.3.2 更改目的地
是否需要改道前往新机场?
• 事件的严重性
• 事件对航班延误的影响
• 燃料储备达到/低于最低水平
• 系统故障(3.3)
• 机场关闭
• 乘客紧急情况(2.5.11)
应转向哪个机场?
• 到达机场的能力
• 途中和备用机场的天气(1.1.1.3)
• 航线所需燃料(1.1.3)
• 到备用机场的距离
• 到备用机场的时间
机场是否适用?
• 设施和跑道长度
• 备用机场的可用进近
• 备用机场的交通情况
• 备用机场的熟悉程度
• 机场是否对商业交通开放
• 有航空公司服务的机场
• 旅客住宿
• 海关
• 楼梯或喷气道
• 医疗设施
1.3.3 更改航线
1.3.3.1 改变水平飞行路径
改变是否有利?
• 更改的成本和受益(1.2.1)
1.3.3.2 更改垂直飞行剖面
改变是否有利?
• 更改的成本和受益(1.2.1)
1.3.3.3 更改跑道和/或起飞航线
改变是否有利?
• 更改的成本和受益(1.2.1)
1.3.3.4 更改到达路线和/或跑道
改变是否有利?
• 更改的成本和受益(1.2.1)
1.3.4 更改速度包线
改变是否有利?
• 更改的成本和受益(1.2.1)

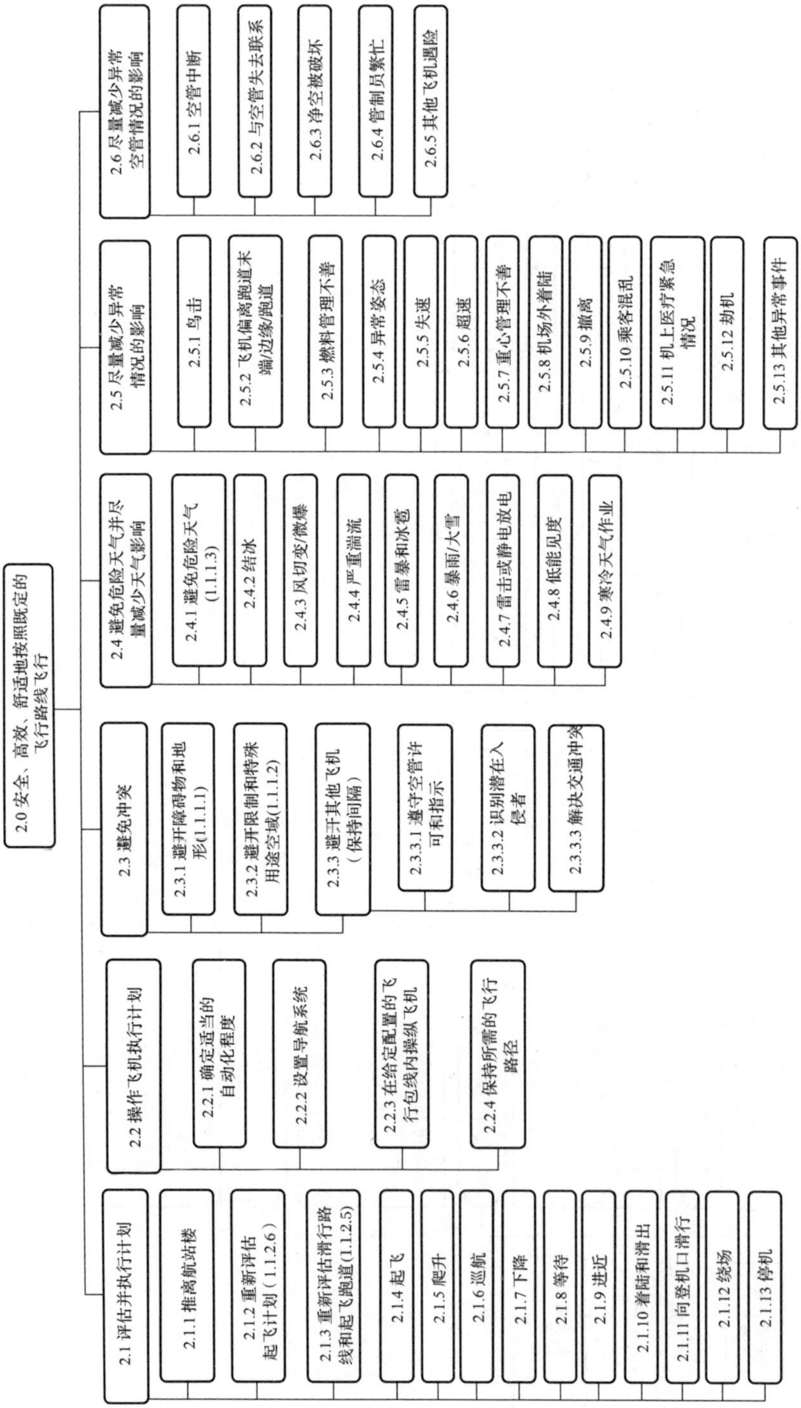
2.0 安全、高效、舒适地按照既定的飞行路线飞行
2.1 评估并执行计划
2.1.1 推离航站楼
2.1.2 重新评估起飞计划（1.1.2.6）
2.1.3 重新评估滑行路线和起飞跑道(1.1.2.5)
2.1.4 起飞
2.1.5 爬升
2.1.6 巡航
2.1.7 下降
2.1.8 等待
2.1.9 进近
2.1.10 着陆和滑出
2.1.11 向登机口滑行
2.1.12 绕场
2.1.13 停机
2.2 操作飞机执行计划
2.2.1 确定适当的自动化程度
2.2.2 设置导航系统
2.2.3 在给定配置的飞行包线内操纵飞机
2.2.4 保持所需的飞行路径
2.3 避免冲突
2.3.1 避开障碍物和地形(1.1.1.1)
2.3.2 避开限制和特殊用途空域(1.1.1.2)
2.3.3 避开其他飞机（保持间隔）
2.3.3.1 遵守空管许可和指示
2.3.3.2 识别潜在入侵者
2.3.3.3 解决交通冲突
2.4 避免危险天气并尽量减少天气影响
2.4.1 避免危险天气(1.1.1.3)
2.4.2 结冰
2.4.3 风切变/微爆
2.4.4 严重湍流
2.4.5 雷暴和冰雹
2.4.6 暴雨/大雪
2.4.7 雷击或静电放电
2.4.8 低能见度
2.4.9 寒冷天气作业
2.5 尽量减少异常情况的影响
2.5.1 鸟击
2.5.2 飞机偏离跑道末端/边缘/跑道
2.5.3 燃料管理不善
2.5.4 异常姿态
2.5.5 失速
2.5.6 超速
2.5.7 重心管理不善
2.5.8 机场外着陆
2.5.9 撤离
2.5.10 乘客混乱
2.5.11 机上医疗紧急情况
2.5.12 劫机
2.5.13 其他异常事件
2.6 尽量减少异常空管情况的影响
2.6.1 空管中断
2.6.2 与空管失去联系
2.6.3 净空被破坏
2.6.4 管制员繁忙
2.6.5 其他飞机遇险

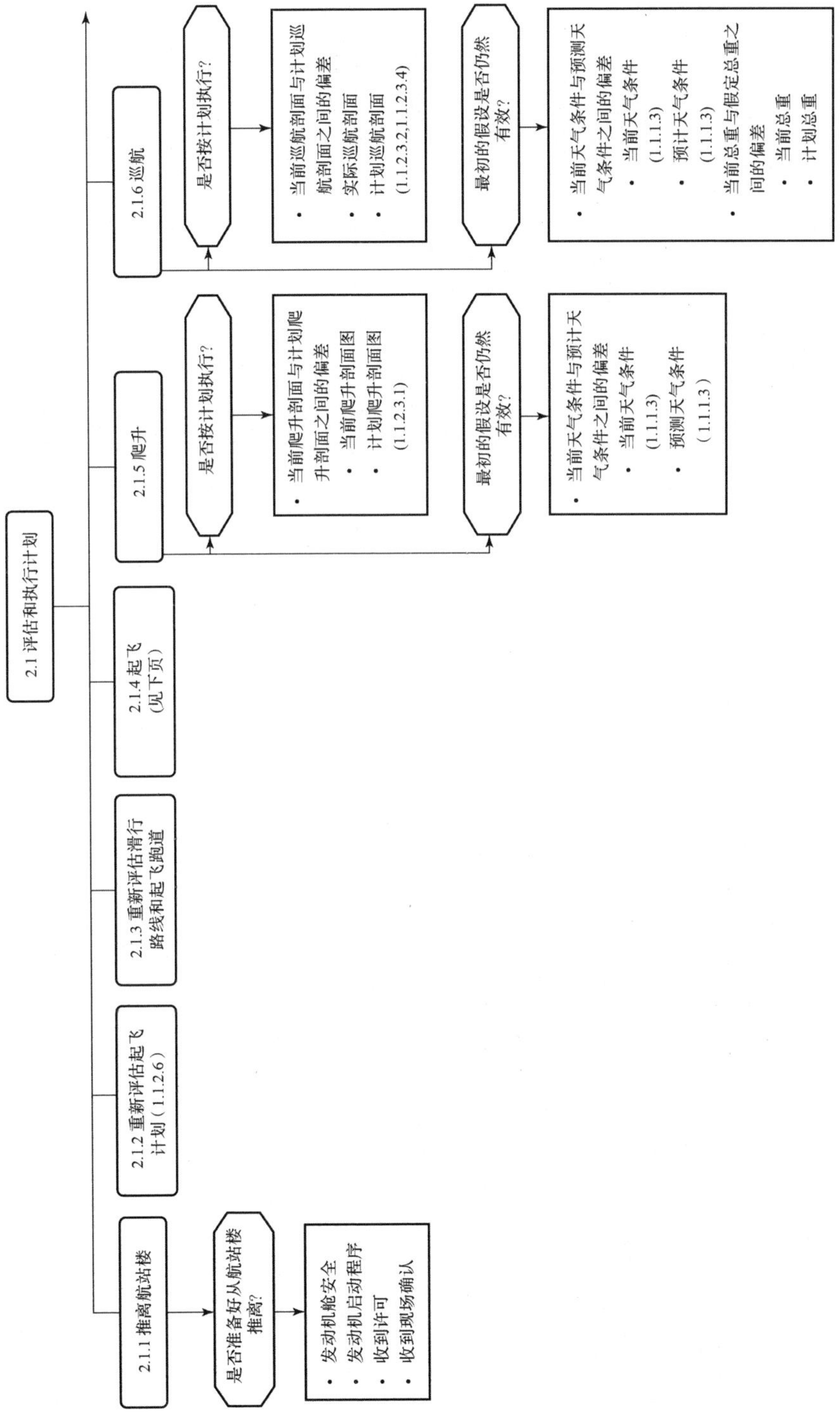
2.1 评估和执行计划
2.1.1 推离航站楼
是否准备好从航站楼推离?
· 发动机舱安全
· 发动机启动程序
· 收到许可
· 收到现场确认
2.1.2 重新评估起飞计划（1.1.2.6）
2.1.3 重新评估滑行路线和起飞跑道
2.1.4 起飞（见下页）
2.1.5 爬升
是否按计划执行?
· 当前爬升剖面与计划爬升剖面之间的偏差
· 当前爬升剖面图
· 计划爬升剖面图（1.1.2.3.1）
最初的假设是否仍然有效?
· 当前天气条件与预计天气条件之间的偏差
· 当前天气条件（1.1.1.3）
· 预测天气条件（1.1.1.3）
2.1.6 巡航
是否按计划执行?
· 当前巡航剖面与计划巡航剖面之间的偏差
· 实际巡航剖面
· 计划巡航剖面（1.1.2.3.2,1.1.2.3.4）
最初的假设是否仍然有效?
· 当前天气条件与预测天气条件之间的偏差
· 当前天气条件（1.1.1.3）
· 预计天气条件（1.1.1.3）
· 当前总重与假定总重之间的偏差
· 当前总重
· 计划总重

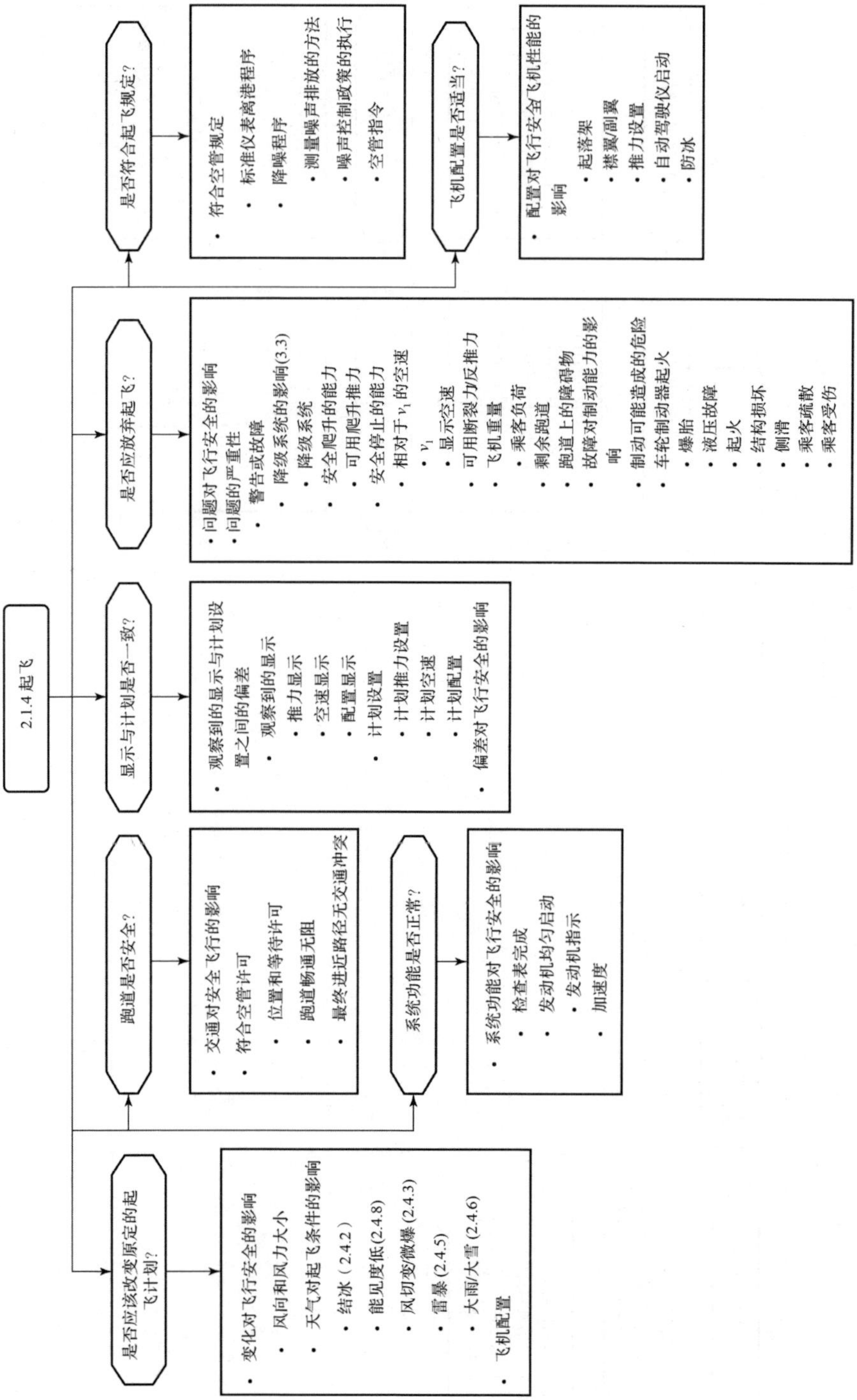
2.1.4 起飞
是否应该改变原定的起飞计划？
变化对飞行安全的影响
风向和风力大小
天气对起飞条件的影响
结冰（2.4.2）
能见度低(2.4.8)
风切变/微爆(2.4.3)
雷暴(2.4.5)
大雨/大雪(2.4.6)
飞机配置
跑道是否安全？
交通对安全飞行的影响
符合空管许可
位置和等待许可
跑道畅通无阻
最终进近路径无交通冲突
系统功能是否正常？
系统功能对飞行安全的影响
检查表完成
发动机均匀启动
发动机指示
加速度
显示与计划是否一致？
观察到的显示与计划设置之间的偏差
观察到的显示
推力显示
空速显示
配置显示
计划设置
计划推力设置
计划空速
计划配置
偏差对飞行安全的影响
是否应放弃起飞？
问题对飞行安全的影响
问题的严重性
警告或故障
降级系统的影响(3.3)
降级系统
安全爬升的能力
可用爬升推力
安全停止的能力
相对于v_1的空速
v_1
显示空速
可用断裂力/反推力
飞机重量
乘客负荷
剩余跑道
跑道上的障碍物
故障对制动能力的影响
制动可能造成的危险
车轮制动器起火
爆胎
液压故障
起火
结构损坏
侧滑
乘客疏散
乘客受伤
是否符合起飞规定？
符合空管规定
标准仪表离港程序
降噪程序
测量噪声排放的方法
噪声控制政策的执行
空管指令
飞机配置是否适当？
配置对飞行安全飞机性能的影响
起落架
襟翼/副翼
推力设置
自动驾驶仪启动
防冰

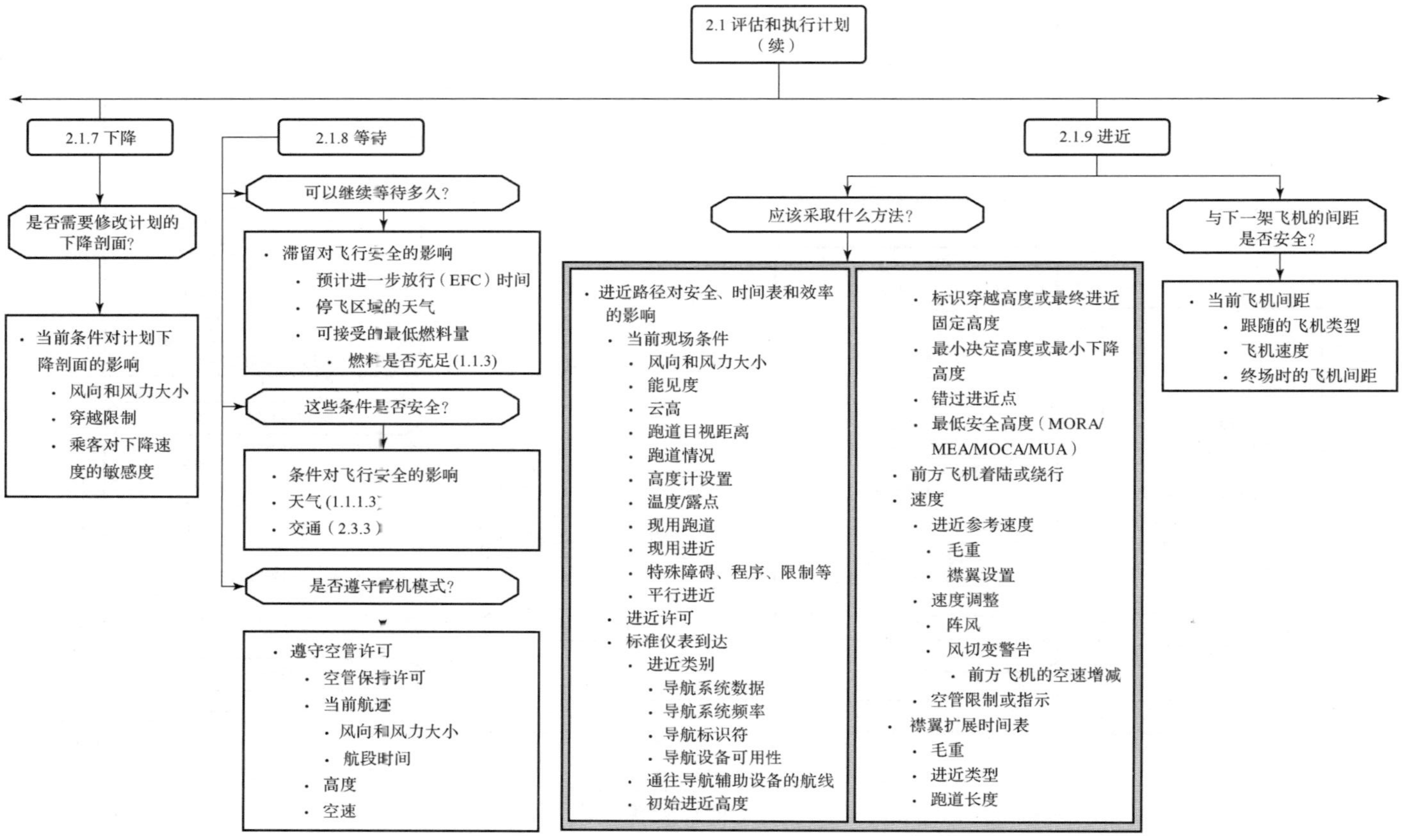
2.1 评估和执行计划
（续）
2.1.7 下降
是否需要修改计划的下降剖面？
· 当前条件对计划下降剖面的影响
· 风向和风力大小
· 穿越限制
· 乘客对下降速度的敏感度
2.1.8 等待
可以继续等待多久？
· 滞留对飞行安全的影响
· 预计进一步放行（EFC）时间
· 停飞区域的天气
· 可接受的最低燃料量
· 燃料是否充足(1.1.3)
这些条件是否安全？
· 条件对飞行安全的影响
· 天气 (1.1.1.3)
· 交通（2.3.3）
是否遵守停机模式？
· 遵守空管许可
· 空管保持许可
· 当前航迹
· 风向和风力大小
· 航段时间
· 高度
· 空速
2.1.9 进近
应该采取什么方法？
· 进近路径对安全、时间表和效率的影响
· 当前现场条件
· 风向和风力大小
· 能见度
· 云高
· 跑道目视距离
· 跑道情况
· 高度计设置
· 温度/露点
· 现用跑道
· 现用进近
· 特殊障碍、程序、限制等
· 平行进近
· 进近许可
· 标准仪表到达
· 进近类别
· 导航系统数据
· 导航系统频率
· 导航标识符
· 导航设备可用性
· 通往导航辅助设备的航线
· 初始进近高度
· 标识穿越高度或最终进近固定高度
· 最小决定高度或最小下降高度
· 错过进近点
· 最低安全高度（MORA/MEA/MOCA/MUA）
· 前方飞机着陆或绕行
· 速度
· 进近参考速度
· 毛重
· 襟翼设置
· 速度调整
· 阵风
· 风切变警告
· 前方飞机的空速增减
· 空管限制或指示
· 襟翼扩展时间表
· 毛重
· 进近类型
· 跑道长度
与下一架飞机的间距是否安全？
· 当前飞机间距
· 跟随的飞机类型
· 飞机速度
· 终场时的飞机间距

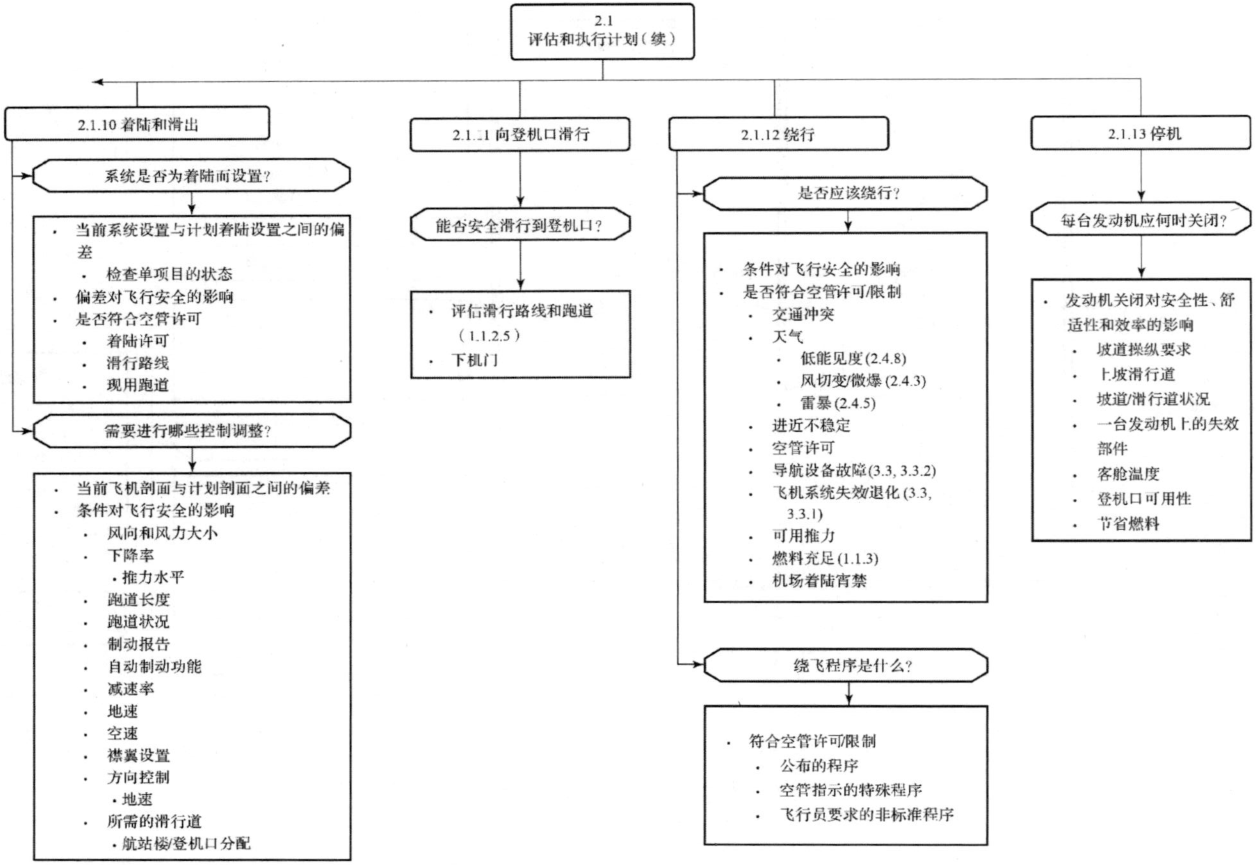
2.1
评估和执行计划(续)
2.1.10 着陆和滑出
系统是否为着陆而设置?
· 当前系统设置与计划着陆设置之间的偏差
· 检查单项目的状态
· 偏差对飞行安全的影响
· 是否符合空管许可
· 着陆许可
· 滑行路线
· 现用跑道
需要进行哪些控制调整?
· 当前飞机剖面与计划剖面之间的偏差
· 条件对飞行安全的影响
· 风向和风力大小
· 下降率
· 推力水平
· 跑道长度
· 跑道状况
· 制动报告
· 自动制动功能
· 减速率
· 地速
· 空速
· 襟翼设置
· 方向控制
· 地速
· 所需的滑行道
· 航站楼/登机口分配
2.1.11 向登机口滑行
能否安全滑行到登机口?
· 评估滑行路线和跑道(1.1.2.5)
· 下机门
2.1.12 绕行
是否应该绕行?
· 条件对飞行安全的影响
· 是否符合空管许可/限制
· 交通冲突
· 天气
· 低能见度(2.4.8)
· 风切变/微爆(2.4.3)
· 雷暴(2.4.5)
· 进近不稳定
· 空管许可
· 导航设备故障(3.3, 3.3.2)
· 飞机系统失效/退化(3.3, 3.3.1)
· 可用推力
· 燃料充足(1.1.3)
· 机场着陆宵禁
绕飞程序是什么?
· 符合空管许可/限制
· 公布的程序
· 空管指示的特殊程序
· 飞行员要求的非标准程序
2.1.13 停机
每台发动机应何时关闭?
· 发动机关闭对安全性、舒适性和效率的影响
· 坡道操纵要求
· 上坡滑行道
· 坡道/滑行道状况
· 一台发动机上的失效部件
· 客舱温度
· 登机口可用性
· 节省燃料

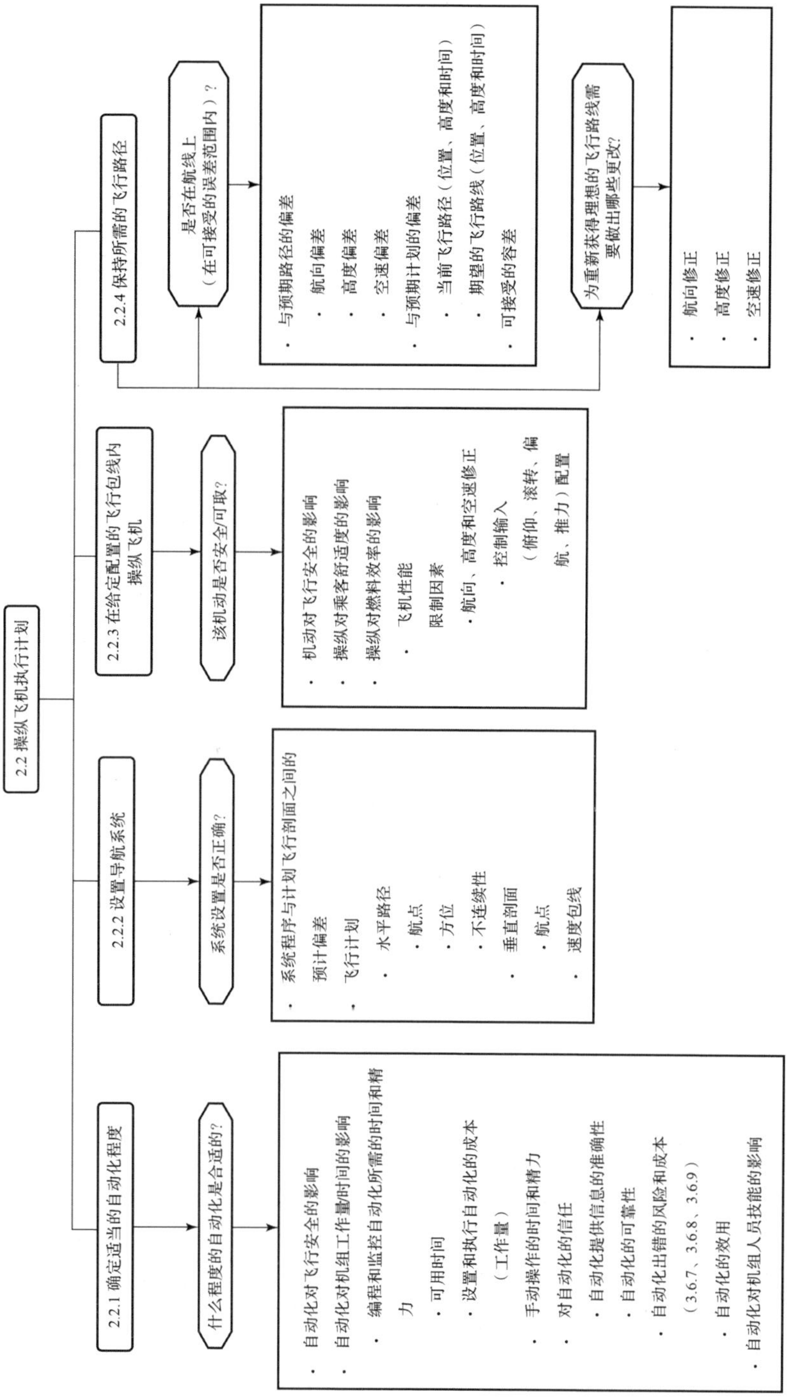
2.2 操纵飞机执行计划
2.2.1 确定适当的自动化程度
什么程度的自动化是合适的?
· 自动化对飞行安全的影响
· 自动化对机组工作量/时间的影响
· 编程和监控自动化所需的时间和精力
· 可用时间
· 设置和执行自动化的成本（工作量）
· 手动操作的时间和精力
· 对自动化的信任
· 自动化提供信息的准确性
· 自动化的可靠性
· 自动化出错的风险和成本（3.6.7、3.6.8、3.6.9）
· 自动化的效用
· 自动化对机组人员技能的影响
2.2.2 设置导航系统
系统设置是否正确?
· 系统程序与计划飞行剖面之间的预计偏差
· 飞行计划
· 水平路径
· 航点
· 方位
· 不连续性
· 垂直剖面
· 航点
· 速度包线
2.2.3 在给定配置的飞行包线内操纵飞机
该机动是否安全可取?
· 机动对飞行安全的影响
· 操纵对乘客舒适度的影响
· 操纵对燃料效率的影响
· 飞机性能限制因素
·航向、高度和空速修正
· 控制输入（俯仰、滚转、偏航、推力）配置
2.2.4 保持所需的飞行路径
是否在航线上（在可接受的误差范围内）?
· 与预期路径的偏差
· 航向偏差
· 高度偏差
· 空速偏差
· 与预期计划的偏差
· 当前飞行路径（位置、高度和时间）
· 期望的飞行路线（位置、高度和时间）
· 可接受的容差
为重新获得理想的飞行路线需要做出哪些更改?
· 航向修正
· 高度修正
· 空速修正

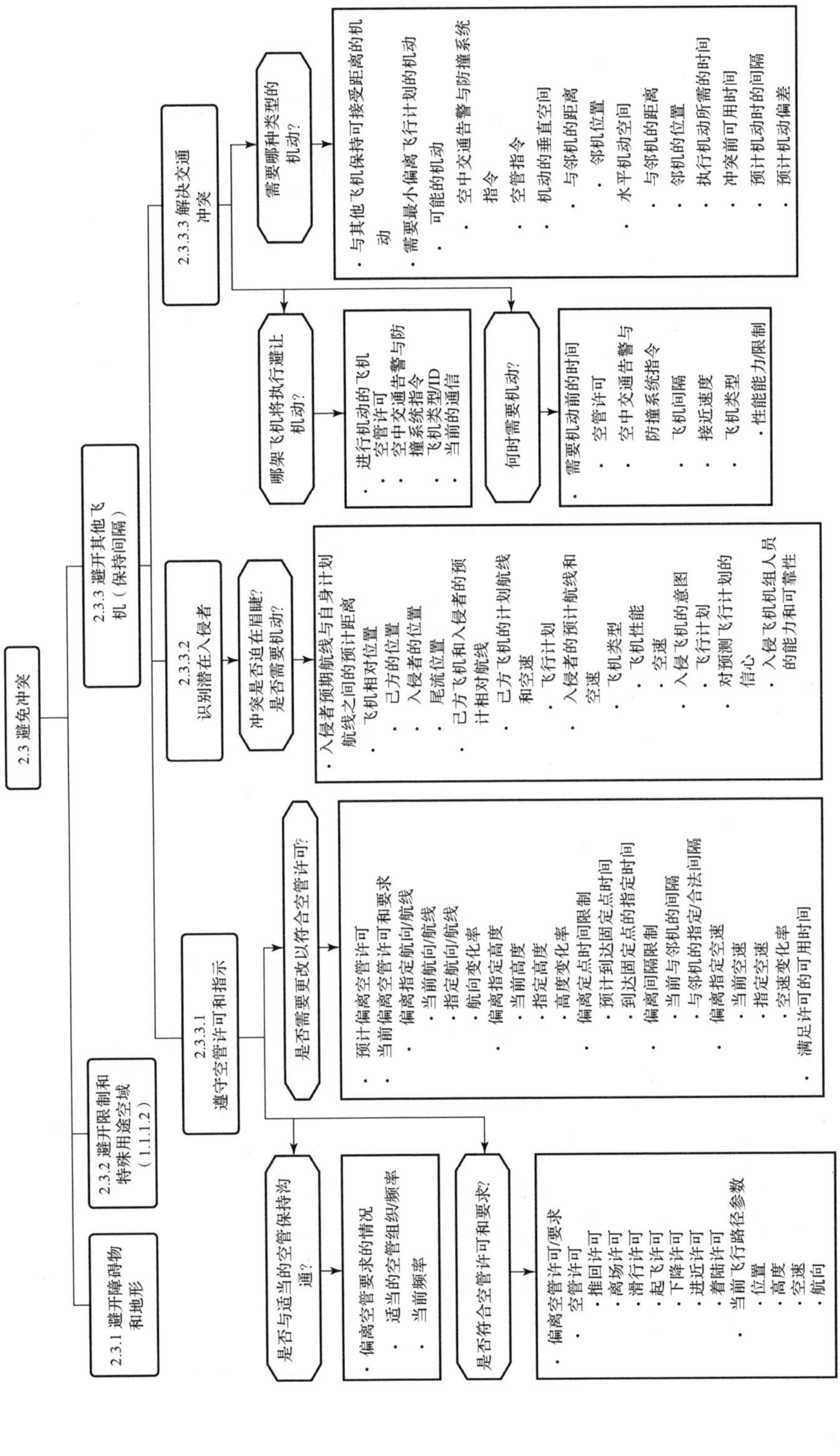
2.3 避免冲突
2.3.1 避开障碍物和地形
2.3.2 避开限制和特殊用途空域（1.1.1.2）
2.3.3 避开其他飞机（保持间隔）
2.3.3.1 遵守空管许可和指示
2.3.3.2 识别潜在入侵者
2.3.3.3 解决交通冲突
是否与适当的空管保持沟通?
· 偏离空管要求的情况
· 适当的空管组织/频率
· 当前频率
是否符合空管许可和要求?
· 偏离空管许可/要求
空管许可
· 推回许可
· 离场许可
· 滑行许可
· 起飞许可
· 下降许可
· 进近许可
· 着陆许可
· 当前飞行路径参数
· 位置
· 高度
· 空速
· 航向
是否需要更改以符合空管许可?
· 预计偏离空管许可
· 当前偏离空管许可和要求
· 偏离指定航向/航线
· 当前航向/航线
· 指定航向/航线
· 航向变化率
· 偏离指定高度
· 当前高度
· 指定高度
· 高度变化率
· 偏离定点时间限制
· 预计到达固定点的时间
· 到达固定点的指定时间
· 偏离间隔限制
· 当前与邻机的间隔
· 与邻机的指定/合法间隔
· 偏离指定空速
· 当前空速
· 指定空速
· 空速变化率
· 满足许可的可用时间
冲突是否迫在眉睫?是否需要机动?
· 入侵者预期航线与自身计划航线之间的预计距离
· 飞机相对位置
· 己方的位置
· 入侵者的位置
· 尾流位置
· 己方飞机和入侵者的预计相对航线
· 己方飞机的计划航线和空速
· 飞行计划
· 入侵者的预计航线和空速
· 飞机类型
· 飞机性能
· 空速
· 入侵飞机的意图
· 飞行计划
· 对预测飞行计划的信心
· 入侵飞机机组人员的能力和可靠性
哪架飞机将执行避让机动?
· 进行机动的飞机
· 空管许可
· 空中交通告警与防撞系统指令
· 飞机类型/ID
· 当前的通信
何时需要机动?
· 需要机动前的时间
· 空管许可
· 空中交通告警与防撞系统指令
· 飞机间隔
· 接近速度
· 飞机类型
· 性能能力/限制
需要哪种类型的机动?
· 与其他飞机保持可接受距离的机动
· 需要最小偏离飞行计划的机动
· 可能的机动
· 空中交通告警与防撞系统指令
· 空管指令
· 机动的垂直空间
· 与邻机的距离
· 邻机位置
· 水平机动空间
· 与邻机的距离
· 邻机的位置
· 执行机动所需的时间
· 冲突前可用时间
· 预计机动时的间隔
· 预计机动偏差

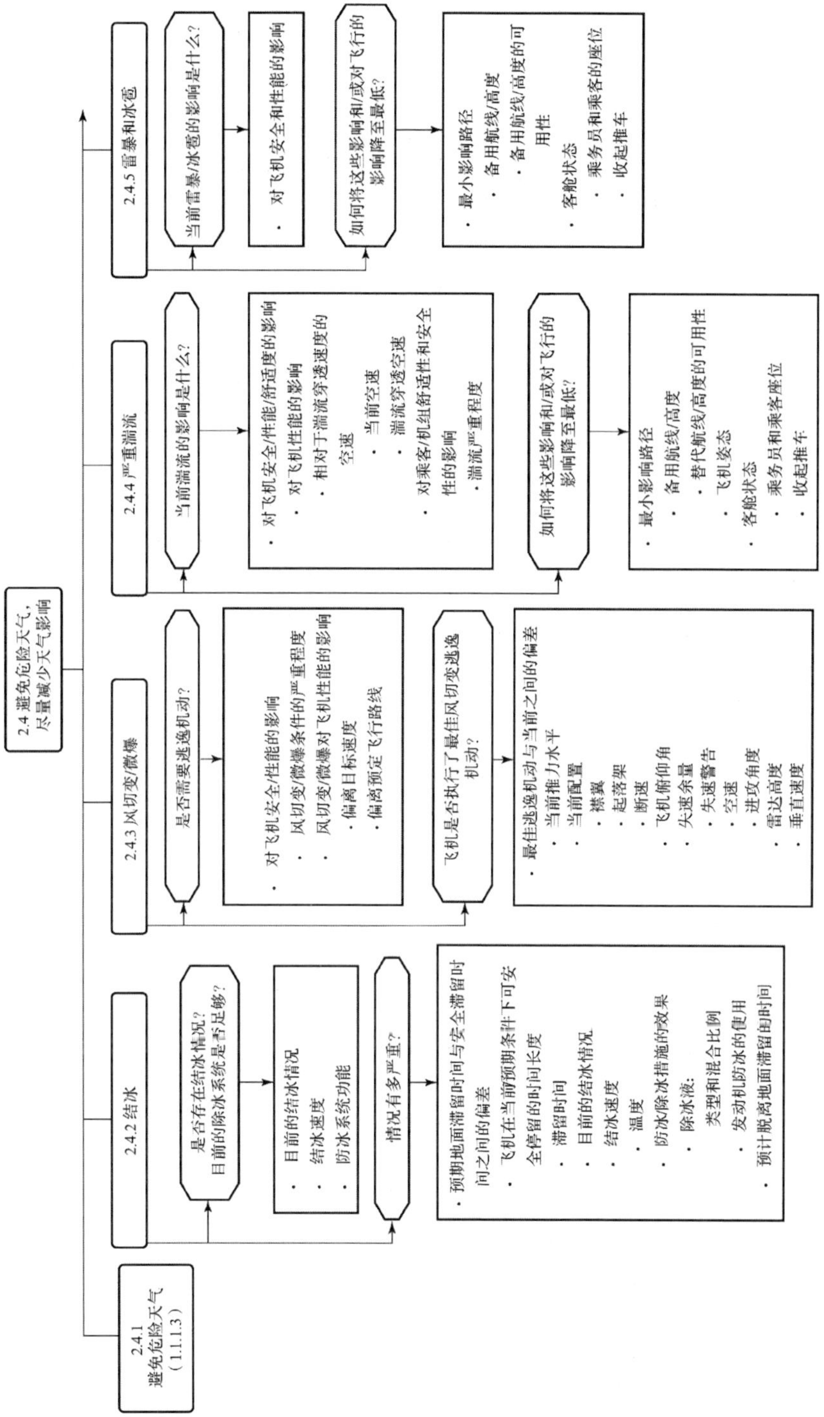

2.4 避免危险天气，尽量减少天气影响
2.4.1 避免危险天气 （1.1.1.3）
2.4.2 结冰
是否存在结冰情况？目前的除冰系统是否足够？
· 目前的结冰情况
· 结冰速度
· 防冰系统功能
情况有多严重？
· 预期地面滞留时间与安全滞留时间之间的偏差
· 飞机在当前预期条件下可安全停留的时间长度
· 滞留时间
· 目前的结冰情况
· 结冰速度
· 温度
· 防冰/除冰措施的效果
· 除冰液：
类型和混合比例
· 发动机防冰的使用
· 预计脱离地面滞留时间
2.4.3 风切变/微爆
是否需要逃逸机动？
· 对飞机安全/性能的影响
· 风切变/微爆条件的严重程度
· 风切变/微爆对飞机性能的影响
· 偏离目标速度
· 偏离预定飞行路线
飞机是否执行了最佳风切变逃逸机动？
· 最佳逃逸机动与当前之间的偏差
· 当前推力水平
· 当前配置
· 襟翼
· 起落架
· 断速
· 飞机俯仰角
· 失速余量
· 失速警告
· 空速
· 进攻角度
· 雷达高度
· 垂直速度
2.4.4 严重湍流
当前湍流的影响是什么？
· 对飞机安全/性能/舒适度的影响
· 对飞机性能的影响
· 相对于湍流穿透速度的空速
· 当前空速
· 湍流穿透空速
· 对乘客/机组舒适性和安全性的影响
· 湍流严重程度
如何将这些影响和/或对飞行的影响降至最低？
· 最小影响路径
· 备用航线/高度
· 替代航线/高度的可用性
· 飞机姿态
· 客舱状态
· 乘务员和乘客座位
· 收起推车
2.4.5 雷暴和冰雹
当前雷暴/冰雹的影响是什么？
· 对飞机安全和性能的影响
如何将这些影响和/或对飞行的影响降至最低？
· 最小影响路径
· 备用航线/高度
· 备用航线/高度的可用性
· 客舱状态
· 乘务员和乘客的座位
· 收起推车

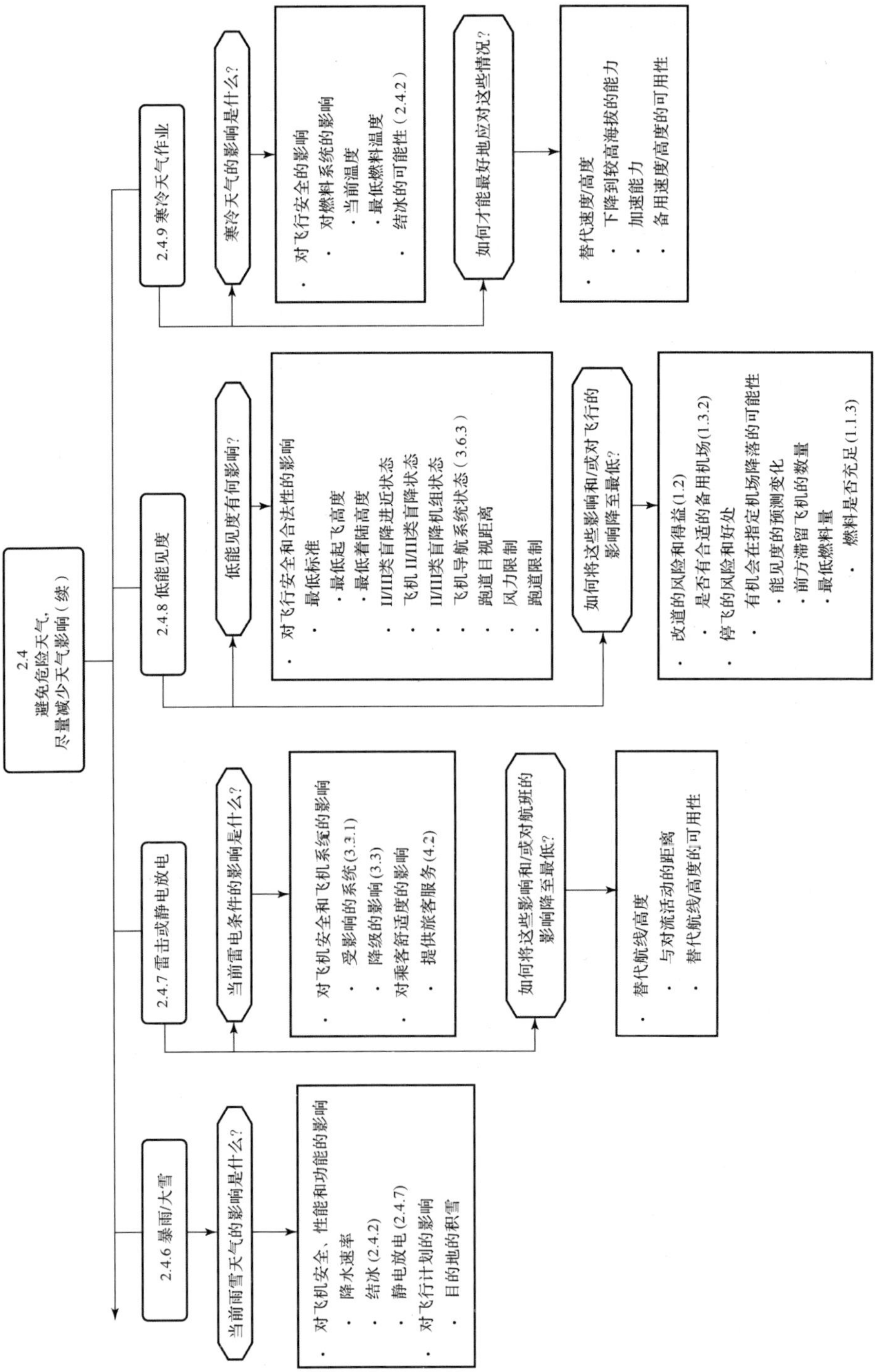
2.4
避免危险天气，
尽量减少天气影响（续）
2.4.6 暴雨/大雪
当前雨雪天气的影响是什么？
• 对飞机安全、性能和功能的影响
• 降水速率
• 结冰 (2.4.2)
• 静电放电 (2.4.7)
• 对飞行计划的影响
• 目的地的积雪
2.4.7 雷击或静电放电
当前雷电条件的影响是什么？
• 对飞机安全和飞机系统的影响
• 受影响的系统 (3.3.1)
• 降级的影响 (3.3)
• 对乘客舒适度的影响
• 提供旅客服务 (4.2)
如何将这些影响和/或对航班的影响降至最低？
• 替代航线/高度
• 与对流活动的距离
• 替代航线/高度的可用性
2.4.8 低能见度
低能见度有何影响？
• 对飞行安全和合法性的影响
• 最低标准
·最低起飞高度
·最低着陆高度
• II/III类盲降进近状态
• 飞机 II/III类盲降状态
• II/III类盲降机组状态
• 飞机导航系统状态（3.6.3）
• 跑道目视距离
• 风力限制
• 跑道限制
如何将这些影响和/或对飞行的影响降至最低？
• 改道的风险和得益(1.2)
• 是否有合适的备用机场(1.3.2)
• 停飞的风险和好处
• 有机会在指定机场降落的可能性
·能见度的预测变化
·前方滞留飞机的数量
·最低燃料量
• 燃料是否充足(1.1.3)
2.4.9 寒冷天气作业
寒冷天气的影响是什么？
• 对飞行安全的影响
• 对燃料系统的影响
·当前温度
·最低燃料温度
• 结冰的可能性（2.4.2）
如何才能最好地应对这些情况？
• 替代速度/高度
• 下降到较高海拔的能力
• 加速能力
• 备用速度/高度的可用性

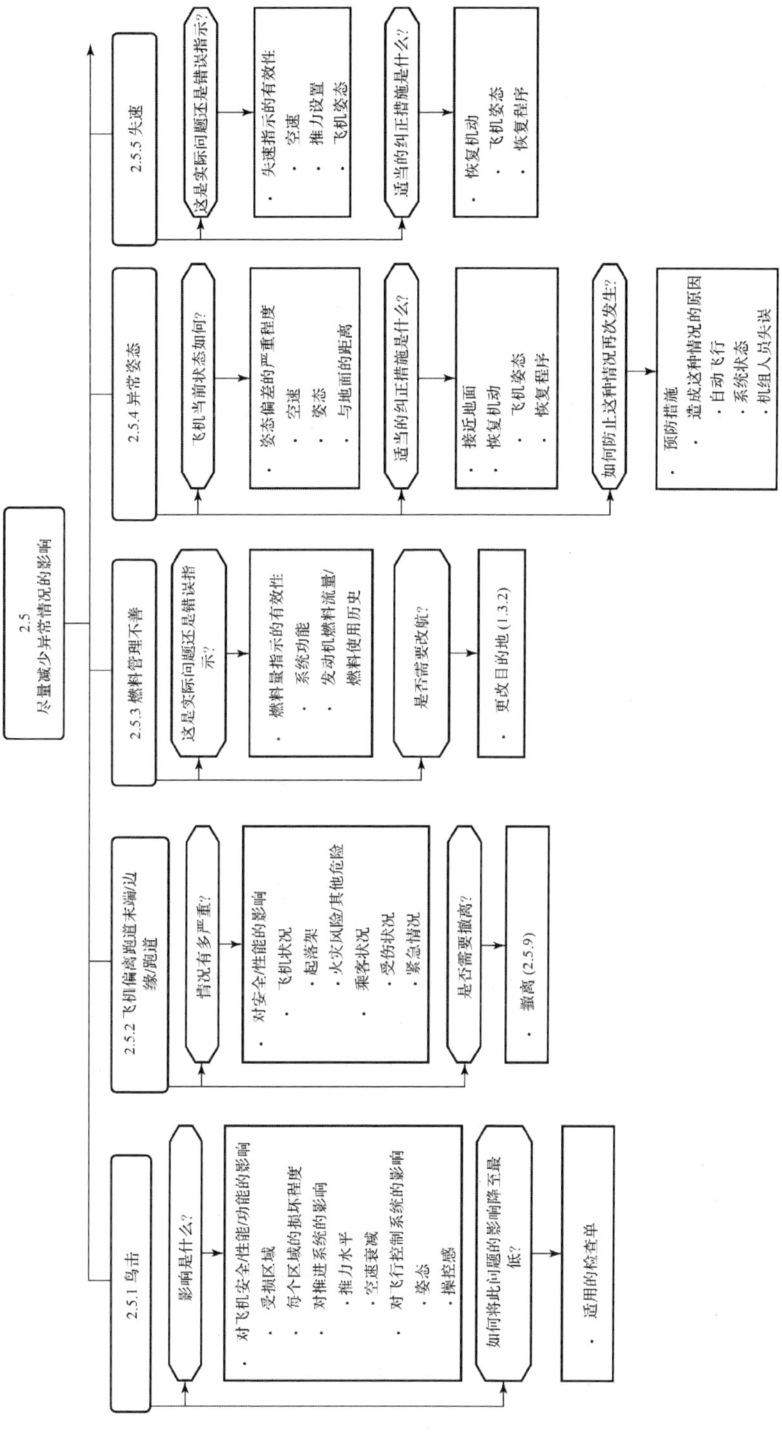
2.5
尽量减少异常情况的影响
2.5.1 鸟击
影响是什么?
· 对飞机安全/性能/功能的影响
· 受损区域
· 每个区域的损坏程度
· 对推进系统的影响
· 推力水平
· 空速衰减
· 对飞行控制系统的影响
· 姿态
· 操控感
如何将此问题的影响降至最低?
· 适用的检查单
2.5.2 飞机偏离跑道末端/边缘/跑道
情况有多严重?
· 对安全/性能的影响
· 飞机状况
· 起落架
· 火灾风险/其他危险
· 乘客状况
· 受伤状况
· 紧急情况
是否需要撤离?
· 撤离(2.5.9)
2.5.3 燃料管理不善
这是实际问题还是错误指示?
· 燃料量指示的有效性
· 系统功能
· 发动机燃料流量/燃料使用历史
是否需要改航?
· 更改目的地(1.3.2)
2.5.4 异常姿态
飞机当前状态如何?
· 姿态偏差的严重程度
· 空速
· 姿态
· 与地面的距离
适当的纠正措施是什么?
· 接近地面
· 恢复机动
· 飞机姿态
· 恢复程序
如何防止这种情况再次发生?
· 预防措施
· 造成这种情况的原因
· 自动飞行
· 系统状态
· 机组人员失误
2.5.5 失速
这是实际问题还是错误指示?
· 失速指示的有效性
· 空速
· 推力设置
· 飞机姿态
适当的纠正措施是什么?
· 恢复机动
· 飞机姿态
· 恢复程序

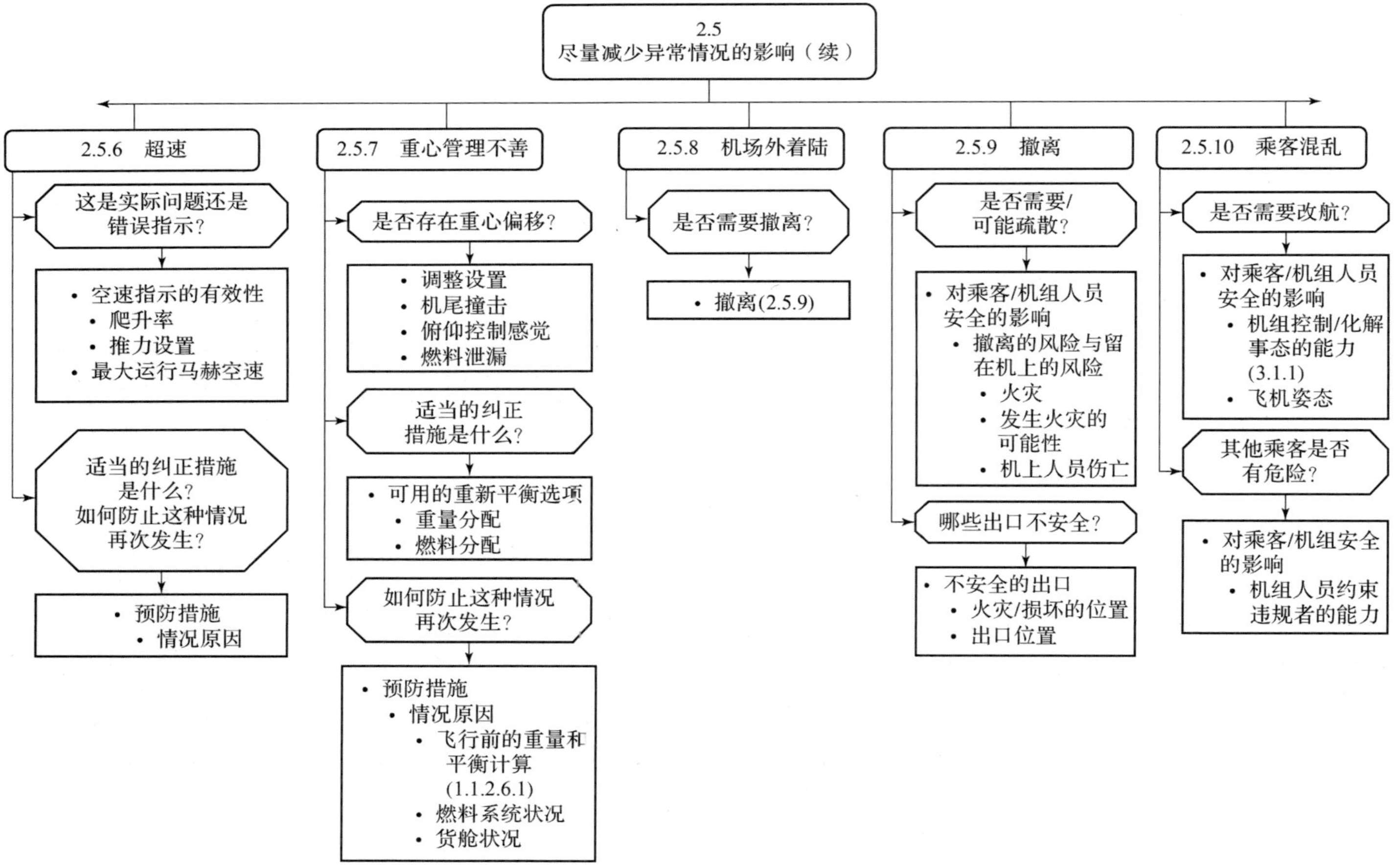
2.5
尽量减少异常情况的影响（续）
2.5.6 超速
这是实际问题还是错误指示？
• 空速指示的有效性
• 爬升率
• 推力设置
• 最大运行马赫空速
适当的纠正措施是什么？如何防止这种情况再次发生？
• 预防措施
• 情况原因
2.5.7 重心管理不善
是否存在重心偏移？
• 调整设置
• 机尾撞击
• 俯仰控制感觉
• 燃料泄漏
适当的纠正措施是什么？
• 可用的重新平衡选项
• 重量分配
• 燃料分配
如何防止这种情况再次发生？
• 预防措施
• 情况原因
• 飞行前的重量和平衡计算(1.1.2.6.1)
• 燃料系统状况
• 货舱状况
2.5.8 机场外着陆
是否需要撤离？
• 撤离(2.5.9)
2.5.9 撤离
是否需要/可能疏散？
• 对乘客/机组人员安全的影响
• 撤离的风险与留在机上的风险
• 火灾
• 发生火灾的可能性
• 机上人员伤亡
哪些出口不安全？
• 不安全的出口
• 火灾/损坏的位置
• 出口位置
2.5.10 乘客混乱
是否需要改航？
• 对乘客/机组人员安全的影响
• 机组控制/化解事态的能力(3.1.1)
• 飞机姿态
其他乘客是否有危险？
• 对乘客/机组安全的影响
• 机组人员约束违规者的能力

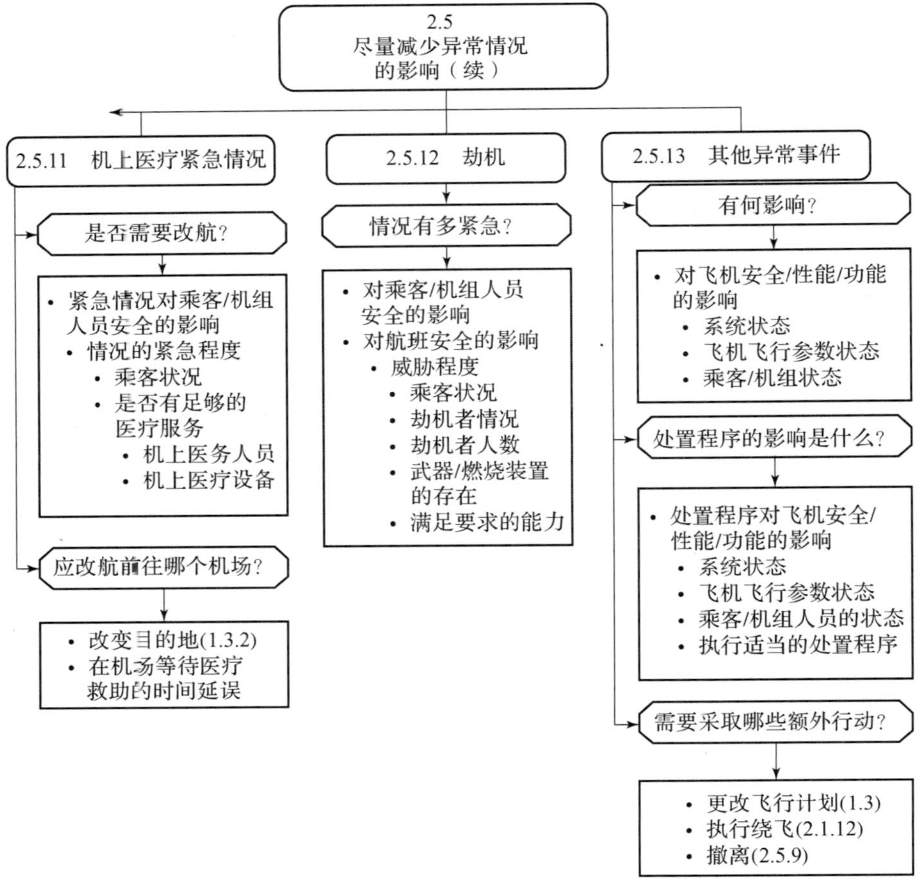
2.5
尽量减少异常情况的影响（续）
2.5.11 机上医疗紧急情况
是否需要改航？
• 紧急情况对乘客/机组人员安全的影响
• 情况的紧急程度
• 乘客状况
• 是否有足够的医疗服务
• 机上医务人员
• 机上医疗设备
应改航前往哪个机场？
• 改变目的地(1.3.2)
• 在机场等待医疗救助的时间延误
2.5.12 劫机
情况有多紧急？
• 对乘客/机组人员安全的影响
• 对航班安全的影响
• 威胁程度
• 乘客状况
• 劫机者情况
• 劫机者人数
• 武器/燃烧装置的存在
• 满足要求的能力
2.5.13 其他异常事件
有何影响？
• 对飞机安全/性能/功能的影响
• 系统状态
• 飞机飞行参数状态
• 乘客/机组状态
处置程序的影响是什么？
• 处置程序对飞机安全/性能/功能的影响
• 系统状态
• 飞机飞行参数状态
• 乘客/机组人员的状态
• 执行适当的处置程序
需要采取哪些额外行动？
• 更改飞行计划(1.3)
• 执行绕飞(2.1.12)
• 撤离(2.5.9)

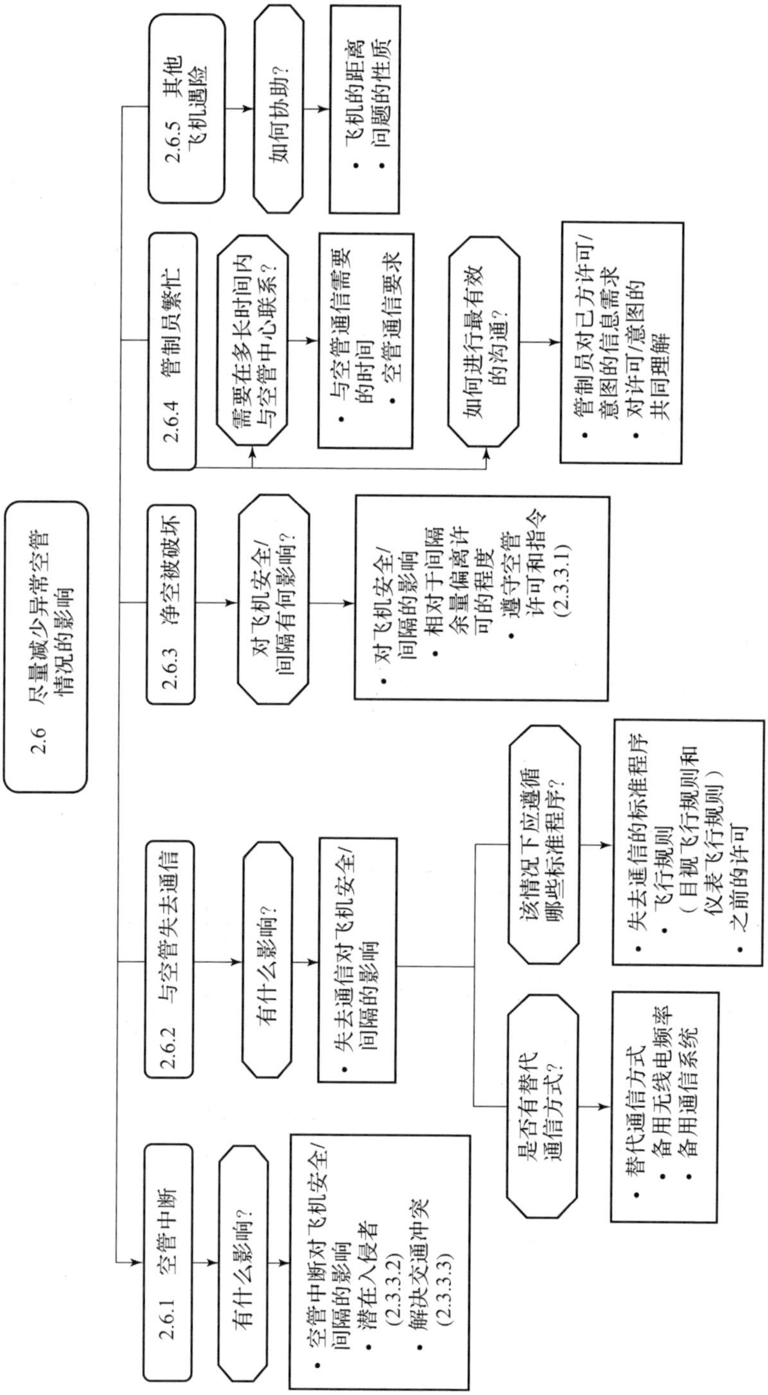
2.6 尽量减少异常空管情况的影响
2.6.1 空管中断
有什么影响?
· 空管中断对飞机安全/间隔的影响
· 潜在入侵者(2.3.3.2)
· 解决交通冲突(2.3.3.3)
2.6.2 与空管失去通信
有什么影响?
· 失去通信对飞机安全/间隔的影响
是否有替代通信方式?
· 替代通信方式
· 备用无线电频率
· 备用通信系统
该情况下应遵循哪些标准程序?
· 失去通信的标准程序
· 飞行规则(目视飞行规则和仪表飞行规则)
· 之前的许可
2.6.3 净空被破坏
对飞机安全/间隔有何影响?
· 对飞机安全/间隔的影响
· 相对于间隔余量偏离许可的程度
· 遵守空管许可和指令(2.3.3.1)
2.6.4 管制员繁忙
需要在多长时间内与空管中心联系?
· 与空管通信需要的时间
· 空管通信要求
如何进行最有效的沟通?
· 管制员对己方许可/意图的信息需求
· 对许可/意图的共同理解
2.6.5 其他飞机遇险
如何协助?
· 飞机的距离
· 问题的性质

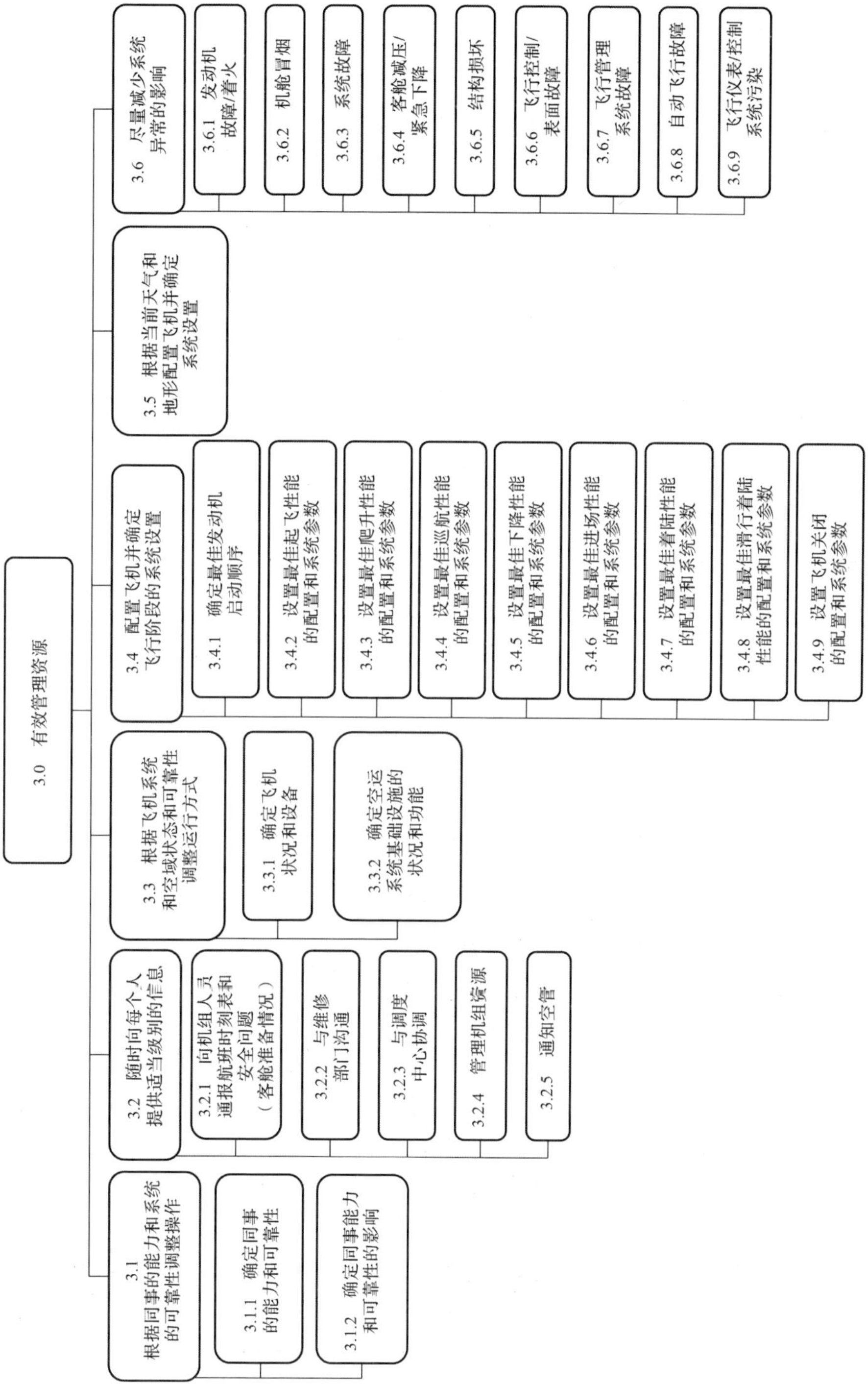
3.0 有效管理资源
3.1 根据同事的能力和系统的可靠性调整操作
3.1.1 确定同事的能力和可靠性
3.1.2 确定同事能力和可靠性的影响
3.2 随时向每个人提供适当级别的信息
3.2.1 向机组人员通报航班时刻表和安全问题（客舱准备情况）
3.2.2 与维修部门沟通
3.2.3 与调度中心协调
3.2.4 管理机组资源
3.2.5 通知空管
3.3 根据飞机系统和空域状态和可靠性调整运行方式
3.3.1 确定飞机状况和设备
3.3.2 确定空运系统基础设施的状况和功能
3.4 配置飞机并确定飞行阶段的系统设置
3.4.1 确定最佳发动机启动顺序
3.4.2 设置最佳起飞性能的配置和系统参数
3.4.3 设置最佳爬升性能的配置和系统参数
3.4.4 设置最佳巡航性能的配置和系统参数
3.4.5 设置最佳下降性能的配置和系统参数
3.4.6 设置最佳进场性能的配置和系统参数
3.4.7 设置最佳着陆性能的配置和系统参数
3.4.8 设置最佳滑行着陆性能的配置和系统参数
3.4.9 设置飞机关闭的配置和系统参数
3.5 根据当前天气和地形配置飞机并确定系统设置
3.6 尽量减少系统异常的影响
3.6.1 发动机故障/着火
3.6.2 机舱冒烟
3.6.3 系统故障
3.6.4 客舱减压/紧急下降
3.6.5 结构损坏
3.6.6 飞行控制/表面故障
3.6.7 飞行管理系统故障
3.6.8 自动飞行故障
3.6.9 飞行仪表/控制系统污染

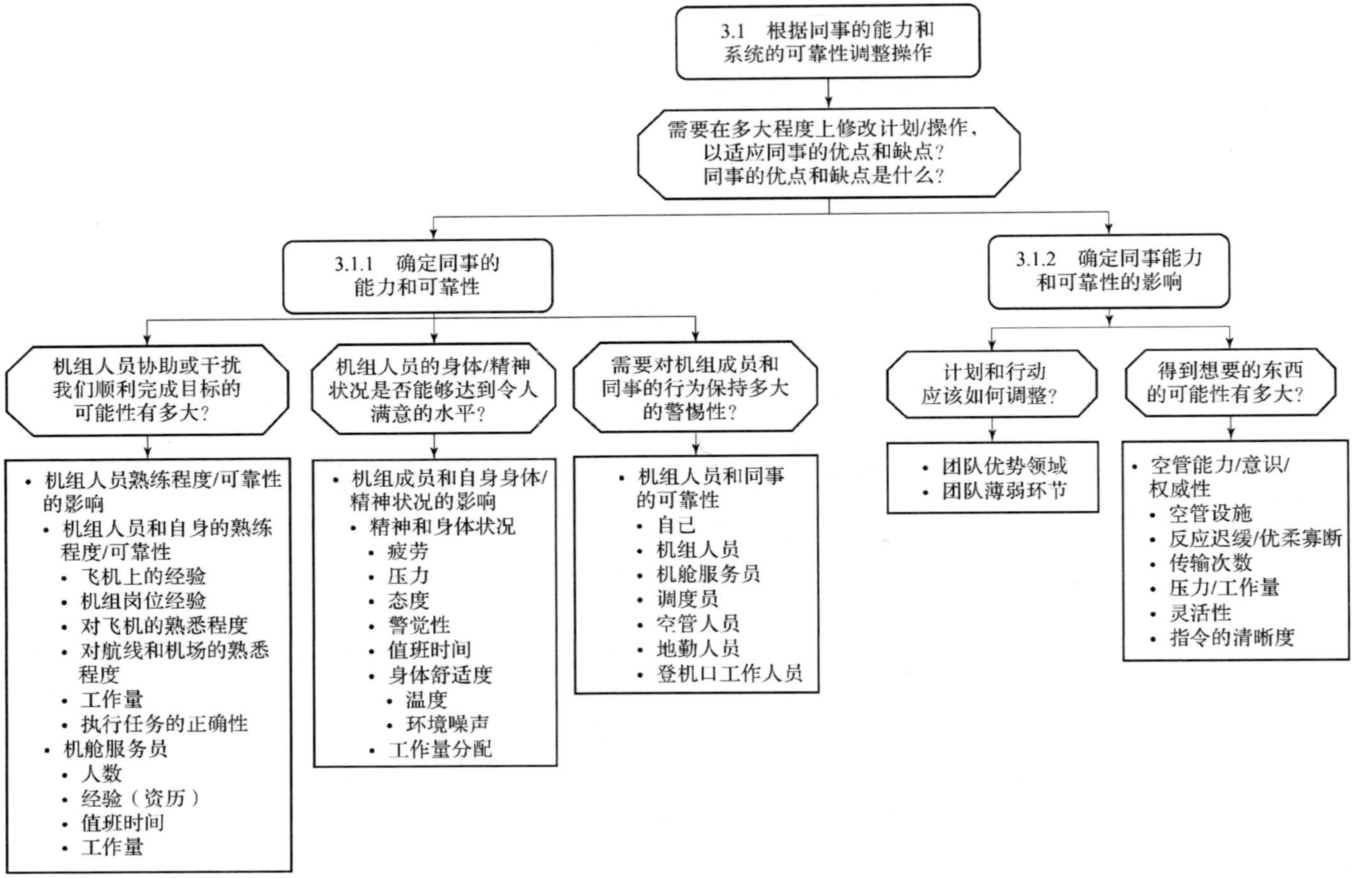
3.1 根据同事的能力和
系统的可靠性调整操作
需要在多大程度上修改计划/操作，
以适应同事的优点和缺点？
同事的优点和缺点是什么？
3.1.1 确定同事的
能力和可靠性
3.1.2 确定同事能力
和可靠性的影响
机组人员协助或干扰
我们顺利完成目标的
可能性有多大？
机组人员的身体/精神
状况是否能够达到令人
满意的水平？
需要对机组成员和
同事的行为保持多大
的警惕性？
计划和行动
应该如何调整？
得到想要的东西
的可能性有多大？
• 机组人员熟练程度/可靠性的影响
• 机组人员和自身的熟练程度/可靠性
• 飞机上的经验
• 机组岗位经验
• 对飞机的熟悉程度
• 对航线和机场的熟悉程度
• 工作量
• 执行任务的正确性
• 机舱服务员
• 人数
• 经验（资历）
• 值班时间
• 工作量
• 机组成员和自身身体/精神状况的影响
• 精神和身体状况
• 疲劳
• 压力
• 态度
• 警觉性
• 值班时间
• 身体舒适度
• 温度
• 环境噪声
• 工作量分配
• 机组人员和同事的可靠性
• 自己
• 机组人员
• 机舱服务员
• 调度员
• 空管人员
• 地勤人员
• 登机口工作人员
• 团队优势领域
• 团队薄弱环节
• 空管能力/意识/权威性
• 空管设施
• 反应迟缓/优柔寡断
• 传输次数
• 压力/工作量
• 灵活性
• 指令的清晰度

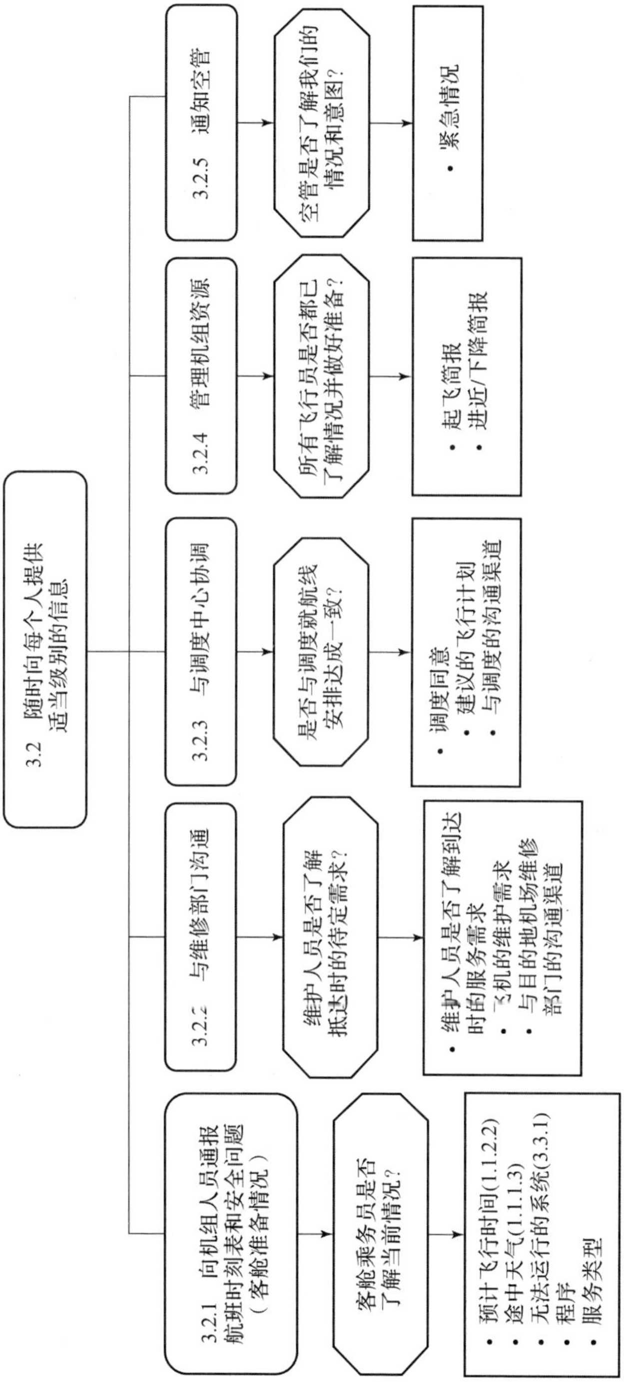
3.2 随时向每个人提供适当级别的信息
3.2.1 向机组人员通报航班时刻表和安全问题（客舱准备情况）
客舱乘务员是否了解当前情况？
• 预计飞行时间(1.1.2.2)
• 途中天气(1.1.1.3)
• 无法运行的系统(3.3.1)
• 程序
• 服务类型
3.2.2 与维修部门沟通
维护人员是否了解抵达时的待定需求？
• 维护人员是否了解到达时的服务需求
• 飞机的维护需求
• 与目的地机场维修部门的沟通渠道
3.2.3 与调度中心协调
是否与调度就航线安排达成一致？
• 调度同意
• 建议的飞行计划
• 与调度的沟通渠道
3.2.4 管理机组资源
所有飞行员是否都已了解情况并做好准备？
• 起飞简报
• 进近/下降简报
3.2.5 通知空管
空管是否了解我们的情况和意图？
• 紧急情况

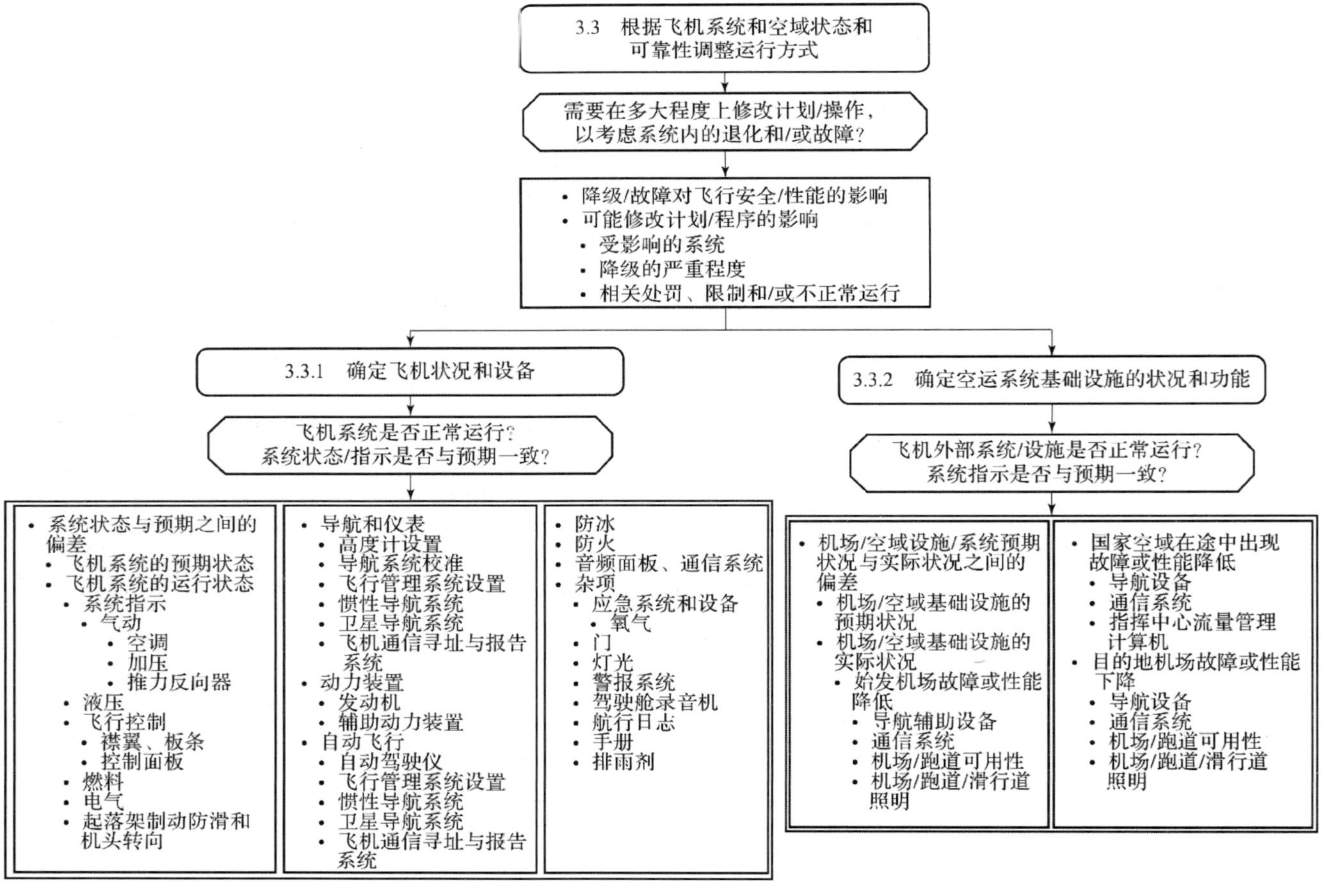
3.3 根据飞机系统和空域状态和可靠性调整运行方式
需要在多大程度上修改计划/操作，以考虑系统内的退化和/或故障？
• 降级/故障对飞行安全/性能的影响
• 可能修改计划/程序的影响
• 受影响的系统
• 降级的严重程度
• 相关处罚、限制和/或不正常运行
3.3.1 确定飞机状况和设备
飞机系统是否正常运行？系统状态/指示是否与预期一致？
• 系统状态与预期之间的偏差
• 飞机系统的预期状态
• 飞机系统的运行状态
• 系统指示
• 气动
• 空调
• 加压
• 推力反向器
• 液压
• 飞行控制
• 襟翼、板条
• 控制面板
• 燃料
• 电气
• 起落架制动防滑和机头转向
• 导航和仪表
• 高度计设置
• 导航系统校准
• 飞行管理系统设置
• 惯性导航系统
• 卫星导航系统
• 飞机通信寻址与报告系统
• 动力装置
• 发动机
• 辅助动力装置
• 自动飞行
• 自动驾驶仪
• 飞行管理系统设置
• 惯性导航系统
• 卫星导航系统
• 飞机通信寻址与报告系统
• 防冰
• 防火
• 音频面板、通信系统
• 杂项
• 应急系统和设备
• 氧气
• 门
• 灯光
• 警报系统
• 驾驶舱录音机
• 航行日志
• 手册
• 排雨剂
3.3.2 确定空运系统基础设施的状况和功能
飞机外部系统/设施是否正常运行？系统指示是否与预期一致？
• 机场/空域设施/系统预期状况与实际状况之间的偏差
• 机场/空域基础设施的预期状况
• 机场/空域基础设施的实际状况
• 始发机场故障或性能降低
• 导航辅助设备
• 通信系统
• 机场/跑道可用性
• 机场/跑道/滑行道照明
• 国家空域在途中出现故障或性能降低
• 导航设备
• 通信系统
• 指挥中心流量管理计算机
• 目的地机场故障或性能下降
• 导航设备
• 通信系统
• 机场/跑道可用性
• 机场/跑道/滑行道照明

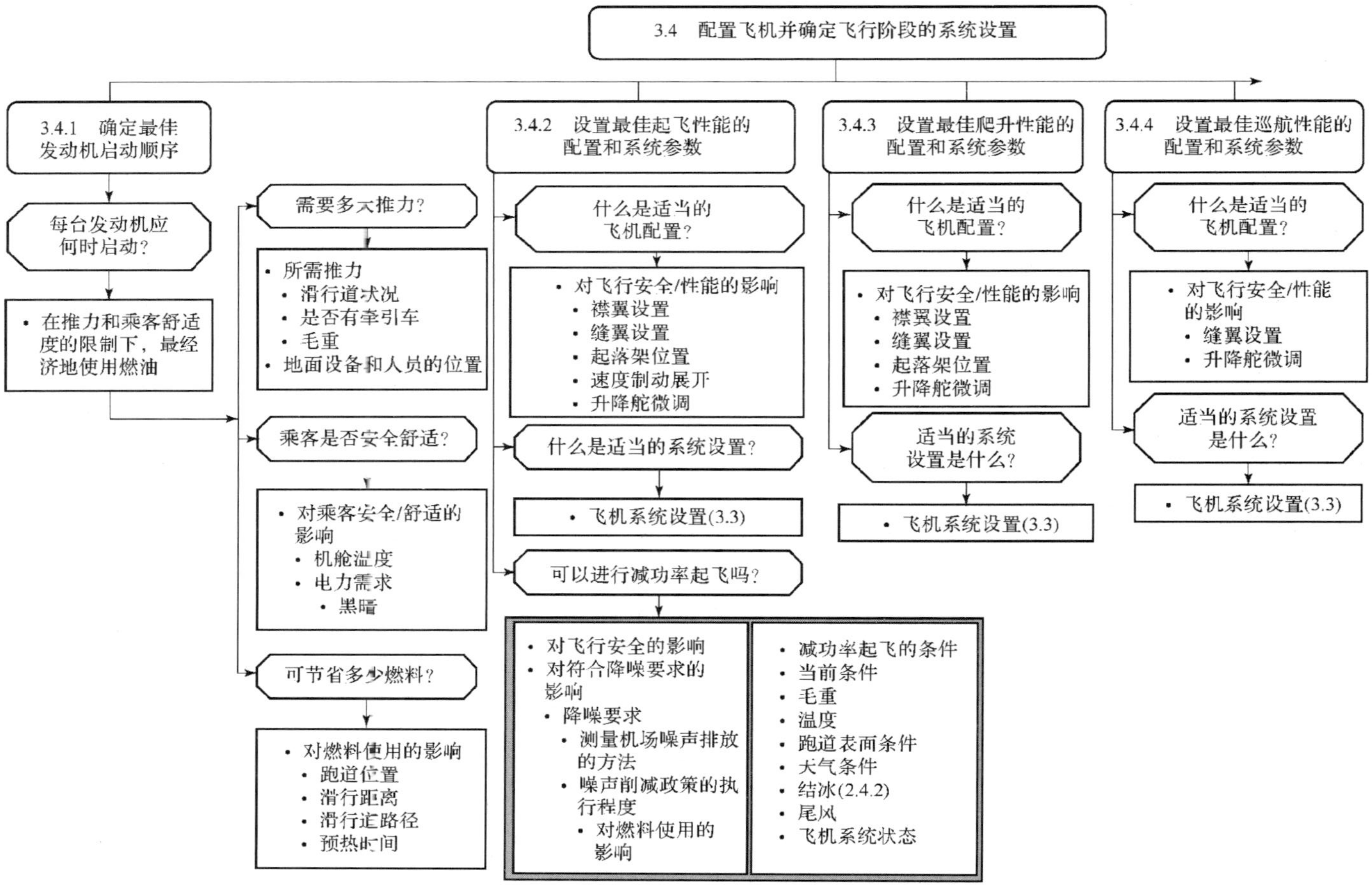
3.4 配置飞机并确定飞行阶段的系统设置
3.4.1 确定最佳发动机启动顺序
每台发动机应何时启动？
• 在推力和乘客舒适度的限制下，最经济地使用燃油
需要多大推力？
• 所需推力
• 滑行道状况
• 是否有牵引车
• 毛重
• 地面设备和人员的位置
乘客是否安全舒适？
• 对乘客安全/舒适的影响
• 机舱温度
• 电力需求
• 黑暗
可节省多少燃料？
• 对燃料使用的影响
• 跑道位置
• 滑行距离
• 滑行路径
• 预热时间
3.4.2 设置最佳起飞性能的配置和系统参数
什么是适当的飞机配置？
• 对飞行安全/性能的影响
• 襟翼设置
• 缝翼设置
• 起落架位置
• 速度制动展开
• 升降舵微调
什么是适当的系统设置？
• 飞机系统设置(3.3)
可以进行减功率起飞吗？
• 对飞行安全的影响
• 对符合降噪要求的影响
• 降噪要求
• 测量机场噪声排放的方法
• 噪声削减政策的执行程度
• 对燃料使用的影响
• 减功率起飞的条件
• 当前条件
• 毛重
• 温度
• 跑道表面条件
• 天气条件
• 结冰(2.4.2)
• 尾风
• 飞机系统状态
3.4.3 设置最佳爬升性能的配置和系统参数
什么是适当的飞机配置？
• 对飞行安全/性能的影响
• 襟翼设置
• 缝翼设置
• 起落架位置
• 升降舵微调
适当的系统设置是什么？
• 飞机系统设置(3.3)
3.4.4 设置最佳巡航性能的配置和系统参数
什么是适当的飞机配置？
• 对飞行安全/性能的影响
• 缝翼设置
• 升降舵微调
适当的系统设置是什么？
• 飞机系统设置(3.3)

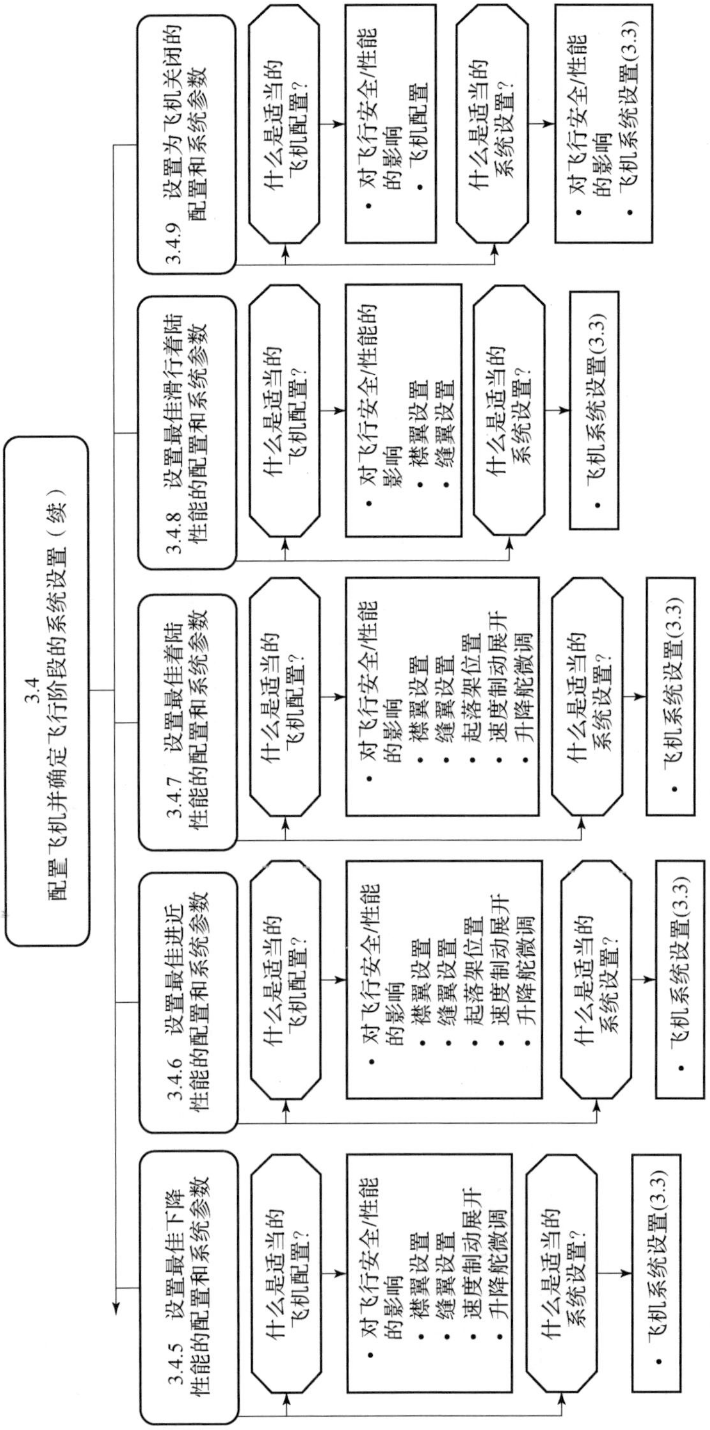
3.4
配置飞机并确定飞行阶段的系统设置（续）
3.4.5 设置最佳下降性能的配置和系统参数
什么是适当的飞机配置?
• 对飞行安全/性能的影响
• 襟翼设置
• 缝翼设置
• 速度制动展开
• 升降舵微调
什么是适当的系统设置?
• 飞机系统设置(3.3)
3.4.6 设置最佳进近性能的配置和系统参数
什么是适当的飞机配置?
• 对飞行安全/性能的影响
• 襟翼设置
• 缝翼设置
• 起落架位置
• 速度制动展开
• 升降舵微调
什么是适当的系统设置?
• 飞机系统设置(3.3)
3.4.7 设置最佳着陆性能的配置和系统参数
什么是适当的飞机配置?
• 对飞行安全/性能的影响
• 襟翼设置
• 缝翼设置
• 起落架位置
• 速度制动展开
• 升降舵微调
什么是适当的系统设置?
• 飞机系统设置(3.3)
3.4.8 设置最佳滑行着陆性能的配置和系统参数
什么是适当的飞机配置?
• 对飞行安全/性能的影响
• 襟翼设置
• 缝翼设置
什么是适当的系统设置?
• 飞机系统设置(3.3)
3.4.9 设置为飞机关闭的配置和系统参数
什么是适当的飞机配置?
• 对飞行安全/性能的影响
• 飞机配置
什么是适当的系统设置?
• 对飞行安全/性能的影响
• 飞机系统设置(3.3)

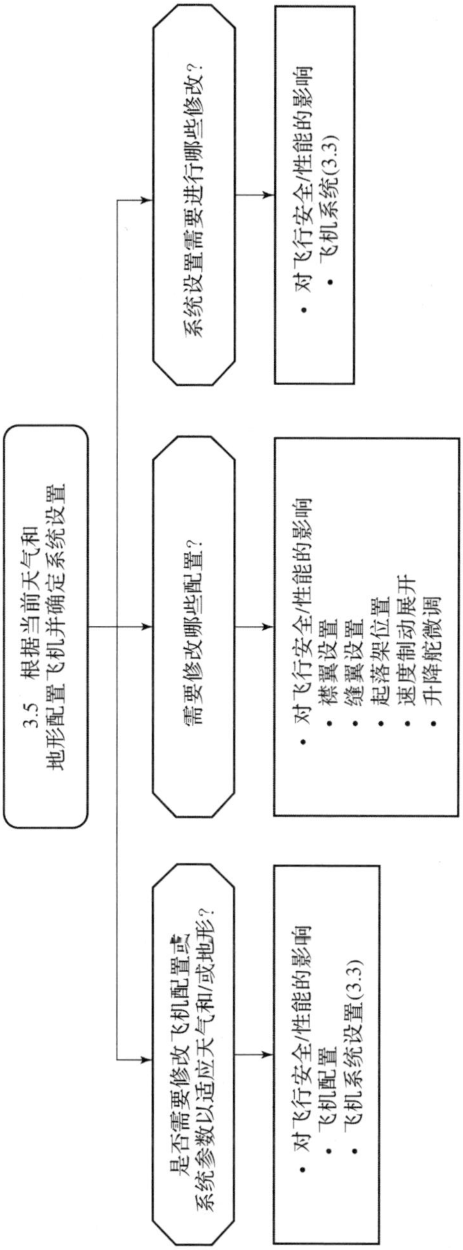
3.5 根据当前天气和
地形配置飞机并确定系统设置
是否需要修改飞机配置或
系统参数以适应天气和/或地形？
· 对飞行安全/性能的影响
· 飞机配置
· 飞机系统设置(3.3)
需要修改哪些配置？
· 对飞行安全/性能的影响
· 襟翼设置
· 缝翼设置
· 起落架位置
· 速度制动展开
· 升降舵微调
系统设置需要进行哪些修改？
· 对飞行安全/性能的影响
· 飞机系统(3.3)

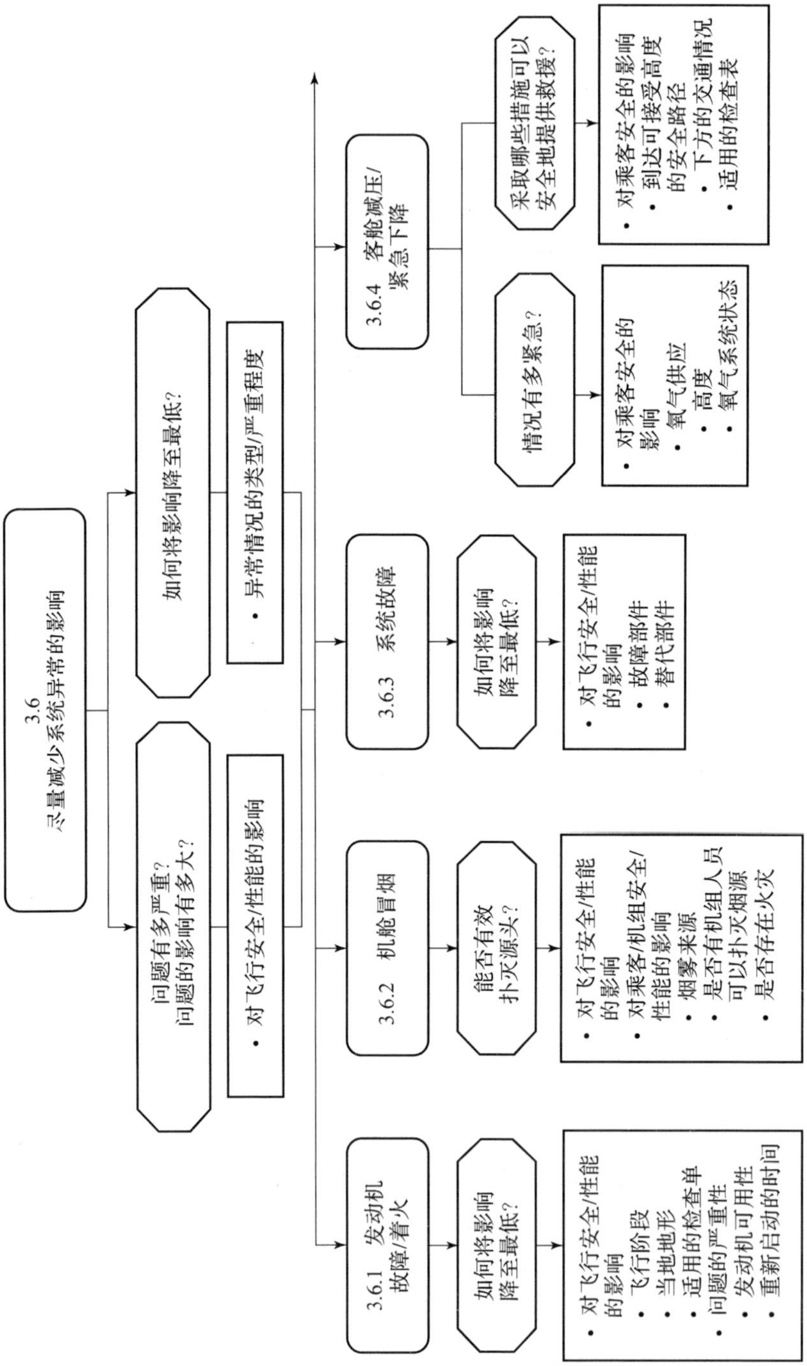
3.6
尽量减少系统异常的影响
问题有多严重？
问题的影响有多大？
• 对飞行安全/性能的影响
如何将影响降至最低？
• 异常情况的类型/严重程度
3.6.1 发动机故障/着火
如何将影响降至最低？
• 对飞行安全/性能的影响
• 飞行阶段
• 当地地形
• 适用的检查单
• 问题的严重性
• 发动机可用性
• 重新启动的时间
3.6.2 机舱冒烟
能否有效扑灭源头？
• 对飞行安全/性能的影响
• 对乘客/机组安全/性能的影响
• 烟雾来源
• 是否有机组人员可以扑灭烟源
• 是否存在火灾
3.6.3 系统故障
如何将影响降至最低？
• 对飞行安全/性能的影响
• 故障部件
• 替代部件
3.6.4 客舱减压/紧急下降
情况有多紧急？
• 对乘客安全的影响
• 氧气供应
• 高度
• 氧气系统状态
采取哪些措施可以安全地提供救援？
• 对乘客安全的影响
• 到达可接受高度的安全路径
• 下方的交通情况
• 适用的检查表

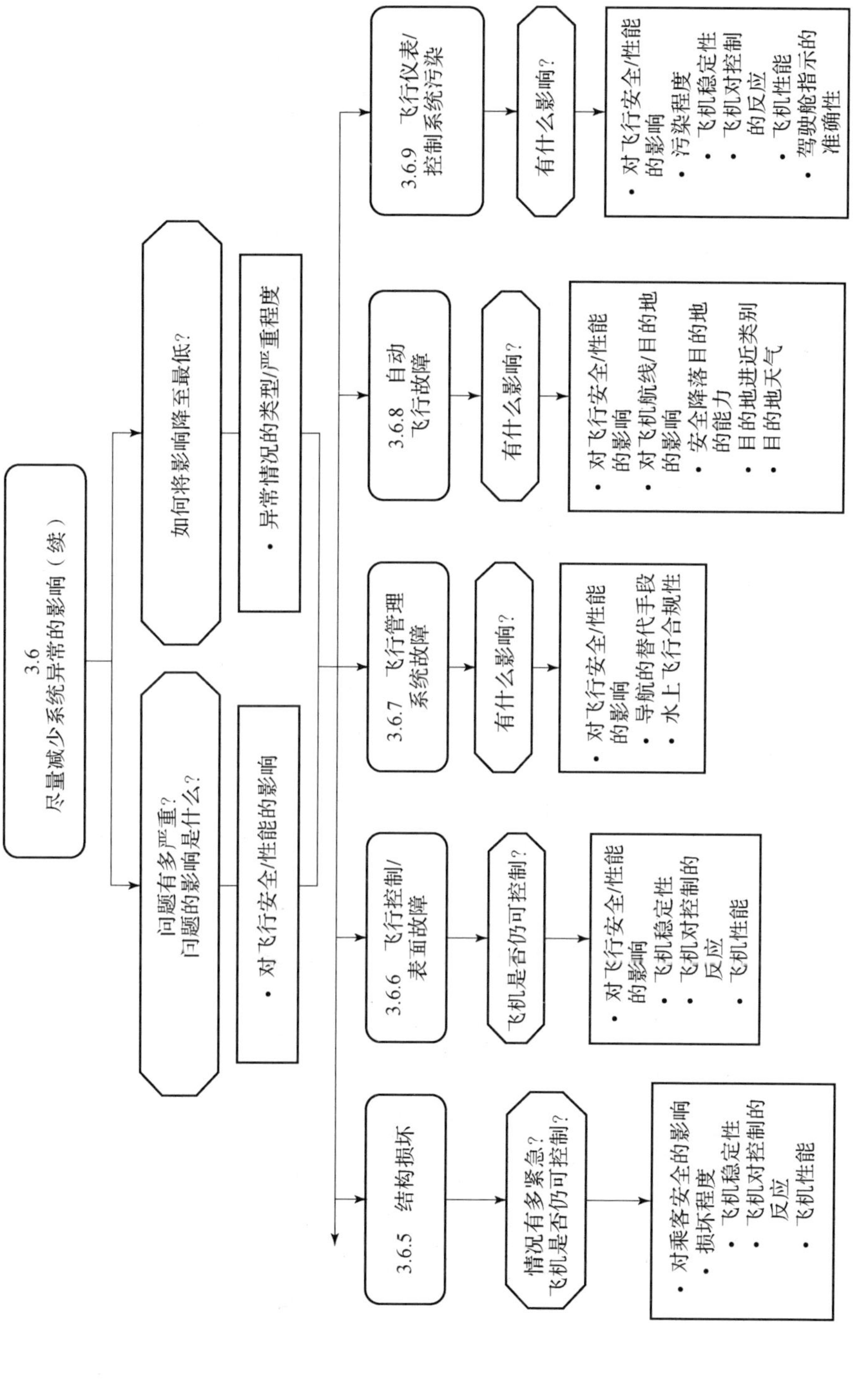
3.6
尽量减少系统异常的影响（续）
问题有多严重？
问题的影响是什么？
• 对飞行安全/性能的影响
如何将影响降至最低？
• 异常情况的类型/严重程度
3.6.5 结构损坏
情况有多紧急？
飞机是否仍可控制？
• 对乘客安全的影响
• 损坏程度
• 飞机稳定性
• 飞机对控制的反应
• 飞机性能
3.6.6 飞行控制/表面故障
飞机是否仍可控制？
• 对飞行安全/性能的影响
• 飞机稳定性
• 飞机对控制的反应
• 飞机性能
3.6.7 飞行管理系统故障
有什么影响？
• 对飞行安全/性能的影响
• 导航的替代手段
• 水上飞行合规性
3.6.8 自动飞行故障
有什么影响？
• 对飞行安全/性能的影响
• 对飞机航线/目的地的影响
• 安全降落目的地的能力
• 目的地进近类别
• 目的地天气
3.6.9 飞行仪表/控制系统污染
有什么影响？
• 对飞行安全/性能的影响
• 污染程度
• 飞机稳定性
• 飞机对控制的反应
• 飞机性能
• 驾驶舱指示的准确性

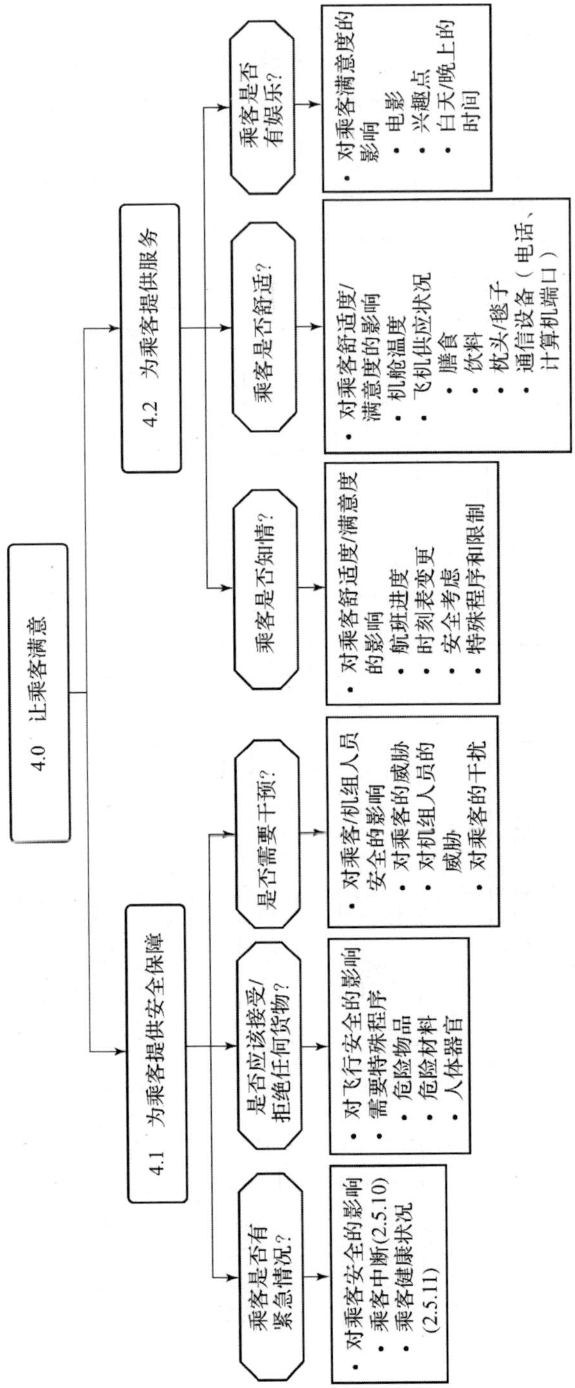
4.0 让乘客满意
4.1 为乘客提供安全保障
4.2 为乘客提供服务
乘客是否有紧急情况？
是否应该接受/拒绝任何货物？
是否需要干预？
乘客是否知情？
乘客是否舒适？
乘客是否有娱乐？
• 对乘客安全的影响
• 乘客中断(2.5.10)
• 乘客健康状况(2.5.11)
• 对飞行安全的影响
• 需要特殊程序
• 危险物品
• 危险材料
• 人体器官
• 对乘客/机组人员安全的影响
• 对乘客的威胁
• 对机组人员的威胁
• 对乘客的干扰
• 对乘客舒适度/满意度的影响
• 航班进度
• 时刻表变更
• 安全考虑
• 特殊程序和限制
• 对乘客舒适度/满意度的影响
• 机舱温度
• 飞机供应状况
• 膳食
• 饮料
• 枕头/毯子
• 通信设备（电话、计算机端口）
• 对乘客满意度的影响
• 电影
• 兴趣点
• 白天/晚上的时间

参考文献

[1] Aeronautica Civil of the Republic of Colombia. (1996). *Aircraft accident report: Controlled flight into terrain, American Airlines Flight* 965, *Boeing* 757 – 223, *N*651*AA*, *near Cali*, *Colombia*, *December* 20, 1995. Santafe de Bogota, DC, Colombia: Author.

[2] Air Transportation Office of the Philippines. (2002). *Aircraft Accident Investigation Report*: *N* 581 *FE MD* – 11 *Aircraft*. Manila, Philippines: Author.

[3] Allender, L. (2010). A cognitive systems engineering approach for human robot interaction: Lessons from an examination of temporal latency. In M. Barnes & F. Jentsch (Eds.), *Human – robot interaction in future military operations* (pp. 315 – 334). London, U. K.: Ashgate.

[4] Allender, L., Kelley, T., Archer, S., & Adkins, R. (1997). IMPRINT: The transition and further development of a soldier – system analysis tool. *MANPRINT Quarterly*, 5(1), 1 – 7.

[5] Anderson, J. R. (1993). *Rules of the mind*. Hillsdale, NJ: Lawrence Erlbaum.

[6] Anderson, J. R., & Lebiere, C. (1998). *Atomic components of thought*. Hillsdale, NJ: Lawrence Erlbaum.

[7] Andre, A. D., & Cutler, H. A. (1998). Displaying uncertainty in advanced navigation systems. In *Proceedings of the Human Factors and Ergonomics Society* 42*nd Annual Meeting* (pp. 31 – 35). Santa Monica, CA: Human Factors and Ergonomics Society.

[8] Associated Press. (1996, December 17). Safety system may have contributed to LA ship crash. *The Boston Globe*, A33.

[9] Baddeley, A. D. (1972). Selective attention and performance in dangerous

environments. *British Journal of Psychology*, 63, 537 – 546.

[10] Baddeley, A. D. (1986). *Human memory*. Oxford, England, U. K.: Clarendon Press.

[11] Bailey, N. R., Scerbo, M. W., Freeman, F. G., Mikulka, P. J., & Scott, L. A. (2003). A brain – based adaptive automation system and situation awareness: The role of complacency potential. In *Proceedings of the Human Factors and Ergonomics Society 47th Annual Meeting* (pp. 1048 – 1052). Santa Monica, CA: Human Factors and Ergonomics Society.

[12] Banbury, S., Selcon, S., Endsley, M., Gorton, T., & Tatlock, K. (1998). Being certain about uncertainty: How the representation of system reliability affects pilot decision making. In *Proceedings of the Human Factors and Ergonomics Society 42nd Annual Meeting* (pp. 36 – 41). Santa Monica, CA: Human Factors and Ergonomics Society.

[13] Banbury, S. P., Macken, W. J., Tremblay, S., & Jones, D. M. (2001). Auditory distraction and short – term memory: Phenomena and practical implications. *Human Factors*, 43(1), 12 – 29.

[14] Banda, C., Bushnell, D., Chen, S., Chiu, A., Constantine, B., Murray, J., Neukom, C., Prevost, M., Shankar, R., & Staveland, L. (1991). *Army – NASA aircrew/aircraft integration program: Phase IV A3I man – machine integration design and analysis system (MIDAS) software detailed design document* (NASA Contractor Report 177593). Moffett Field, CA: NASA Ames Research Center.

[15] Barnes, M., & Matz, M. F. (1998). Crew simulations for unmanned aerial vehicle (UAV) applications: Sustained effects, shift factors, interface issues, and crew size. In *Proceedings of the Human Factors and Ergonomics Society 42nd Annual Meeting* (pp. 143 – 147). Santa Monica, CA: Human Factors and Ergonomics Society.

[16] Bartlett, F. C. (1943). Fatigue following highly skilled work. *Proceedings of the Royal Society (B)*, *131*, 147 – 257.

[17] Basapur, S., Bisantz, A. M., & Kesavadas, T. (2003). The effect of display modality on decision – making with uncertainty. In *Proceedings of the Human Factors and Ergonomics Society 47th Annual Meeting* (pp. 558 – 561). Santa Monica, CA: Human Factors and Ergonomics Society.

[18] Begault, D. R., & Wenzel, E. M. (1992). Techniques and applications for binaural sound manipulation in human – machine interfaces. *International Journal of Aviation Psychology*, 2(1), 1 – 22.

[19] Bell, H. H., & Lyon, D. R. (2000). Using observer ratings to assess situation awareness. In M. R. Endsley & D. J. Garland (Eds.), *Situation awareness analysis and measurement* (pp. 129 – 146). Mahwah, NJ: Lawrence Erlbaum.

[20] Bell, H. H., & Waag, W. L. (1995). Using observer ratings to assess situational awareness in tactical air environments. In D. J. Garland & M. R. Endsley (Eds.), *Experimental analysis and measurement of situation awareness* (pp. 93 – 99). Daytona Beach, FL: Embry – Riddle Aeronautical University Press.

[21] Belz, S. B., Robinson, G. S., & Casali, J. G. (1999). A new class of auditory warning signals for complex systems: Auditory icons. *Human Factors*, *41*(4), 608 – 618.

[22] Bereiter, S., & Miller, S. (1989). A field – based study of troubleshooting in computer controlled manufacturing systems. *IEEE Transactions on Systems, Man, and Cybernetics*, *19*, 205 – 219.

[23] Berg, B. G. (1990). Observer efficiency and weights in a multiple observation task. *Journal of the Acoustical Society of America*, *88*, 149 – 158.

[24] Billings, C. E. (1991). *Human – centered aircraft automation: A concept and guidelines* (NASA Technical Memorandum 103885). Moffet Field, CA: NASA Ames Research Center.

[25] Billings, C. E. (1997). *Aviation automation: The search for a human – centered approach*. Mahwah, NJ: Lawrence Erlbaum.

[26] Bisantz, A. M., Marsiglio, S. S., & Munch, J. (2005). Displaying uncertainty: Investigating the effects of display format and specificity. *Human Factors*, *47*(4), 777 – 796.

[27] Bliss, J. P. (1993). *The cry – wolf phenomenon and its effect on alarm responses*. Unpublished doctoral dissertation. Orlando, FL: University of Central Florida.

[28] Bliss, J. P. (2003). An investigation of extreme alarm response patterns in laboratory experiments. In *Proceedings of the Human Factors and Ergonomics Society 47th Annual Meeting* (pp. 1683 – 1687). Santa Monica, CA: Human

Factors and Ergonomics Society.

[29]Bliss, J. P., Dunn, M., & Fuller, B. S. (1995a). Reversal of the cry - wolf effect: An investigation of two methods to increase alarm response rates. *Perceptual and Motor Skills*, *80*, 1231 - 1242.

[30] Bliss, J. P., Gilson, R. D., & Deaton, J. E. (1995b). Human probability matching behavior in response to alarms of varying reliability. *Ergonomics*, *38*, 2300 - 2312.

[31]Boff, K., Kaufman, L., & Thomas, J. (Eds.). (1986). *Handbook of perception and human performance*. New York: Wiley & Sons.

[32] Bolstad, C. (2001). Situation awareness: Does it change with age? In *Proceedings of the Human Factors and Ergonomics Society 45th Annual Meeting* (pp. 272 - 276). Santa Monica, CA: Human Factors and Ergonomics Society.

[33] Bolstad, C. A., Cuevas, H. M., Costello, A. M., & Rousey, J. (2005). Improving situation awareness through cross - training. In *Proceedings of the Human Factors and Ergonomics Society 49th Annual Meeting* (pp. 2159 - 2163). Santa Monica, CA: Human Factors and Ergonomics Society.

[34] Bolstad, C. A., & Endsley, M. R. (1998). *Information dissonance, shared mental models and shared displays: An empirical evaluation of information dominance techniques* (AFRL - HE - WP - TR - 1999 - 0213). Wright Patterson AFB, OH: Air Force Research Laboratory.

[35]Bolstad, C. A., & Endsley, M. R. (1999a). *The effect of taskload and shared displays on team situation awareness* (AFRL - HE - WP - TR - 1999 - 0243). Wright Patterson AFB, OH: Air Force Research Laboratory.

[36]Bolstad, C. A., & Endsley, M. R. (1999b). Shared mental models and shared displays: An empirical evaluation of team performance. In *Proceedings of the 43rd Annual Meeting of the Human Factors and Ergonomics Society* (pp. 213 - 217). Santa Monica, CA: Human Factors and Ergonomics Society.

[37]Bolstad, C. A., & Endsley, M. R. (2000). The effect of task load and shared displays on team situation awareness. In *Proceedings of the 14th Triennial Congress of the International Ergonomics Association and the 44th Annual Meeting of the Human Factors and Ergonomics Society* (pp. 189 - 192). Santa Monica, CA: Human Factors and Ergonomics Society.

[38] Bolstad, C. A., & Endsley, M. R. (2002). *A taxonomy of collaboration: An analysis of tools for supporting team SA* (SATech 02 – 06). Marietta, GA: SA Technologies, Inc.

[39] Bolstad, C. A., Endsley, M. R., Howell, C., & Costello, A. (2002a). General aviation pilot training for situation awareness: An evaluation. In *Proceedings of the 46th Annual Meeting of the Human Factors and Ergonomics Society* (pp. 21 – 25). Santa Monica, CA: Human Factors and Ergonomics Society.

[40] Bolstad, C. A., Endsley, M. R., Howell, C., & Costello, A. (2002b). *Situation awareness training for general aviation pilots: Final report* (No. SATECH 02 – 04). Marietta, GA: SA Technologies, Inc.

[41] Breznitz, S. (1983). *Cry wolf: The psychology of false alarms*. Hillsdale, NJ: Lawrence Erlbaum.

[42] Bringelson, L. S., & Pettitt, M. A. (1995). Applying airline crew resource management in emergency medicine. In *Proceedings of the Human Factors and Ergonomics Society 39th Annual Meeting* (pp. 728 – 732). Santa Monica, CA: Human Factors and Ergonomics Society.

[43] Broadbent, D. E. (1954). Some effects of noise on visual performance. *Quarterly Journal of Experimental Psychology*, *6*, 1 – 5.

[44] Burrough, B. (1998). *Dragonfly: NASA and the crisis aboard Mir*. New York: Harper Collins.

[45] Busquets, A. M., Parrish, R. V., Williams, S. P., & Nold, D. E. (1994). Comparison of pilots' acceptance and spatial awareness when using EFIS vs. pictorial display formats for complex, curved landing approaches. In R. D. Gilson, D. J. Garland, & J. M. Koonce (Eds.), *Situational awareness in complex systems* (pp. 139 – 167). Daytona Beach, FL: Embry – Riddle Aeronautical University Press.

[46] Bustamante, E. A., Anderson, B. L., & Bliss, J. P. (2004). Effects of varying the threshold of alarm systems and task complexity on human performance and perceived workload. In *Proceedings of the Human Factors and Ergonomics Society 48th Annual Meeting* (pp 1948 – 1952). Santa Monica, CA: Human Factors and Ergonomics Society.

[47] Cale, M. L., Paglione, M. M., Ryan, H. F., Oaks, R. D., & Summerill, J. S.

(1998, December). Application of generic metrics to assess the accuracy of strategic conflict probes. In *Proceedings of the 2nd USA/Europe Air Traffic Management R&D Seminar*. Orlando, FL: FAA.

[48] Calhoun, G. L., Fontejon, J. V., Draper, M., Ruff, H., & Guilfoos, B. J. (2004). Tactile versus aural redundant alert cues for UAV control applications. In *Proceedings of the Human Factors and Ergonomics Society 48th Annual Meeting* (pp. 137 – 141). Santa Monica, CA: Human Factors and Ergonomics Society.

[49] Calhoun, G. L., Janson, W. P., & Valencia, G. (1988). Effectiveness of three – dimensional auditory directional cues. In *Proceedings of the Human Factors Society 32nd Annual Meeting* (pp. 68 – 72). Santa Monica, CA: Human Factors Society.

[50] Calhoun, G. L., Ruff, H., Draper, M., & Guilfoos, B. J. (2005). Tactile and aural alerts in high auditory load UAV control environments. In *Proceedings of the Human Factors and Ergonomics Society 49th Annual Meeting* (pp. 145 – 149). Santa Monica, CA: Human Factors and Ergonomics Society.

[51] Calhoun, G. L., Ruff, H., Lefebvre, A., Draper, M., & Ayala, A. (2007). Picture – in – picture augmentation of UAV workstation video display. In *Proceedings of the Human Factors and Ergonomics Society 51st Annual Meeting* (pp. 70 – 74). Santa Monica, CA: Human Factors and Ergonomics Society.

[52] Calhoun, G. L., Valencia, G., & Furness, T. A. (1987). Three – dimensional auditory cue simulation for crew station design/evaluation. In *Proceedings of the Human Factors Society 31st Annual Meeting* (pp. 1398 – 1402). Santa Monica, CA: Human Factors Society.

[53] Campbell, D. J. (1988). Task complexity: A review and analysis. *Academy of Management Review*, 13, 40 – 52.

[54] Carmino, A., Idee, E., Larchier Boulanger, J., & Morlat, G. (1988). Representational errors: Why some may be termed diabolical. In L. P. Goodstein, H. B. Anderson, & S. E. Olsen (Eds.), *Tasks, errors and mental models* (pp. 240 – 250). London, U. K.: Taylor & Francis.

[55] Casey, S. (1993). *Set phasers on stun*. Santa Barbara, CA: Aegean.

[56] Casson, R. W. (1983). Schema in cognitive anthropology. *Annual Review of*

Anthropology, *12*, 429 – 462.

[57] Chadwick, R. A., Gillan, D., Simon, D., & Pazuchanics, S. L. (2004). Cognitive analysis methods for control of multiple robots: Robotics on $5 a day. *In Proceedings of the Human Factors and Ergonomics Society* 48*th Annual Meeting* (pp. 688 – 692). Santa Monica, CA: Human Factors and Ergonomics Society.

[58] Chadwick, R. A., & Pazuchanics, S. L. (2007). Spatial disorientation in remote ground vehicle operations. In *Proceedings of the Human Factors and Ergonomics Society* 51*st Annual Meeting* (pp. 161 – 165). Santa Monica, CA: Human Factors and Ergonomics Society.

[59] Chapanis, A. (1996). *Human factors in systems engineering*. New York: John Wiley & Sons.

[60] Chappell, S. L. (2007). UAV control with pictures and pointing. In *Proceedings of the AIAA* 2007 *Conference and Exhibit*. Rohnert Park, CA: American Institute of Aeronautics and Astronautics.

[61] Chappell, S. L., & Dunlap, K. L. (2006). Incorporating operator situation awareness into the design process: A key ingredient for future combat unmanned rotorcraft. In *Proceedings of the American Helicopter Society* 62*nd Annual Forum*. Phoenix, AZ: American Helicopter Society International.

[62] Chechile, R., Eggleston, R., Fleischman, R., & Sasseville, A. (1989a). Modeling the cognitive content of displays. *Human Factors*, *31*, 31 – 43.

[63] Chechile, R., Peretz, N., & O' Hearn, B. (1989b). *A cognitive and perceptual model of display complexity* (AAMRL/HEA). Wright Patterson AFB, OH: Armstrong Aeromedical Research Laboratory.

[64] Chechile, R. A. (1992). A review of Anets: A model of cognitive complexity of displays. In *Proceedings of the Human Factors Society* 36*th Annual Meeting* (pp. 1176 – 1180). Santa Monica, CA: Human Factors Society.

[65] Childs, J. A., Ross, K. G., & Ross, W. A. (2000). Identifying breakdowns in team situation awareness in a complex synthetic environment to support multi – focused research and development. In *Proceedings of the Human Performance, Situation Awareness and Automation: User – Centered Design for the New Millennium Conference* (pp. 305 – 310). Atlanta, GA: SA Technologies, Inc.

[66] Christ, R. E., McKeever, K. J., & Huff, J. W. (1994). Collective training of multiple team organizational units: Influence of intra - and inter - team processes. In G. E. Bradley & H. W. Hendrick (Eds.), *Human factors in organizational design and management—IV* (pp. 323 - 326). Amsterdam, the Netherlands: Elsevier.

[67] Citera, M., McNeese, M. D., Brown, C. E., Selvaraj, J. A., Zaff, B. S., & Whitaker, R. D. (1995). Fitting information systems to collaborating design teams. *Journal of the American Society for Information Science*, *46*(7), 551 - 559.

[68] Clamann, M. P., & Kaber, D. B. (2003). Authority in adaptive automation applied to various stages of human - machine system information processing. In *Proceedings of the Human Factors and Ergonomics Society* 47*th Annual Meeting* (pp. 543 - 547). Santa Monica, CA: Human Factors and Ergonomics Society.

[69] Clark, H. H., & Schaefer, E. F. (1989). Contributing to discourse. *Cognitive Science*, *13*, 259 - 294.

[70] Combs, R. B., & Aghazadeh, F. (1988). Ergonomically designed chemical plant control room. In F. Aghazedeh (Ed.), *Trends in ergonomics and human factors* (pp. 357 - 364). Amsterdam, the Netherlands: North - Holland.

[71] Cooke, N. J., Kiekel, P. A., Salas, E., Stout, R., Bowers, C., & Cannon - Bowers, J. A. (2003). Measuring team knowledge: A window to the cognitive underpinnings of team performance. *Group Dynamics, Theory, Research and Practice*, *7*(3), 179 - 199.

[72] Cooke, N. J., Pringle, H. L., Pederson, H. K., & Connor, O. (Eds.). (2006). *Human factors of remotely operated vehicles*. Amsterdam, the Netherlands: Elsevier.

[73] Cooke, N. J., Salas, E., Cannon - Bowers, J. A., & Stout, R. J. (2000). Measuring team knowledge. *Human Factors*, 42(1), 151 - 173.

[74] Cooper, G., & Harper, R. (1969). *The use of pilot ratings in the evaluation of aircraft handling qualities* (NASA TN - D - 5153). Moffett Field, CA: NASA Ames Research Center.

[75] Cosenzo, K., Parasuraman, R., & deVisser, E. (2010). Automation strategies for facilitating human interaction with military unmanned vehicles. In M. Barnes

& F. Jentsch (Eds.), *Human – robot interaction in future military operations* (pp. 103 – 124). London, U. K.: Ashgate.

[76] Cowan, N. (1988). Evolving conceptions of memory storage, selective attention, and their mutual constraints within the human information processing system. *Psychological Bulletin*, 104(2), 163 – 191.

[77] Davies, D. R., & Parasuraman, R. (1980). *The psychology of vigilance*. London, U. K.: Academic Press.

[78] Deaton, J. E., & Glenn, F. A. (1999). The development of specifications for an automated monitoring system interface associated with aircraft condition. *International Journal of Aviation Psychology*, 9(2), 175 – 187.

[79] DeCelles, J. L. (1991). *The delayed GPWS response syndrome*. Herndon, VA: Aviation Research and Education Foundation.

[80] deGroot, A. (1965). *Thought and choice in chess*. The Hague, the Netherlands: Mouton.

[81] Deutsch, S. E., & Adams, M. (1995). The operator – model architecture and its psychological framework. In *Proceedings of the Sixth IFAC Symposium on Man – Machine Systems* (pp. 41 – 46). Cambridge, MA: Massachusetts Institute of Technology.

[82] Deutsch, S. E., Macmillan, J., Cramer, N. L., & Chopra, S. (1997). *Operator model architecture (OMAR) final report* (Report Number 8179). Cambridge, MA: BBN Corporation.

[83] Dixon, S. R., & Wickens, C. D. (2006). Automation reliability in unmanned aerial vehicle control: A reliance – compliance model of automation dependence in high workload. *Human Factors*, 48(3), 474 – 486.

[84] Dixon, S. R., Wickens, C. D., & Chang, D. (2003). Comparing quantitative model predictions to experimental data in multiple UAV flight control. In *Proceedings of the Human Factors and Ergonomics Society 47th Annual Meeting* (pp. 104 – 108). Santa Monica, CA: Human Factors and Ergonomics Society.

[85] Dixon, S. R., Wickens, C. D., & Chang, D. (2004). Unmanned aerial vehicle flight control: False alarms versus misses. In *Proceedings of the Human Factors and Ergonomics Society 48th Annual Meeting* (pp. 152 – 156). Santa Monica, CA: Human Factors and Ergonomics Society.

[86] Dixon, S. R., Wickens, C. D., & McCarley, J. S. (2007). On the independence of compliance and reliance: Are automation false alarms worse than misses? *Human Factors*, *49*(4), 564 - 572.

[87] Draper, M., Calhoun, G., Ruff, H., Williamson, D., & Barry, T. (2003). Manual versus speech input for unmanned aerial vehicle control station operations. In *Proceedings of the Human Factors and Ergonomics Society 47th Annual Meeting* (pp. 109 - 113). Santa Monica, CA: Human Factors and Ergonomics Society.

[88] Draper, M. H., Geiselman, E. E., Lu, L. G., Roe, M. M., & Hass, M. W. (2000). Display concepts supporting crew communication of target location in unmanned air vehicles. In *Proceedings of the IEA 2000/HFES 2000 Congress* (pp. 3:85 - 83:88). Santa Monica, CA: Human Factors and Ergonomics Society.

[89] Dreyfus, S. E. (1981). *Formal models vs. human situational understanding: Inherent limitations on the modeling of business expertise* (ORC 81 - 3). Berkeley, CA: Operations Research Center, University of California.

[90] Drury, J. L., & Scott, S. D. (2008). Awareness in unmanned aerial vehicle operations. *The International C2 Journal*, *2*(1), 1 - 28.

[91] Duffy, L. R. (1993). Team decision making biases: An information processing perspective. In G. A. Klein, J. Orasanu, R. Calderwood, & C. E. Zsambok (Eds.), *Decision making in action: Models and methods* (pp. 346 - 359). Norwood, NJ: Ablex.

[92] Duley, J. A., Westerman, S., Molloy, R., & Parasuraman, R. (1997). Effects of display superimposition on monitoring of automation. In *Proceedings of the Ninth International Symposium on Aviation Psychology* (pp. 322 - 328). Columbus, OH: The Ohio State University.

[93] Durso, F. T., Hackworth, C. A., Truitt, T. R., Crutchfield, J., Nikolic, D., & Manning, C. A. (1998). Situation awareness as a predictor of performance for en route air traffic controllers. *Air Traffic Control Quarterly*, *6*(1), 1 - 20.

[94] Eastman Kodak Company. (1983). *Ergonomic design for people at work*. New York: Van Nostrand Reinhold.

[95] Edworthy, J. (1997). Cognitive compatibility and warning design. *International*

Journal of Cognitive Ergonomics,*1*(3),193 - 209.

[96] Edworthy, J., Loxley, S., & Dennis, I. (1991). Improving auditory warning design: Relationship between warning sound parameters and perceived urgency. *Human Factors*,*33*(2),205 - 231.

[97] Eggleston, R. G., Chechile, R. A., Fleischman, R. N., & Sasseville, A. (1986). Modeling the cognitive complexity of visual displays. In *Proceedings of the Human Factors Society* 30*th Annual Meeting* (pp. 675 - 678). Santa Monica, CA: Human Factors Society.

[98] Electricity Consumers Resource Council. (February 2004). The economic impacts of the August 2003 blackout[Online]. Available: http://www.elcon.org/Documents/EconomicImpactsOfAugust2003Blackout.pdf (accessed on September 2011).

[99] Endsley, M. R. (1988). Design and evaluation for situation awareness enhancement. In *Proceedings of the Human Factors Society* 32*nd Annual Meeting* (pp. 97 - 101). Santa Monica, CA: Human Factors Society.

[100] Endsley, M. R. (1989a). *Final report: Situation awareness in an advanced strategic mission* (NOR DOC 89 - 32). Hawthorne, CA: Northrop Corporation.

[101] Endsley, M. R. (1989b). Pilot situation awareness: The challenge for the training community. In *Proceedings of the Interservice/Industry Training Systems Conference* (*I/ITSC*) (pp. 111 - 117). Ft Worth, TX: American Defense Preparedness Association.

[102] Endsley, M. R. (1990a). A methodology for the objective measurement of situation awareness. *Situational Awareness in Aerospace Operations* (*AGARD - CP - 478*) (pp. 1/1 - 1/9). Neuilly Sur Seine, France: NATO - AGARD.

[103] Endsley, M. R. (1990b). Predictive utility of an objective measure of situation awareness. In *Proceedings of the Human Factors Society* 34*th Annual Meeting* (pp. 41 - 45). Santa Monica, CA: Human Factors Society.

[104] Endsley, M. R. (1993a). Situation awareness and workload: Flip sides of the same coin. In *Proceedings of the Seventh International Symposium on Aviation Psychology* (pp. 906 - 911). Columbus, OH: Department of Aviation, The Ohio State University.

[105] Endsley, M. R. (1993b). A survey of situation awareness requirements in

air – to – air combat fighters. *International Journal of Aviation Psychology*, *3* (2), 157 – 168.

[106] Endsley, M. R. (1995a). Measurement of situation awareness in dynamic systems. *Human Factors*, *37*(1), 65 – 84.

[107] Endsley, M. R. (1995b). A taxonomy of situation awareness errors. In R. Fuller, N. Johnston, & N. McDonald (Eds.), *Human factors in aviation operations* (pp. 287 – 292). Aldershot, England: Avebury Aviation, Ashgate Publishing Ltd.

[108] Endsley, M. R. (1995c). Toward a theory of situation awareness in dynamic systems. *Human Factors*, *37*(1), 32 – 64.

[109] Endsley, M. R. (1995d). Towards a new paradigm for automation: Designing for situation awareness. In *Proceedings of the Sixth IFAC/IFIP/IFOR/IEA Symposium on Analysis, Design and Evaluation of Man – Machine Systems* (pp. 421 – 426). Cambridge, MA: MIT.

[110] Endsley, M. R. (1996a). Automation and situation awareness. In R. Parasuraman & M. Mouloua (Eds.), *Automation and human performance: Theory and applications* (pp. 163 – 181). Mahwah, NJ: Lawrence Erlbaum.

[111] Endsley, M. R. (1996b). Situation awareness measurement in test and evaluation. In T. G. O' Brien & S. G. Charlton (Eds.), *Handbook of human factors testing & evaluation* (pp. 159 – 180). Mahwah, NJ: Lawrence Erlbaum.

[112] Endsley, M. R. (1997). Level of automation: Integrating humans and automated systems. In *Proceedings of the Human Factors and Ergonomics Society 41st Annual Meeting* (pp. 200 – 204). Santa Monica, CA: Human Factors and Ergonomics Society.

[113] Endsley, M. R. (2000a). Direct measurement of situation awareness: Validity and use of SAGAT. In M. R. Endsley & D. J. Garland (Eds.), *Situation awareness analysis and measurement* (pp. 147 – 174). Mahwah, NJ: Lawrence Erlbaum.

[114] Endsley, M. R. (2000b). Theoretical underpinnings of situation awareness: A critical review. In M. R. Endsley & D. J. Garland (Eds.), *Situation awareness analysis and measurement* (pp. 3 – 32). Mahwah, NJ: Lawrence Erlbaum.

[115]Endsley,M. R. (2006). Expertise and situation awareness. In K. A. Ericsson, N. Charness, P. J. Feltovich, & R. R. Hoffman (Eds.), *The Cambridge handbook of expertise and expert performance* (pp. 633 - 651). New York: Cambridge University Press.

[116]Endsley,M. R. ,& Bolstad,C. A. (1993). Human capabilities and limitations in situation awareness. In *Combat automation for airborne weapon systems: Man/Machine interface trends and technologies (AGARD - CP - 520)* (pp. 19/11 - 19/10). Neuilly Sur Seine,France: NATO - AGARD.

[117] Endsley, M. R. , & Bolstad, C. A. (1994). Individual differences in pilot situation awareness. *International Journal of Aviation Psychology*,*4*(3),241 - 264.

[118]Endsley,M. R. ,Farley,T. C. ,Jones,W. M. ,Midkiff,A. H. ,& Hansman,R. J. (1998a). *Situation awareness information requirements for commercial airline pilots* (ICAT - 98 - 1). Cambridge,MA: Massachusetts Institute of Technology International Center for Air Transportation.

[119] Endsley, M. R. , & Garland, D. J. (Eds.). (2000). *Situation awareness analysis and measurement.* Mahwah,NJ: Lawrence Erlbaum.

[120]Endsley,M. R. ,Garland,D. J. ,Shook,R. W. C. ,Coello,J. ,& Bandiero,M. (2000). *Situation awareness problems in general aviation* (No. SATech 00 - 01). Marietta,GA: SA Technologies,Inc.

[121]Endsley,M. R. ,Hansman,R. J. ,& Farley,T. C. (1998b). Shared situation awareness in the flight deck—ATC system. In *Proceedings of the AIAA/IEEE/SAE 17th Digital Avionics Systems Conference.* Bellevue,WA: IEEE.

[122]Endsley, M. R. , & Jones, W. M. (1997). *Situation awareness, information dominance,and information warfare* (AL/CF - TR - 1997 - 0156). Wright - Patterson AFB,OH: United States Air Force Armstrong Laboratory.

[123]Endsley,M. R. ,& Jones,W. M. (2001). A model of inter - and intrateam situation awareness: Implications for design,training and measurement. In M. McNeese,E. Salas,& M. Endsley (Eds.),*New trends in cooperative activities: Understanding system dynamics in complex environments* (pp. 46 - 67). Santa Monica,CA: Human Factors and Ergonomics Society.

[124]Endsley,M. R. ,& Kaber,D. B. (1997). The use of level of automation as a

means of alleviating out - of - the - loop performance problems: A taxonomy and empirical analysis. In P. Seppala, T. Luopajarvi, C. H. Nygard, & M. Mattila (Eds.), 13*th Triennial Congress of the International Ergonomics Association* (Vol. 1, pp. 168 - 170). Helsinki, Finland: Finnish Institute of Occupational Health.

[125] Endsley, M. R., & Kaber, D. B. (1999). Level of automation effects on performance, situation awareness and workload in a dynamic control task. *Ergonomics*, *42*(3), 462 - 492.

[126] Endsley, M. R., & Kiris, E. O. (1994a). Information presentation for expert systems in future fighter aircraft. *International Journal of Aviation Psychology*, *4*(4), 333 - 348.

[127] Endsley, M. R., & Kiris, E. O. (1994b). The out - of - the - loop performance problem: Impact of level of control and situation awareness. In M. Mouloua & R. Parasuraman (Eds.), *Human performance in automated systems: Current research and trends* (pp. 50 - 56). Hillsdale, NJ: Lawrence Erlbaum.

[128] Endsley, M. R., & Kiris, E. O. (1994c). *Situation awareness in FAA airway facilities maintenance control centers (MCC): Final report*. Lubbock, TX: Texas Tech University.

[129] Endsley, M. R., & Kiris, E. O. (1995a). The out - of - the - loop performance problem and level of control in automation. *Human Factors*, *37*(2), 381 - 394.

[130] Endsley, M. R., & Kiris, E. O. (1995b). *Situation awareness global assessment technique (SAGAT) TRACON air traffic control version user guide*. Lubbock, TX: Texas Tech University.

[131] Endsley, M. R., Mogford, R., Allendoerfer, K., Snyder, M. D., & Stein, E. S. (1997a). *Effect of free flight conditions on controller performance, workload and situation awareness: A preliminary investigation of changes in locus of control using existing technology* (DOT/FAA/CT - TN 97/12). Atlantic City, NJ: Federal Aviation Administration William J. Hughes Technical Center.

[132] Endsley, M. R., Mogford, R. H., & Stein, E. S. (1997b). Controller situation awareness in free flight. In *Proceedings of the Human Factors and Ergonomics Society* 41*st Annual Meeting* (pp. 4 - 8). Santa Monica, CA: Human Factors

and Ergonomics Society.

[133] Endsley, M. R., Onal, E., & Kaber, D. B. (1997c). The impact of intermediate levels of automation on situation awareness and performance in dynamic control systems. In D. I. Gertman, D. L. Schurman, & H. S. Blackman (Eds.), *Proceedings of the* 1997 *IEEE Sixth Conference on Human Factors and Power Plants* (pp. 7 – 7/7 – 12). New York: IEEE.

[134] Endsley, M. R., & Robertson, M. M. (1996a). *Team situation awareness in aircraft maintenance*. Lubbock, TX: Texas Tech University.

[135] Endsley, M. R., & Robertson, M. M. (1996b). Team situation awareness in aviation maintenance. In *Proceedings of the* 40*th Annual Meeting of the Human Factors and Ergonomics Society* (pp. 1077 – 1081). Santa Monica, CA: Human Factors and Ergonomics Society.

[136] Endsley, M. R., & Robertson, M. M. (2000a). Situation awareness in aircraft maintenance teams. *International Journal of Industrial Ergonomics*, *26*, 301 – 325.

[137] Endsley, M. R., & Robertson, M. M. (2000b). Training for situation awareness in individuals and teams. In M. R. Endsley & D. J. Garland (Eds.), *Situation awareness analysis and measurement*. Mahwah, NJ: Lawrence Erlbaum.

[138] Endsley, M. R., & Rodgers, M. D. (1994). Situation awareness information requirements for en route air traffic control. In *Proceedings of the Human Factors and Ergonomics Society* 38*th Annual Meeting* (pp. 71 – 75). Santa Monica, CA: Human Factors and Ergonomics Society.

[139] Endsley, M. R., & Rodgers, M. D. (1998). Distribution of attention, situation awareness, and workload in a passive air traffic control task: Implications for operational errors and automation. *Air Traffic Control Quarterly*, *6*(1), 21 – 44.

[140] Endsley, M. R., & Rosiles, S. A. (1995). Vertical auditory localization for spatial orientation. In *Proceedings of the Human Factors and Ergonomics Society* 39*th Annual Meeting* (pp. 55 – 59). Santa Monica, CA: Human Factors and Ergonomics Society.

[141] Endsley, M. R., & Selcon, S. J. (1997). Designing to aid decisions through

situation awareness enhancement. In *Proceedings of the Second Symposium on Situation Awareness in Tactical Aircraft* (pp. 107 – 112). Patuxent River, MD: Naval Air Warfare Center.

[142] Endsley, M. R., Sollenberger, R., Nakata, A., Hough, D., & Stein, E. (1999a). *Situation awareness in air traffic control: Enhanced displays for advanced operations*. Atlantic City, NJ: Federal Aviation Administration William J. Hughes Technical Center.

[143] Endsley, M. R., Sollenberger, R., Nakata, A., & Stein, E. (2000). *Situation awareness in air traffic control: Enhanced displays for advanced operations* (DOT/FAA/CT – TN00/01). Atlantic City, NJ: Federal Aviation Administration William J. Hughes Technical Center.

[144] Endsley, M. R., Sollenberger, R., & Stein, E. (1999b). The use of predictive displays for aiding controller situation awareness. In *Proceedings of the 43rd Annual Meeting of the Human Factors and Ergonomics Society* (pp. 51 – 55). Santa Monica, CA: Human Factors and Ergonomics Society.

[145] Endsley, M. R., & Strauch, B. (1997). Automation and situation awareness: The accident at Cali, Colombia. In *Proceedings of the Ninth International Symposium on Aviation Psychology* (pp. 877 – 881). Columbus, OH: Ohio State University.

[146] Ephrath, A. R., & Young, L. R. (1981). Monitoring vs. man – in – the – loop detection of aircraft control failures. In J. Rasmussen & W. B. Rouse (Eds.), *Human detection and diagnosis of system failures*. New York: Plenum Press.

[147] Evans, S. (1978). *Updated user's guide for the COMBIMAN* (AMRL – TR – 78 – 31). Wright – Patterson AFB, OH: Aerospace Medical Research Laboratory.

[148] Fallon, C. K., Bliss, J. P., & Nica, N. (2004). The effects of alarm mistrust and signal duration on alarm reactions and perception of alarm validity. In *Proceedings of the Human Factors and Ergonomics Society 48th Annual Meeting* (pp. 1870 – 1874). Santa Monica, CA: Human Factors and Ergonomics Society.

[149] Fallon, C. K., Bustamante, E. A., & Bliss, J. P. (2005a). Enhancing perceived situation awareness and reducing perceived workload with a

likelihood alarm display. In *Proceedings of the Human Factors and Ergonomics Society 49th Annual Meeting* (pp. 1677 – 1681). Santa Monica, CA: Human Factors and Ergonomics Society.

[150] Fallon, C. K., Bustamante, E. A., Bliss, J. P., & Anderson, B. L. (2005b). Combating the cry wolf: The effects of synthetic verbal alarm urgency on choice reaction performance. In *Proceedings of the Human Factors and Ergonomics Society 49th Annual Meeting* (pp. 1508 – 1512). Santa Monica, CA: Human Factors and Ergonomics Society.

[151] Farley, T. C., Hansman, R. J., Amonlirdviman, K., & Endsley, M. R. (2000). Shared information between pilots and controllers in tactical air traffic control. *Journal of Guidance, Control and Dynamics, 23*(5), 826 – 836.

[152] Finger, R., & Bisantz, A. M. (2000). Utilizing graphical formats to convey uncertainty in a decision making task. In *Proceedings of the IEA 2000/HFES 2000 Congress* (pp. 1:13 – 11:16). Santa Monica, CA: Human Factors and Ergonomics Society.

[153] Fitch, G. M., Kiefer, R. J., Hankey, J. M., & Kleiner, B. M. (2007). Toward developing an approach for alerting drivers to the direction of a crash threat. *Human Factors, 49*(4), 710 – 720.

[154] Folds, D. J., Beers, T. M., Stocks, D. R., Coon, V. E., Fain, W. B., & Mitta, D. A. (1995). A comparison of four interfaces for selecting and controlling remote cameras. In *Proceedings of the Human Factors and Ergonomics Society 39th Annual Meeting* (pp. 1137 – 1141). Santa Monica, CA: Human Factors and Ergonomics Society.

[155] Forbes, T. W. (1946). Auditory signals for instrument flying. *Journal of Aeronautical Science, 13*, 255 – 258.

[156] Fracker, M. L. (1987). *Situation awareness: A decision model.* Unpublished manuscript. Dayton, OH: Armstrong Research Laboratory, U. S. Air Force.

[157] Fracker, M. L., & Vidulich, M. A. (1991). Measurement of situation awareness: A brief review. In Y. Queinnec & F. Danniellou (Eds.), *Designing for Everyone: Proceedings of the 11th Congress of the International Ergonomics Association* (pp. 795 – 797). London, U. K.: Taylor & Francis.

[158] Furukawa, H., & Parasuraman, R. (2003). Supporting system – centered view

of operators through ecological interface design: Two experiments on human - centered automation. In *Proceedings of the Human Factors and Ergonomics Society 47th Annual Meeting* (pp. 567 - 571). Santa Monica, CA: Human Factors and Ergonomics Society.

[159] Gilliland, K., & Schlegel, R. E. (1994). Tactile stimulation of the human head for information display. *Human Factors, 36*(4), 700 - 717.

[160] Gilson, R. D., Mouloua, M., Graft, A. S., & McDonald, D. P. (2001). Behavioral influences of proximal alarms. *Human Factors, 4*(4), 595 - 610.

[161] Goh, J., Wiegmann, D. A., & Madhavan, P. (2005). Effects of automation failure in a luggage screening task: A comparison between direct and indirect cueing. In *Proceedings of the Human Factors and Ergonomics Society 49th Annual Meeting* (pp. 492 - 496). Santa Monica, CA: Human Factors and Ergonomics Society.

[162] Gorman, J. C., Cooke, N. J., Pederson, H. K., Connor, O. O., & DeJoode, J. A. (2005). Coordinated awareness of situation by teams (CAST): Measuring team situation awareness of a communications glitch. In *Proceedings of the Human Factors and Ergonomics Society 49th Annual Meeting* (pp. 274 - 277). Santa Monica, CA: Human Factors and Ergonomics Society.

[163] Government of Portugal Ministério Das Obras Públicas Transportes E Comunicaçöes. (2004). *Accident investigation final report: All engines - out landing due to fuel exhaustion, Air Transat, Airbus A330 - 243 marks C - GITS, Lajes, Azores, Portugal, 24 August 2001* (Final Investigation Report 22/ACCID/2001).

[164] Graeber, R. C. (1996). Integrating human factors and safety into airplane design and operations. In B. J. Hayward & A. R. Lowe (Eds.), *Applied aviation psychology: Achievement, change and challenge* (pp. 27 - 38). Aldershot, U. K.: Avebury Aviation.

[165] Green, P., & Wei - Haas, L. (1985). The rapid development of user interfaces: Experience with the wizard of oz method. In *Proceedings of the Human Factors Society 29th Annual Meeting* (pp. 470 - 474). Santa Monica, CA: Human Factors Society.

[166] Guerlain, S. A., Smith, P., Heinz Obradovich, J., Rudman, S., Strohm, P.,

Smith, J. W., Svirbely, J., & Sachs, L. (1999). Interactive critiquing as a form of decision support: An empirical evaluation. *Human Factors*, *41* (1), 72 - 89.

[167] Gugerty, L., & Tirre, W. (1997). Situation awareness: a validation study and investigation of individual differences. In *Proceedings of the Human Factors and Ergonomics Society* 40*th Annual Meeting* (pp. 564 - 568). Sanata Monica, CA.

[168] Haas, E. C., & van Erp, J. B. F. (2010). Multimodal research for human robot interactions. In M. Barnes & F. Jentsch (Eds.), *Human - robot interaction in future military operations* (pp. 271 - 292). London, U. K.: Ashgate.

[169] Hahn, E. C., & Hansman, R. J. (1992). Experimental studies on the effect of automation on pilot situational awareness in the datalink ATC environment. In *Proceedings of the SAE AEROTECH Conference and Exposition*. Anaheim, CA: SAE.

[170] Hale, J. P. (1992). Anthropomorphic teleoperation: Controlling remote manipulations with the dataglove. In *Proceedings of the Human Factors and Ergonomics Society* 36*th Annual Meeting* (pp. 126 - 130). Santa Monica, CA: Human Factors and Ergonomics Society.

[171] Hancock, P., & Meshkati, N. (Eds.). (1988). *Human mental workload*. Amsterdam, the Netherlands: North - Holland.

[172] Hart, S. G., & Staveland, L. E. (1988). Development of NASA - TLX (Task Load Index): Results of empirical and theoretical research. In P. A. Hancock & N. Meshkati (Eds.), *Human mental workload* (pp. 139 - 183). Amsterdam, the Netherlands: North - Holland.

[173] Hellier, E., Edworthy, J., & Dennis, I. (1993). Improving auditory warning design: Quantifying and predicting the effects of different warning parameters on perceived urgency. *Human Factors*, *35*(4), 693 - 706.

[174] Helmreich, R. L., Foushee, H. C., Benson, R., & Russini, R. (1986). Cockpit management attitudes: Exploring the attitude - performance linkage. *Aviation, Space and Environmental Medicine*, *57*, 1198 - 1200.

[175] Helmreich, R. L., Merritt, A. C., & Sherman, P. J. (1996). Human factors and national culture. *ICAO Journal*, *51*(8), 14 - 16.

[176] Hilburn, B., Jorna, P. G., Bryne, E. A., & Parasuraman, R. (1997). The effect of adaptive air traffic control decision aiding on controller mental workload. In M. Mouloua & J. M. Koonce (Eds.), *Human automation interaction: Research and practice* (pp. 84 – 91). Mahwah, NJ: Lawrence Erlbaum.

[177] Hoffberg, L. I. (1991). Designing user interface guidelines for time – shift programming on a video cassette recorder. In *Proceedings of the Human Factors Society 35th Annual Meeting* (pp. 501 – 504). Santa Monica, CA: Human Factors Society.

[178] Hoffer, J. A., George, J. F., & Valacich, J. S. (2002). *Modern systems analysis and design*. Upper Saddle River, NJ: Prentice – Hall.

[179] Hogg, D. N., Torralba, B., & Volden, F. S. (1993). *A situation awareness methodology for the evaluation of process control systems: Studies of feasibility and the implication of use* (1993 – 03 – 05). Storefjell, Norway: OECD Halden Reactor Project.

[180] Hollnagel, E., & Woods, D. D. (1983). Cognitive systems engineering: New wine in new bottles. *International Journal of Man – Machine Studies*, *18*, 583 – 591.

[181] Hormann, H. J., Blokziji, C., & Polo, L. (2004). ESSAI—A European training solution for enhancing situation awareness and threat management on modern aircraft flight decks. In *Proceedings of the 16th Annual European Aviation Safety Seminar of the Flight Safety Foundation and European Regions Airline Association*. Barcelona, Spain: Flight Safety Foundation.

[182] Jentsch, F., Barnett, J., & Bowers, C. (1997). Loss of aircrew situation awareness: A cross – validation. In *Proceedings of the Human Factors and Ergonomics Society 41st Annual Meeting* (p. 1379). Santa Monica, CA: Human Factors and Ergonomics Society.

[183] Johnson, E. N., & Pritchett, A. R. (1995). Experimental study of vertical flight path mode awareness. In *Proceedings of the 6th IFAC/IFIP/IFORS/IEA Symposium on Analysis, Design and Evaluation of Man – Machine Systems* (pp. 185 – 190). Cambridge, MA: MIT.

[184] Jones, D. G., & Endsley, M. R. (1996). Sources of situation awareness errors

in aviation. *Aviation, Space and Environmental Medicine*, *67*(6), 507 – 512.

[185] Jones, D. G., & Endsley, M. R. (2000a). Can real – time probes provide a valid measure of situation awareness? In *Proceedings of the Human Performance, Situation Awareness and Automation: User – Centered Design for the New Millennium Conference* (pp. 245 – 250). Atlanta, GA: SA Technologies, Inc.

[186] Jones, D. G., & Endsley, M. R. (2000b). Overcoming representational errors in complex environments. *Human Factors*, 42(3), 367 – 378.

[187] Jones, D. G., & Endsley, M. R. (2002b). *Measurement of shared SA in teams: In initial investigation* (SATech – 02 – 05). Marietta, GA: SA Technologies.

[188] Jones, W. M. (1997). Enhancing team situation awareness: Aiding pilots in forming initial mental models of team members. In *Proceedings of the Ninth International Symposium on Aviation Psychology* (pp. 1436 – 1441). Columbus, OH: The Ohio State University.

[189] Jones, W. M. (2000). Pilot use of TCAS. Personal communication.

[190] Kaber, D. B. (1996). *The effect of level of automation and adaptive automation on performance in dynamic control environments*. Unpublished doctoral dissertation. Lubbock, TX: Texas Tech University.

[191] Kaber, D. B., & Riley, J. (1999). Adaptive automation of a dynamic control task based on secondary task workload measurement. *International Journal of Cognitive Ergonomics*, *3*(3), 169 – 187.

[192] Kaber, D. B., Riley, J. M., Lampton, D., & Endsley, M. R. (2005). Measuring situation awareness in a virtual urban environment for dismounted infantry training. In *Proceedings of the 11th International Conference on HCI*. Mahwah, NJ: Lawrence Erlbaum.

[193] Kaber, D. B., Riley, J. M., Sheik – Nainar, M. A., Hyatt, J. R., & Reynolds, J. P. (2006). Assessing infantry soldier situation awareness in virtual environment – based training of urban terrain operations. In *Proceedings of the International Ergonomics Association*, Maastricht, the Netherlands.

[194] Kaber, D. B., Wright, M. C., Prinzel, L. J., & Clamann, M. P. (2005). Adaptive automation of human – machine system information – processing functions. *Human Factors*, *47*(4), 730 – 741.

[195] Kahneman, D., Slovic, P., & Tversky, A. (1982). *Judgment under uncertainty: Heuristics and biases*. Cambridge, U. K.: Cambridge University Press.

[196] Kantowitz, B. H., & Sorkin, R. D. (1983). *Human factors: Understanding people – system relationships*. New York: John Wiley & Sons.

[197] Kaplan, C. A., & Simon, H. A. (1990). In search of insight. *Cognitive Psychology*, *22*, 374 – 419.

[198] Kelley, J. F. (1983). An empirical methodology for writing user – friendly natural language computer applications. In *Proceedings of the CHI '83 Conference on Human Factors in Computing Systems* (pp. 193 – 196). New York: Association for Computing Machinery.

[199] Kerstholt, J. H., Passenier, P. O., Houttuin, K., & Schuffel, H. (1996). The effect of a priori probability and complexity on decision making in a supervisory control task. *Human Factors*, *38*(1), 65 – 78.

[200] Kessel, C. J., & Wickens, C. D. (1982). The transfer of failure – detection skills between monitoring and controlling dynamic systems. *Human Factors*, *24*(1), 49 – 60.

[201] Kesting, I. G., Miller, B. T., & Lockhart, C. H. (1988). Auditory alarms during anesthesia monitoring. *Anesthesiology*, *69*, 106 – 107.

[202] Kibbe, M. (1988). Information transfer from intelligent EW displays. In *Proceedings of the Human Factors Society 32nd Annual Meeting* (pp. 107 – 110). Santa Monica, CA: Human Factors Society.

[203] Kibbe, M., & McDowell, E. D. (1995). Operator decision making: Information on demand. In R. Fuller, N. Johnston, & N. McDonald (Eds.), *Human factors in aviation operations* (Vol. 3, pp. 43 – 48). Aldershot, U. K.: Avebury.

[204] Kieras, D. E., & Polson, P. G. (1985). An approach to the formal analysis of user complexity. *International Journal of Man – Machine Studies*, *22*, 365 – 394.

[205] King, A., Staffieri, A., & Adelgais, A. (1998). Mutal peer tutoring: Effects of structuring tutorial interaction to scaffold peer learning. *Journal of Educational Psychology*, *90*(1), 134 – 152.

[206] Kirschenbaum, S. S., & Arruda, J. E. (1994). Effects of graphic and verbal probability information on command decision making. *Human Factors*, *36*(3), 406 – 418.

[207] Klein, G. A. (1989). Recognition – primed decisions. In W. B. Rouse (Ed.), *Advances in man – machine systems research* (Vol. 5, pp. 47 – 92). Greenwich, CT: JAI Press, Inc.

[208] Klein, G. A. (1993). Sources of error in naturalistic decision making tasks. In *Proceedings of the Human Factors and Ergonomics Society* 37*th Annual Meeting* (pp. 368 – 371). Santa Monica, CA: Human Factors and Ergonomics Society.

[209] Klein, G. A., Calderwood, R., & Clinton – Cirocco, A. (1986). Rapid decision making on the fire ground. In *Proceedings of the Human Factors Society* 30*th Annual Meeting* (pp. 576 – 580). Santa Monica, CA: Human Factors Society.

[210] Klein, G. A., Orasanu, J., Calderwood, R., & Zsambock, C. E. (Eds.). (1993a). *Decision making in action: Models and methods*. Norwood, NJ: Ablex.

[211] Klein, G. A., Zsambok, C. E., & Thordsen, M. L. (1993b, April). Team decision training: Five myths and a model. *Military Review*, 36 – 42.

[212] Kohn, L. T., Corrigan, J. M., & Donaldson, M. S. (Eds.). (1999). *To err is human: Building a safer health system*. Washington, DC: National Academy Press.

[213] Kott, A. (2008). *Battle of cognition: The future information – rich warfare and the mind of the commander*. Westport, CT: Praeger Security International.

[214] Kragt, H., & Bonten, J. (1983). Evaluation of a conventional process alarm system in a fertilizer plant. *IEEE Transactions on Systems, Man and Cybernetics*, *13*(4), 589 – 600.

[215] Kramer, A. F., Cassavaugh, N., Horrey, W. J., Becic, E., & Mayhugh, J. L. (2007). Influence of age and proximity warning devices on collision avoidance in simulated driving. *Human Factors*, *49*(5), 935 – 949.

[216] Kuchar, J. K., & Hansman, R. J. (1993). An exploratory study of plan – view terrain displays for air carrier operations. *International Journal of Aviation

Psychology, *3*(1), 39 – 54.

[217] Kuhn, T. (1970). *The structure of scientific revolutions* (2nd ed.). Chicago, IL: University of Chicago Press.

[218] Kuipers, A., Kappers, A., van Holten, C. R., van Bergen, J. H. W., & Oosterveld, W. J. (1990). Spatial disorientation incidents in the R. N. L. A. F. F16 and F5 aircraft and suggestions for prevention. In *Situational awareness in aerospace operations* (*AGARD – CP –* 478) (pp. OV/E/1 – OV/E/16). Neuilly Sur Seine, France: NATO – AGARD.

[219] Lacherez, P., Seah, E. L., & Sanderson, P. (2007). Overlapping melodic alarms are almost indiscriminable. *Human Factors*, 49(4), 637 – 645.

[220] Landler, M. (2002, July 20). 2 pilots in fatal crash in Europe saw each other as they collided. *New York Times*. [Online]. Available: http://www.nytimes.com/2002/07/20/world/ 2 – pilots – in – fatal – crash – in – europe – saw – each – other – as – they – collided.html

[221] Laughery, K. R., & Corker, K. M. (1997). Computer modeling and simulation of human/ system performance. In G. Salvendy (Ed.), *Handbook of human factors* (2nd ed.). New York: John Wiley & Sons.

[222] Layton, C., Smith, P. J., & McCoy, C. E. (1994). Design of a cooperative problem – solving system for en route flight planning: An empirical evaluation. *Human Factors*, *36*(1), 94 – 119.

[223] Lee, J., & Moray, N. (1992). Trust, control strategies and allocation of function in human – machine systems. *Ergonomics*, *35*(10), 1243 – 1270.

[224] Lee, J. D., & Moray, N. (1994). Trust, self – confidence, and operations' adaptation to automation. *International Journal of Human – Computer Studies*, *40*, 153 – 184.

[225] Lee, J. D., & See, K. A. (2004). Trust in automation: Designing for appropriate reliance. *Human Factors*, *46*(1), 50 – 80.

[226] Lehto, M. R., Papastavrou, J. D., & Giffen, W. J. (1998). An empirical study of adaptive warnings: Human versus computer – adjusted warning thresholds. *International Journal of Cognitive Ergonomics*, *2*(1 – 2), 19 – 33.

[227] Lipshitz, R. (1987). *Decision making in the real world: Developing descriptions and prescriptions from decision maker's retrospective accounts*. Boston, MA:

Boston University Center for Applied Sciences.

[228] Loeb, V. (2002, March 24). Friendly fire deaths traced to dead battery: Taliban targeted but U. S. forces killed. *Washington Post*, 21.

[229] Logan, G. D. (1988). Automaticity, resources and memory: Theoretical controversies and practical implications. *Human Factors*, *30*(5), 583 – 598.

[230] Ma, R., Sheik – Nainar, M. A., & Kaber, D. B. (2005). Situation awareness in driving while using adaptive cruise control and a cell phone. In *Proceedings of the Human Factors and Ergonomics Society* 49*th Annual Meeting* (pp. 381 – 385). Santa Monica, CA: Human Factors and Ergonomics Society.

[231] Macedo, J. A., Kaber, D. B., Endsley, M. R., Powanusorn, P. A., & Myung, S. (1998). The effect of automated compensation for incongruent axes on teleoperator performance. *Human Factors*, *40*(4), 541 – 553.

[232] Macworth, N. H. (1948). The breakdown of vigilance during prolonged visual search. *Quarterly Journal of Experimental Psychology*, *1*, 5 – 61.

[233] Macworth, N. H. (1970). *Vigilance and attention*. Baltimore, MD: Penguin.

[234] Madhavan, P., & Wiegmann, D. A. (2005). Cognitive anchoring on self – generated decisions reduces operator reliance on automated diagnostic aids. *Human Factors*, *47*(2), 332 – 341.

[235] Madhavan, P., Wiegmann, D. A., & Lacson, F. C. (2006). Automation failures on tasks easily performed by operators undermine trust in automated aids. *Human Factors*, *48*(2), 241 – 256.

[236] Manning, S. D., Rash, C. E., LeDuc, P. A., Noback, R. K., & McKeon, J. (2004). *The role of human control factors in the U. S. Army unmanned aerial vehicle accidents* (No. USAARL Report No 2004 – 11). Fort Rucker AL: U. S. Army Aeromedical Research Laboratory.

[237] Masalonis, A. J., & Parasuraman, R. (2003). Effects of situation – specific reliability on trust and usage of automated air traffic control decision aids. In *Proceedings of the Human Factors and Ergonomics Society* 47*th Annual Meeting* (pp. 533 – 537). Santa Monica, CA: Human Factors and Ergonomics Society.

[238] Matthews, M. D., Pleban, R. J., Endsley, M. R., & Strater, L. G. (2000). Measures of infantry situation awareness for a virtual MOUT environment. In

Proceedings of the Human Performance, Situation Awareness and Automation: User – Centered Design for the New Millennium Conference (pp. 262 – 267). Savannah, GA: SA Technologies, Inc.

[239] McCabe, T. (1976). A complexity measure. *IEEE Transactions on Software Engineering*, *2*(4), 308 – 320.

[240] McCarley, J. S., Wiegmann, D. A., Wickens, C. D., & Kramer, A. F. (2003). Effects of age on utilization and perceived reliability of an automated decision – making aid for luggage screening. In *Proceedings of the Human Factors and Ergonomics Society 47th Annual Meeting* (pp. 340 – 343). Santa Monica, CA: Human Factors and Ergonomics Society.

[241] McCloskey, M. J. (1996). An analysis of uncertainty in the marine corps. In *Proceedings of the Human Factors and Ergonomics Society 40th Annual Meeting* (pp. 194 – 198). Santa Monica, CA: Human Factors and Ergonomics Society.

[242] McClumpha, A., & James, M. (1994). Understanding automated aircraft. In M. Mouloua & R. Parasuraman (Eds.), *Human performance in automated systems: Current research and trends* (pp. 183 – 190). Hillsdale, NJ: Lawrence Erlbaum.

[243] McDermott, P., Gillan, D., Riley, J. M., & Allender, L. (2009). Five lessons learned in human – robot interaction. In P. McDermott & L. Allender (Eds.), *Advanced decision architectures for the warfighter* (pp. 289 – 305). Aberdeen, MD: Army Research Laboratory.

[244] McDermott, P., Hutchins, S., Barnes, M., Koenecke, C., Gillan, D., & Rothrock, L. (2003). The presentation of risk and uncertainty in the context of national missile defense simulations. In *Proceedings of the Human Factors and Ergonomics Society 47th Annual Meeting* (pp. 562 – 566). Santa Monica, CA: Human Factors and Ergonomics Society.

[245] McDermott, P., Luck, J., Allender, L., & Fisher, A. (2005). Effective human to human communication of information provided by an unmanned vehicle. In *Proceedings of the Human Factors and Ergonomics Society 49th Annual Meeting* (pp. 402 – 406). Santa Monica, CA: Human Factors and Ergonomics Society.

[246] McGarry, K. , Rovira, E. , & Parasuraman, R. (2005). Adaptive change in the type of automation support reduces the cost of imperfect decision aids in a simulated battlefield engagement task. In *Proceedings of the Human Factors and Ergonomics Society 49th Annual Meeting* (pp. 307 – 311). Santa Monica, CA: Human Factors and Ergonomics Society.

[247] McGuirl, J. M. , & Sarter, N. B. (2003). How are we doing? Presenting system confidence information to support trust calibration and adaptive function allocation. In *Proceedings of the Human Factors and Ergonomics Society 47th Annual Meeting* (pp. 538 – 542). Santa Monica, CA: Human Factors and Ergonomics Society.

[248] McKenna, F. , & Crick, J. L. (1991). *Hazard perception in drivers: A methodology for testing and training*. Reading, U. K. : University of Reading, Transport and Road Research Laboratory.

[249] McKenna, F. , & Crick, J. L. (1994). *Developments in hazard perception*. London, U. K. : Department of Transport.

[250] McKinley, R. L. , Erickson, M. A. , & D' Angelo, W. R. (1994). 3 – Dimensional auditory displays: Development, applications, and performance. *Aviation, Space, and Environmental Medicine*, *65*, A31 – A38.

[251] Meister, D. , & Enderwick, T. P. (2002). *Human factors in system design, development and testing*. Mahwah, NJ: Lawrence Erlbaum.

[252] Merritt, S. M. , & Ilgen, D. R. (2008). Not all trust is created equal: Dispositional and history – based trust in human – automation interactions. *Human Factors*, *50*(2), 194 – 210.

[253] Metzger, U. , & Parasuraman, R. (2001a). Automation – related "complacency": Theory, empirical data and design implications. In *Proceedings of the Human Factors and Ergonomics Society 45th Annual Meeting* (pp. 463 – 467). Santa Monica, CA: Human Factors and Ergonomics Society.

[254] Metzger, U. , & Parasuraman, R. (2001b). The role of the air traffic controller in future air traffic management: An empirical study of active control vs. passive monitoring. *Human Factors*, *43*(4), 519 – 528.

[255] Metzger, U. , & Parasuraman, R. (2005). Automation in future air traffic

management: Effects of decision aid reliability on controller performance and mental workload. *Human Factors*, *47*(1), 35 – 49.

[256] Midkiff, A. H., & Hansman, R. J. (1992). Identification of important party – line information elements and implications for situational awareness in the datalink environment. In *Proceedings of the SAE Aerotech Conference and Exposition*. Anaheim, CA: SAE.

[257] Miller, C. (2000). From the Microsoft paperclip to the rotorcraft pilot's associate: Lessons learned from fielding adaptive automation systems. In *Proceedings of the Human Performance, Situation Awareness and Automation: User – Centered Design for the New Millennium Conference* (p. 4). Savannah, GA: SA Technologies, Inc.

[258] Miller, C., Hannen, M., & Guerlain, S. (1999a). The rotocraft pilot's associate cockpit information manager: Acceptable behavior from a new crew member. In *Proceedings of the American Helicopter Society's FORUM 55*. Montreal, Quebec, Canada: American Helicopter Society.

[259] Miller, C. A., Pelican, M., & Goldman, R. (1999b). Tasking interfaces for flexible interaction with automation: Keeping the operator in control. In *Proceedings of the International Conference on Intelligent User Interfaces*. Redondo Beach, CA.

[260] Miller, G. A. (1956). The magical number seven plus or minus two: Some limits on our capacity for processing information. *Psychological Review*, *63*, 81 – 97.

[261] Mintzburg, H. (1973). *The nature of managerial work*. New York: Harper and Row.

[262] Momtahan, K., Hétu, R., & Tansley, B. (1993). Audibility and identification of auditory alarms in the operating room and intensive care unit. *Ergonomics*, *36*(10), 1159 – 1176.

[263] Montgomery, D. A., & Sorkin, R. D. (1996). Observer sensitivity to element reliability in a multielement visual display. *Human Factors*, *38*(3), 484 – 494.

[264] Moray, N. (1986). Monitoring behavior and supervisory control. In K. Boff (Ed.), *Handbook of perception and human performance* (Vol. II, pp. 40/41 –

40/51). New York: Wiley.

[265] Moray, N. (2000). Are observers ever really complacent when monitoring automated systems? In *Proceedings of the IES* 2000/*HFES* 2000 *Congress* (pp. 1/592 – 595). Santa Monica, CA: Human Factors and Ergonomics Society.

[266] Moray, N., & Rotenberg, I. (1989). Fault management in process control: Eye movements and action. *Ergonomics*, *32*, 1319 – 1342.

[267] Moshansky, V. P. (1992). *Commission of inquiry into air Ontario accident at Dryden, Ontario* (Final Report Vols 1 – 4). Ottawa, ON: Minister of Supply and Services, Canada.

[268] Mosier, K., Lyall, E., Sethi, N., Wilson, J., McCauley, S., Harron, G. et al. (2003). Factors impacting coherence in the automated cockpit. In *Proceedings of the Human Factors and Ergonomics Society* 47*th Annual Meeting* (pp. 31 – 35). Santa Monica, CA: Human Factors and Ergonomics Society.

[269] Mosier, K. L., & Chidester, T. R. (1991). Situation assessment and situation awareness in a team setting. In Y. Queinnec & F. Daniellou (Eds.), *Designing for everyone* (pp. 798 – 800). London, U. K.: Taylor & Francis.

[270] Mosier, K. L., Skitka, L. J., & Korte, K. J. (1994). Cognitive and social psychology issues in flight crew/automation interaction. In M. Mouloua & R. Parasuraman (Eds.), *Human performance in automated systems: Current research and trends* (pp. 191 – 197). Hillsdale, NJ: Lawrence Erlbaum.

[271] Murphy, R. R. (2004). Human – robot interaction in rescue robots. *IEEE Systems, Man and Cybernetics Part C: Applications and Reviews*, *34*(2), 138 – 153.

[272] Murphy, R. R., & Burke, J. L. (2010). The safe human – robot ratio. In M. Barnes & F. Jentsch (Eds.), *Human – robot interaction in future military operations* (pp. 31 – 52). London, U. K.: Ashgate.

[273] Nadav – Greenberg, L., Joslyn, S. L., & Taing, M. U. (2008). The effect of uncertainty visualizations on decision making in weather forecasting. *Journal of Cognitive Engineering and Decision Making*, *2*(1), 24 – 47.

[274] Nagel, D. C. (1988). Human error in aviation operations. In E. L. Weiner & D. C. Nagel (Eds.), *Human factors in aviation* (pp. 263 – 303). San Diego,

CA: Academic Press.

[275] National Transportation Safety Board. (1973). *Aircraft accidents report: Eastern Airlines 401/L-1011, Miami, Florida, December 29, 1972.* Washington, DC: Author.

[276] National Transportation Safety Board. (1986). *China Airlines B-747-SP, 300 NM northwest of San Francisco, CA, 2/19/85* (NTSB Report No AAR-86/03). Washington, DC: Author.

[277] National Transportation Safety Board. (1988). *Aircraft accidents report: Northwest Airlines, Inc., McDonnell-Douglas DC-9-82, N312RC, Detroit Metropolitan Wayne County Airport, August, 16, 1987* (NTSB/AAR-99-05). Washington, DC: Author.

[278] National Transportation Safety Board. (1990). *Aircraft accidents report: USAIR, Inc., Boeing 737-400, LaGuardia Airport, Flushing, New York, September 20, 1989* (NTSB/AAR-90-03). Washington, DC: Author.

[279] National Transportation Safety Board. (1991). *Aircraft accidents report: US Air, Boeing 737-300 and Skywest, Fairchild SA-227-AC at Los Angeles International Airport* (NTSB/AAR-91/08). Washington, DC: Author.

[280] National Transportation Safety Board. (1994). *A review of flightcrews involved in major accidents of U. S. air carriers 1978-1990*. Washington, DC: Author.

[281] National Transportation Safety Board. (1997). *Wheels-up landing: Continental Airlines Flight 1943, Douglas DC-9 N10556, Houston, Texas, February 19, 1996* (PB97-910401). Washington, DC: Author.

[282] Navarro, J., Mars, F. & Hoc, J. (2007). Lateral control assistance for car drivers: A comparison of motor priming and warning systems. *Human Factors, 49*(5), 950-960.

[283] Neumann, J. L., & Durlach, P. J. (2005). Human factors and trainability of piloting a simulated micro unmanned aerial vehicle. In *Proceedings of the Human Factors and Ergonomics Society 49th Annual Meeting* (pp. 2055-2059). Santa Monica, CA: Human Factors and Ergonomics Society.

[284] Nikolic, M. I., & Sarter, N. B. (2007). Flight deck disturbance management: A simulator study of diagnosis and recovery from breakdowns in pilot-automation coordination. *Human Factors, 49*(4), 553-563.

[285] Noble, D., Boehm - Davis, D., & Grosz, C. (1987). *Rules, schema and decision making* (NR 649 - 005). Vienna, VA: Engineering Research Associates.

[286] Norman, D. A. (1981). *Steps towards a cognitive engineering* (Technical Report). San Diego, CA: University of California, Program in Cognitive Science.

[287] Norman, D. A. (1986). Cognitive engineering. In D. A. Norman & S. W. Draper (Eds.), *User centered system design*. Hillsdale, NJ: Lawrence Erlbaum.

[288] Norman, D. A. (1989). *The problem of automation: Inappropriate feedback and interaction not overautomation* (ICS Report 8904). La Jolla, CA: Institute for Cognitive Science, U. C. San Diego.

[289] Noyes, J. M., & Starr, A. F. (2000). Civil aircraft warning systems: Future directions in information management and presentation. *International Journal of Aviation Psychology*, *10*(2), 169 - 188.

[290] Oakley, B., Mouloua, M., & Hancock, P. (2003). Effects of automation reliability on human monitoring performance. In *Proceedings of the Human Factors and Ergonomics Society 47th Annual Meeting* (pp. 188 - 190). Santa Monica, CA: Human Factors and Ergonomics Society.

[291] O'Brien, T. G., & Charlton, S. G. (1996). *Handbook of human factors testing and evaluation*. Mahwah, NJ: Lawrence Erlbaum.

[292] O'Hare, D. (1997). Cognitive ability determinants of elite pilot performance. *Human Factors*, 39(4), 540 - 552.

[293] Olson, W. A., & Sarter, N. B. (1999). Supporting informed consent in human machine collaboration: The role of conflict type, time pressure, and display design. In *Proceedings of the Human Factors and Ergonomics Society 42nd Annual Meeting* (pp. 189 - 193). Santa Monica, CA: Human Factors and Ergonomics Society.

[294] Orasanu, J. (1990). Shared mental models and crew decision making. In *Proceedings of the 12th Annual Conference of the Cognitive Science Society*. Cambridge, MA.

[295] Orasanu, J., Dismukes, R. K., & Fischer, U. (1993). Decision errors in the

cockpit. In *Proceedings of the Human Factors and Ergonomics Society 37th Annual Meeting* (pp. 363 - 367). Santa Monica, CA: Human Factors and Ergonomics Society.

[296] Orasanu, J., & Fischer, U. (1997). Finding decisions in natural environments: The view from the cockpit. In C. E. Zsambok & G. Klein (Eds.), *Naturalistic decision making* (pp. 343 - 357). Mahwah, NJ: Lawrence Erlbaum.

[297] Orasanu, J., & Salas, E. (1993). Team decision making in complex environments. In G. A. Klein, J. Orasanu, R. Calderwood, & C. E. Zsambok (Eds.), *Decision making in action: Models and methods* (pp. 327 - 345). Norwood, NJ: Ablex.

[298] Paielli, R. A. (1998). Empirical test of conflict probability estimation. In *Proceedings of the 2nd USA/Europe Air Traffic Management R&D Seminar*. Orlando, FL.

[299] Parasuraman, R. (1987). Human - computer monitoring. *Human Factors*, *29* (6), 695 - 706.

[300] Parasuraman, R. (1993). Effects of adaptive function allocation on human performance. In D. J. Garland & J. A. Wise (Eds.), *Human factors and advanced aviation technologies* (pp. 147 - 158). Daytona Beach, FL: Embry - Riddle Aeronautical University Press.

[301] Parasuraman, R., Molloy, R., Mouloua, M., & Hilburn, B. (1996a). Monitoring of automated systems. In R. Parasuraman & M. Mouloua (Eds.), *Automation and human performance: Theory and applications* (pp. 91 - 115). Mahwah, NJ: Lawrence Erlbaum Associates.

[302] Parasuraman, R., Molloy, R., & Singh, I. L. (1993). Performance consequences of automation - induced complacency. *International Journal of Aviation Psychology*, *3*(1), 1 - 23.

[303] Parasuraman, R., & Mouloua, M. (Eds.). (1996). *Automation and human performance: Theory and applications*. Mahwah, NJ: Lawrence Erlbaum.

[304] Parasuraman, R., Mouloua, M., & Molloy, R. (1994). Monitoring automation failures in human - machine systems. In M. Mouloua & R. Parasuraman (Eds.), *Human performance in automated systems: Current research and trends* (pp. 45 - 49). Hillsdale, NJ: Lawrence Erlbaum.

[305] Parasuraman, R. , Mouloua, M. , & Molloy, R. (1996b). Effects of adaptive task allocation on monitoring of automated systems. *Human Factors*, *38*(4), 665 – 679.

[306] Parasuraman, R. , & Riley, V. (1997). Humans and automation: Use, misuse, disuse and abuse. *Human Factors*, *39*(2), 230 – 253.

[307] Parasuraman, R. , Sheridan, T. B. , & Wickens, C. D. (2000). A model of types and levels of human interaction with automation. *IEEE Transactions on Systems, Man and Cybernetics*, *30*(3), 286 – 297.

[308] Pazuchanics, S. L. (2006). The effects of camera perspective and field of view on performance in teleoperated navigation. In *Proceedings of the Human Factors and Ergonomics Society 50th Annual Meeting* (pp. 1528 – 1532). Santa Monica, CA: Human Factors and Ergonomics Society.

[309] Pazuchanics, S. L. , Chadwick, R. A. , Sapp, M. V. , & Gillan, D. J. (2010). Robots in space and time: The role of object, motion and spatial perception in the control and monitoring of UGVs. In M. Barnes & F. Jentsch (Eds.), *Human – robot interaction in future military operations* (pp. 83 – 102). London, U. K. : Ashgate.

[310] Pew, R. W. (1995). The state of situation awareness measurement: Circa 1995. In M. R. Endsley & D. J. Garland (Eds.), *Experimental analysis and measurement of situation awareness* (pp. 7 – 16). Daytona Beach, FL: Embry – Riddle Aeronautical University.

[311] Pew, R. W. , & Mavor, A. S. (Eds.). (1998). *Modeling human and organizational behavior*. Washington, DC: National Academy Press.

[312] Pope, A. T. , Comstock, R. J. , Bartolome, D. S. , Bogart, E. H. , & Burdette, D. W. (1994). Biocybernetic system validates index of operator engagement in automated task. In M. Mouloua & R. Parasuraman (Eds.), *Human performance in automated systems: Current research and trends* (pp. 300 – 306). Hillsdale, NJ: Lawrence Erlbaum.

[313] Prince, C. , & Salas, E. (1998). Situation assessment for routine flight and decision making. *International Journal of Cognitive Ergonomics*, *1*(4), 315 – 324.

[314] Prince, C. , & Salas, E. (2000). Team situation awareness, errors, and crew

resource management: Research integration for training guidance. In M. R. Endsley & D. J. Garland (Eds.), *Situation awareness analysis and measurement* (pp. 325 – 347). Mahwah, NJ: Lawrence Erlbaum.

[315] Prinzel, L. J., Freeman, F. G., Scerbo, M. W., Mikulka, P. J., & Pope, A. T. (2003). Effects of a psychophysiological system for adaptive automation on performance, workload, and the event – related potential P300 component. *Human Factors*, *45*(4), 601 – 613.

[316] Prinzel, L. J., & Pope, A. T. (2000). The double – edged sword of self – efficacy: Implications for automation – induced complacency. In *Proceedings of the IEA 2000/HFES 2000 Congress* (pp. 3 – 107). Santa Monica, CA: Human Factors and Ergonomics Society.

[317] Pritchett, A. R. (1997). *Pilot non – conformance to alerting system commands during closely spaced parallel approaches*. Unpublished doctoral dissertation. Cambridge, MA: Massachusetts Institute of Technology.

[318] Pritchett, A. R., & Hansman, R. J. (1997). Pilot non – conformance to alerting system commands. In *Proceedings of the Ninth International Symposium on Aviation Psychology* (pp. 274 – 279). Columbus, OH: Ohio State University.

[319] Pritchett, A. R., & Hansman, R. J. (2000). Use of testable responses for performance – based measurement of situation awareness. In M. R. Endsley & D. J. Garland (Eds.), *Situation awareness analysis and measurement*. Mahwah, NJ: Lawrence Erlbaum.

[320] Rash, C. E., LeDuc, P. A., & Manning, S. D. (2006). Human factors in U. S. military unmanned aerial vehicle accidents. In N. J. Cooke, H. L. Pringle, H. K. Pederson, & O. Connor (Eds.), *Human factors of remotely operated vehicles* (pp. 117 – 131). Amsterdam, the Netherlands: Elsevier.

[321] Rasmussen, J. (1980). What can be learned from human error reports? In K. D. Duncan, M. Gruneberg, & D. Wallis (Eds.), *Changes in working life* (pp. 97 – 113). New York: Wiley.

[322] Reason, J. (1997). *Managing the risks of organizational accidents*. London, U. K.: Ashgate Press.

[323] Redden, E. S., & Elliott, L. R. (2010). Robotic control systems for

dismounted soldiers. In M. Barnes & F. Jentsch (Eds.), *Human - robot interaction in future military operations* (pp. 335 - 354). London, U. K.: Ashgate.

[324] Redelmeier, D. A., & Tibshirani, R. J. (1997). Association between cellular - telephone calls and motor vehicle collisions. *The New England Journal of Medicine*, *336*(7), 453 - 458.

[325] Reid, G. B. (1987). *Subjective workload assessment technique (SWAT): A user's guide*. Wright - Patterson AFB, OH: Harry G. Armstrong Aerospace Medical Research Laboratory.

[326] Reising, D. V. (1993). Diagnosing multiple simultaneous faults. In *Proceedings of the Human Factors and Ergonomics Society 37th Annual Meeting* (pp. 524 - 528). Santa Monica, CA: Human Factors and Ergonomics Society.

[327] Reising, D. V., & Sanderson, P. M. (1995). Mapping the domain of electronic repair shops: A field study in fault diagnosis. In *Proceedings of the Human Factors and Ergonomics Society 39th Annual Meeting* (pp. 464 - 468). Santa Monica, CA: Human Factors and Ergonomics Society.

[328] Riley, J. M., & Endsley, M. R. (2004). The hunt for situation awareness: Human - robot interaction in search and rescue. Paper presented at the *Human Factors and Ergonomics Society 48th Annual Meeting*. Santa Monica, CA.

[329] Riley, J. M., & Endsley, M. R. (2005). Situation awareness in HRI with collaborating remotely piloted vehicles. In *Proceedings of the Human Factors and Ergonomics Society 49th Annual Meeting* (pp. 407 - 411). Santa Monica, CA: Human Factors and Ergonomics Society.

[330] Riley, J. M., & Kaber, D. B. (2001). Utility of situation awareness and attention for describing telepresence experiences in a virtual teleoperation task. In *Proceedings of the International Conference on Computer - Aided Ergonomics and Safety*. Maui, HI: IEA.

[331] Riley, J. M., Kaber, D. B., & Draper, J. V. (2004). Situation awareness and attention allocation measures for quantifying telepresence experiences in teleoperation. *Human Factors and Ergonomics in Manufacturing*, *14*(1), 51 - 67.

[332] Riley, J. M., Kaber, D. B., Sheik - Nainar, M., & Endsley, M. R. (2009). Enhancing situation awareness training in virtual reality through measurement and feedback. In D. Nicholson, D. Schmorow, & J. Cohn (Eds.), *The PSI handbook of virtual environments for training and education: Development for the military and beyond* (Vol. 2: VE Components and Training Technologies, Chapter 16, pp. 326 - 247). Westport, CT: Praeger Security International.

[333] Riley, J. M., Murphy, R. R., & Endsley, M. R. (2006). Situation awareness in the control of unmanned ground vehicles. In N. J. Cooke, H. L. Pringle, H. K. Pederson, & O. Connor (Eds.), *Human factors of remotely operated vehicles* (pp. 359 - 372). Amsterdam, the Netherlands: Elsevier.

[334] Riley, J. M., Strater, L. D., Sethumadhavan, A., Davis, F., Tharanathan, A., & Kokini, C. (2008). Performance and situation awareness effects in collaborative robot control with automation. In *Proceedings of the Human Factors and Ergonomics Society 52nd Annual Meeting*. Santa Monica, CA: Human Factors and Ergonomics Society.

[335] Robinson, D. (2000). The development of flight crew situation awareness in commercial transport aircraft. In *Proceedings of the Human Performance, Situation Awareness and Automation: User - Centered Design for a New Millennium Conference* (pp. 88 - 93). Marietta, GA: SA Technologies, Inc.

[336] Rochlis, J. L., & Newman, D. J. (2000). A tactile display for international space station (ISS) extravehicular activity (EVA). *Aviation, Space and Environmental Medicine*, *71*(6), 571 - 578.

[337] Rogers, B., Palmer, B., Chitwood, J., & Hover, G. (2004). *Human - systems issues in UAV design and operation* (HSIAC - RA - 2004 - 001). Wright - Patterson AFB, OH: Human Systems Information Analysis Center.

[338] Roth, E. M., Hanson, M. L., Hopkins, C., Mancuso, V., & Zacharias, G. L. (2004). Human in the loop evaluation of a mixed initiative system for planning and control of multiple UAV teams. In *Proceedings of the Human Factors and Ergonomics Society 48th Annual Meeting* (pp. 280 - 284). Santa Monica, CA: Human Factors and Ergonomics Society.

[339] Rouse, W. (1986). Measuring the complexity of monitoring and controlling large scale systems. *IEEE Transactions on Systems, Man and Cybernetics*, *16*

(2),193 - 207.

[340] Rouse,W. B. (1977). Human - computer interaction in multi - task situations. *IEEE Transactions on Systems,Man and Cybernetics*,*SMC - 7*,384 - 392.

[341] Rouse,W. B. (1988). Adaptive aiding for human/computer control. *Human Factors*,30(4),431 - 438.

[342] Rouse, W. B. , & Morris, N. M. (1985). *On looking into the black box: Prospects and limits in the search for mental models* (DTIC #AD - A159080). Atlanta,GA: Center for Man - Machine Systems Research,Georgia Institute of Technology.

[343] Rovira, E. , McGarry, K. , & Parasuraman, R. (2007). Effects of imperfect automation on decision making in a simulated command and control task. *Human Factors*,*49*(1),76 - 87.

[344] RTCA. (1995). *Report of the RTCA Board of Directors select committee on free flight*. Washington,DC: Author.

[345] Ruddle, R. A. , Savage, J. C. , & Jones, D. M. (1999). Effects of camera configurations on target observation that is performed from an uninhabited air vehicle. In *Proceedings of the Human Factors and Ergonomics Society 43rd Annual Meeting* (pp. 81 - 85). Santa Monica, CA: Human Factors and Ergonomics Society.

[346] Salas, E. , Dickinson, T. L. , Converse, S. , & Tannenbaum, S. I. (1992). Toward an understanding of team performance and training. In R. W. Swezey & E. Salas (Eds.), *Teams: Their training and performance* (pp. 3 - 29). Norwood,NJ: Ablex.

[347] Salas, E. , Prince, C. , Baker, D. P. , & Shrestha, L. (1995). Situation awareness in team performance: Implications for measurement and training. *Human Factors*,*37*(1),123 - 136.

[348] Salvendy,G. (Ed.). (1987). *Handbook of Human Factors*. New York: Wiley & Sons.

[349] SAMMIE CAD Ltd. (1990). *The SAMMIE system*. Loughborough,England: Author.

[350] Sanders,M. S. ,& McCormick,E. J. (1992). *Human factors in engineering and design* (7th ed.). New York: McGraw - Hill.

[351] Sanderson, P. M., Reising, D. V., & Augustiniak, M. J. (1995). Diagnosis of multiple faults in systems: Effects of fault difficulty, expectancy, and prior exposure. In *Proceedings of the Human Factors and Ergonomics Society 39th Annual Meeting* (pp. 459 – 463). Santa Monica, CA: Human Factors and Ergonomics Society.

[352] Sarter, N. (2008). Investigating mode errors on automated flight decks: Illustrating the problem – driven, cumulative, and interdisciplinary nature of human factors research. *Human Factors*, *50*(3), 506 – 510.

[353] Sarter, N. B., & Schroeder, B. (2001). Supporting decision making and action selection under time pressure and uncertainty: The case of in – flight icing. *Human Factors*, *43*(4), 573 – 583.

[354] Sarter, N. B., & Woods, D. D. (1991). Situation awareness: A critical but ill – defined phenomenon. *The International Journal of Aviation Psychology*, *1*(1), 45 – 57.

[355] Sarter, N. B., & Woods, D. D. (1994a). 'How in the world did I ever get into that mode': Mode error and awareness in supervisory control. In R. D. Gilson, D. J. Garland, & J. M. Koonce (Eds.), *Situational awareness in complex systems* (pp. 111 – 124). Daytona Beach, FL: Embry – Riddle Aeronautical University Press.

[356] Sarter, N. B., & Woods, D. D. (1994b). Pilot interaction with cockpit automation II: An experimental study of pilots' model and awareness of flight management systems. *International Journal of Aviation Psychology*, *4*(1), 1 – 28.

[357] Scerbo, M. W. (1996). Theoretical perspectives on adaptive automation. In R. Parasuraman & M. Mouloua (Eds.), *Automation and human performance: Theory and application* (pp. 37 – 63). Mahwah, NJ: Lawrence Erlbaum.

[358] Schmidt, J., & Parker, R. (1995). Development of UAV mishap factors database. Paper presented at the *Association of Unmanned Vehicle Systems 1995 Conference*. Washington, DC.

[359] Schraagen, J. M., Chipman, S. F., & Shalin, V. L. (2000). *Cognitive task analysis*. Mahwah, NJ: Lawrence Erlbaum.

[360] Seagle, J. J. (1997). *Unmanned aerial vehicle mishaps: A human factors*

approach. Unpublished masters. Norfolk, VA: Embry – Riddle Aeronautical University.

[361] Seagull, F. J., & Sanderson, P. M. (2001). Anesthesia alarms in context: An observational study. *Human Factors*, *43*(1), 66 – 78.

[362] Segal, L. D. (1994). Actions speak louder than words. In *Proceedings of the Human Factors and Ergonomics Society* 38*th Annual Meeting* (pp. 21 – 25). Santa Monica, CA: Human Factors and Ergonomics Society.

[363] Selcon, S. J. (1990). Decision support in the cockpit: Probably a good thing? In *Proceedings of the Human Factors Society 34th Annual Meeting* (pp. 46 – 50). Santa Monica, CA: Human Factors Society.

[364] Selcon, S. J., & Taylor, R. M. (1990). Evaluation of the situational awareness rating technique (SART) as a tool for aircrew systems design. In *Situational awareness in aerospace operations* (*AGARD – CP – 478*) (pp. 5/1 – 5/8). Neuilly Sur Seine, France: NATO – AGARD.

[365] Selcon, S. J., Taylor, R. M., & Koritsas, E. (1991). Workload or situational awareness?: TLX vs SART for aerospace systems design evaluation. In *Proceedings of the Human Factors Society* 35*th Annual Meeting* (pp. 62 – 66). Santa Monica, CA: Human Factors Society.

[366] Selcon, S. J., Taylor, R. M., & McKenna, F. P. (1995). Integrating multiple information sources: Using redundancy in the design of warnings. *Ergonomics*, *38*, 2362 – 2370.

[367] Selcon, S. J., Taylor, R. M., & Shadrake, R. A. (1992). Multi – modal cockpit warnings: Pictures, words, or both? In *Proceedings of the Human Factors and Ergonomics Society* 36*th Annual Meeting* (pp. 62 – 66). Santa Monica, CA: Human Factors and Ergonomics Society.

[368] Seong, Y., & Bisantz, A. M. (2002). Judgment and trust in conjunction with automated decision aids: A theoretical model and empirical investigation. In *Proceedings of the Human Factors and Ergonomics Society 46th Annual Meeting* (pp. 423 – 427). Santa Monica, CA: Human Factors and Ergonomics Society.

[369] Sexton, G. A. (1988). Cockpit – crew systems design and integration. In E. L. Wiener & D. C. Nagel (Eds.), *Human factors in aviation* (pp. 495 – 526).

San Diego,CA: Academic Press.

[370] Sheridan,T. (1981). Understanding human error and aiding human diagnostic behavior in nuclear power plants. In J. Rasmussen & W. B. Rouse (Eds.), *Human detection and diagnosis of system failures*. New York: Plenum Press.

[371] Sheridan,T. B.,& Verplanck,W. L. (1978). *Human and computer control of undersea teleoperators*. Cambridge,MA: MIT Man – Machine Laboratory.

[372] Singh,I. L.,Molloy,R.,& Parasuraman,R. (1993). Automation – induced complacency: Development of the complacency – potential rating scale. *International Journal of Aviation Psychology*,*3*(2),111 – 122.

[373] Sklar,A. E.,& Sarter,N. B. (1999). Good vibrations: Tactile feedback in support of attention allocation and human – automation coordination in event – driven domains. *Human Factors*,*41*(4),543 – 552.

[374] Slamecka,N. J.,& Graf,P. (1978). The generation effect: Delineation of a phenomenon. *Journal of Experimental Psychology: Human Learning and Memory*,*4*(6),592 – 604.

[375] Smith,P. J.,McCoy,E.,Orasanu,J.,Denning,R.,Van Horn,A.,& Billings,C. (1995). *Cooperative problem solving in the interactions of airline operations control centers with the national aviation system*. Columbus,OH: Cognitive Systems Engineering Laboratory,Ohio State University.

[376] Smith,R. L. (1986). *The effects of televised angular displacement of visual feedback on a remote manipulation task*. Unpublished master's. College Station,TX: Texas A&M University.

[377] Smolensky,M. W. (1993). Toward the physiological measurement of situation awareness: The case for eye movement measurements. In *Proceedings of the Human Factors and Ergonomics Society 37th Annual Meeting* (p. 41). Santa Monica,CA: Human Factors and Ergonomics Society.

[378] Sorkin,R. (1989). Why are people turning off our alarms? *Human Factors Bulletin*,*32*(4),3 – 4.

[379] Sorkin,R. D.,Mabry,T. R.,Weldon,M. S.,& Elvers,G. C. (1991). Integration of information from multiple element displays. *Organizational Behavior and Human Decision Processes*,*49*,167 – 187.

[380] Squire,P.,Furukawa,H.,Galster,S.,Miller,C.,& Parasuraman,R.

(2004). Adaptability and flexibility are key! Benefits of the playbook interface for human supervision of multiple unmanned vehicles. In *Proceedings of the Human Factors and Ergonomics Society 48th Annual Meeting* (pp. 61 – 65). Santa Monica, CA: Human Factors and Ergonomics Society.

[381] Stanton, N. A., Harrison, D. J., Taylor – Burge, K. L., & Porter, L. J. (2000). Sorting the wheat from the chaff: A study of the detection of alarms. *Cognition, Technology and Work*, *2*, 134 – 141.

[382] Stanton, N. A., & Stammers, R. B. (1998). Alarm – initiated activities: Matching visual formats to alarm handling tasks. *International Journal of Cognitive Ergonomics*, *2*(4), 331 – 348.

[383] Stein, E. S. (1992). *Air traffic control visual scanning* (DOT/FAA/CT – TN92/16). Atlantic City International Airport, NJ: Federal Aviation Administration William J. Hughes Technical Center.

[384] Still, D. L., & Temme, L. A. (2001). Oz: A human – centered computing cockpit display. In *Proceedings of the Interservice/Industry Training, Simulation and Education Conference (I/ITSEC)*. Arlington, VA.

[385] Stout, R. J., Cannon – Bowers, J. A., & Salas, E. (1996). The role of shared mental models in developing team situational awareness: Implications for training. *Training Research Journal*, *2*, 85 – 116.

[386] Strater, L. D., Connors, E. S., Davis, F., Endsley, M. R., Johnson, R., Leen, M., & Goldberg, D. (2007). *Integrated collaborative control (IC2) of unmanned vehicle systems* (Final Technical Report prepared under contract # N00014 – 07 – M – 0277). Arlington, VA: Office of Naval Research.

[387] Strater, L. D., Davis, F., Costello, A., & Colombo, D. J. (2008). *Improvised Explosive Device Cognitive Defeat Training R&D Program: Development of the IED interactive training on relevant actions and information requirements (IED iTRAINR)—Final Report*. Orlando, FL: Program Manager for Training Systems (PMTRASYS).

[388] Strater, L. D., Jones, D. G., & Endsley, M. R. (2001). *Analysis of infantry situation awareness training requirements* (No. SATech 01 – 15). Marietta, GA: SA Technologies, Inc.

[389] Strater, L. D., Reynolds, J. P., Faulkner, L. A., Birch, K., Hyatt, J.,

Swetnam, S. et al. (2004). PC – based tools to improve infantry situation awareness. In *Proceedings of the Human Factors and Ergonomics Society Annual Meeting* (pp. 668 – 672). Santa Monica, CA: Human Factors and Ergonomics Society.

[390] Stuart, M. A., Manahan, M. K., Bierschwale, J. M., Sampaio, C. E., & Legendre, A. J. (1991). Adaptive strategies of remote systems operators exposed to perturbed camera viewing conditions. In *Proceedings of the Human Factors and Ergonomics Society 35th Annual Meeting* (pp. 151 – 155). Santa Monica, CA: Human Factors and Ergonomics Society.

[391] Taylor, J. C., Robertson, M. M., Peck, R., & Stelly, J. W. (1993). Validating the impact of maintenance CRM training. In *Proceedings of the Seventh International Symposium on Aviation Psychology* (pp. 538 – 542). Columbus, OH: Department of Aviation, The Ohio State University.

[392] Taylor, R. M. (1990). Situational awareness rating technique (SART): The development of a tool for aircrew systems design. In *Situational awareness in aerospace operations (AGARD – CP – 478)* (pp. 3/1 – 3/17). Neuilly Sur Seine, France: NATO – AGARD.

[393] Taylor, R. M., Endsley, M. R., & Henderson, S. (1996). Situational awareness workshop report. In B. J. Hayward & A. R. Lowe (Eds.), *Applied aviation psychology: Achievement, change and challenge* (pp. 447 – 454). Aldershot, U. K.: Ashgate Publishing Ltd.

[394] Taylor, R. M., & Selcon, S. J. (1991). Subjective measurement of situation awareness. In Y. Queinnec & F. Danniellou (Eds.), *Designing for everyone: Proceedings of the 11th Congress of the International Ergonomics Association* (pp. 789 – 791). London, U. K.: Taylor & Francis.

[395] Squire, P., Furukawa, H., Galster, S., Miller, C., & Parasuraman, R. (2004). Adaptability and flexibility are key! Benefits of the playbook interface for human supervision of multiple unmanned vehicles. In *Proceedings of the Human Factors and Ergonomics Society 48th Annual Meeting* (pp. 61 – 65). Santa Monica, CA: Human Factors and Ergonomics Society.

[396] Stanton, N. A., Harrison, D. J., Taylor – Burge, K. L., & Porter, L. J. (2000). Sorting the wheat from the chaff: A study of the detection of alarms.

Cognition, Technology and Work, 2, 134 – 141.

[397] Stanton, N. A., & Stammers, R. B. (1998). Alarm – initiated activities: Matching visual formats to alarm handling tasks. *International Journal of Cognitive Ergonomics*, 2(4), 331 – 348.

[398] Stein, E. S. (1992). *Air traffic control visual scanning* (DOT/FAA/CT – TN92/16). Atlantic City International Airport, NJ: Federal Aviation Administration William J. Hughes Technical Center.

[399] Still, D. L., & Temme, L. A. (2001). Oz: A human – centered computing cockpit display. In *Proceedings of the Interservice/Industry Training, Simulation and Education Conference (I/ITSEC)*. Arlington, VA.

[400] Stout, R. J., Cannon – Bowers, J. A., & Salas, E. (1996). The role of shared mental models in developing team situational awareness: Implications for training. *Training Research Journal*, 2, 85 – 116.

[401] Strater, L. D., Connors, E. S., Davis, F., Endsley, M. R., Johnson, R., Leen, M., & Goldberg, D. (2007). *Integrated collaborative control (IC2) of unmanned vehicle systems* (Final Technical Report prepared under contract # N00014 – 07 – M – 0277). Arlington, VA: Office of Naval Research.

[402] Strater, L. D., Davis, F., Costello, A., & Colombo, D. J. (2008). *Improvised Explosive Device Cognitive Defeat Training R&D Program: Development of the IED interactive training on relevant actions and information requirements (IED iTRAINR)—Final Report*. Orlando, FL: Program Manager for Training Systems (PMTRASYS).

[403] Strater, L. D., Jones, D. G., & Endsley, M. R. (2001). *Analysis of infantry situation awareness training requirements* (No. SATech 01 – 15). Marietta, GA: SA Technologies, Inc.

[404] Strater, L. D., Reynolds, J. P., Faulkner, L. A., Birch, K., Hyatt, J., Swetnam, S. et al. (2004). PC – based tools to improve infantry situation awareness. In *Proceedings of the Human Factors and Ergonomics Society Annual Meeting* (pp. 668 – 672). Santa Monica, CA: Human Factors and Ergonomics Society.

[405] Stuart, M. A., Manahan, M. K., Bierschwale, J. M., Sampaio, C. E., & Legendre, A. J. (1991). Adaptive strategies of remote systems operators

exposed to perturbed camera viewing conditions. In *Proceedings of the Human Factors and Ergonomics Society 35th Annual Meeting* (pp. 151 – 155). Santa Monica, CA: Human Factors and Ergonomics Society.

[406] Taylor, J. C., Robertson, M. M., Peck, R., & Stelly, J. W. (1993). Validating the impact of maintenance CRM training. In *Proceedings of the Seventh International Symposium on Aviation Psychology* (pp. 538 – 542). Columbus, OH: Department of Aviation, The Ohio State University.

[407] Taylor, R. M. (1990). Situational awareness rating technique (SART): The development of a tool for aircrew systems design. In *Situational awareness in aerospace operations* (*AGARD – CP – 478*) (pp. 3/1 – 3/17). Neuilly Sur Seine, France: NATO – AGARD.

[408] Taylor, R. M., Endsley, M. R., & Henderson, S. (1996). Situational awareness workshop report. In B. J. Hayward & A. R. Lowe (Eds.), *Applied aviation psychology: Achievement, change and challenge* (pp. 447 – 454). Aldershot, U. K.: Ashgate Publishing Ltd.

[409] Taylor, R. M., & Selcon, S. J. (1991). Subjective measurement of situation awareness. In Y. Queinnec & F. Danniellou (Eds.), *Designing for everyone: Proceedings of the 11th Congress of the International Ergonomics Association* (pp. 789 – 791). London, U. K.: Taylor & Francis.

[410] Wickens, C. D. (2000). The tradeoff of design for routine and unexpected performance: Implications of situation awareness. In M. R. Endsley & D. J. Garland (Eds.), *Situation awareness analysis and measurement* (pp. 211 – 226). Mahwah, NJ: Lawrence Erlbaum.

[411] Wickens, C. D., Conejo, R., & Gempler, K. (1999). Unreliable automated attention cueing for air – ground targeting and traffic monitoring. In *Proceedings of the Human Factors and Ergonomics Society 43rd Annual Meeting* (pp. 21 – 25). Santa Monica, CA: Human Factors and Ergonomics Society.

[412] Wickens, C. D., & Kessel, C. (1979). The effect of participatory mode and task workload on the detection of dynamic system failures. *SMC – 9*(1), 24 – 34.

[413] Wiegmann, D. A., Rich, A., & Zhang, H. (2001). Automated diagnostic aids:

The effects of aid reliability on users' trust and reliance. *Theoretical Issues in Ergonomics Science*,*2*(4),352 – 367.

[414] Wiener, E. L. (1985). Cockpit automation: In need of a philosophy. In *Proceedings of the* 1985 *Behavioral Engineering Conference* (pp. 369 – 375). Warrendale,PA: Society of Automotive Engineers.

[415] Wiener, E. L. (1989). *Human factors of advanced technology* ("*glass cockpit*") *transport aircraft* (NASA Contractor Report No. 177528). Moffett Field,CA: NASA – Ames Research Center.

[416] Wiener, E. L. (1993). Life in the second decade of the glass cockpit. In *Proceedings of the Seventh International Symposium on Aviation Psychology* (pp. 1 – 11). Columbus, OH: Department of Aviation, The Ohio State University.

[417] Wiener,E. L. ,& Curry,R. E. (1980). Flight deck automation: Promises and problems. *Ergonomics*,*23*(10),995 – 1011.

[418] Wiggens,M. ,Connan,N. ,& Morris,C. (1995). Self – perceptions of weather – related decision – making ability amongst pilots. In *Proceedings of the Eighth International Symposium on Aviation Psychology* (pp. 845 – 850). Columbus, OH: Ohio State University.

[419] Williams, K. W. (2004). *A summary of unmanned aircraft accident/incident data*: *Human factors implications* (DOT/FAA/AM – 04/24). Oklahoma City, OK: Civil Aerospace Medical Institute,Federal Aviation Administration.

[420] Wilkinson, R. T. (1964). Artificial signals as an aid to an inspection task. *Ergonomics*,*7*,63 – 72.

[421] Wilson, G. F. (2000). Strategies for psychophysiological assessment of situation awareness. In M. R. Endsley & D. J. Garland (Eds.), *Situation awareness analysis and measurement* (pp. 175 – 188). Mahwah,NJ: Lawrence Erlbaum.

[422] Wilson, G. F. , & Russell, C. A. (2004). Psychophysiologically determine adaptive aiding in a simulated UAV task. In D. A. Vicenzi,M. Mouloua,& P. Hancock (Eds.), *Human performance*, *situation awareness and automation*: *Current research and trends* (Vol. 2,pp. 200 – 204) Mahwah,NJ: Lawrence Erlbaum.

[423] Wilson, G. F., & Russell, C. A. (2007). Performance enhancement in an uninhabited air vehicle task using psychophysiologically determined adaptive aiding. *Human Factors*, *49*(6), 1005 – 1018.

[424] Woods, D. D., & Roth, E. M. (1988). Cognitive engineering: Human problem solving with tools. *Human Factors*, *30*(4), 415 – 430.

[425] Woodson, W. E., Tilman, B., & Tilman, P. (1992). *Human factors design handbook* (2nd ed.). New York: McGraw – Hill.

[426] Wright, M. C., & Kaber, D. B. (2003). Team coordination and strategies under automation. In *Proceedings of the Human Factors and Ergonomics Society 47th Annual Meeting* (pp. 553 – 557). Santa Monica, CA: Human Factors and Ergonomics Society.

[427] Wright, M. C., & Kaber, D. B. (2005). Effects of automation of information – processing functions on teamwork. *Human Factors*, *47*(1), 50 – 66.

[428] Wurman, R. S. (1989). *Information anxiety*. New York: Doubleday.

[429] Xiao, Y., & MacKenzie, C. F. (1997). Uncertainty in trauma patient resuscitation. In *Proceedings of the Human Factors and Ergonomics Society 41st Annual Meeting* (pp. 168 – 171). Santa Monica, CA: Human Factors and Ergonomics Society.

[430] Xiao, Y., Mackenzie, C. F., & Patey, R. (1998). Team coordination and breakdowns in a real – life stressful environment. In *Proceedings of the Human Factors and Ergonomics Society 42nd Annual Meeting* (pp. 186 – 190). Santa Monica, CA: Human Factors and Ergonomics Society.

[431] Xiao, Y., Seagull, F. J., Nieves – Khouw, F., Barczak, N., & Perkins, S. (2003). Why are they not responding to our alarms? Another analysis of problems with alarms. In *Proceedings of the Human Factors and Ergonomics Society 47th Annual Meeting* (pp. 386 – 390). Human Factors and Ergonomics Society, Santa Monica, CA.

[432] Yeh, M., & Wickens, C. (2001). Display signaling in augmented reality: Effects on cue reliability and image realism on attention allocation and trust calibration. *Human Factors*, *43*(3), 355 – 365.

[433] Yeh, M., Wickens, C. D., & Seagull, F. J. (1999). Target cueing in visual search: The effects of conformality and display location on the allocation of visual

attention. *Human Factors*, *41*(4), 524 – 542.

[434] Young, L. R. A. (1969). On adaptive manual control. *Ergonomics*, *12* (4), 635 – 657.

[435] Zachary, W., Ryder, J., Ross, L., & Weiland, M. Z. (1992). Intelligent computer – human interaction in real – time, multi – tasking process control and monitoring systems. In M. Helander & M. Nagamachi (Eds.), *Human factors in design for manufacturability*. New York: Taylor & Francis.

[436] Zachary, W. W. (1998). Decision support systems: Designing to extend the cognitive limits. In M. Helandar (Ed.), *Handbook of human – computer interaction*. Amsterdam, the Netherlands: Elsevier Science Publishers.

[437] Zlotnik, M. A. (1988). Applying electro – tactile display technology to fighter aircraft. In *Proceedings of the IEEE National Aerospace and Electronics Conference* (pp. 191 – 197). Dayton, OH: IEEE.

[438] Zsambok, C. E., & Klein, G. (Eds.). (1997). *Naturalistic decision making*. Mahwah, NJ: Lawrence Erlbaum.

中英文对照

SA	situation awareness 态势感知
COA	course of action 作战行动方案
GDTA	goal directed task analysis 目标导向的任务分析
SME	subject matter expert 行业专家
MCC	maintenance control centers 维护控制中心
FAA	federal aviation administration (美国)联邦航空管理局
RMM	remote maintenance monitoring 远程维护监控
NOTAM	notices to airmen 飞行通告
OTS	out – of service 停止服务
EST RTS	estimated return – to – service 预计恢复服务
ACT RTS	actual return – to – service 实际恢复服务
GPWS	ground proximity warning systems 近地告警系统
CFIT	controlled flight into terrain (CFIT) 可控飞行撞地
FMS	flight management system 飞行管理系统
VS	vetrical speed 垂直速度
FPA	flight path angle 飞行轨迹角
ATC	air traffic controller 空管员
CRM	crew resource management 机组资源管理
COP	common operating picture 通用行动视图
CROP	common relevant operating picture 通用相关行动视图
TCAS	traffic collision avoidance system 空中防撞系统
GDTA	goal directed task analyses 目标导向任务分析
SART	situational awareness rating technique 态势感知评级技术
SWORD	situation awareness subjective workload dominance technique 态势

感知主观工作负荷支配技术

SARS　situation awareness rating scale 态势感知评估量表

SAGAT　situation awareness global assessment technique 态势感知全局评估方法

SPAM　situation present assessment method 态势即时评估方法

ISAT　interactive situation awareness trainer 交互式态势感知训练器

VFR　visual flight rules 目视飞行规则

IFR　instrument flight rules 仪表飞行规则

AAR　after action review 事后复盘

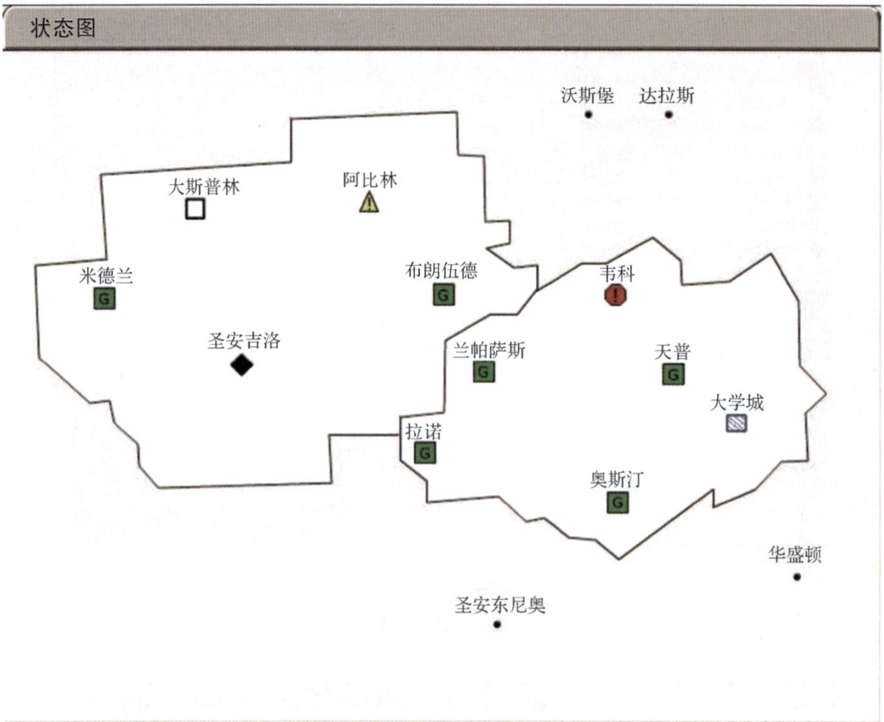

图 6.5　状态地图

表 6.2　状态图符号

图标	描述	定义
	写有字母 G 的绿色正方形	该地点的所有设施都没问题
	带有模糊对角条纹的蓝色矩形	技术人员正在该地点进行工作
	黑色菱形	该地点的一个设施发生故障,无法使用
	白色方块	该地点有一处设施不受监控
	写有感叹号的黄色三角形	该地点有设施存在软件告警
	写有感叹号的红色八边形	该地点有设施存在硬件告警

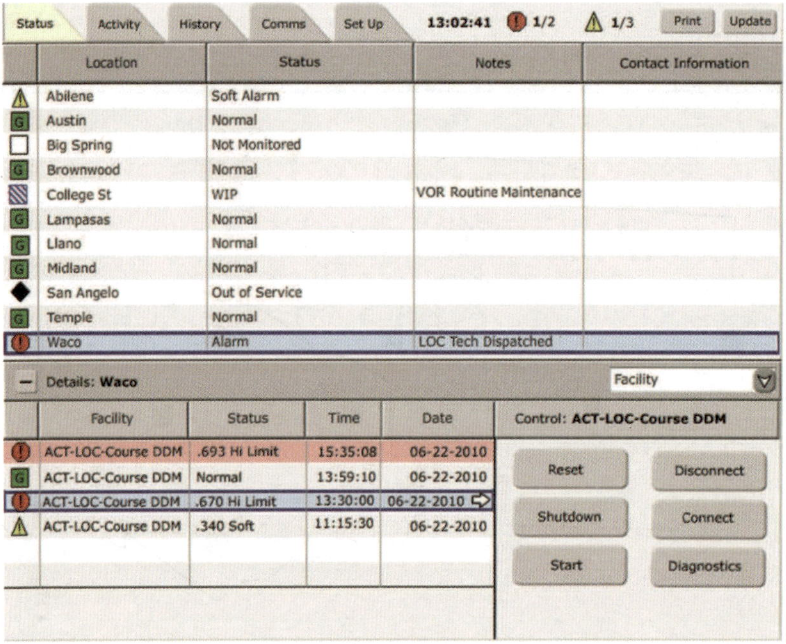

图 6.6 “状态”选项卡

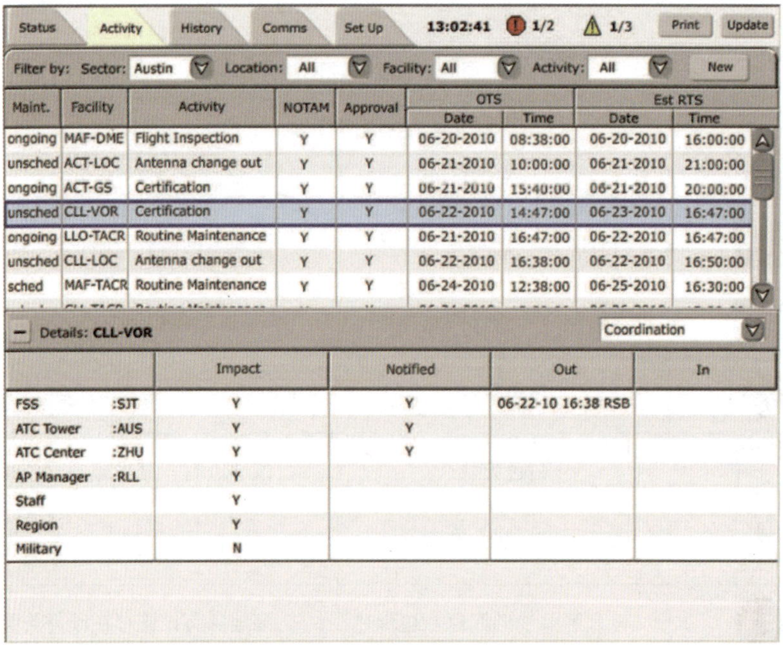

图 6.7 “活动”选项卡——协调详情

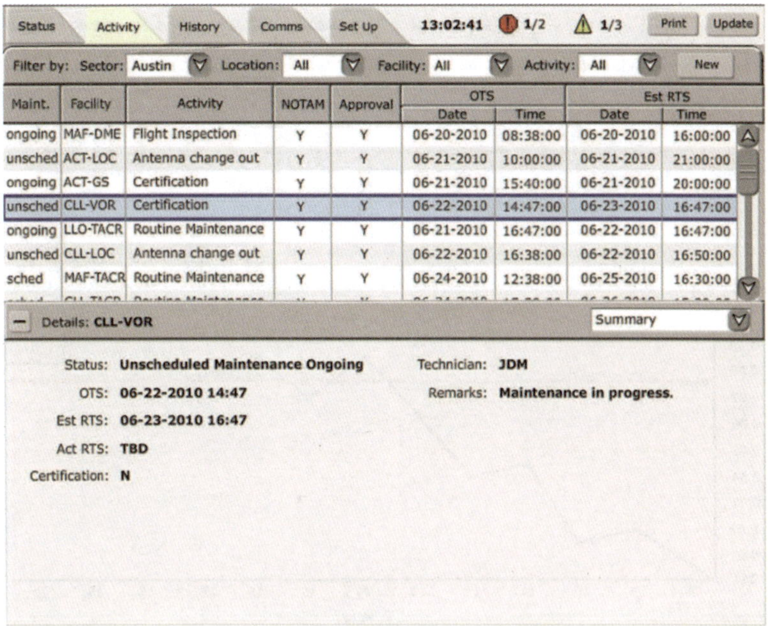

图 6.8 “活动”选项卡——摘要详情

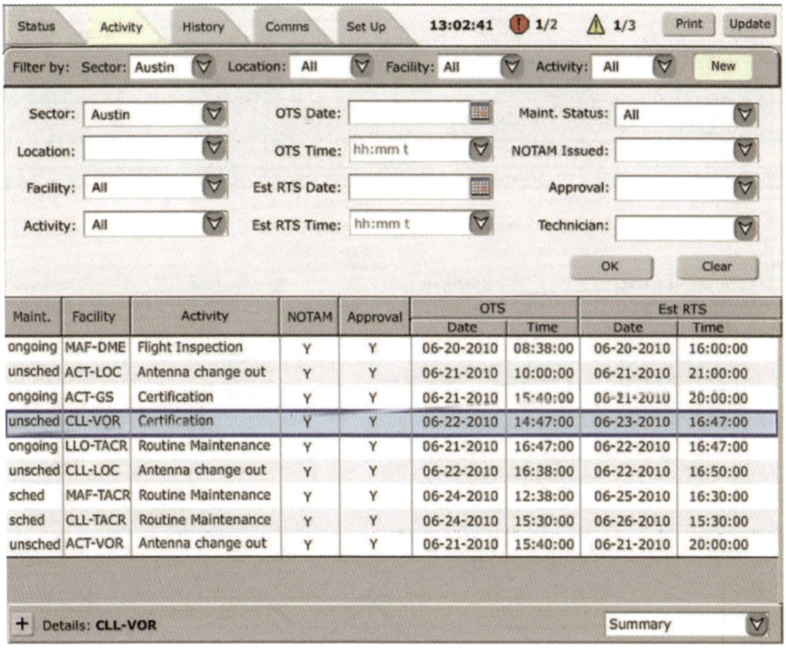

图 6.9 “活动”选项卡——新活动

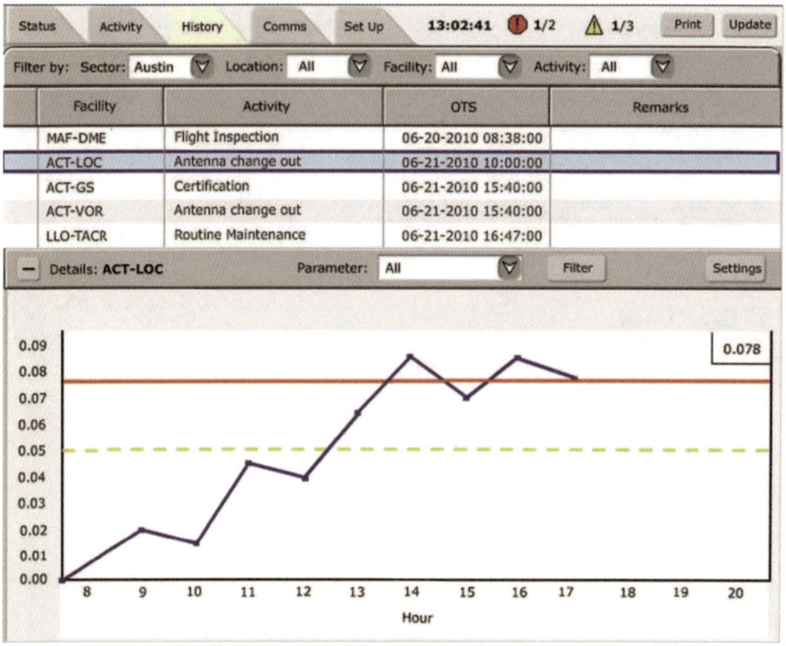

图 6.10 “历史”选项卡

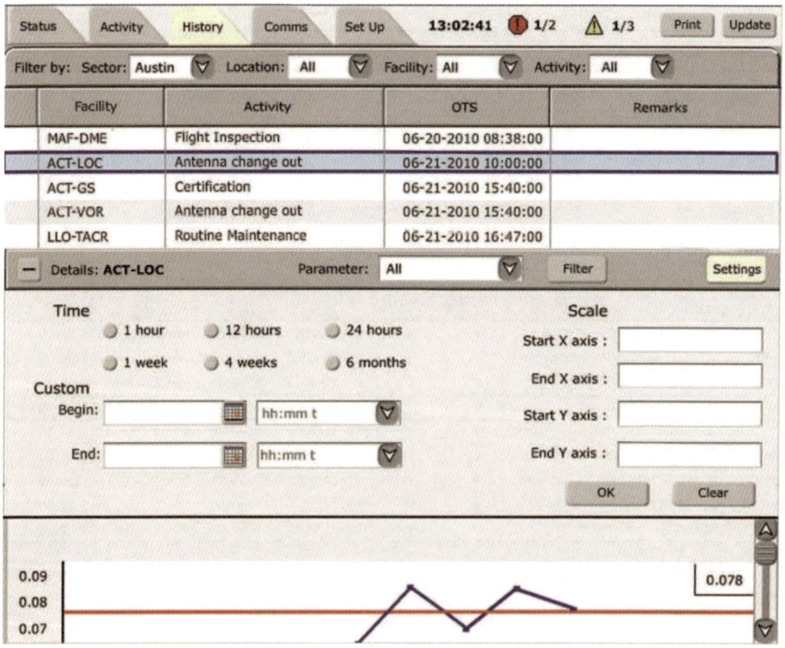

图 6.11 “历史”选项卡——设置

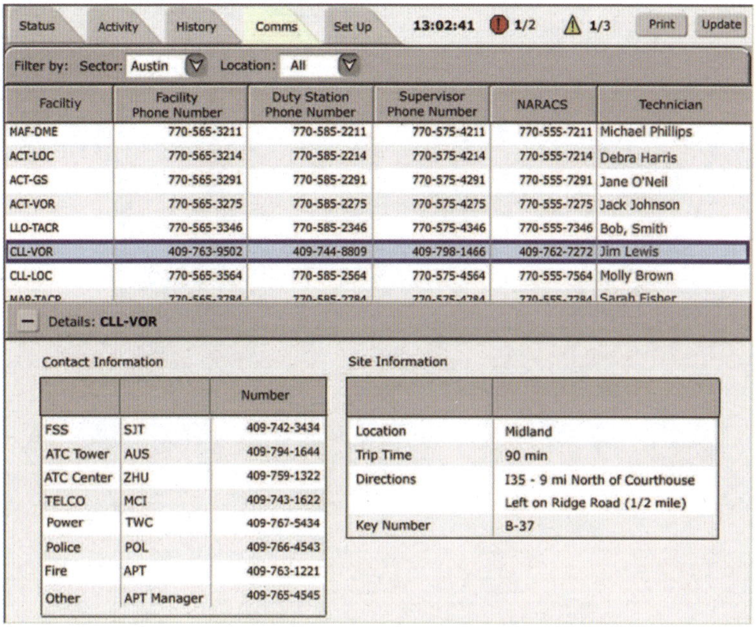

图 6.12 “通信”选项卡

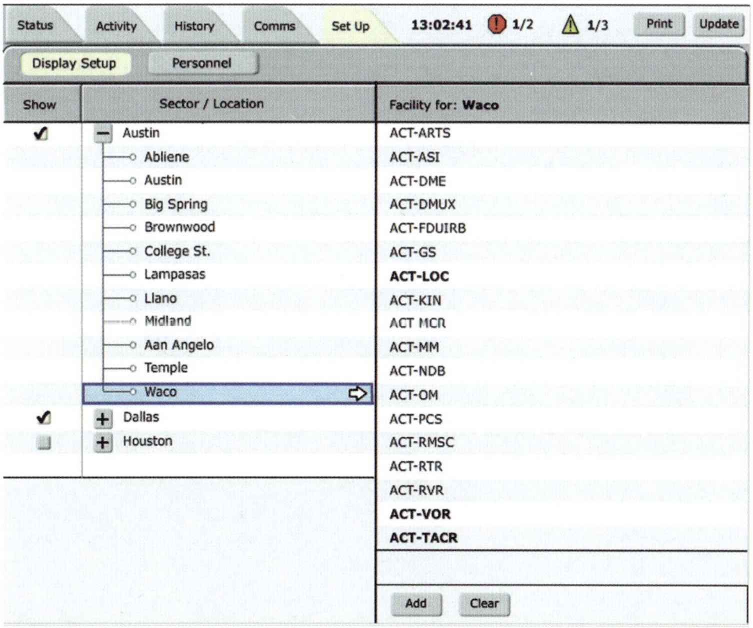

图 6.13 “设置”选项卡

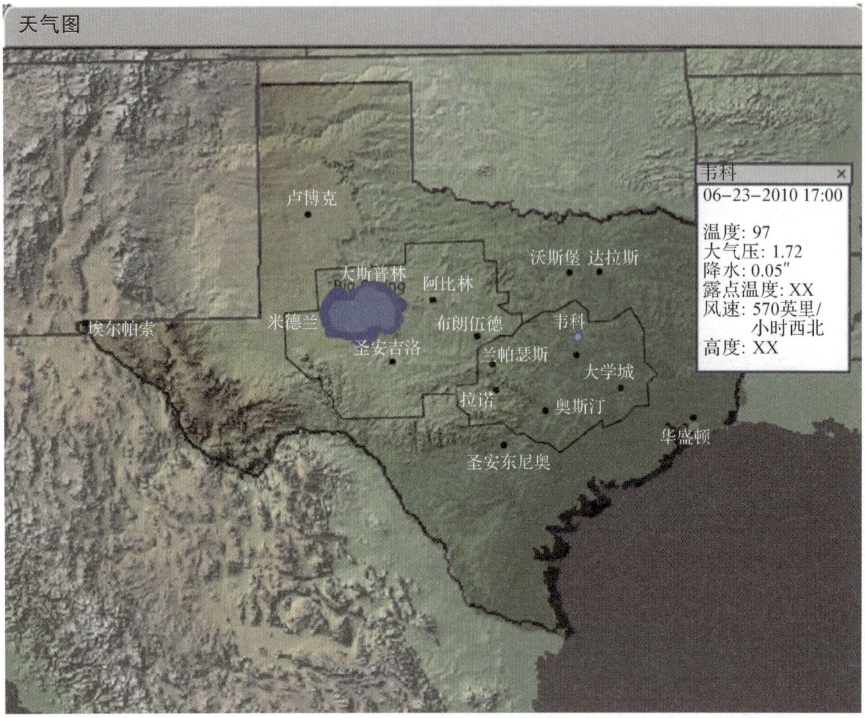
天气图
卢博克
大斯普林
阿比林
米德兰
埃尔帕索
布朗伍德
圣安吉洛
沃斯堡
达拉斯
韦科
兰帕瑟斯
大学城
拉诺
奥斯汀
华盛顿
圣安东尼奥
韦科
06-23-2010 17:00
温度: 97
大气压: 1.72
降水: 0.05″
露点温度: XX
风速: 570英里/小时西北
高度: XX

图 6.14　天气显示